高等院校计算机教育系列教材

大学计算机基础

戴 红 主 编
侯 爽 常子冠 于 宁 副主编
安继芳 聂清林 陈世红 参 编

清华大学出版社
北 京

内 容 简 介

本书为大学计算机通识教育入门教材。全书共分为 7 章，主要内容分为三个专题：第 1、2 章属第一个专题，即计算与计算机的基础知识，主要介绍了计算与计算机概述、计算思维、计算机伦理问题、计算机软硬件基本知识、计算机网络及互联网基本知识；第 3 章属第二个专题，即计算机操作系统及常用工具，主要介绍了 Windows 操作系统；第 4～7 章属第三个专题，即信息处理技术与软件，重点从文字信息处理、数据信息处理、多媒体信息处理几个方面介绍了各类信息处理的基本概念、基本原则、基本方法和一般过程。

本书可作为普通高等院校非计算机专业的计算机入门教材和基础教材，对于计算机文化、技术及信息处理软件感兴趣，致力于相关方面学习和应用的其他读者，也可从本书中获取最基本的指导。

本书配有教学幻灯片、案例微视频、实验素材、大部分章后习题的参考答案和课程大纲、微课程建设方案。

图书在版编目(CIP)数据

大学计算机基础/戴红主编. —北京：清华大学出版社，2019（2024.8重印）
(高等院校计算机教育系列教材)

ISBN 978-7-302-51349-0

Ⅰ. ①大… Ⅱ. ①戴… Ⅲ. ①电子计算机—高等学校—教材 Ⅳ. ①TP3

中国版本图书馆 CIP 数据核字(2018)第 229165 号

责任编辑：章忆文 桑任松
装帧设计：李 坤
责任校对：李玉茹
责任印制：刘 菲
出版发行：清华大学出版社
网 址：https://www.tup.com.cn，https://www.wqxuetang.com
地 址：北京清华大学学研大厦 A 座 邮 编：100084
社 总 机：010-83470000 邮 购：010-62786544
投稿与读者服务：010-62776969, c-service@tup.tsinghua.edu.cn
质量反馈：010-62772015, zhiliang@tup.tsinghua.edu.cn
课件下载：https://www.tup.com.cn, 010-62791865
印 装 者：小森印刷霸州有限公司
经 销：全国新华书店
开 本：185mm×260mm 印 张：18.5 字 数：449 千字
版 次：2019 年 1 月第 1 版 印 次：2024 年 8 月第 9 次印刷
定 价：49.00 元

产品编号：073044-01

前　　言

“很难想象还有哪个领域能够具有比计算科学与计算技术更多改变世界的机会。”

近 70 年前，在美国贝尔实验室诞生了晶体管；近 60 年前，出现了集成电路；50 多年前，戈登·摩尔(Gordon Moore)提出了摩尔定律；而 40 多年前，个人电脑诞生了。35 年前，美国《时代》杂志把“个人电脑”选为当年的“年度人物”时曾预言“家庭电脑有朝一日会像电视和洗碗机一样普及。在 20 年后，将会有 60%的美国人上网。”这些当年所谓的愿景现在都已经成为现实。在过去的 30 多年里，随着计算科学和计算技术突飞猛进的发展，充满创新精神、富有传奇色彩、饱含能量的信息革命浪潮席卷了全球，它正在改变着我们的生活、工作、学习的方方面面，正在驱动着人类社会的几乎所有领域的变化和变革。计算、计算机、计算思维、信息技术等正在深刻影响着我们的思维、工作和生活方式。

本书作为大学计算机通识教育的入门教材，关注于计算与计算机的基本概念、基本技术和基本方法的介绍，关注于使用技术手段和软件工具解决具体问题的实践应用。全书围绕着大学计算机基础教材的三个重要专题：计算与计算机的基础知识(相关内容见第 1、2 章)、计算机操作系统及常用工具(相关内容见第 3 章)、信息处理技术与软件(相关内容见第 4～7 章)展开，包含大量实例和案例，采用 Microsoft Office 2016 办公软件和 Adobe 系列软件，两者作为目前主流的办公软件和多媒体信息处理软件，具有很好的通用性和易学易用性。

本书目标

本书希望帮助学习者达到以下学习目标。

(1) 认识计算、计算系统和计算机，了解它们的定义、发展历史和未来发展趋势。

(2) 了解计算思维在现实中的应用，并有意识地使用计算思维思想和方法解决实际问题、设计复杂系统和进行数据处理以理解人类行为。

(3) 了解数制与计算机中的常用数制及其转换，了解计算机中的数值、字符和多媒体数据的表示。了解数据压缩的基本方法，掌握常用压缩软件的使用。

(4) 了解和深入思考计算机伦理的主要问题，包括计算机及网络安全的伦理问题、隐私保护、知识产权保护、IT 职业道德规范和社会责任。

(5) 了解图灵机与冯·诺依曼结构，了解计算机软硬件系统的组成，认识其发展趋势。

(6) 了解计算机网络和互联网。了解互联网的发展历史和发展趋势，互联网协议、应用与常用服务。

(7) 了解计算机操作环境的变化与发展，操作系统的基本概念和主要功能。了解移动终端操作系统和云操作系统。

(8) 掌握 Windows 10 操作系统的启动、系统设置、文件管理、程序管理、磁盘管理

及常用工具。

(9) 了解字处理软件，认识 Microsoft Word 字处理软件，了解其工作界面、工作方法和工作流程。

(10) 了解 Word 2016 的排版原则，掌握使用 Word 2016 进行单页文档的图文表式的混排、长文档排版和模板排版。掌握 Word 2016 中图片、艺术字等的处理。

(11) 认识演示文稿，了解演示文稿的制作过程、常见类型、组成部分、内容组织策略、呈现原则和制作工具。

(12) 认识 Microsoft PowerPoint，掌握使用 PowerPoint 2016 进行文字、图片和动画设计与制作。掌握演示文稿的放映与应用。

(13) 了解数据处理软件，认识 Microsoft Excel，了解 Microsoft Excel 的工作界面和工作流程。

(14) 掌握使用 Microsoft Excel 2016 进行数据输入、数据存储和数据运算的方法。掌握公式和函数的使用。掌握使用常规图表和特殊图表进行数据信息可视化的方法。掌握数据分析和管理的方法，包括数据排序、数据筛选、数据分类汇总和数据透视表。掌握数据链接、保护与打印输出的方法。

(15) 了解媒体、多媒体、多媒体技术和多媒体计算机及多媒体系统的基本概念，了解多媒体技术的发展历程和发展方向。

(16) 了解多媒体信息的数字化，包括声音的数字化、图像的数字化和视频的数字化。掌握多媒体信息处理及应用的方法，包括使用 Adobe 系列软件进行数字音频处理、数字图像处理、动画的制作和视频处理。

本书读者

本书可作为普通高等院校非计算机专业的计算机入门教材和基础教材。同时，对于计算机文化、技术及信息处理软件感兴趣，致力于相关方面学习和应用的其他读者，也可从本书中获取最基本的指导。

本书特点

本书强调计算机基础概念、基本思想、基本理论知识的广度讲解，注重基本技术的实际应用和使用常用软件解决实际问题的实践演练。以提高学习者的计算机文化素养和应用能力为目标，既注重基本概念、思想、原则和方法的讲述，又突出技术运用和软件实践；注重以实际问题为导向，注重实际工作场景的代入，注重实例的趣味性和实用性，提高学习者的学习积极性。

秉承教材风格，使用实例来描述和验证概念、方法和技术；使用章后习题巩固和检验所学内容；使用中英文词汇对照，规范计算机学科术语；使用目前流行的、简单易学的 Microsoft Office 组件和 Adobe 系列软件实现各类信息处理，验证和体验计算机解决信息处理问题的简单快捷、高效高质。

本书内容

本书可分为三个专题：计算与计算机的基础知识、计算机操作系统及常用工具、信息处理技术与软件。各专题及其所属章节的内容说明如下。

计算与计算机的基础知识专题

第 1 章　计算与计算机。本章介绍计算、计算系统和计算机的基本概念、发展历史和未来发展趋势。对于目前的普适思维方式的计算思维的定义、内涵和应用进行了概述。介绍了计算机最基础、核心的概念——计算机中的数据表示，包括数制和计算机中常用数制及转换，数值、字符和多媒体三类数据的计算机表示，数据压缩的常用方法与常用工具软件的使用。本章最后介绍了社会上普遍关注的计算机伦理问题，从计算机及网络安全、隐私保护、知识产权保护、IT 职业道德规范和社会责任 4 个方面探讨了计算机伦理的主要问题。

第 2 章　计算机系统与计算机网络。本章包含两大部分：计算机系统和计算机网络基础。计算机系统部分介绍图灵机与冯·诺依曼体系结构及可计算问题、计算机硬件系统、计算机软件系统及编程概述。计算机网络部分介绍计算机网络基本概念和基础知识，互联网的基本知识和常用应用与服务。

计算机操作系统及常用工具专题

第 3 章　操作系统及其使用。本章介绍计算机软件系统的核心和基础——操作系统。包括计算机操作环境的变化与发展，操作系统的基本概念和主要功能，重点介绍 Microsoft Windows 操作系统，通过任务，介绍 Windows 10 的系统设置、文件管理、程序管理和磁盘管理方法，以及系统的实用工具的使用。并概述性介绍了云操作系统和移动终端操作系统等新型操作系统。

信息处理技术与软件专题

第 4 章　文字处理。本章对比介绍目前常见的字处理软件，重点介绍 Microsoft Word 字处理软件的工作方法、工作流程、排版原则。通过 3 个工作和生活中的典型应用案例，介绍使用 Word 2016 进行单页文档的图片、文字、表格、公式混排，长文档排版和模板排版，以及 Word 2016 中图片、艺术字等的处理。

第 5 章　演示文稿。本章介绍演示文稿的基本概念，重点介绍 Microsoft PowerPoint 制作演示文稿的过程，演示文稿的常见类型、组成部分、内容组织策略、呈现原则和制作工具。通过几个典型案例，介绍使用 PowerPoint 2016 进行文字、图片和动画设计与制作，以及演示文稿的放映与应用。

第 6 章　电子表格。本章介绍电子表格的基本概念、过程、方法和技术。本章通过 20 个任务，以任务目标、解决方案和实现步骤的形式介绍了使用 Microsoft Excel 2016 进行数据表达和存储、数据运算、数据图表可视化、数据分析、数据保护与数据输出等工作，并通过任务完成后的知识点总结，实现从技术到思想方法和知识理论的提升。

第 7 章　多媒体技术基础。本章介绍多媒体技术的基本概念、理论及应用技术、发展

历史和发展方向，重点讨论了包括声音、图像和视频的多媒体信息的数字化，通过 4 个贴近生活和工作的案例，详细介绍利用 Adobe 系列软件进行数字音频和数字图像处理、动画的制作和视频处理。从了解多媒体的基本概念，到理解声音、图像、视频等不同形式媒体信息的数字化方法，进而应用主流软件工具对多种媒体信息进行编辑和处理，建立逻辑联系，形成多媒体产品。

本书资源

- 教学幻灯片，包括所有章节的 PowerPoint 教学幻灯片。
- 案例微视频，包括大多数教学案例的操作视频。
- 实验素材，包括多数教学案例和实验作业的实验素材。
- 习题答案，包括大部分章后习题的参考答案。
- 课程大纲，包括学时建议和各学时的授课内容、讨论议题、习题和实验选择以及阶段测验的建议。
- 微课程建设方案，包括一门 32 学时大学计算机基础课的微课程分解方案、技术路线建议、成果展示等。

推荐资源：

(1) 全球知名的图片分享网站——https://www.pexels.com/。全部图片都是遵循 Creative Commons Zero(CC0)License 协议，对于个人用户可免费下载并用于任何合法目的。

(2) 全球知名的图标分享网站——https://www.easyicon.net/。全部图标都可以免费下载。

本书的 7 章内容分别由戴红、陈世红、于宁、聂清林、常子冠、侯爽和安继芳编写。其中戴红为本书主编，侯爽、常子冠、于宁为副主编，安继芳、聂清林和陈世红为参编。由于作者水平有限，书中不足之处在所难免，敬请读者批评指正。

编　者

目　　录

第 1 章　计算与计算机 1

1.1　认识计算 2

1.1.1　计算与计算系统 2

1.1.2　计算的历史和未来 2

1.1.3　计算思维 6

1.2　认识计算机 9

1.2.1　什么是计算机 9

1.2.2　计算机的历史和未来 10

1.2.3　计算机的类型 13

1.3　计算机中的数据表示 15

1.3.1　数制与转换 15

1.3.2　计算机中的数值表示 18

1.3.3　计算机中的字符表示 20

1.3.4　计算机中的多媒体信息表示 24

1.4　计算机伦理 25

1.4.1　计算机伦理的主要问题 26

1.4.2　计算机及网络安全的伦理问题 27

1.4.3　隐私保护 31

1.4.4　知识产权保护 34

1.4.5　IT 职业道德规范和社会责任 38

1.5　本章小结 38

1.6　习题 39

第 2 章　计算机系统与计算机网络 41

2.1　图灵机与冯·诺依曼结构 42

2.1.1　图灵机与可计算问题 42

2.1.2　冯·诺依曼体系结构 43

2.2　计算机硬件系统 44

2.2.1　主机 44

2.2.2　外部设备 47

2.3　计算机软件系统 52

2.3.1　认识计算机软件 52

2.3.2　计算机软件的安装、升级与卸载 53

2.3.3　计算机软件的发展 55

2.3.4　计算机编程 56

2.4　计算机网络 62

2.4.1　认识计算机网络 62

2.4.2　认识互联网 71

2.4.3　Internet 应用与服务 77

2.5　本章小结 84

2.6　习题 85

第 3 章　操作系统及其使用 87

3.1　计算机操作环境的变化与发展 88

3.1.1　操作界面的变化与发展 88

3.1.2　图形用户界面的主要技术 89

3.2　操作系统概述 90

3.2.1　操作系统的基本概念 90

3.2.2　操作系统的基本功能 91

3.3　Windows 10 操作系统的使用 98

3.3.1　Windows 10 操作系统的新变化 98

3.3.2　Windows 10 操作系统的启动过程 100

3.3.3　系统设置 102

3.3.4　文件管理 107

3.3.5　程序管理 110

3.3.6　磁盘管理 114

3.3.7　常用小工具 117

3.4　移动终端操作系统和云操作系统 120

3.4.1　移动终端操作系统 120

3.4.2　云操作系统 121

3.5 本章小结......121
3.6 习题......122

第 4 章 文字处理......123

4.1 Word 软件的工作界面......124
4.1.1 【文件】菜单......124
4.1.2 功能区......125
4.1.3 快速访问工具栏......126
4.1.4 状态栏......126
4.1.5 小工具条......126
4.2 基本图文混排——制作邀请函......126
小型任务实训——任务 4-01 制作邀请函......126
4.3 长文档排版——图书排版......131
小型任务实训——任务 4-02 图书排版......132
4.4 模板排版——制作公文模板......141
小型任务实训——任务 4-03 制作公文模板......141
4.5 本章小结......148
4.6 习题......149

第 5 章 演示文稿......151

5.1 演示文稿概述......152
5.1.1 演示文稿的设计制作过程......152
5.1.2 演示文稿的常见类型......155
5.1.3 演示文稿的组成部分......157
5.1.4 演示文稿的制作......157
5.2 演示文稿的文字设计......158
5.2.1 多文字场景——制作课件......158
小型任务实训——任务 5-01 制作课件......158
5.2.2 少文字场景——制作海报......164
小型任务实训——任务 5-02 制作海报......164
5.3 演示文稿的图片设计......168
5.3.1 大图的处理——制作发布会幻灯片......168
小型任务实训——任务 5-03 制作发布会幻灯片......168
5.3.2 小图的处理——制作团队介绍......170
小型任务实训——任务 5-04 制作团队介绍......170
5.4 演示文稿的版式与母版设计......173
5.4.1 版式设计......173
5.4.2 母版设计......174
5.5 演示文稿的动画设计......176
5.5.1 自定义动画——制作倒计时......176
小型任务实训——任务 5-05 制作倒计时动画......176
5.5.2 幻灯片切换动画及音/视频处理——制作旅行纪念册......180
小型任务实训——任务 5-06 制作旅行纪念册......180
5.6 演示文稿的常用操作......183
5.6.1 保存和另存为......183
5.6.2 打印......184
5.6.3 幻灯片放映......185
5.6.4 演示者视图......186
5.7 本章小结......187
5.8 习题......188

第 6 章 电子表格......189

6.1 电子表格概述......190
6.1.1 认识电子表格......190
6.1.2 Excel 概述......190
6.2 数据存储......191
6.2.1 数据记录表设计原则......191
6.2.2 数据输入......192

小型任务实训——任务 6-01

录入数据 192

小型任务实训——任务 6-02

自动填充数据序列 194

小型任务实训——任务 6-03

数据选项与数据验证 195

小型任务实训——任务 6-04

获取外部数据 197

6.2.3 数据格式 201

小型任务实训——任务 6-05

单元格格式设置 201

小型任务实训——任务 6-06

条件格式设置 204

小型任务实训——任务 6-07

工作表格式设置 206

6.3 数据运算 209

6.3.1 公式 209

小型任务实训——任务 6-08

公式计算 210

6.3.2 函数 212

小型任务实训——任务 6-09

使用数学和统计函数 212

小型任务实训——任务 6-10

使用文本与时间日期函数 216

小型任务实训——任务 6-11

使用查找函数 218

6.4 数据可视化 220

6.4.1 常规图表 220

小型任务实训——任务 6-12

使用常规图表 220

6.4.2 特殊图表 224

小型任务实训——任务 6-13

使用特殊图表 224

6.5 数据分析 227

6.5.1 数据排序 227

小型任务实训——任务 6-14

排序 227

6.5.2 数据筛选 230

小型任务实训——任务 6-15

筛选 230

6.5.3 数据分类汇总 232

小型任务实训——任务 6-16

分类汇总 232

6.5.4 数据透视表 234

小型任务实训——任务 6-17

使用数据透视表 234

6.6 数据的链接、保护与输出 237

6.6.1 数据的链接 237

小型任务实训——任务 6-18

建立链接 237

6.6.2 数据的保护 238

小型任务实训——任务 6-19

保护工作表与工作簿 238

6.6.3 数据的输出 241

小型任务实训——任务 6-20

页面设置与打印 241

6.7 本章小结 243

6.8 习题 244

第 7 章 多媒体技术基础 249

7.1 多媒体技术的相关概念 250

7.1.1 媒体 250

7.1.2 多媒体 250

7.1.3 多媒体技术 250

7.1.4 多媒体计算机与

多媒体系统 252

7.2 多媒体技术的发展 252

7.2.1 多媒体技术的发展历程 253

7.2.2 多媒体技术的发展方向 253

7.3 多媒体信息的数字化 254

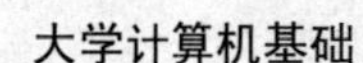

7.3.1 声音的数字化 254
7.3.2 图像的数字化 258
7.3.3 视频的数字化 260
7.4 多媒体信息的处理及应用 262
7.4.1 数字音频处理的应用实例：伴奏诗朗诵的制作 262
7.4.2 数字图像处理的应用实例：证件照片的处理及排版 267
7.4.3 动画的制作实例：交互式音乐电子相册动画制作 272
7.4.4 视频处理的应用实例：国家图书馆宣传短片制作 277
7.5 本章小结 284
7.6 习题 284
参考文献 286

第 1 章 计算与计算机

自二十世纪四五十年代第三次工业革命以来，以原子能、电子计算机、空间技术和生物工程的发明和应用为主要标志的科技革命正在极大地推动着人类社会经济、政治、文化领域的变革，影响着人类生活方式和思维方式，使人类社会生活和现代化向更高境界发展。其中最具划时代意义的是电子计算机的迅速发展和广泛运用，开辟了信息时代。计算机已成为工业社会运转的中枢，计算机技术已经成为我们这个时代最核心、最重要的技术。

本章我们将开始计算与计算机的神奇之旅，对计算和计算机进行概述性地描述。其主要内容包括：1.1 节介绍了计算的定义、历史和发展，计算思维的概念及其在信息社会发挥的作用；1.2 节介绍了计算机的一般定义，计算机的发展历史、计算机的特点和类型以及计算机的应用，对未来计算机进行了畅想；1.3 节介绍了数制及其转换、计算机中的各类数据的表示；1.4 节对计算机伦理问题进行了全面阐述，包括计算机伦理主要解决的几个方面问题，其中重点探讨了计算机及网络安全、隐私保护、知识产权保护和 IT 职业道德规范及社会责任等问题。

1.1 认 识 计 算

1.1.1 计算与计算系统

1. 计算的定义

尽管“计算”(Computing)一词有时混同于“计数”(Counting)和“计算”(Calculating)来使用，但国际上公认的是美国计算机学会 2005 年计算教程(ACM Computing Curricula 2005，简称 CC2005)中提出的定义：“计算”是一种利用和创建计算机进行的任何有目的的活动，包括设计、开发和建立硬件和软件系统，加工、构建和管理各类信息，进行科学研究，使计算机系统表现出智能，创建和使用通信和娱乐媒体等活动。更一般的，计算可被定义为“是一种利用和创建一系列数学步骤进行的有目的的活动，这个数学步骤被称为‘算法’(Algorithm)。”

2. 计算系统

计算系统(Computing System)则是通过计算硬件、计算软件和数据交互式解决问题的动态实体。计算硬件(Computing Hardware)是计算系统的物理元件，计算软件(Computing Software)是提供给计算硬件的指令集合，是执行计算任务的计算对象和计算规则，是算法的指令形式。

计算系统不同于计算机(Computer)。计算系统是对完成计算任务的所有软硬部件的抽象(如图 1-1 所示)，而计算机是计算系统的一种具体表现形态，它是一种设备。而两者的共同点都是以数据为核心，以硬件为基础，将软件作为指导计算系统实现目标的指令和准则。

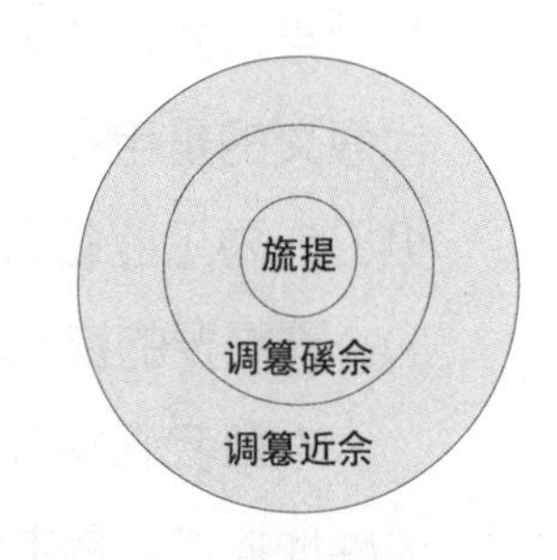

图 1-1 计算系统的抽象结构

注：抽象(Abstraction)是认识和思考事物的一种方式，它忽略或隐藏复杂的细节，而只需保留实现目标的必要信息及其之间的关系。抽象是计算领域中的重要概念。

1.1.2 计算的历史和未来

1. 计算的历史

计算的历史非常悠久。人们普遍认为计算与数字的表示密切相关。其实早在数字出现之前，就有一些数学概念已经在为人类文明服务了。如一种一一对应规则，用于在符棒(tally stick)上盘点货物，其最终抽象成数字。“当人们发现一对雏鸡和两天(数字 2)之间有某种共同的东西时，数学就诞生了”(Bertrand Russell，伯特兰 • 罗素)。随着计数制和数学符号的发展，最终带来如加、减、乘、除、乘方、开方等数学运算的发明。

一般被认为用于装饰的公元前 80000 年的两个缺口肋骨，后来被猜测是用于计数(Counting)。公元前 18000 年的 Ishango(指伊尚戈村，在非洲乌干达与扎伊尔交界处)骨(见图 1-2)可能是使用实物进行简单算术运算的最早证据。公元前 2400 年巴比伦发明的算盘(Abacus)，被认为是第一个已知的计算工具和计算系统，它最初的使用方式是将鹅卵石在沙子里铺成线条。公元前 1110 年，古代中国发明了指南车(South-pointing Chariot)，是第一个已知的使用差分齿轮的齿轮机构，后来被用在模拟计算机中。公元前 200 年，中国人又发明了更复杂的算盘，被称为中国算盘(Suanpan，Chinese Abacus)(见图 1-3)。它一直使用到现代，直到现代计算机的出现和广泛使用。1901 年在希腊的一艘失事的船上发现的安提凯希拉装置(Antikythera Mechanism)(见图 1-4)被认为是已知的最早的机械模拟计算机。它大约可追溯到公元前 100 年，是设计用来计算天文位置的。1614 年，当苏格兰人约翰 • 奈皮尔发现了以计算为目的的对数时，随之而来的是一段发明家和科学家制造计算工具取得巨大进步的时期。这种形式的计算工具达到顶峰的标志是 19 世纪下半叶的差分机和分析机的诞生。尽管机器未完全建成，但其流于后世的详细的设计思想为近百年后的现代计算机的诞生起到至关重要的作用。

现代电子计算机的功能已不仅仅是一种计算工具，它已渗透到人类生活的方方面面，改变着人们的生活方式，推动着人类社会的进步。

图 1-2　Ishango 骨

图 1-3　中国算盘

图 1-4　安提凯希拉装置

“Algorithm”一词源为 9 世纪波斯数学家花剌子模(al-Khwarizmi)的名字。原为 algorism，意为阿拉伯数字的运算法则，到了 18 世纪才演变为 Algorithm。在中国，“算法”一词最早出自《周髀算经》。

约公元前 4000—前 3000 年，人类文明的发源地之一——两河流域的苏美尔人发明了现在已知的人类最早的文字——楔形文字和历法。在两河流域发现的公元前 3000—前 2000 年的黏土板上记载的计算利息和本金的算法被认为是人类最早的关于算法的记录。相传公元前 2698 年，在中国的黄帝时期发明了仓颉文字、记数算法和中国最早的历法。公元前 300 年，古希腊著名数学家欧几里得提出的欧几里得算法被认为是人类历史上第一个算法，该算法使用辗转相除法求最大公约数。公元 100 年《九章算术》记录了加减乘除四种运算和比例算法，并最早提出了开平方/立方、求解一元二次方程和负数。公元 3 世纪魏晋时期的数学家刘徽在关于该书的注解中所提出的“割圆术”(Polygon-based Iterative Algorithm)，得出了圆周率的近似值为 3927/1250(3.1416)，为圆周率的研究工作奠定了理论基础和提供了科学算法。公元 825 年，al-Khwarizmi 撰写了著名的 *Persian Textbook*(《波

斯教科书》)。该书概括了进行四则算术运算的法则，Algorithm 一词就来自于这位数学家的名字。公元 1700 年前后，德国科学家莱布尼茨(G. Leibnitz)提出了二进制算法，为现代计算机奠定了算法基础。据说，二进制思想的诞生得益于他对中国古代经典《易经》的研究。1842 年，阿达·洛芙莱斯(Ada Lovelace)为查尔斯·巴贝奇(Charles Babbage)的分析机编写的求解伯努利方程的程序被认为是世界上第一个计算机程序，而因此 Ada 被公认为是世界上第一位程序员。她留下的备忘录《分析机概要》被公认为对现代计算机与软件工程具有重大影响。20 世纪的英国数学家阿兰·图灵(Alan Turing)提出了著名的计算机抽象模型——图灵机(Turing Machine)，又称图灵计算、图灵计算机。图灵机的出现解决了算法定义的难题，图灵的思想对后来计算机算法的发展起到了至关重要的作用，图灵本人也被誉为"计算机科学之父"和"人工智能之父"。

2. 计算的未来

"未来世界还有什么不能被计算？"一个在普适计算的模式下，通过智能化的、具有自然用户界面的移动终端设备，利用各种传感器、增强现实(Augmented Reality，AR)技术，将物理世界和虚拟世界结合在一起的新世界正在形成。在这个新世界中，如下计算可能将代表着计算的未来。

1) 认知计算

认知计算(Cognitive Computing，CC)是指"通过与人的自然语言交流及不断学习从而帮助人们做到更多的系统"，是一种全新的计算模式。它不同于传统的定量而精确的计算，它没有明确的计算指令，通过自主学习、以更加自然的人机交互方式，从无结构的数据中提取有用信息，根据信息进行推论来洞察世界。认知计算比人工智能(Artificial Intelligence，AI)的概念更宽泛，它包括一些人工智能的要素而不同于人工智能。认知计算不是制造为人类思考的机器，而是要增加和放大人类智慧，能够帮助人类更好地思考和做出更全面的决定。"认知技术是代表全球科技浪潮、标志性的方向，将使人类自我了解和控制未来的能力大大增强，也把行业智能提高到前所未有的高度。IBM 所谓的认知时代已经到来"。"如果说人工智能关注的是'读懂人的世界'的话，那么，认知计算可以说更关注'读懂大数据的世界'，至少目前如此"。

类脑计算是认知计算的主要方向。类脑计算(Brain-like Computing)是利用仿真(Simulation)技术，模拟生物神经元和神经系统的信息传递和处理过程的计算。目标是设计出一种新一代的通用计算架构，并期望其具有和生物大脑相媲美的混合信息处理能力的通用计算能力，甚至还能拥有"灵感"这种高等智能。

2) 高性能计算

在这个数据量呈爆发式增长、数据获取能力得到极大幅度提升的时代，对计算更是提出了更高的要求，大数据、云计算、高性能计算等计算方式的交叉融合，将我们带入了一个所谓的"大计算"时代。与大数据相关联，"大计算"(Big Computing)代表着更大的计算规模，计算的界限变得更模糊，计算的定义也变得更宽泛。

高性能计算(High Performance Computing，HPC)，是求解问题速度很快的一类计算。它需要大量计算能力(Power)和强大的计算设备在很短的时间周期内完成给定的计算任务，所以通常是通过增加处理器数目突破单机资源来提升计算能力(Capability，主要指计算速度)的并行系统。

高性能计算所具有的强大计算能力和综合性能为包括认知计算规模化学习、类脑工程在内的计算需求提供支撑。在认知计算、人工智能、工业 4.0 等新兴领域发展的背景下，“大计算”开始成为一种趋势。高性能计算也是“大国”争夺的信息制高点，得到各国政府的大力支持。德国、美国、俄罗斯等发达国家都陆续部署了适合各自国家发展的“计算战略”。如美国政府将高性能计算确定为“事关国家未来命运”战略高度。我国从 2013 年也开始进行计算战略研究——“高性能计算。突破 E 级计算机核心技术，依托自主可控技术，研制满足应用需求的 E 级高性能计算机系统，使我国高性能计算机的性能在‘十三五’期间保持世界领先水平”(“十三五”国家科技创新规划，2016)。

注：E 级指的是 EFLOPS(Exa FLOPS，每秒百亿亿次浮点运算。FLOPS 的全称是 Floating Point Operations Per Second，含义是每秒执行浮点运算的次数)。

3)　普适计算和云计算

普适计算(Ubiquitous Computing 或 Pervasive Computing)是指无处不在和不知不觉的计算。在普适计算的模式下，人们能够在任何时间、任何地点，以任何方式进行信息的获取与处理。1991 年，马克·维瑟(Mark Weiser，美国施乐 Xerox 公司 PARC 研究中心首席科学家，被誉为“计算机系统领域的菲尔兹奖”的马克·维瑟奖就是以他的名字命名)发表在 *Scientific American* 上的文章《21 世纪的计算机》(*The Computer for the 21st Century*)正式提出了“普适计算”的概念。“意义最深远的技术是那些消失了的技术，它们将自己编织到日常生活的织物中而无法分辨”。 1999 年，IBM 也提出普适计算(称之为 Pervasive Computing)的概念，即无所不在的、随时随地的计算。1999 年，欧洲研究团体 ISTAG 提出了环境智能(Ambient Intelligence)的概念，即在智能终端设备与环境之间建立一种共生关系，通过对环境的感知实现设备间的无缝连接，形成人机和环境协调统一。以上三词同义，都强调以普适性和透明性的方式提供个性化的资源和服务，从而实现计算融入人类社会，而不是人类社会融入计算世界的目标。“在不久的将来，计算机的虚拟世界将会与人和物的实际世界融合，一个涵盖了人、机、物的‘超世界’将会形成”(张尧学，2011)。

云计算(Cloud Computing)是一种基于互联网的超级计算模式，其目标是把一切都拿到网络上，“云”就是网络，网络就是计算机的组合，是计算机技术和通信技术紧密结合的产物。狭义的云计算一般是指通过网络以按需、易扩展的方式获得所需的软硬件和平台资源。提供资源的网络被称为“云”，“云”中资源在使用者看来是可无限扩展的，可随时获取，按需使用，按使用付费，就像使用水电一样使用信息技术等基础设施。广义的云计算是指通过网络以按需、易扩展的方式获得所需服务。其中的服务可以是与信息技术、软硬件、互联网相关的服务，也可以是其他类型的服务。

普适计算与云计算相比概念范畴更大、实现途径和方式更具体。云计算是实现“普适计算”的目标——“计算将会融入人类社会”的第一步。

4)　计算主义

随着计算机技术的发展和应用普及，计算主义(Computationalism)随之兴起。它认为心灵活动的实质就是计算，心灵、生命乃至整个宇宙的存在形式都可被隐喻为计算，计算主

义被认为是一种新型的世界观，甚至是方法论。

计算主义可以追溯到中国古代的《易经》，这部经典著作的精髓被认为是最古老的计算主义。计算主义的历史比计算机本身要长，早在 17 世纪，英国政治家、哲学家托马斯·霍布斯(Thomas Hobbes)创立了机械唯物主义，提出"思想就是计算"。一些近代哲学家更是把计算主义等同于关于心灵的计算机理论(the Computer Theory of Minds)。随着计算理论的发展和现代计算机的出现，当代计算主义逐渐兴起。20 世纪 30 年代，阿兰·图灵提出了"可计算性理论"，图灵机将计算建立在简单的机械步骤之上，揭示了长期被视为心灵高级功能的计算具有机械属性。从此，心灵与机器联系在一起。20 世纪 40 年代，被视为"数字物理学"(Digital Physics)和"数字哲学"(Digital Philosophy)开创者的德国科学家康拉德·楚泽(Konrad Zuse)最早把宇宙设想为一台巨大的、可自我进化的计算机，具有世界观意义的计算主义思想获得更多关注。1990 年，著名物理学家约翰·阿奇博尔德·惠勒(John Archibald Wheeler)提出了"万物源于比特"。1997 年，"递归人工神经网络之父" 尤尔根·施米德休伯(Jurgen Schmidhuber)提出了"宇宙可计算性"观点。2000 年，量子力学专家塞斯·罗伊德(Seth Lloyd)提出了宇宙计算的思想。2002 年，英国科学家史蒂芬·沃尔弗拉姆(Stephen Wolfram)提出了宇宙是一个巨型的计算系统的观点。2012 年，14 位来自不同国家的欧美学者联合发表了《计算社会科学宣言》，将计算主义贯彻到社会科学的研究之中，倡导以信息与通信技术为基础，利用超级计算机等计算技术处理数据来开展社会科学研究，创新反映社会复杂性和多样性的研究方法，对社会和行为系统的复杂性进行建模。

"计算主义的世界观转变意味着人类中心论的又一次转变，从地心说到日心说，从人类理性为中心到以计算理性为中心"(《用计算的观点看世界》，2009，郦全民)。

1.1.3 计算思维

相比计算主义将心灵、生命乃至宇宙隐喻为计算，计算思维是将计算作为一种普遍的认识和一类普适的技能，被认为是与 3R(reading，writing and arithmetic，读、写、算)技能同等重要。

1. 计算思维的提出与定义

计算思维(Computational Thinking)的概念最早是由美国卡内基·梅隆大学计算机科学系主任周以真(Jeannette M. Wing)教授提出的。她于 2006 年 3 月在 *Communications of the ACM* 杂志上首次提出计算思维的概念："计算思维是运用计算机科学的基础概念进行问题求解、系统设计, 以及人类行为理解等涵盖计算机科学之广度的一系列思维活动"。

2. 计算思维的内涵

周以真教授对计算思维的本质和内涵又做了补充性解释，她指出：

(1) 计算思维是人的思维，而不是机器的思维。

数学家运用数学思维进行数学推理、工程师运用工程思维设计制造产品、艺术家运用艺术思维创作艺术作品，他们都在运用自己独特的思维方式解决自己领域的问题。同样，

计算机科学家也是运用自己独特的计算思维，利用计算机来解决问题。计算思维就是一种计算机科学家解决问题的思维方式，学习计算思维，就是学会像计算机科学家一样思考和解决问题。

“我们所使用的工具影响着我们的思维方式和思维习惯，从而也将深刻地影响着我们的思维能力。”(艾兹格·迪杰斯特拉，Edsger Dijkstra)。随着计算机的普遍应用，计算思维也就从计算机科学家所特有的思维成为一种各领域通用的思维方式。

(2) 计算思维不是一种人为创造出来的思维方式，而是源于数学思维、工程思维和科学思维，是三者的互补和融合。

计算思维尽管是计算机科学家利用计算机解决问题时的思维方式，但因为计算机科学与数学思维方法、工程思维方法、科学思维方法的密切联系，所以计算思维吸取了问题解决所采用的数学思维方法，现实世界中复杂系统的设计与评估的工程思维方法以及复杂性、智能、心理、人类行为理解等的科学思维方法。

注：数学思维主要是指运用数学概念、思想和方法，通过观察、实验、归纳、演绎、比较、分类、设想、抽象、概括等方法对于现实世界的问题进行定量思考和理性认识，以数学的语言和符号合乎逻辑、准确地阐述思想和观点，判断问题。数学思维具有抽象性、严谨性和统一性的特征。工程思维是指人们在进行工程设计、研究和实践中所形成的独特思维方式，其核心是运用各种知识解决工程实践问题。工程思维具有筹划性、功利性、可靠性、集成性和个别性特征。科学思维是一种基于实证的思维方式，是建立在事实和逻辑基础上的对客观世界的理性思考。科学思维的目标是发现真理或者普遍的科学规律。科学抽象是科学思维的基本内核。科学思维的一般过程是相信真理和客观事实的存在，并努力探索和发现它。对于未知的事物会作出猜想，并通过发现客观事实进行合乎逻辑的推理来证明猜想。

(3) 计算思维作为方法论，从狭义上来说，是思考如何将问题求解过程映射为计算机程序的方法。众所周知，计算机程序的灵魂是算法，维基百科(Wikipedia)也将计算思维定义为：一种新的利用算法高效求解大规模复杂问题的计算机科学技术广泛使用的问题求解方法。然而计算思维不完全等同于写算法，更不等同于具体的程序设计和写代码，而是对问题的求解过程进行多层次、概念化的抽象，像计算机科学家那样去思维，意味着远远不止能为计算机编程。

(4) 当今社会，计算思维正在成为一种普适性思想和方法。

随着计算机的普遍应用，计算无处不在，使得计算思维已经不再是一种刻意表现和运用的思维方法，而是所有人可能在任何地方和时刻，在求解问题、设计系统、理解人类行为过程中有意识、自然地运用计算概念进行思考的思维方法，它正在融入人类活动的整个过程和方方面面。

那么，计算思维的本质是什么呢？周以真教授指出：计算思维的本质是抽象(Abstract)和自动化(Automation)。因对计算复杂性理论做出卓越贡献而获 ACM 图灵奖的理查德·卡普(Richard M. Karp)认为，任何自然系统和社会系统都可视为一个动态演化系统，演化伴随着物质、能量和信息的交换，这种交换可以映射为符号变换，使之能用计算机进行离散的符号处理。当动态演化系统抽象为离散符号系统后，就可以采用形式化的规范描述，建立模型、设计算法和开发软件来揭示演化的规律，实时控制系统的演化并自动执行。这揭示了计算的本质，计算就是抽象过程的自动化执行。而在计算机普遍应用的今天，计算就是用一台计算机去自动化执行抽象，而计算思维正是关于这个过程的思维。计算思维的本质如图 1-5 所示。

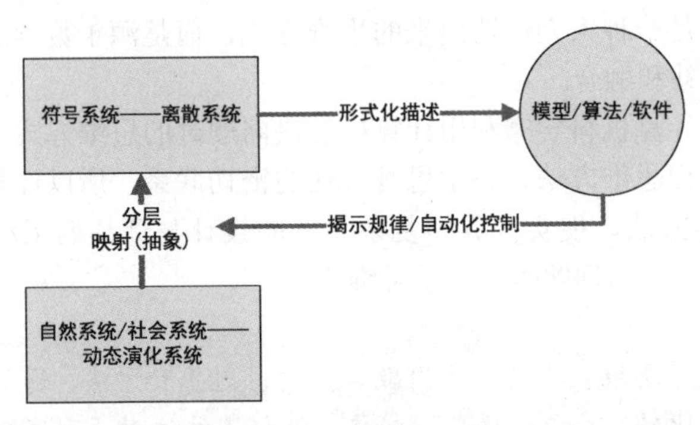

图 1-5　计算思维的本质

注：抽象层次是计算思维中的一个重要概念。人们可以根据不同的抽象层次，将注意力集中在感兴趣的抽象层次，有选择地忽略某些细节，控制系统的复杂性。

3. 计算思维的应用

计算思维在问题求解、系统设计以及人类行为理解等方面有着广泛的应用。计算思维首先运用计算机科学的基础概念和科学理论，判断问题的复杂性和可计算性，然后通过约简、嵌入、变化、转化和仿真等，对问题、系统进行抽象和分解，形成我们能够容易理解的问题陈述和问题求解方法，然后建立模型、设计算法和编程实现，最后在计算机中运行来求解问题、进行复杂系统仿真、处理海量数据来理解人类行为等，实现了从想法到问题求解、系统设计和人类行为理解整个过程的自动化、精确化和可控化，拓展了人类认知世界和解决问题的能力和范围。

计算思维在各个学科中的影响越来越深入。例如，随着海量数据和大数据处理技术的发展，传统的统计学正在被机器学习、大数据分析与挖掘所改变，统计分析可处理的问题规模急速增长，计算思维正在改变着统计学家的思考方式。而在生物科学领域，计算生物学正在改变着生物学家的思考方式，运用数据分析理论和方法、数学建模和计算机仿真等技术，进行基因测序、为蛋白质结构建模，甚至模拟出整个生物世界，以解决生物问题。还有计算博弈理论正改变着经济学家的思考方式，纳米计算改变着化学家的思考方式，量子计算改变着物理学家的思考方式等。

计算思维不仅仅改变着各个领域科学家的思维方式，而是因其普适性正在成为每一个人的思维技能之一。其实，在现实生活中，人们的很多做法就是计算思维的产物。早在计算机产生之前，计算思维的思想和方法在人类生活中就有了很多的应用。只是随着计算机

技术的发展和计算机的普遍应用，计算机成为抽象自动化的理想工具，计算思维才受到越来越多的重视和更为有意识的、更为广泛的运用。

【例 1-1】 换筐问题：将一筐苹果和另一筐苹果进行交换。这是现实生活中一个普通问题，我们可以按照如下步骤解决这个问题，并用自然语言描述出来。

步骤 1：将第一筐苹果倒在地上；

步骤 2：将第二筐苹果倒在第一筐里；

步骤 3：将地上的苹果捡到第二个筐中。

以上是解决换筐问题的方法和步骤，即算法(以下称为算法 1)。这个交换过程可以被符号化，即用 x 表示第一筐中的苹果，用 y 表示第二筐中的苹果，用 z 表示地上的苹果，则以上的交换过程就被离散化为符号系统中的符号变换的过程，如下所示(以下称为算法 2)：

$$z=x$$

$$x=y$$

$$y=z$$

其中：等号“=”，表示将其右边的内容放到其左边，即 $z=x$ 表示将 x 中的内容放在 z 中，也就是用符号表达了将第一筐中的苹果倒在地上。

以上的符号变换经过计算机语言的描述，就成为计算机程序，执行这个程序，就模拟了换筐问题的整个过程。其中，将换筐问题描述为算法 1 是一个层次的抽象，而其符号化映射为算法 2 是另一个层次的抽象。两者都体现了抽象的特点，如忽略筐的大小、苹果的数量等细节信息，而保留交换过程中事物(筐、地)及其之间的关系。而算法 2 更是在更高层次上进行了抽象，更是忽略了筐和地的信息以及交换物具体所指——苹果的信息，而把换筐问题的解决直接描述为两个事物利用第三方事物进行交换这一普遍方法的模型。这个模型经过计算机编程，而被自动化，即实现了抽象的自动化。而这个计算机程序的执行过程又可以为解释、模拟和控制更复杂的换筐问题(我们称之为交换问题，如汉诺塔问题)提供强有力的工具。同时，这也是计算思维分解和递归思想的体现，复杂问题的解决可以先从简单、单一问题的解决入手。

1.2　认识计算机

1.2.1　什么是计算机

“一千个人眼里就有一千个哈姆雷特”，很多人脑海里都有自己对计算机的认识。

计算机的英文是“Computer”，有 400 多年的历史。根据牛津英语词典，第一次使用“Computer”一词是在 1613 年英国作家理查德·布雷斯韦特(Richard Braithwaite)的 *The Yong Mans Gleanings* 一书中。经证实，早在 17 世纪 40 年代，它用于表示“an person at calculation (or at operating calculating machines)”，即操作计算工具的“人”。到了 1897 年，“Computer”才成为“a machine for performing calculations automatically”，即自动化执行计算的“机器”。直到 20 世纪 40 年代第一台电子计算机的诞生，人们才开始真正赋予了“Computer”的现代含义。

随着计算机技术的发展和普遍应用，各种形态的计算机层出不穷，很难给计算机下一个很全面和权威的定义。然而，现代电子计算机作为一种电子设备，都能够完成以下工作：可以接收并存储数据；按照事先存储的指令自动地处理数据；产生输出结果。

1.2.2 计算机的历史和未来

1. 计算机的历史

沿着时光轴前行来到 1944 年。为了进行火炮弹道轨迹的计算，美国陆军军械部弹道研究所邀请宾夕法尼亚大学摩尔电子工程学院的约翰·莫克利(John Mauchly)博士和普雷斯波·艾克特(J. Presper Eckert)研制一台拥有强大计算能力的机器，以期提高计算速度。当时任弹道研究所顾问、正参与着美国第一颗原子弹研制工作的美籍匈牙利科学家、数学家、化学家冯·诺依曼(John Von Neumann)带着原子弹研制过程中遇到的大量计算问题，参与了研制工作，并为许多关键问题的解决做出了重要贡献。这台计算机就是后来闻名于世的ENIAC(Electronic Numerical Integrator and Computer，电子数字积分计算机)(见图 1-6)，它被认为是世界上第一台通用电子计算机。ENIAC 除了计算速度快，还具有按预编程序自动执行算术和逻辑运算以及存储数据的功能。

1952 年，世界上第一台现代通用计算机 EDVAC (Electronic Discrete Variable Automatic Computer，电子离散变量自动计算机)(见图 1-7)正式投入运行。与 ENIAC 一样，EDVAC 也是约翰·莫克利和普雷斯波·艾克特为弹道研究实验室研制。冯·诺伊曼以技术顾问参与工作，并于 1945 年 6 月发表了一份长达 101 页的著名的《关于 EDVAC 的报告草案》，报告提出的著名的冯·诺伊曼体系结构一直沿用至今。EDVAC 报告在现代计算机发展史上具有划时代、里程碑的作用，其对现代计算机的贡献主要有两点。

(1) 计算机由五大部分构成，包括运算器、控制器、存储器、输入和输出设备。

(2) 使用二进制。

现在一般计算机被称为冯·诺依曼结构计算机，冯·诺依曼也被誉为“计算机之父”。

1941 年，法定的世界上第一部电子计算机阿塔纳索夫-贝瑞计算机(Atanasoff-Berry Computer，ABC)(见图 1-8)诞生。它是爱荷华州立大学的约翰·文森特·阿塔纳索夫(John Vincent Atanasoff)和他的研究生克利福特·贝瑞(Clifford Berry)在 1937 年设计、1942 年成功测试，用于求解线性方程组，能够执行数值和逻辑运算，具有数值存储和打孔数据输入功能，采用二进位制，不可编程的现代意义的电子计算机。

图 1-6 ENIAC 电子计算机

图 1-7 EDVAC 电子计算机

图 1-8 ABC 电子计算机

在计算机发展历史上，发生过许多推动时代发展的事件，出现众多影响时代的人物。1623 年德国数学家契克卡德(Wilhelm Schickard)发明了齿轮式计算机，被认为是世界上第一台机械式计算机；1642 年法国大思想家帕斯卡(B.Pascal)发明了著名的帕斯卡机械式计算机，被认为是真正的计算机；1671 年，莱布尼茨对帕斯卡的机械式计算机进行了改进，发明了乘法机；19 世纪下半叶，英国数学家、哲学家、发明家和机械学家查尔斯·巴贝奇(Charles Babbage)发明了类似于近百年后的电子计算机的差分机；20 世纪 40 年代世界上第一台电子计算机诞生，冯·诺伊曼著名的“101 页报告”发表；70 年代，Internet 的雏形 ARPAnet (Advanced Research Projects Agency network) 完成，C 语言的开发完成。以 Intel 公司研制成功的微处理器芯片 Intel 8080 为标志，又随着爱德华·罗伯茨(Edward Roberts，PC 之父)于 1974 年推出的个人电脑 Altair 8800，微处理器和微机时代从此开始；80 年代，IBM 推出了世界上第一台以 PC(Personal Computer，个人计算机)命名的个人计算机，标志着 PC 时代的来临，微软推出了 MS-DOS 操作系统，为 PC 之后的风靡全球、走入千家万户起到了重要的推动作用；90 年代，Microsoft Windows 操作系统被大众认可，开创了图形化界面的时代。1992 年开始了互联网发展的黄金十年。20 世纪末的微处理器主频大战，促使计算机处理速度得到迅猛提高；21 世纪，智能手机、平板电脑的出现推动了互联网、移动互联网的时代到来。人工智能技术的发展正在影响着世界经济和人类生活、推动着社会的进步。

计算机工业按照物理器件划分计算机的发展时代，见表 1-1。

表 1-1　计算机的发展按照物理器件的发展划分

时间	第一代	第二代	第三代	第四代
	1946—1958 年	1959—1964 年	1965—1970 年	1971 年至今
主要元器件	电子管	晶体管	集成电路	大/超大规模集成电路
软件	机器语言、汇编语言	操作系统、高级语言及其编译程序	分时操作系统以及结构化、规模化程序设计方法	数据库管理系统、网络管理系统和面向对象语言
每秒运算次数	千次	十万～百万次	百万～千万次	千万次以上
主要特点	体积大、功耗高、可靠性差、速度慢、价格昂贵	体积缩小、能耗降低、可靠性提高、运算速度提高	速度更快、可靠性显著提高、价格进一步下降、通用化、系列化和标准化	进入微机时代、网络时代、移动互联网时代
主要用途	军事和科学研究	科学计算、事务处理、工业控制	进入文字处理和图形图像处理领域	从科学计算、事务管理、过程控制走入家庭

1956 年，我国在制定《十二年科学技术发展规划》时将发展电子计算机列为国家的 4 项紧急措施之一，中国的计算机事业从此开始。最早的拓荒者、被誉为中国计算机技术奠基人的华罗庚教授，以及数学家冯康先生、张效祥院士、自主创新楷模王选教授等都为中国计算机事业做出过重要贡献。20 世纪 50 年代，中国科学院计算技术研究所诞生。103 机(见图 1-9)等一系列小型、大型通用计算机的研制成功，标志着我国快速进入计算机的自

主设计和研发阶段；60 年代，我国自主设计研制的大型通用晶体管计算机 109 系列，在国防部门长年服务，成为“功勋机”；80 年代，我国自主设计研制的银河、神威和曙光等系列大规模并行机/机群陆续推出。1983 年，中国第一台真正意义上的超级计算机银河 I 号巨型机(见图 1-10)诞生，其运算速度达到 1 亿次浮点运算/秒(FLOPS)。在以后的 30 年时间里，我国自主设计研制的超级计算机的运算速度先后突破十亿、百亿、……、千万亿 FLOPS。2011 年，天河 1A 超级计算机的运算速度首次超过美国排名世界第一，并连续多年夺冠，目前天河二号(见图 1-11)运算速度已达到 33.86 PFLOPS(Peta FLOPS，千万亿次浮点运算/秒)。2016 年，使用中国自主研制芯片的“神威 • 太湖之光”超级计算机以 93.01 PFLOPS 荣登世界榜首；进入 21 世纪，我国自主研发的通用 CPU 芯片“龙芯”(Longstanding)诞生，尽管还与 Intel 等有着较大差距，自主可控的道路还很长，但它正在为解除我国缺乏具有自主知识产权的 CPU 芯片这一中国计算机产业一大“芯”病而努力。

图 1-9　103 机

图 1-10　银河 I 巨型机

图 1-11　天河二号超级计算机

2. 计算机的未来

1943 年，IBM 创始人托马斯 • 沃森(Thomas Watson Jr.)预言：“我认为也许 5 台计算机就能够满足全世界的需要。”1981 年，比尔 • 盖茨(Bill Gates)提出：“个人计算机不需要超过 637KB 的内存，640KB 对任何人来说都足够了。” 1995 年，以太网的发明者罗伯特 • 梅特卡夫(Robert Metcalfe)曾说：“我预测互联网将很快成为一颗壮观的超新星，并在 1996 年灾难性的陨落。”看来预测计算机的未来也许是一件极其有风险的事，然而计算机的发展趋势是不可否定的。

计算机将与一些新技术相结合，并向巨型化、微型化、网络化、智能化的方向发展。

1)　巨型化

超级计算机(Super Computer，又称巨型计算机)的研制是一个国家的重要战略之一，对国家安全、经济和社会发展有着极其重要的意义。应用于大规模科学计算和海量数据处理的超级计算(Super Computing)、高性能计算(High Performance Computing，HPC)在量子力学、天气预报、气候研究、油气勘探、分子建模和物理模拟，如核试验模拟、宇宙飞船、飞机、空气动力学、汽车制造、电影动画模拟、生物制药、基因测序等方面都有着重要应用。随着微处理器芯片技术的发展，运算速度急剧提高的同时，水冷技术的发展带来散热能耗的降低，促进了计算机的“巨型化”发展。“巨型化”指的是在计算机的运算速度和性能上的“巨型化”，而不是体积。

2)　微型化

随着半导体技术的发展、微晶片的使用、大规模/超大规模集成电路技术与纳米技术的结合、处理器加工工艺的提高，未来计算机芯片集成度将越来越高，芯片体积越来越小，能耗越来越低，而运算速度将越来越快、可靠性将越来越高、功能将越来越强，计算机将向更小、更轻的方向发展。

3)　网络化

“今后几十年，我国发展信息科学技术的主要任务是构建‘普惠泛在的信息网络体系’”(李国杰，2013)。随着互联网和移动互联网技术的发展、应用的深化和普及，将整个互联网整合成一台巨大的超级计算机，实现计算资源、存储资源、数据和信息资源的全面共享和协同工作，从而最大限度地利用资源，降低计算成本，已经成为计算机可以看到的未来。

4)　智能化

让计算机能够模拟人类的智力活动，如学习、思维、感知、联想、理解、判断、推理等能力，使之具有理解语言、声音、文字、图像和使用自然语言进行人机交互，以及汇集记忆、检索知识，从而解决复杂问题的能力，计算机智能化(Computer Intelligentization)的目标，它结合了现代计算技术、通信技术、人工智能、仿生学、神经科学等。而人工智能是计算机智能化主要技术和研究领域。人工智能“始终处于不断向前推进的计算机技术的前沿，互联网的普及和大数据的兴起又一次将人工智能技术推向新的高峰”(《中国计算机学会通讯》)。随着人工智能技术研究突飞猛进，计算机智能化正在逐步变为现实。

随着高新技术的发展，计算机技术也将与微电子技术、光学技术、超导技术、电子仿生技术结合，成为未来计算机发展的新趋势。光子计算机、超导计算机、纳米计算机、生物计算机、DNA计算机、量子计算机、神经元计算机、神经网络计算机等领域的研究将取得重大的突破。

1.2.3　计算机的类型

自20世纪40年代至今，计算机以手机、笔记本电脑、云服务器、嵌入式设备等各种各样的形式，进入人们生活的方方面面，成为每个普通人脑力的延伸。

1. 按计算机处理数据的形态分类

按计算机处理数据的形态分类，可划分为数字计算机(Digital Computer)、模拟计算机(Analog Computer)和数模混合计算机(Hybrid Computer)。

模拟计算机是利用不断变化的物理现象，如电、机械或液压等来模拟正在解决的问题。

数模混合计算机是同时具有模拟计算机和数字计算机特征的计算机。数字部件通常作为控制器，并提供逻辑和数值运算，而模拟组件通常作为求解微分方程和其他复杂的数学方程。

2. 按计算机的使用范围分类

按计算机的使用范围分类，可划分为通用计算机(General-Purpose Computer)和专用计算机(Special-Purpose Computer)。

通用计算机广泛适用于一般科学运算、学术研究、工程设计和数据处理等，具有功能多、配置全、用途广、通用性强的特点，市场上销售的计算机多属于通用计算机。

专用计算机是为适应某种特殊需要而设计的计算机。因其功能单一、结构简单、使用面窄，甚至可能专机专用，所以专用计算机在解决特定问题时速度快、可靠性高，且价格便宜。

专用计算机的一个最为典型的应用就是嵌入式系统(Embedded System)。嵌入式系统是一种完全嵌入受控器件内部，如一个更大的机械或电气系统中，为特定应用而设计的具有专用功能的专用计算机系统，所有带有数字接口的设备，如手表、MP3 播放器、照相机、录像机等便携式设备，家电、汽车、交通灯控制器、工厂等大型固定设施，都可使用嵌入式系统。通常，嵌入式系统由一个或几个预编程的微处理器或者单片机组成。与通用计算机能够运行用户选择的软件不同，嵌入式系统上的软件通常是不变的，经常称之为“固件”。目前，嵌入式系统包含了操作系统，或在硬件上建立智能化机制，可增强其可编程性。

3. 按计算机的规模分类

按计算机的规模分类，可划分为超级计算机(Super Computer)、主机(Mainframe Computer)、小型机(Mini Computer)、笔记本电脑(Laptop，Notebook Computer)、个人计算机(Personal Computer，PC)、单片机(Microcomputer)、智能手机(Smartphone)。

(1) 智能手机是指装有移动操作系统的移动电话。它通常是袖珍的，具有手机和个人计算机的功能，通常具有图形用户界面和触摸屏，可以收发语音、创建和收发文本信息，具有 PDA、媒体播放器、视频游戏、GPS 导航、数码相机和数码摄像机功能，可以上网，运行各种第三方软件 App(应用程序，Application 的缩写，一般指手机软件)。

(2) 单片机是一种体积较小、相对便宜、带有一个微处理器的计算机，曾风靡于 20 世纪 70 年代和 80 年代。一般来说，配置了用于输入和输出的键盘和显示器的单片机就是个人计算机。

(3) 个人计算机是一种大小、性能和价格适合于个人使用的多功能计算机。使用者可以通过图形用户界面(如 Windows 系统)、键盘、显示器、打印机、鼠标、扬声器和硬盘等外部设备使用计算机，一般具有通用性。

(4) 笔记本电脑是一种小型的、翻盖式的便携式个人计算机。打开翻盖使用电脑时，翻盖的上方是一个轻薄的 LCD 显示屏，下方是一个字母数字键盘。电脑可折叠，适合移动使用。

(5) 小型计算机是指出现于 20 世纪 60 年代，由 DEC 公司首先开发，采用精简指令集处理器，性能和价格介于 PC 服务器和大型主机之间的一种高性能 64 位计算机。自 20 世纪 90 年代以来，该术语已被“中型计算机”(Midrange Computer)所取代，随着“客户机-服务器”(C/S)计算模式成为主导，这类计算机通常又被称为“服务器”。

(6) 大型主机又称大型机(big iron，又称“大铁”)，使用专用的处理器指令集、操作

系统和应用软件，主要用来进行如海量数据处理的一些大型应用，如人口、产业和消费统计，企业资源规划和事务处理。

自 20 世纪 80 年代以来，随着计算机的网络化和微型化，传统的集中式处理和主机模式越来越不能适应人们的需求，致使传统的大型机和小型机都陷入了危机。为此，一些大型机和小型机改变原来的模式而成为 C/S 模式中的服务器，不能适应这种变化的传统小型机被淘汰，而大型主机却因其高可靠性、稳定性和安全性，较强的 I/O 处理能力等长盛不衰。

(7) 超级计算机，旧称巨型机，是一种具有高计算能力的计算机。一台超级计算机的性能是每秒浮点运算测试(FLOPS)而不是每秒百万条指令(MIPS)。大规模并行超级计算机通常是一个使用很多处理器或者集群中组织多台计算机的计算系统和环境。截至 2017 年 6 月，世界上最快的超级计算机是我国的“神威·太湖之光”。

超级计算机与大型主机都具有很强的计算能力，而它们之间也存在如下差别。

(1) 超级计算机使用通用处理器，UNIX 或 Linux 操作系统，而大型机一般使用专用指令系统和操作系统。

(2) 超级计算机擅长数值计算(科学计算)，而大型主机擅长进行非数值计算(数据处理)；

(3) 超级计算机用于尖端科学领域，特别是国防领域，而大型主机主要用于商业领域，如银行和电信。

1.3　计算机中的数据表示

计算系统和计算机都是以数据为核心，那么什么是数据？在计算机中数据是如何表示的？

我们经常使用手机拍摄照片，并将其存储在计算机中。照片作为图片数据是一种数据形式，可以被计算机存储和管理。数据(Data)，是描述人、事件、事物以及思想的符号记录，是对客观事物的基本值或事实的符号表示。其表现形式可以是数字、文本、图像、图形、音频、视频等。信息(Information)，是指用某种方式组织或处理过的数据，是有意义的数据，是对数据的语义解释。而数据是未组织过的，缺乏上下文，缺乏语义，是符号化的信息，是信息的符号或载体。不作严格区分的场合下，数据和信息可以是同义词。

数据表示是指数据存储、处理和传输的形式。计算机可以存储和管理的现实世界中的数据有多种形式，那么这些数据在计算机中是如何表示的呢？

1.3.1　数制与转换

1. 数制的概念

数制(Numeral System)也称计数制，是用一组固定的符号和统一的规则来表示数值的方法。任何一个数制都包含三个基本要素：数码、基数和位权。其中，数码为数制中表示数值大小的数字符号，如十进制有 0～9 十个数字符号作为数码；基数是数制中使用的数码个数，如，二进制的基数为 2，十进制的基数为 10；位权是数制中某位上的 1 所表示的数

值大小，即所处位置的价值，如：十进制数 123 中“1”的位权是 100，二进制数 100 中“1”的位权是 4。

在人们日常生活中最熟悉的、使用最多的数制是十进制数，使用 0～9 十个数字符号，计数规则是“逢十进一，借一当十”。

2. 计算机领域常用数制

现代计算机的体系结构仍然是冯·诺依曼结构，其特点是采用二进制作为计算机的数制基础。二进制传说来自于中国古代的八卦阴阳。在二进制中，使用 0 和 1 两个数字符号，计数规则是“逢二进一，借一当二”。包括数字、文本、图形图像、音频、视频在内的各种表现形式的数据，在计算机中都以二进制数的形式来表示和存储。表 1-2 给出了二进制数的加减运算规则。

表 1-2　二进制数的加减运算规则

加　法			减　法		
加数 / 被加数	0	1	减数 / 被减数	0	1
0	0	1	0	0	借位，1
1	1	10	1	1	0

然而二进制在使用、记忆和书写时非常不便，所以在计算机领域还经常使用十六进制和八进制数来简化二进制的书写，方便记忆。而且，与十进制相比，八进制和十六进制数与二进制数之间的转换更为方便，故在一些程序语言和指令中的地址、指令码多使用八进制和十六进制数来表示。在八进制中，使用 0～7 八个数字符号，计数规则是“逢八进一，借一当八”。在十六进制中，使用 0～9 和 A～F(或 a～f)十六个数字符号，计数规则是“逢十六进一，借一当十六”。

3. 常用数制的转换

在日常生活中常用十进制数，而计算机中只能使用二进制数，计算机领域又多使用八进制和十六进制数，四种进制数在使用中经常会进行相互之间的转换。

1)　二进制→十进制，八进制→十进制，十六进制→十进制

任何进制的数都可以使用一个通式来展开表示。该通式表示为每一位上的数码乘以基数的幂次方之和。其中，每个数码乘以的基数的幂为该数码在该数中的从低位向高位的位置序号(位置序号从 0 开始)，如：一个 n+1 位十进制数 $a_n\, a_{n-1}\cdots\ a_1\, a_0$ 的展开通式为：

$$a_n\times10^n+a_{n-1}\times10^{n-1}+\cdots+a_1\times10^1+a_0\times10^0$$

若 $a_n\, a_{n-1}\cdots\ a_1\, a_0$ 为二进制数，其展开通式为：

$$a_n\times2^n+a_{n-1}\times2^{n-1}+\cdots+a_1\times2^1+a_0\times2^0$$

进一步地，该通式的运算结果，即为 $a_n\, a_{n-1}\cdots\ a_1\, a_0$ 的十进制数值。

【例 1-2】 求十进制数 123 和二进制数 1011 的展开通式，并求两个数的十进制数值。

$$(123)_{10} = 1\times10^2+2\times10^1+3\times10^0$$

$$(1011)_2 = 1\times2^3+0\times2^2+1\times2^{1+}1\times2^0=(11)_{10}$$

表 1-3 所示为十、二、八和十六进制数制的转换为十进制的展开通式。

表 1-3　常用数制的数码、基数、规则和展开通式(转换为十进制数)

数　制	数　码	基数	规　则	展开通式(转换为十进制数值)
十进制	0,1,2,3,4,5,6,7,8,9	10	逢十进一	$a_n\times10^n+a_{n-1}\times10^{n-1}+\cdots+a_1\times10^1+a_0\times10^0$
二进制	0,1	2	逢二进一	$a_n\times2^n+a_{n-1}\times2^{n-1}+\cdots+a_1\times2^1+a_0\times2^0$
八进制	0,1,2,3,4,5,6,7	8	逢八进一	$a_n\times8^n+a_{n-1}\times8^{n-1}+\cdots+a_1\times8^1+a_0\times8^0$
十六进制	0,1,2,3,4,5,6,7,8,9,A,B,C,D,E,F	16	逢十六进一	$a_n\times16^n+a_{n-1}\times16^{n-1}+\cdots+a_1\times16^1+a_0\times16^0$

2)　十进制→二进制，十进制→八进制，十进制→十六进制

十进制转换为其他进制的规则被称为“除进制基数 R 取余法”。具体规则为：

将十进制数逐次除以某个进制基数 R，直到商等于 0 为止，按照从后向前进行组合的顺序组合所得余数，从而得到从高位到低位的数。其中的 R 可以是 2、8 或 16，来实现十进制数向二、八和十六进制数的转换。

【例 1-3】　求十进制数 25 的二进制、八进制和十六进制数。

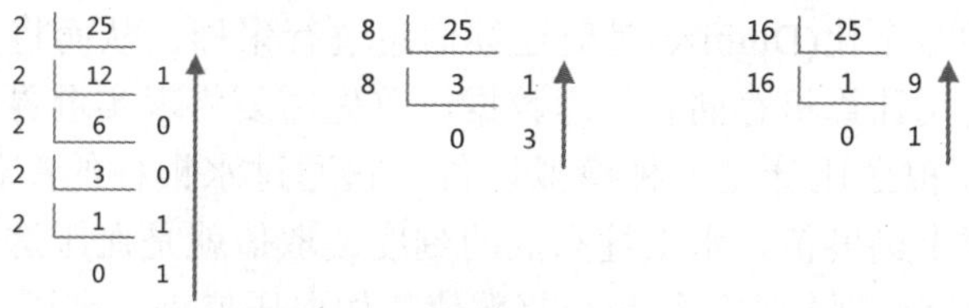

```
2 |_25            8 |_25           16 |_25
2 |_12   1 ↑      8 |_3    1 ↑     16 |_1    9 ↑
2 |_6    0 |          0    3 |           0   1 |
2 |_3    0 |
2 |_1    1 |
    0    1 |
```

则：$(25)_{10}=(11001)_2$，$(25)_{10}=(31)_8$，$(25)_{10}=(19)_{16}$

3)　二进制→八进制，二进制→十六进制

二进制数转换为八进制和十六进制数的规则如下：

将二进制数从低位(右)开始，每 3 位/4 位分为一组进行数制转换，将各组转换结果值组合起来，即为八进制和十六进制数。

【例 1-4】　将二进制数 1101010 转换为八进制和十六进制数。

```
1  101  010        110  1010
↓   ↓    ↓          ↓    ↓
1   5    2          6    A
```

则：$(1\ 101\ 010)_2=(152)_8$，$(110\ 1010)_2=(6A)_{16}$

在四种数制之间的转换实际运算中，经常使用各进制之间的简单对应关系实现速算，如表 1-4 所示。

表 1-4　各进制之间的简单对应关系

数　值				数　值			
十进制	二进制	八进制	十六进制	十进制	二进制	八进制	十六进制
0	0	0	0	8	1000	10	8
1	1	1	1	9	1001	11	9
2	10	2	2	10	1010	12	A
3	11	3	3	11	1011	13	B
4	100	4	4	12	1100	14	C
5	101	5	5	13	1101	15	D
6	110	6	6	14	1110	16	E
7	111	7	7	15	1111	17	F

1.3.2 计算机中的数值表示

1. 模拟数据与数字数据

现实世界大部分事物都是连续的和无限的，例如一根绳子的长度、两个城市之间的距离、大气温度值、人的血压值、汽车发动机的转速、电压等。一根绳子的长度是无限的，而我们说它的长度为 30 厘米，这仅仅是个近似值，是在 30 厘米附近取整的结果。即两个数之间的数值空间是无限的，任何一个数总能找到比它大或小的数。“理论上说，可以给出你和墙之间的距离，但你却绝对无法真正到达那座墙”。然而，在计算机中，因包括内存在内的硬件设备的存储和操作的数据空间是有限的，故需要将现实世界无限的数值空间映射为计算机中有限的数值空间。

表示数据的方法可以使用模拟法和数字法两种。模拟数据(Analog Data)是一种连续表示法，模拟它表示的真实信息。数字数据(Digital Data)是一种离散表示法，是连续数据的离散值。模拟数据的数字化(Digitize)是对连续信息进行采样，从而将其转化为间断的、分割的元素的过程。使用计算机存储和处理数据，首先需要将现实世界中的模拟数据经过数字化处理。例如，模拟血压计是一种模拟设备，它通过水银柱的高低来表示人的血压高低。为这个水银柱标上刻度值，水银柱高低的刻度读取值就是血压这个连续模拟数据的数字化值，即血压的数字数据，它往往是个整数值。如血压值为：高压 120，低压 80，医生会告诉你血压正常。

在计算机中之所以采用二进制这种计数制，而不是采用我们现实生活中普遍采用的、熟悉的十进制的原因是二进制的基数最少，技术实现最为简单和可靠。计算机使用电子元器件的两个物理状态，如逻辑电路的开/关两个状态，就能够表示“0”和“1”。同时，只用逻辑电路的开/关(电信号的高/低)两个绝对的、清晰的、具有很强分辨性的状态表示两个二进制数字，具有很强的抗干扰性；二进制的表示和运算规则简单，易于简化计算机内部结构，提高运算速度；计算机内部要实现大量的逻辑运算，而逻辑运算中的“真值”(True)和“假值”(False)与二进制的“0”和“1”正好对应，实现方便。

计算机中二进制数中的每个二进制位，简称为“位”(Bit)，是计算机中最小的数据单位，取值 0/1。1 位二进制数最多可以表示两种状态，如性别中的“男”和“女”，即可以用“1”表示“男”，“0”表示“女”。而要表示三到四种状态，则需要使用两位二进制数，如考试成绩中的“优秀”“良好”“及格”和“不及格”四种状态若用二进制数表示，则可以使用如表 1-5 所示的二进制值表示法。以此类推，三位二进制数可以表示现实世界事物的八种状态，即 n 位二进制数可以表示 2^n 种状态。

表 1-5 使用两位二进制数表示考试成绩的四种状态值

二进制数	状 态
00	不及格
01	及格
10	良好
11	优秀

8 位二进制数组成为一“字节”(Byte，B)，是计算机中用来表示存储空间大小的基本容量单位，计算机内存和外存的存储容量都是以字节为单位，可以是千字节(Kilobyte，KB。$1KB=2^{10}B=1024B$)、兆字节(Megabyte，MB。$1MB=2^{10}KB=1024KB$)、吉字节(Gigabyte，GB。$1GB=2^{10}MB=1024MB$)、太字节(Terabyte，$1TB=2^{10}GB=1024GB$)。而由若干字节可以组成(通常是字节的整数倍)一个字(Word)。字是指在计算机中作为一个整体被存储和处理的一组二进制数字，是计算机进行数据存储和数据处理的运算单位。一个字的位数称为字长(Word Length)。字长是计算机性能的重要指标，是由计算机中央处理器(CPU)所决定，不同档次的计算机有不同的字长。字长越长，计算机一次处理的信息位就越多，运算速度越快、精度越高。

2. 计算机中的数值表示

数据可分为数值型(Numeric)数据和非数值型(non-Numeric)数据两类。数值型数据是可参加算术运算或逻辑运算的数值，如 3+5=8，3<5。非数值型数据指数值型数据之外的数据，如：文本数据，图形图像、音频、视频等多媒体数据。

现实生活中使用的数值被称为真值，而该数值在计算机中的表示被称之为机器数。因数值型数据有整数和实数、正数和负数之分，故计算机中的数值表示有整数表示和实数表示、正数表示和负数表示。真值用“+”和“-”表示正负，而机器数将正负与绝对值一起用 0 和 1 来符号化，其中 0 表示正，1 表示负。而一个带符号的数值在计算机中又有原码、反码、补码三种表示法。

1)　原码、反码和补码

(1)　原码。将给定的真值的绝对值转换为二进制数，在最高位上使用 0 和 1 表示正负。如使用一字节(8 位二进制)表示±13 和±0 的原码为使用 0～6 位(共 7 位)二进制表示数值，而最高位(第 7 位)表示符号：

$[13]_{原}=00001101$　　$[-13]_{原}=10001101$　　$[+0]_{原}=00000000$　　$[-0]_{原}=10000000$

(2)　反码。正数的反码与原码相同，负数的反码符号不变，其余各位按位取反。

如：$[13]_{反}=00001101$　　$[-13]_{反}=11110010$　　$[+0]_{反}=00000000$　　$[-0]_{反}=11111111$

(3)　补码。正数的补码与原码相同，负数的补码符号不变，其余各位按位取反，并在最低位加 1。

如：$[13]_{补}=00001101$　　$[-13]_{补}=11110011$　　$[+0]_{补}=00000000$　　$[-0]_{补}=00000000$

机器数中的原码除符号位之外，其数值位中的二进制数即为真值，识别和理解方便。那机器数为何还需要使用反码和补码呢？在计算机的数据运算中，为简化运算基础电路的设计和简化计算，将机器数中包括符号位在内整个数值参与运算，并且本质上利用加法实现减法、乘法和除法运算。此时，若使用原码来表示机器数，则运算就可能造成错误的结果。如计算两个十进制真值 2 和 1 之间的减法可以利用 2 和-1 之间的加法实现，即 2-1=1，若在计算机中用原码(若使用 8 位二进制数)进行计算，则 $2-1=2+(-1)=(00000010)_{原}+(10000001)_{原}=(10000011)_{原}=(-3)_{10}$，得到一个错误的结果。那么，若机器数使用补码表示，以上问题就得到了很好的解决：$2-1=2+(-1)=(00000010)_{原}+(10000001)_{原}=(00000010)_{补}+(11111111)_{补}=(00000001)_{补}=(00000001)_{原}=1$。

溢出(Overflow)问题，给运算结果预留的位数不足以表示计算结果的情况。如上文中的$(00000010)_{补}+(11111111)_{补}$即出现了溢出问题。溢出是将无限的现实世界映射到有限的机器世界而发生的典型问题。无论给一个数值分配多少位数，都可能存在潜在的溢出问题。不同的计算机系统和程序设计语言对溢出问题都有着自己独特的处理办法。

```
        00000010
  +     11111111
  ---------------
      1 00000001
```

2) 定点数和浮点数

在计算机中表示一个实数的方法是将一个实数表示为一个整数和一个指示小数点位置的信息。小数点(Radix Point)是指在某计数制中，把一个实数分成整数部分和小数部分的点。那么，若将小数点固定在数值中的某个位置，就将这种数称为定点数(Fixed Point Number)，而小数点的值在数值中的位置不固定(在浮动)，就将这种数称为浮点数(Floating Point Number)。定点数中小数点位置一般位于数的最右或最左端，而分别表示定点整数和定点小数。在计算机的运算器中，数据小数点的位置是隐含固定的，若固定在最右端，如111，即为定点整数7；若固定在最左端，如0.111，即为0.875。定点数因其小数点位置固定而经常用于表示整数、浮点数中的尾数(小数部分)，其运算精度也往往高于浮点数，常常用于表示货币等数值。浮点数中小数点的位置是浮动的，一个实数用尾数(Mantissa)、基数(Basc)、指数(Exponent)和表示正负的符号来表示。尾数一般为实数值，可以是纯小数或只有1位整数的实数(称为科学记数法)的小数部分，其位数决定了浮点数的精度；指数又称阶码，为整数值，表示真值中小数点在尾数中的位置，其位数决定了浮点数的表示范围。如十进制真值18.75用科学记数法形式的浮点数可表示为1.875×10^1，其中1.875为尾数，10为基数，1为指数。若在计算机中使用二进制来表示$(18.75)_{10}=(10010.11)_2$，其科学记数法浮点数表示为$1.001011\times 2^4$。

1.3.3 计算机中的字符表示

除了数值型数据，其他非数值型数据包括文本和多媒体数据。文本数据是由字符(Character)组成的字符串，计算机以字符方式存储和处理文本数据。计算机需要存储和处理的字符可能包括英文字母、汉字(或其他语言)、不作为数值使用的数字(阿拉伯数字或其他)及其他符号。这些符号计算机不能直接识别、存储和处理，需要对其进行编码(Encoding)，即按照一定规则和顺序使用多位的二进制数值表示一个字符。

1. ASCII字符集和Unicode字符集

字符集是字符及其编码的集合。其中，ASCII字符集和Unicode字符集为国际上使用最为广泛的两种字符集。

1) ASCII字符集

ASCII(American Standard Code for Information Interchange，美国信息交换标准码)是基于拉丁字母的一套字符编码系统，主要用于显示现代英语语言，是目前最为通用的使用一字节进行编码的系统，并成为ISO国际标准。ASCII使用一字节8位二进制数进行字符编码，其中最高1位作为奇偶校验位，协助确保数据传输的正确。其余7位二进制整数表示

一个字符，即可表示的字符个数为 2^7=128 个，如表 1-6 所示。其中包括 26 个大写/26 个小写英文字母、10 个数字字符、33 个标点及其他符号和 33 个控制字符，共有 128 个字符。

表 1-6 标准 ASCII 字符集

$d_6d_5d_4$ / $d_3d_2d_1d_0$	000	001	010	011	100	101	110	111
0000	NUL(空)	DLE(转义)	SP	0	@	P	`	p
0001	SOH(标题开始)	DC1(设备控制 1)	!	1	A	Q	a	q
0010	STX(文本开始)	DC2	"	2	B	R	b	r
0011	ETX(文本结束)	DC3	#	3	C	S	c	s
0100	EOT(传输结束)	DC4	$	4	D	T	d	t
0101	ENQ(询问)	ANK(否认)	%	5	E	U	e	u
0110	ACK(确认)	SYN(同步)	&	6	F	V	f	v
0111	BEL(响铃)	ETB(组传输结束)	'	7	G	W	g	w
1000	BS(退格)	CAN(取消)	(	8	H	X	h	x
1001	HT(横向制表)	EM(纸尽)	)	9	I	Y	i	y
1010	LF(换行)	SUB(取代)	*	:	J	Z	j	z
1011	VT(纵向制表)	ESC(撤销)	+	;	K	[	k	{
1100	FF(换页)	FS(文件分隔)	,	<	L	\	l	|
1101	CR(回车)	GS(组分隔)	-	=	M	]	m	}
1110	SO(移出)	RS(记录分隔)	.	>	N	↑	n	~
1111	SI(移入)	US(单元分隔)	/	?	O	↓	o	

表 1-6 中的编码为二进制表示，为计算机内部的存储和处理编码值。在计算机外部为方便记忆可以使用十进制值来表示，如数字字符“0”的 ASCII 值为$(0110000)_2=(48)_{10}$。之后，ASCII 字符集被扩展为使用 8 位二进制数表示 256 个字符，扩展的 128 个字符包括特殊符号字符、外来语字母和图形符号。扩展 ASCII 字符集目前未成为国际标准。

2) Unicode 字符集

目前，国际上存在多种编码方式，特别是针对不同语言的不同编码方式。如汉字有 GB2312 编码字符集，使用两字节表示一个汉字。为统一多种语言的编码方式，使用两字节表示一个字符的 16 位编码字符集被称为 Unicode 字符集，又称为“统一码”“万国码”。它为每种语言中的每个字符设定了统一并且唯一的二进制编码，以满足跨语言、跨平台进行文本转换和处理的要求。Unicode 字符集将 ASCII 字符集作为其一个子集，允许表示 65536 个字符，目前已被许多程序设计语言和计算机系统，包括 Apple、HP、Microsoft 等公司采用。

2. 汉字编码

由于目前的键盘与英文打字机键盘完全兼容，输入英文字符非常方便，而输入如汉字这些非拉丁字母的文字就比较困难。又因汉字的字数数量庞大、字形复杂、一音多字和一字多音的现象严重，致使汉字编码成为一项难题。汉字编码是专为汉字设计的一种便于输入计算机的编码。

1) 汉字处理过程中的编码

一个汉字从输入、存储、处理到输出整个过程中要经历使用输入码进行键盘输入，使用交换码和机内码进行存储和处理，使用字形码进行输出的过程，如图 1-12 所示。

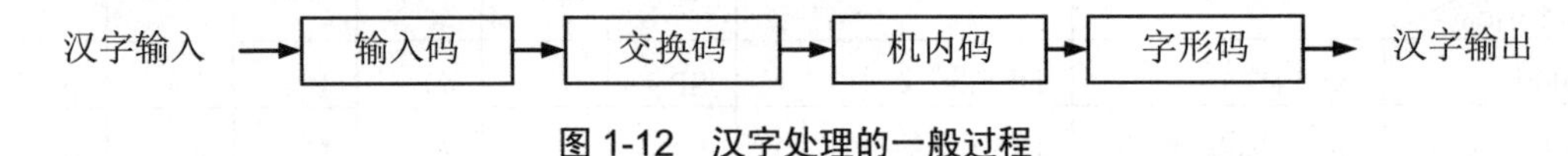

图 1-12 汉字处理的一般过程

2) GB 2312—80 字符集与其他编码

(1) 输入码。输入码也被称为外码，是用来将汉字输入到计算机中的一组键盘符号。它将汉字与键盘建立起对应关系。常用的输入码有音码、形码和音形结合等多种输入法。外码不是唯一的，可以有多种形式，如全拼输入法、智能拼音输入法、五笔字型输入法和区位输入法等。一种好的编码应该具有编码规则简单、易学易用、按键率低、重码率低、输入速度快等特点，每个人可根据自己喜好选择任何一种输入码进行汉字输入。

(2) GB 2312—80 字符集与交换码。目前我国通行的汉字国际标准编码名为《信息交换用汉字编码字符集》，由我国国家标准总局于 1981 年制订，其标准号为 GB 2312—80，为汉字信息交换的交换码，又简称为国标码。字符集收入 6763 个汉字，715 个非汉字图形符号，总计 7478 个字符。它规定一个汉字由两个字节组成，每个字节只使用低 7 位，每个字节的最高位置 0。

(3) 机内码。机内码是计算机内部存储和处理字符而采用的编码，如 ASCII 编码就是著名的机内码。汉字机内码又称汉字内码，是计算机内部存储和处理汉字而采用的编码，汉字内码是唯一的。

因国标码使用两个字节表示一个汉字字符，与 ASCII 使用一个字节表示一个字符冲突，所以国际码不能在计算机内直接使用。一般情况下，将国标码的每个字节的最高位置 1 后作为汉字机内码，解决了其每个字节最高位为 0 而与 ASCII 码冲突的问题，同时又保证了汉字机内码与国标码之间的对应关系。

(4) 字形码。字形码是汉字的输出码。在显示或打印输出汉字时采用图形方式，通常使用点阵方法构造汉字字形的字模数据，也称为汉字字库。汉字字形点阵有 16×16，24×24，32×32，64×64，96×96，128×128，256×256 点阵等。点阵越多，占用的存储空间越多。如一个 16×16 点阵的汉字使用 32 个(16×16/8=32)字节。

3. 文本压缩

文本压缩是指通过消除文本中冗余的方法，使得使用较少的位或字节来表示文本，以减少计算机中存储文本的空间大小。几种常见、经典的压缩算法如下。

1) 字典算法(Dictionary-based Encoding)

字典算法是最简单的压缩算法之一。其基本思想为：使用一个占用空间更少的特殊代码来表示文本中出现频率较多的单词或词组，并用一个字典列表表示它们之间的对应关系。这种算法又称为关键字编码(Keyword Encoding)。如有字典列表如表 1-7 所示。

表 1-7　字典算法中的字典列表

符　号	单词或词组
~	China
^	the
#	people
+	and

若源文本为“Many people in Britain, especially older ones, see China as a poor country where people live in small houses and have no money. When I sent my friends pictures of Guangzhou, the tall skyscrapers, the beautiful streets, they were very surprised.”则编码后的文本为“Many # in Britain, especially older ones, see ~ as a poor country where # live in small houses + have no money. When I sent my friends pictures of Guangzhou, ^ tall skyscrapers, ^ beautiful streets, they were very surprised.”长度由 244 缩小为 224。

字典压缩算法为无损压缩算法，以其为基础衍生出多种压缩算法，如著名的 LZ 系列算法，在 ZIP 和 RAR 格式的压缩中都有应用。

2)　RLE 算法(Run-length Encoding)

RLE 行程长度压缩算法，也称游程长度压缩算法，有时又称迭代编码，是最早出现、最简单的无损数据压缩算法。其基本思想为：重复字符的序列被替换为一个标志字符和重复字符本身及说明字符重复出现的次数的一串文字。其中的标志字符用来说明后面的字符串是被压缩过的，应该被解码为相应的重复字符而不是常规字符串。如源文本串为“AAABBBBCCCCDDDDD”，则编码后的文本串为“*A3*B4*C4*D5”，长度由 16 缩小为 12。

3)　Huffman 编码(Huffman Encoding)

Huffman 编码是以其创始人戴维·哈夫曼(David Huffman)的名字命名，又称为最优二叉树编码、最佳编码。其基本思想为：首先算出要编码字符的出现频率，使用较少位的二进制串表示经常出现的字符，而将较长的位串留给不经常出现的字符，以使整个文本的平均编码最短。如文本串为“AABBBCCCCDDDD”，字符的 Huffman 编码为：用 0 表示 D，10 表示 C，111 表示 B，110 表示 A。若压缩前用 8 位二进制表示每个字符，则字符串长度为 13×8=104，而使用 Huffman 编码压缩后的字符串为 1101101111111111101010100000，长度为 3×2+3×3+2×4+4×1=27，压缩率为 27/104= 26%。

目前，存在多种采用各种先进压缩算法的文件压缩软件，包括 WinRAR、WinZip 等。其中 WinRAR 是一个文件压缩共享软件，具有创建 RAR 和 ZIP 格式的压缩文件、解压 RAR、ZIP 和其他格式压缩文件的功能(压缩软件的界面如图 1-13 所示)。

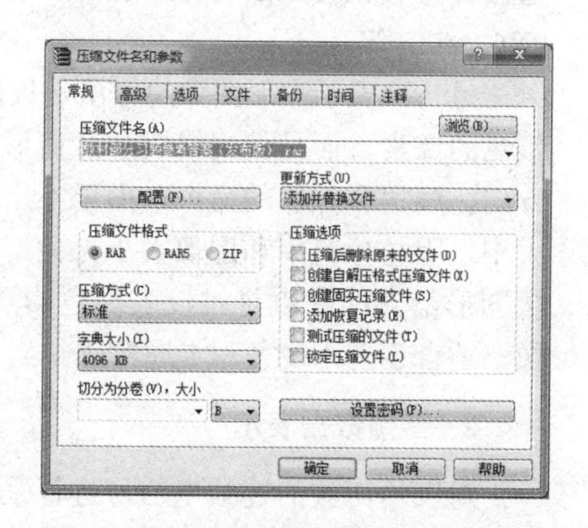

图 1-13　WinRAR 压缩软件的压缩界面

1.3.4 计算机中的多媒体信息表示

多媒体信息是指以文字、图形和图像、声音、影像等为表现形式的媒体信息，这里特指使用数字再生技术得到的图形和图像、音频和视频信息。

1. 图形图像表示

图形是指在二维空间中用线条轮廓绘制出的空间形状，如直线、曲线、圆、圆弧等。图像是指由输入设备捕捉的实际场景画面，如照片。数字化图形图像是应用计算机图形图像技术，将连续色调的模拟图形图像，经采样量化后，转换、存储成数字图形图像的过程。

表示数字图形图像一般有两种主要方法：矢量图形和光栅图形。在矢量图形文件中记录了生成图形的算法和图上的点。而光栅图像文件记录的是以二维矩阵形式排列的像素(Pixel)点集，这些像素点是数字图像的基本元素，是数字化模拟图像时对其连续空间离散化的结果。每个像素都具有一个整数的行/列位置值，以及整数灰度值或颜色值。一幅数字图像由 N 列×M 行的像素和每个像素的颜色值来表示。

人类视网膜上有三种颜色感光视锥细胞，它们对各种频率的光的感受形成了颜色(Color)。这些感光细胞分别对应了红、绿、蓝三原色，其他颜色都可由它们合成。故在计算机中通常使用 RGB(Red-Green-Blue)值来表示颜色，即表示了某一种原色在最终合成颜色中所占的比例。如使用 8 位二进制数表示某个原色比例，则其取值为 0～255。若 RGB 的值为(255,255,0)则可合成黄色。

使用存储颜色值的二进制位数表示颜色深度，简称色深。它代表了每个像素点可以用多少种颜色来描述，单位为“位”(bit)。如增强彩色的色深为 16 位，则每个 RGB 值使用 5 位(剩余 1 位用于表示透明度)二进制数来表示。而真彩色使用 24 位色深，则每个 RGB 值使用 8 位二进制数来表示，每个 RGB 值的取值范围是 0～255，这样就能够合成 1670 万种以上的颜色。而这种 24 位真彩所提供的颜色已经比人眼能够分辨的颜色还要多。

一幅数字图像由 N 列×M 行的像素组成，则该图像的像素数 N×M 被称为分辨率(Resolution)。足够高的分辨率是还原图像的基本保障。这种逐像素存储图像的方法被称为光栅图形格式(Raster-Graphics Format)。目前流行的光栅图形格式有 BMP、JPG、GIF、PNG、TIF 等。

另一种表示图形图像的方法是矢量图形(Vector Graphics)。它不像光栅图形那样使用带颜色的像素，而是使用线段和几何形状描述图像。矢量图形文件中包含一系列描述线段的方向、线宽和颜色的命令，由于不用记录所有像素，其文件较小。图像的复杂度决定了其大小，因与分辨率和图像大小无关，还可以无级缩放，可以进行高分辨率的印刷。然而矢量图形最大的缺点是难以表现色彩层次丰富的逼真图像效果，不适合表示真实世界的图像，适合于艺术线条和卡通绘画。当前流行的矢量图形格式是 Flash。

2. 音频数据表示

对表示声波的连续电信号进行采样，数字化为离散的音频数据。使用这些采集和存储的音频数据创建一个新的连续电信号，就可以再生声音。

因数字化方式和压缩技术的不同，存在多种音频格式。目前，较为流行的音频格式有WAV、AU、AIFF、VQF 和 MP3。其中 MP3 音频格式因其压缩率高、文件小以及较好的音质而使用最为普遍。MP3 是由 MPEG(Moving Picture Experts Group，动态图像专家组织，为数字音频和视频开发压缩标准的国际组织)发布的，为 MPEG-2 Audio Layer 3 的缩写。

MP3 使用有损压缩和无损压缩两种压缩方法。它首先分析音频数据，并与人类心理声学的数学模型进行比较，然后舍弃那些人类听不到的信息，再用 Huffman 编码进行进一步压缩。因其进行有损压缩以部分音乐质量来换取文件的大小，则相同长度的音乐文件，用 MP3 格式来储存一般只有 WAV 文件的 1/10，而其音质要次于 CD 格式或 WAV 格式。

CD(Compact Disk)音频格式是一种无损非压缩音频格式，是目前音质最好的声音格式，存储音轨的 CD 音频文件为 CDA 文件，该文件仅仅是一个磁道指引文件，用于标明声音信息在 CD 上开始和结束的磁道位置，不包含真正的声音信息。WAV 是 Microsoft 公司开发的一种音频格式，与 CD 格式一样是一种无损非压缩音频格式，接近原声，音质好，但文件较大。

3. 视频数据表示

数字视频(Digital Video)数据是指以数字形式记录的视频，它是使用视频捕捉设备，以电信号的形式对静态影像的颜色和亮度信息进行采集、存储、处理、传播和再现的数据信息。视频以足够快的速度放映一组静态的帧(frame)，利用视觉暂留原理“欺骗”肉眼使之以为看到的是连续的动作。

数字视频技术的核心技术是视频压缩技术，又称视频编译码器(Video Codec)，其使用有损压缩方法，在不影响视觉效果的前提下最小化视频数据容量，方便在计算机及网络上的存储与传输。目前，较为流行和具有代表性的视频压缩技术和标准包括 MPEG4 和 H.264。MPEG4 是 MPEG 发布的面向互联网和移动通信的实时传输音/视频信息的国际标准，适用于低传输速率下的应用，具有较强的交互性和灵活性。H.264 是由 VCEG 和 MPEG 联合组建的联合视频组(JVT)提出的高度压缩数字视频编解码器标准。其最大优势在于数据压缩比较高，在同等图像质量的条件下，其压缩比为 MPEG4 的 1.5～2 倍，在网络传输过程中应用较多。

1.4　计算机伦理

伦理，是指具有社会效用的行为规律及规范，是规范人们生活的一整套规则和原理。伦理(Ethics)一词，与道德(Morality)在西方词源含义中完全相同，都是指让人们的行为规范。它被认为外化为风俗、习惯，内化为品性、品德。而伦理学是哲学的分支，是关于道德的哲学。“伦理”与“伦理学”在英文中为同一词。

计算机伦理(学)是应用伦理(学)的一个分支，它是指在开发和使用计算机相关技术、产品和系统时的行为规范和道德指引。“计算机伦理”(Computer Ethics)一词是美国应用伦理学家和著名的哲学教授沃尔特·迈纳(Walter Maner)于 1976 年正式提出并使用的，并首次

在美国大学开设了计算机伦理学课程。戴博拉·约翰逊(Deborah Johnson)于1985年出版的《计算机伦理学》一书为第一本关于计算机伦理学的教材。1991年，Terrell Ward Bynum和Maner召开了第一届关于计算机伦理学的国际多学科大会，此会议被视为该领域的里程碑。此后，计算机伦理学逐步走入大学课程、研究中心、学术会议、期刊论文和学校教材。其后45%的美国大学的计算机专业开设此课程。2001年，ACM将其定为必修课。2004年，IEEE(Institute of Electrical and Electronics Engineers)将其列为IEEE教程。2005年，北京航空航天大学最早在国内开设此课程。

目前，随着计算机及信息技术、通信技术的迅速发展和广泛应用，由此引发的众多不良道德行为和伦理问题也应运而生。对于计算机从业人员及使用者，规范道德行为、提高信息素养、增强信息意识、维护信息权利已经成为迫切要解决的问题而得到广泛关注。

1.4.1 计算机伦理的主要问题

1. 计算机及网络安全

在Cyber(基于计算机网络及信息技术的)恐怖主义、计算机病毒和网络黑客肆虐的时代，计算机及网络安全显然是计算机伦理学领域中的一个热门话题。

ISO国际标准化组织将“计算机安全”(Computer Security)定义为“对数据处理系统采取技术和管理方面的安全保护，以保护计算机硬件、软件、数据不因偶然的或恶意的原因而遭到破坏、更改和泄露”。中国公安部计算机管理监察司对“计算机安全”的定义为“计算机资产安全，即计算机信息系统资源和信息资源不受自然和人为有害因素的威胁和危害”。

目前，对于计算机及网络的安全威胁主要包括：黑客入侵、计算机病毒、蠕虫、木马程序、间谍软件和广告软件、网络攻击等。

2. 隐私保护

隐私(Privacy)是已经发生了的符合道德规范和正当的而又不能或不愿示人的事或物及情感活动等。计算机技术使“隐私”一词更具有了“信息丰富性”，其含义已经扩展到涵盖和强调个人控制或限制他人访问自己的个人信息的能力。隐私保护是计算机伦理最早涉及的话题。

3. 知识产权保护

知识产权(Intellectual Property)也称作智力成果权，是指“权利人对于其所创作的智力劳动成果所享有的专有权利”，一般只在有限时期内有效。其中，智力劳动成果包括发明、文学和艺术作品、软件作品、商标、商业名称和图像、产品或商品的外观设计等。知识产权具有独占性、专有性、时间性和地域性的特点。

在知识产权领域通常发生的伦理问题主要是剽窃和软件盗版。剽窃是指以自己的名义展示别人的智力劳动成果。软件盗版是指任何未经软件著作权人许可，擅自对软件进行复制、传播，或以其他方式超出许可范围传播、销售和使用的行为。随着计算机和互联网的普及，他人智力劳动成果的易得性大大提高，剽窃和软件盗版行为也就成为侵犯知识产权

的最普遍的行为。

4. 职业道德和社会责任

职业道德是与人们的职业活动紧密联系的符合职业特点所要求的道德准则、道德情操与道德品质的总和。职业道德规范又称职业伦理守则，是由特定职业协会根据社会对该职业体及其职业行为的期望发起并制定的相应的能力、意识和责任。不同职业其具体要求不同。

社会责任是指一个人或组织对社会应担负的任务和使命。

1.4.2　计算机及网络安全的伦理问题

1. 黑客入侵的伦理问题

“黑客”(Hacker)一词的本来意思是“探险家”，指敢于冒险的人。自计算机诞生后，人们总是尝试让计算机做从未做过的事，黑客一词变为“乐于探知系统和计算机、特别是互联网内部工作原理的人”。然而，如今黑客特指那些未经同意和授权而访问计算机及网络的人。

自 1983 年，凯文·米特尼克使用一台大学里的计算机侵入 ARPA 网，并通过该网进入了美国五角大楼的电脑开始，未经授权的计算机入侵事件频发，引起了关于计算机伦理问题的争论。一方认为只要入侵未带来明显的危害后果，则入侵行为是正当合理的，其可以促进系统的改进和保护；另一方则认为入侵行为总是有害的和错误的。

1)　认为黑客行为正当的几种观点

认为入侵行为正当合理的依据一般有如下 5 种观点。

(1)　黑客伦理。许多黑客辩解其遵循被称之为“黑客伦理”的观点使其行为正当合理化。该伦理声称，所有的信息都应该是自由的。信息属于每个人，不应该有阻止人们阅读信息的界限和限制。

(2)　系统安全性辩解。这种观点认为，黑客通过入侵系统来发现系统的设计缺陷，向社会暴露这些安全漏洞，从而引起社会和公众的注意，以促进系统的改进。

(3)　系统闲置性辩解。这种观点认为，黑客有权利用计算机的闲置性能，而这些计算机未能充分利用设备的所有性能。即“闲着也是闲着，还不如为我所用”。

(4)　学习性辩解。黑客认为他们入侵系统仅仅是本着学习的目的，仅仅是为了弄明白系统是如何工作的，并未造成任何伤害和改变任何东西。

(5)　社会保护性辩解。黑客认为侵入系统是为了保护系统和监视个人信息的滥用。

2)　认为黑客行为有害的几种观点

认为黑客入侵行为总是有害的和错误的，主要从以下 5 个方面阐述。

(1)　信息不是绝对自由的，信息是受控制的。若信息绝对自由，隐私权就无从谈起。不受控制的信息是不可靠和不准确的，也是不应该存在的。

(2)　系统安全漏洞完全可以通过一系列安全报告公示大众，并可引起系统设计者、销售者、维护者、使用者的注意和采取补救措施，利用个人隐蔽手段未经所有者同意而擅自侵入系统获取系统缺陷和安全漏洞是不道德的和不可信任的。

(3) 后果不能证明行为本身的正当性，宣称未造成不良后果的入侵行为本身不能被证明是合理正当的。

(4) 认为闲置的个人计算机性能是共享资源，个人开发的软件可以在未经允许的情况下被安装在他人的系统中而属于他人，这些观点是对财产所有权保护的破坏。

(5) 以学习和保护系统为目的的未经授权的入侵，其目的是不可信任，结果是不可控的，给隐私保护和系统安全会带来很大风险。

目前，黑客的入侵行为已经被认定为攻击行为，黑客对网络的攻击方式主要有：IP 欺骗、网络监听、端口扫描、口令破解、防火墙攻击、缓冲区溢出攻击、拒绝服务攻击、信息截取等。美国《计算机诈骗和滥用法案》(CFAA，1986)、《电子通信隐私法》(ECPA，1986)、《网络欺诈法》和《国家被盗财产法》(NSPA，1934)等多部法律将多种黑客入侵行为列为犯罪。我国《刑法》规定了与系统入侵有关的犯罪——侵入计算机信息系统罪，根据入侵系统的目的和造成的损害承担相应的法律责任。

2. 利用计算机病毒进行计算机犯罪

利用计算机病毒进行计算机犯罪是计算机伦理面临的重要现实道德问题。计算机病毒(Computer Virus)是人为编制的、被插入在计算机程序中破坏计算机功能或者毁坏数据、影响计算机使用并能自我复制的一组计算机指令或者程序代码。计算机病毒代表了恶意代码进入计算机的一种途径。计算机病毒附着在计算机程序文件中，凡是有程序文件的任何地方都可能被计算机病毒感染。计算机病毒最早出现在 20 世纪 70 年代，其科学定义最早出现在 1983 年南加州大学弗雷德·科恩(Fred Cohen)的博士论文《计算机病毒实验》中，其定义为“一种能把自己(或经演变)注入其他程序的计算机程序”。计算机病毒具有寄生性、传染性、潜伏性、隐蔽性、破坏性、可触发性的特点，其破坏行为包括攻击系统数据区、攻击文件、攻击内存、攻击磁盘、扰乱屏幕显示、破坏键盘输入、攻击 CMOS、干扰打印机等。目前，绝大多数计算机及网络都受到过计算机病毒的感染，而病毒及其变种种类繁多。

蠕虫病毒(Worms)简称蠕虫，是一种特殊的计算机病毒。它除了具有计算机病毒的传染性和自我复制能力之外，与一般计算机病毒最大的区别是它是独立运行的，并能够将自身包含所有功能的版本通过计算机的安全漏洞传播到其他计算机上。“蠕虫”的形象最早出现在 1975 年美国科普作家约翰·布鲁勒尔(John Brunner)的小说《震荡波骑士》(*The Shockwave Rider*)中，而“蠕虫”一词是由 Xerox PARC 研究中心的 John F.Shock 等人 1982 年最早引入计算机领域，目的是进行分布式计算的模型实验。直到 1988 年最著名的 Morris 蠕虫在当时萌芽时期的互联网上爆发之前，蠕虫在计算机领域中都是以正面形象示人。Morris 蠕虫致使连入互联网的大量计算机系统死机，系统对合法用户程序无法响应。蠕虫制造发布者为康奈尔大学学生 Robert Tappan Morris Jr.(罗伯特·塔潘·莫里斯)，他也成为第一个受到美国《计算机诈骗和滥用法案》重罪定罪的人。

Morris 蠕虫事件之后，蠕虫几乎成为病毒和黑客的代名词，陆续出现了多种有名的蠕虫病毒。2004 年的震荡波(Sasser)蠕虫，它利用 Windows 操作系统漏洞，在全世界范围内感染了 1800 万台计算机，致使刚启动的计算机自动关机。2001 年出现的即时通信蠕虫(Instant Messaging Worms)，随着即时通信系统应用的逐渐普及，造成的影响和损失也更加

严重。2005 年的 Kelvir 蠕虫迫使路透社不得不将基于微软即时通信服务器上的 6 万订阅者屏蔽了近 20 小时。2008 年出现在安装了 Windows 操作系统的计算机上的 Conficker 蠕虫病毒，其因很难根除而备受关注。在 2009 年早期，有 800 万～1500 万台计算机被 Conficker 蠕虫病毒感染，甚至包括一些军用网络。

随着计算机技术的发展，一种新形式、高智能、高科技的犯罪形式——“计算机犯罪”也应运而生。国际计算机犯罪最早出现在 1966 年，而我国最早出现在 1986 年。我国公安部计算机管理监察司对计算机犯罪给出的定义为“在信息活动领域中，利用计算机信息系统或计算机信息知识作为手段，或者针对计算机信息系统，对国家、团体或个人造成危害，依据法律规定，应当予以刑罚处罚的行为”。利用计算机病毒进行计算机犯罪，在我国《刑法》中也有相关规定——破坏计算机信息系统功能罪和破坏计算机数据、程序罪以及制作、传播计算机病毒罪，根据对系统的破坏程度和病毒造成的社会危害程度承担相应的法律责任。

3. 网络攻击计算机犯罪

黑客入侵被认定为网络攻击。网络信息系统所面临的威胁可分为自然威胁和人为威胁。自然威胁来自各种自然灾害、恶劣的场地环境、电磁干扰、网络设备的自然老化等。而人为威胁是对网络信息系统的人为攻击，通过寻找和利用网络存在的漏洞和安全缺陷，以非授权方式对网络系统的硬件、软件及其系统中的数据进行的攻击，达到破坏、欺骗和窃取数据信息等目的。主要的攻击形式和方法有以下几种。

1) 特洛伊木马(Trojan Horse)和后门木马(Backdoor Trojan)程序

特洛伊木马程序是一种特殊的病毒程序，其往往伪装成一个普通正常的工具、文件或软件，诱使计算机用户下载、打开和运行，从而获得被种计算机的控制权。与一般的病毒不同，它不会自我复制，也并不“刻意”地去感染其他文件。但因其施种者能够像被种计算机的合法用户一样来控制这台计算机，可以任意毁坏、窃取被种者的文件，故其危害性非常大。“特洛伊木马”名称来源于希腊神话《木马屠城记》，后来黑客借用其名，有“一经潜入，后患无穷”之意。后门木马是特洛伊木马的一种。“后门”本来是在软件的开发阶段，程序员常常会在软件内创建后门程序以便可以测试、修改程序设计中的缺陷，增强程序功能。然而，若这些后门在发布软件之前没有被删除而被别有用心的人获知，则就可能成为安全漏洞被黑客攻击，造成安全风险。这种利用后门植入计算机的木马被称为后门木马，它会给攻击者提供受害计算机的访问权。

2) 跨站脚本(Cross-Site Scripting，XSS)攻击

跨站脚本是另一种在用户不知情的情况下下载恶意软件的方法。攻击者在看上去来源可靠的网络链接中嵌入恶意代码。当用户单击该链接时，嵌入的恶意代码就会被当作用户所要求的服务的一部分提交给用户，并且会在用户电脑上运行，进而达到网络攻击的目的。

3) 偷渡式下载(Drive-By Downloads)

恶意软件会被植入合法软件，用户对该合法网站的简单访问就会在无意间下载这个恶意软件，这个下载被称为偷渡式下载。用户对于合法网站的简单访问还包括浏览网页时遇到一个弹窗，询问是否下载软件，用户会认为该软件为浏览网页的必备软件，于是允许下

载，而该软件即为恶意软件。偷渡式下载问题不断出现，据统计，Google 搜索引擎的搜索请求中，约 1.3%的搜索结果页面包含恶意 URL。

4) Rootkit 恶意程序

Rootkit 是一种可以提供计算机特权访问的程序。一旦被安装，每次计算机启动时 Rootkit 都会被激活。因其在操作系统启动之前运行，故很难被检测到，并且它还可以使用安全特权来掩盖其行踪。

5) 间谍软件和广告软件

间谍软件是一种在用户不知情和未许可的情况下，通过网络进行通信的程序。它可以监控网页浏览、截取屏幕等，并将报告发送给控制主机。间谍软件通常是 Rootkit 的一部分。广告软件是间谍软件的一种，它可以弹出与用户行为相关的广告弹窗。在互联网下载的免费软件通常情况下都包含间谍软件，间谍软件也可能是一个木马程序，伪装成一个有用软件欺骗用户下载安装。

6) Bot 病毒和僵尸网络(Botnet)

Bot 病毒是一种特殊的后门木马，又称僵尸程序，它可以实现恶意控制功能。僵尸网络是指采用一种或多种传播手段使大量计算机感染 Bot 病毒，从而在控制者和被感染计算机之间形成一个一对多控制的网络。其中被植入 Bot 病毒的计算机称为“僵尸计算机”，僵尸计算机组成的集合就是僵尸网络。控制僵尸网络的人被称为“僵尸牧人”(Bot Herder)；控制和通信的中心服务器称为“控制服务器”(Control Server)，在基于因特网中继聊天 IRC 协议的 Botnet 中，是指提供 IRC 聊天服务的服务器。僵尸网络的规模可以从几千台计算机到上百万台计算机。在大多数情况下，人们都不知道自己的个人计算机已经受到攻击，并且成为僵尸网络的一员。

7) 钓鱼攻击(Phishing)和鱼叉式钓鱼攻击(Spear Phishing)

钓鱼攻击是一种大规模的从易受骗的计算机用户处获取敏感信息的攻击方式。攻击者利用僵尸网络发送带有链接的大量电子邮件或即时通信消息，告知收信人他的账户被入侵而将其引导到某个网页以解决问题。点击了链接的用户会进入一个界面外观与真实合法网站几乎一模一样的伪造网站输入个人数据，这些数据即被攻击者获取。

随着我国电子商务的高速发展，在中国的钓鱼攻击大量增加。鱼叉式钓鱼攻击是普通钓鱼攻击的一个变种。攻击者会有针对性选择一些特殊用户发动攻击，如老年用户，认为他们更易上当，或拥有高价值信息访问权的用户，认为一旦攻击成功会获利更大。

8) SQL 注入

SQL 注入是一种针对具有安全漏洞的网站数据库，将恶意 SQL 语句插入到正常的 Web 表单请求、页面请求的查询字符串，以欺骗服务器执行恶意 SQL 命令，从而获取敏感信息的网络攻击。

9) 拒绝服务(Denial-of-Service，DoS)攻击和分布式拒绝服务(Distributed Denial-of-Service，DDoS)

DoS 攻击是一种使合法用户无法使用计算机服务的蓄意攻击行为。它利用网络服务协议中的漏洞或直接采用野蛮手段耗尽被攻击对象的资源，破坏攻击对象对其用户的响应能力，使目标计算机或网络无法提供正常的服务或资源访问，使服务停止响应甚至崩溃。尽管这种攻击并不以窃取信息为目的，但会造成非常严重的后果。如电子商务网站无法响应用户请求而失去大量业务、军事组织的通信会中断、政府机构无法向公众发布信等。还可能被恐怖组织所利用导致企业甚至整个政府瘫痪。

DDoS 攻击是攻击者向僵尸牧人租用一个僵尸网络，在特定时刻，发布命令控制计算机向受控计算机发出特定指令让它们对目标系统发动攻击。

网络攻击是计算机及网络犯罪的重要表现形式。因其可以获取巨大的利益而被很多个人和组织使用。甚至一些国家、恐怖组织以及联盟会对其对手的计算机及网络设施发动带有政治意图的网络攻击。

1.4.3　隐私保护

“当我们考虑有关计算机的伦理问题时，大概没有比隐私问题更为典型的问题了。如果计算机具有无止境的存储、高效的分类、便捷的查询等处理信息能力，那么，我们没有理由认为，在一个计算机化的社会，我们的隐私不会受到侵犯……”(詹姆斯·摩尔，1997，《走向信息时代的隐私理论》)

1. 隐私的定义

隐私是指不愿告人或不便告人的事物，与别人无关、关乎自己利益的事物。隐私权又称生活秘密权，包括公民个人资料不受非法获取或披露、私人住宅不受非法打扰、个人身体隐私不受侵犯等，即凡是涉及个人秘密与公众利益无关的，公民不愿公开的私人资料、私人生活等都属于隐私权的范围。而保护隐私权包括两个方面的含义：保证隐私权不受他人侵犯，隐私权受到侵犯时可求助于法律得以保护。在信息时代的隐私保护包括：

1) 行为保护。用户在自己的计算机上所进行的操作行为作为隐私应受到保护；
2) 数据保护。用户在自己的计算机中存放的数据作为隐私应受到保护；
3) 设备保护。用户计算机中的具有监控性质的设备，应受到保护而不应被他人操控。

2. 隐私与自由

我国《宪法》第三十五条规定：中华人民共和国公民有言论、出版、集会、结社、游行、示威的自由。其中言论自由作为一条基本人权被载入《世界人权公约》和我国已加入的《公民权利和政治权利国际公约》。言论自由是指公民按照自己的意愿在公共领域自由地发表言论以及听取他人陈述意见的权利。近年来，随着互联网的普及，网络言论表达已经成为重要的言论表达方式，人们可以随时随地不受时空限制的通过网络交流和发表意见。网络言论自由可以简单定义为：公民可以通过网络运用各种网络交流和通信工具以各种形式表达自己思想和观点的自由，它是《宪法》规定的言论自由的延伸。网络言论自由的积极意义在于其便捷性、匿名性、广泛性更大程度上促进了言论的自由性、社会监督、不分地域和种族的全球化交流、及时发现和解决社会问题和矛盾而促进了社会安全和维护了社会秩序。然而，无政府主义的网络言论自由同时也带来了诸多负面效应，如：证明网络言论真实性的困难致使网络欺骗的流行，不受限制的发表言论致使主观片面的观点、不健康的内容、攻击性言论和他人隐私也经常出现在网络上。

加强网络立法、规范网络服务商的责任、加强网络技术的发展是规范网络言论自由的 3 个主要方面。

3. 隐私保护与信息公开

人们在日常生活中经常会主动或被动、知情或不知情地被收集信息。如汽车导航软件的当前位置定位、外卖服务中的地址定位、社交网站中的位置共享和定位、手机或电话定位、智能手机或其他移动终端设备中照片的拍摄地址标签、射频识别标签、宠物的植入芯片、汽车定位追踪装置、医疗记录、公共场所监控视频、商场会所的会员卡、计算机中保存的 Cookies 和 Flash Cookies 等。这些信息越来越多地被记录在网络数据库中。政府机构和私人组织都可能拥有这些数据库的所有权和访问权，并利用数据挖掘技术，让这些信息产生更大的社会和商业价值。这些信息可能作为政府机构向公众报告的公共记录，来帮助政府机关履行其社会管理和监控的责任，保障社会公平、公正、公开原则的遵守和实施。这些信息也可能被私人组织利用，为人们提供更好的服务，如电子商务网站利用采集到的消费者消费习惯信息，为其推送他们更感兴趣和希望同时购买的商品信息等。

然而，随着信息技术的发展，获取数据信息的成本越来越低，数据价值越来越容易挖掘，挖掘数据价值的动力也越来越强，个人隐私保护也就越来越困难，因隐私泄露而产生的社会和经济问题也越来越多，确定“应该成为隐私的”和“应该作为公开的”之间的界限就显得越来越重要。

4. 隐私信息保护与法律政策

目前，国际上针对隐私保护颁布了诸多法案和条例。如：美国颁布了包括《反基因歧视法》在内的多部限制信息收集的法律条例，包括《公平信息处理条例》在内的多项对公共数据库和私人数据库规范的隐私保护法。欧盟颁布了包括《个人数据保护指令》在内的多部隐私保护法等，为用户、网络服务商、私人机构和公共组织提供了清晰可循的隐私保护原则。

在我国，很长一段时间以来没有认识到保护个人隐私信息的重要性，直到目前为止，我国还没有制定专门的隐私信息保护方面的法律。目前，我国《宪法》《刑法》《合同法》等许多法律法规对保护个人隐私和信息公开作了间接的、原则性的规定。

5. 隐私保护的技术策略

除了政府制定相关隐私保护法律政策保护公民隐私之外，行业企业自律和个人自我保护也同样重要。计算机及网络用户通过技术手段保护个人隐私可以通过以下途径。

1) 安装保护软件

可以安装由 W3C 开发的 P3P 个人隐私安全平台(Platform for Privacy Preferences Project)。该软件能够保护用户的在线隐私权，用户在浏览网页时，可以选择是否允许第三方收集并利用自己的个人信息，从而保护自己的隐私信息。如果一个站点不遵守 P3P 标准，则有关它的 Cookies 将被自动拒绝，并且 P3P 还能够自动识别多种 Cookies 的嵌入方式。

2) 网络数据库的安全技术策略

为操作系统登录及数据库应用软件登录设置密码以及为数据库设置口令，为敏感数据加密，使用数据库的审计功能，防止数据库的合法用户对信息的窃取和盗用。

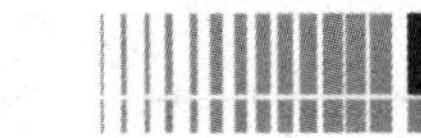

3) 网络隐私防御

在用户上网时，利用浏览器的隐私设置功能进行隐私保护。

(1) 清除浏览数据。

(2) 隐私内容设置。

(3) 位置服务设置。

(4) 是否允许弹窗。

(5) 是否允许通知。

下面以 Google Chrome 51.0 浏览器为例进行以上网络隐私保护设置。打开 Google Chrome 浏览器的控制菜单，选择【设置】命令，打开【设置】窗口，单击【显示高级设置...】按钮显示如图 1-14 所示。单击【清除浏览数据...】按钮，打开【清除浏览数据】对话框(如图 1-15 所示)，选中需要清除的选项，单击【清除浏览数据】按钮予以清除。

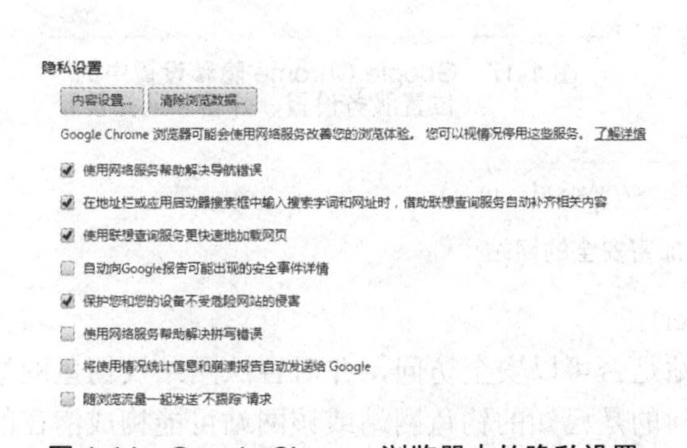

图 1-14 Google Chrome 浏览器中的隐私设置

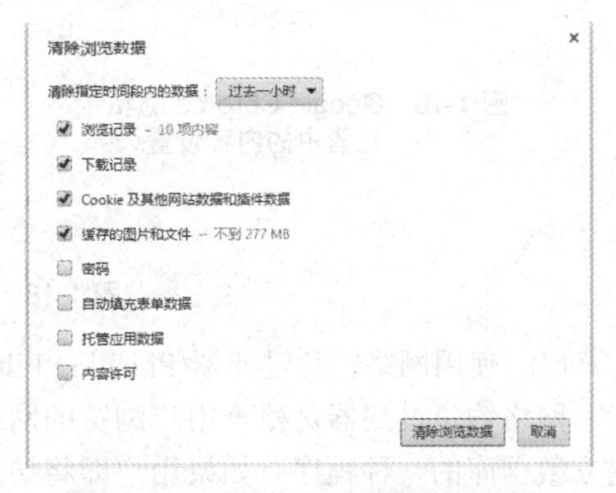

图 1-15 【清除浏览数据】对话框

在图 1-14 所示设置界面中单击【内容设置】按钮打开【内容设置】对话框(如图 1-16 所示)，对隐私内容进行设置，包括是否允许设置本地数据，是否允许 Cookie 等，是否阻止网站弹窗，是否允许网站使用用户位置信息以及如何使用位置信息，是否允许显示通知以及如何显示通知等(如图 1-17 所示)。

以下是一些隐私保护建议。

(1) 阅读网站的隐私政策。

隐私政策是该网站收集、使用、编辑和删除用户数据的规定。

(2) 监控他人发布自己的隐私信息。

在互联网上搜索自己的姓名、查看社交网站上的信息，监测是否有他人在网上发布自己的信息，一旦发现要及时制止这一行为，督促其删除自己的隐私信息。

(3) 使用防火墙、强密码，订阅杀防病毒软件保护自己的计算机及网络。

(4) 在家或安全的计算机及网络环境下进行敏感事务操作，如银行转账等财务活动。

(5) 保护自己免受欺诈、识别诈骗信号。包括不访问可疑邮件或消息中的网站链接、视频及图片链接。

(6) 注意网页安全标志。

如图 1-18 所示的网站在地址栏中有“锁”和“https”的标志，表示该网站加密性很好，是安全的，可以放心地进行访问。

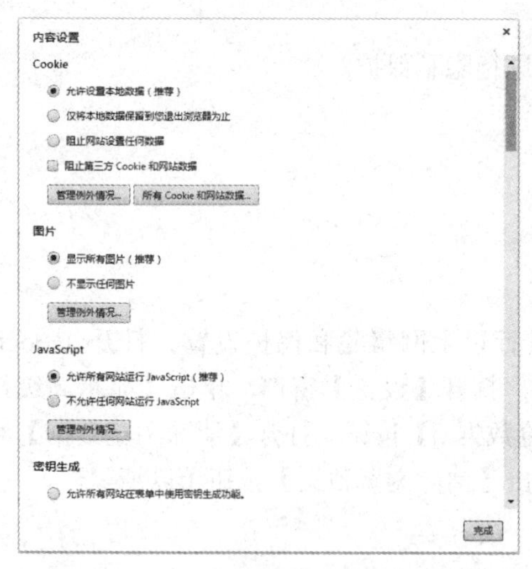

图 1-16　Google Chrome 隐私设置中的内容设置

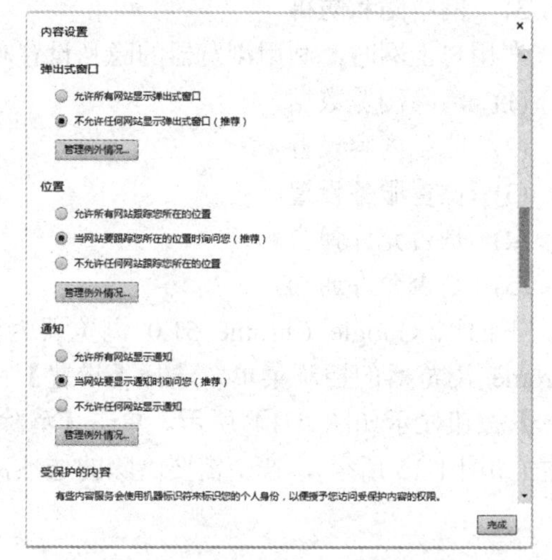

图 1-17　Google Chrome 隐私设置中的位置服务设置、弹窗和通知设置

图 1-18　加密安全的网站

(7) 使用网络钓鱼过滤器(Phishing Filter)。

网络钓鱼过滤器是检查用户浏览的网站是否可以安全访问，并对合法网站及钓鱼网站建立数据库的一种程序。如果用户即将访问的是已知的钓鱼网站或该网站可能构成潜在的安全风险，网络钓鱼过滤器会即时警告用户。对于常用 Web 浏览器，都会有一个内置的网络钓鱼过滤器，且大多数都会默认启用钓鱼过滤器。

1.4.4　知识产权保护

1. 知识产权的基本概念和范围

根据《世界知识产权组织公约》中的相关规定，知识产权的范围一般包括两种类型：著作权和产业产权。著作权又称版权，是指自然人、法人或其他组织对文学、艺术和科学作品依法享有的财产权利和精神权利的总称。本书中所说的著作权主要指的是计算机软件著作权和作品登记。为了要兼顾人类文明与知识的积累及信息的传播，在保障著作权时，保障的是创新思想的表达形式，而不是思想本身。所以，如算法、数学方法等均不属于著作权所要保障的对象。产业产权又称工业产权，是指在各产业中具有实用经济意义的一种无形财产权。其涉及的范围主要包括发明专利、实用新型专利、外观设计专利、商标、服务标记、厂商名称、货源名称或原产地名称等在内的权利人享有的独占性权利等。其中，在计算机领域中的软件专利是重要的发明专利。而与软件著作权不同，软件专利是对软件的设计思想进行保护，而非软件本身。

2. 知识产权保护及立法

随着科学技术和经济的发展，知识在经济生产中越来越占主导地位，知识产业成为产

业龙头这一新的经济形态被称为知识经济(Knowledge Economy)。知识的创新、生产、传播和利用是知识经济建立的基础，既要保护创新创造者的利益，又要促进知识的传播与利用，这是知识产权保护的两个重要方面。一般来讲，知识产权保护具有保护和公开两大功能，通过对知识产权的排他性保护，促使权利人公开其创新成果，换取超过市场平均收益的垄断利润，从而激励更多的发明创造产生，提高社会创新水平。

我国自 2008 年《国家知识产权战略纲要的通知》颁布之后，陆续出台了包括《计算机软件保护条例》在内的多项法律法规条例，已经在法律制度层面为知识产权保护提供了较强的法律依据。而美国是运用知识产权制度最为积极和成功的国家之一，已经建立起一套完整的知识产权法律体系。

随着经济全球化发展，知识产权保护及立法已经上升为国家战略。知识产权的国际保护呈现出趋强之势，保护范围越来越广、保护水平越来越高、保护力度越来越大。

3. 网络知识产权保护

随着计算机及网络技术的发展和普遍应用，网络知识产权越来越受到普遍关注。网络知识产权是指随网络技术的发展和普遍应用而引发的知识产权。其范围除了传统的知识产权之外，还包括数据库、计算机软件、多媒体、网络域名、数字化产品以及电子版权等网络信息资源。网络信息资源因其数字化、网络化特征而相比于传统的知识资源具有信息量大、种类繁多；更新周期短；开放性强、不受地域限制；信息的组织和管理分散，缺乏较为统一的管理机制和机构等特点。因网络知识产权具有不同于传统知识产权的复杂性特点，网络知识产权保护问题的解决也更为困难和棘手。目前，网络知识产权侵权行为主要表现为以下几种。

(1) 在知识产权权利人未授权的情况下，非法转载和复制。

(2) 利用计算机及网络漏洞非法入侵计算机信息系统窃取或破坏信息资料或软件产品。

(3) 域名非法抢注。抢注者预见到一些域名潜在价值，在其他人未注册之前抢先注册该域名，或对曾经注册而在失效前未及时续费的域名的抢注。

(4) 侵权者提供超链接指向被侵权作品，构成网络链接侵权。

(5) 利用破译手段窃取网络游戏的源代码，破坏网络游戏自身技术保护措施，私设服务器、外挂服务器运营，进行网络游戏侵权。

(6) 侵权者利用网络中存储的大量个人信息，进行广告推销，甚至进行违法犯罪活动。

网络侵权行为具有地域广、侵权数量大、证据保留困难、取证难、隐蔽性强等特点，致使网络知识产权保护困难重重。同时，人们对网络知识产权的尊重和保护意识普遍薄弱，少数人的网络道德体系缺失、价值趋向偏差，也加大了网络知识产权侵权行为发生的可能性。

保护网络知识产权一般采用三种手段，包括司法手段、技术手段和道德教育。

美国关于网络知识产权保护的法律法规起步较早，颁布了包括《网络著作权责任限制法案》在内的等多项涉及网络知识产权保护的法律。自 2001 年 6 月开始，我国也相继出台了包括《计算机软件保护条例》在内的等多项涉及网络知识产权的法案、政策和制度。

与使用法律制度保护网络知识产权相比，利用技术手段对网络知识产权保护主要是对用户的一种预防性保护。一般情况下，网络知识产权保护的技术手段主要有电子签名技术、防火墙技术、防计算机病毒技术、信息智能识别技术、信息加密技术、防泄密技术、信息自动恢复技术、信息系统安全评估技术等限制未授权用户使用和访问受保护信息技术以及侦查技术。

社会的伦理道德在法律未包括的领域之中，尤其是在网络知识产权的相关法律法规尚不健全的背景之下能发挥一定的约束作用。加强网络道德建设包括：加大网络知识产权宣传教育力度，帮助网络使用者树立网络知识产权保护意识、增强法律意识、遵守网络公德。其中网络公德作为默认规则，应该为所有网络使用者所遵守。为此，美国计算机伦理协会(Computer Ethics Institute)专门制定了“计算机伦理十戒”，具体内容为：

(1) 不应该用计算机去伤害他人；

(2) 不应干扰他人的计算机工作；

(3) 不应窥探他人的文件；

(4) 不应用计算机进行偷窃；

(5) 不应用计算机作伪证；

(6) 不应使用或拷贝不用付钱的软件；

(7) 不应未经许可而使用他人的计算机资源；

(8) 不应盗用他人的智力成果；

(9) 应该考虑你所编的程序的社会后果；

(10) 应该以深思熟虑和慎重的方式来使用计算机。

4. 软件盗版问题与开放源代码运动

软件盗版是指任何未经软件著作权人许可，擅自对软件进行复制、传播，或以其他方式超出许可范围传播、销售和使用的行为。软件盗版最常见的侵权行为包括以下几种情形。

(1) 使用者侵权。使用者进行未经授权的软件复制。

(2) 客户端/服务器滥用。在同一时间允许超过授权人数的用户使用服务器上的中心软件所造成的“客户端/服务器滥用”。

(3) 在线侵权。提供盗版软件网站、网络拍卖网站或对等式网络，免费供人下载未授权软件或者交换上传程序，提供仿冒、渠道外销售、侵犯著作权的软件。

(4) 硬盘预装软件。计算机经销商在计算机硬盘上预装未授权软件。

(5) 仿冒。直接模仿、非法复制和销售拥有著作权的软件。

(6) 互联网盗版。利用互联网复制、传播未授权软件的更加简便和廉价的特性进行盗版活动。

知识产权保护与打击盗版的行为对于软件产业而言，其意义在于需要对知识、信息、数据通过人为手段进行排他性保护，是商业软件企业的一种自我保护形式。

然而，开放源代码运动的支持者则认为，一些大软件厂商的垄断行为将会阻碍科技、经济和社会的发展和进步，源代码的开放可以实现知识和技术的世界共享，也造就了Java、Linux等众多先进科学方法和技术进步，使全球众多用户享受到了学习、创新和免费试用的机会。开放源代码运动起源于自由软件之父理查德·马修·斯托曼(Richard Matthew

Stallman)提出的“自由软件”(Free Software)的概念，又因 Linux 操作系统的成功而迅速发展，已经成为用户协同创新的典范。开放源代码首创组织(Open Source Initiative Association，OSIA)提出了开放源代码软件(开源软件，Open Source Software，OSS)的确切定义。目前，开源软件已经成为互联网的基石之一，越来越多的开源应用正在出现。现在已有一些非常成功的开源软件，例如：为整个互联网提供域名服务(DNS)的 BIND、管理着全球一半左右的网络服务器的 Apache、移动互联网上应用广泛的收发邮件的开源程序、世界上最畅销的智能手机平台 Android 操作系统、分列世界第二和第三流行的 Firefox 和 Chrome 浏览器、与其他办公软件兼容的跨平台办公软件 OpenOffice.org(见图 1-19)、最受欢迎的网页编程语言 Perl、包括 Python 在内的许多大受欢迎的编程语言和工具等。

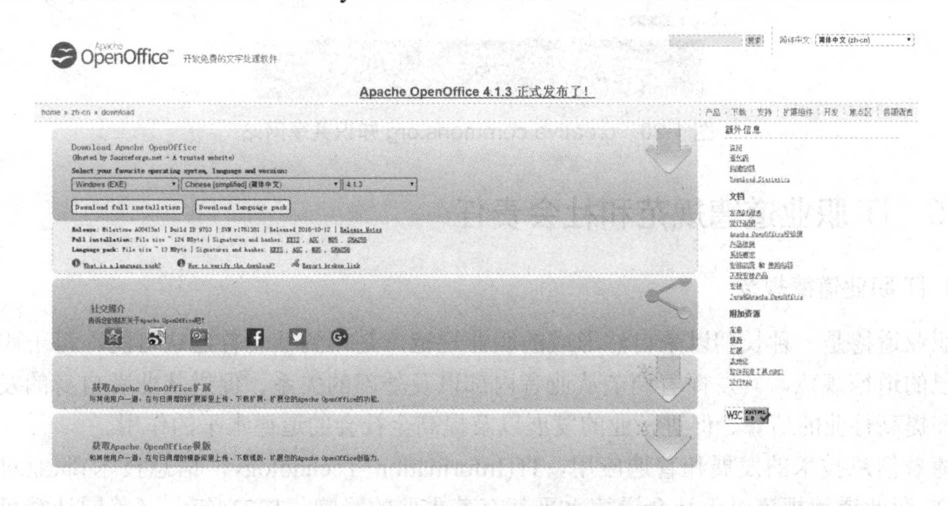

图 1-19　OpenOffice.org 办公软件

然而，包括中国在内，世界上很多国家已经将计算机软件作为版权法的保护对象，而理查德·马修·斯托曼在其著作《科学必须“摒弃版权”》(Science must push copyright aside)中认为：计算机网络的快速发展和普及为出版界提供了现代化的技术，由此，利用互联网来传播电子版的学术文章就应该向公众免费提供，而不是使其具有专有性。所有人都有权利不加任何修改的复制或传播他人的作品，只需标注作者的名字以示尊重其精神权利。这是开放源代码运动所提倡的观点，因此开源软件很大程度上挑战了现有版权制度。与作者在软件等作品上标明其版权标志“©”(Copyright，版权)相似，著佐权(Copyleft)标识是标注程序为自由软件，其修改和扩展版本也是自由软件。两个英文单词充满了对抗意味。Copyleft 标识目前还没有法律意义，然而实际上却是自由软件运动开源运动挑战现有 Copyright 制度最直观的象征。

“他人成果+你的智慧=更好的作品”，信息技术的发展为创作力的空前释放提供了可能。然而，强有力的知识产权保护可能会阻碍这一愿景的实现。比如，一位教师需要在网络上收集在线课程中使用的图片将多么的麻烦！因为他需要得到每一幅他要展示在网站上的图片的作者的允许才可以使用，但是他很难提前得知哪位图片作者能允许他使用该图片。此时如果有一个官方途径供图片作者表达出“你可以使用我的照片，只要你署上我的名字好了”，那就方便多了。提出“互联网构成了一个创新共享”的斯坦福大学法学教授

Lawrence Lessig 意识到当前需要建立这样的一个机构。2001 年与他人一起建立了名为“知识共享”(Creative Commons，CC)的非营利机构，免费提供标准化的版权许可证(知识共享网站主页见图 1-20)。有了“知识共享”许可证书，作品作者就持有了自己作品的版权，同时又可以允许他人在一定条件和一定程度上使用该作品，而不需要再获取作者的同意。

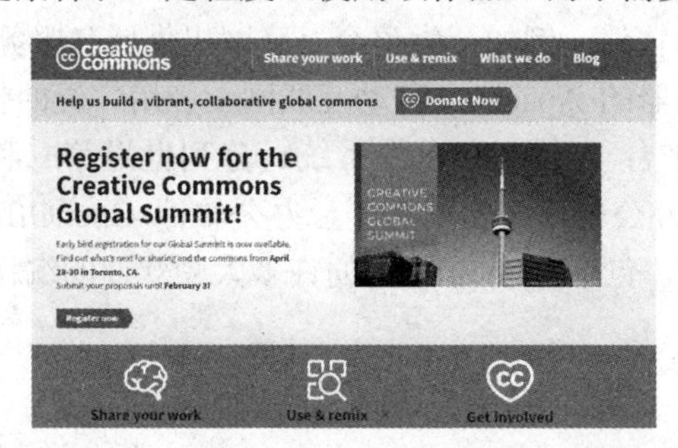

图 1-20　creative commons.org 知识共享网站

1.4.5　IT 职业道德规范和社会责任

1. IT 职业道德规范

职业道德是一种长期以来自然形成的职业规范，是得到社会普遍认可的。每个职业都有自己的道德规范，其发挥着调节从业者内部以及外部的关系、促进从业者自身的发展、维护和提高行业的信誉、促进行业的发展以及提高全社会的道德水平的作用。

随着信息技术的发展和普遍应用，IT(Information Technology，信息技术)职业对于社会、IT 职业道德规范对于社会道德水平都有着重要的影响。1973 年，《美国计算机学会伦理章程与职业行为规范》(简称《规范》)发布并执行，几十年来经过多次修改和完善，已经成为 IT 从业人员的职业行为准则。

2. IT 从业人员的社会责任

随着信息时代的来临，社会各个领域和各个层面对 IT 都有着广泛的关注，IT 的从业者也感到自己肩负的时代使命。用自己良好的知识和过硬的技术、严谨的工作态度、优秀的道德品质以及高度为社会服务的意识，担当起促进社会发展、人类进步、拥有更好生活方式和更强安全感的社会责任。

1.5　本 章 小 结

本章对计算机科学、技术、文化等方面的基本思想、概念、理论、方法等进行了概述。从认识计算与计算机开始，追溯计算与计算机的历史，展望计算与计算机的未来，从将宇宙看成一个巨大计算体的计算主义，谈到作为一种普适思维方式的计算思维，还认识了计算机中最基本、最重要的概念和方法——计算机中的数据表示。最后，对于计算机伦理进行了探讨。主要内容如图 1-21 所示。

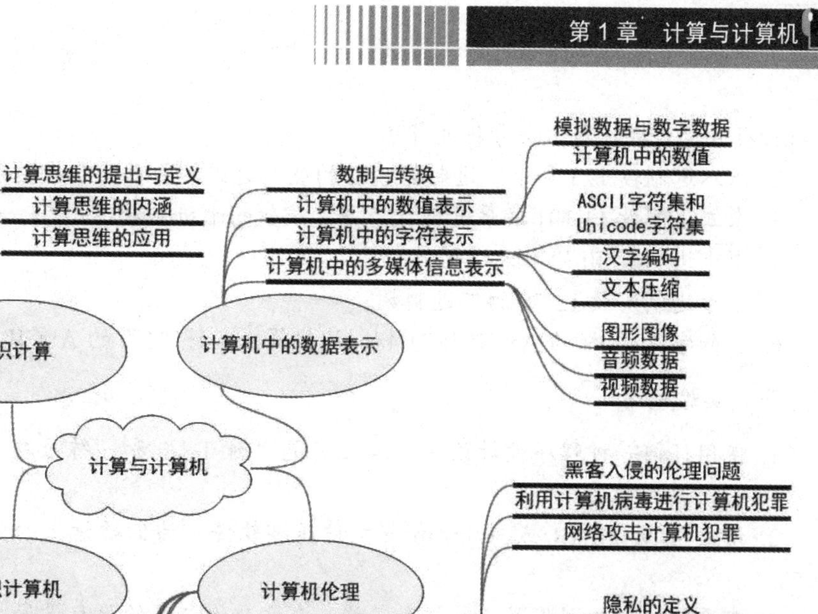

图 1-21 第 1 章内容导图

1.6 习 题

一、问答题

1. 什么是计算？什么是计算系统？
2. 你认为哪几种计算能够代表计算的未来？
3. 请举出几种在现实生活或科学领域中计算思维的应用实例。
4. 什么是计算机？请列举出几种计算机的形态。
5. 请对未来计算机展开畅想。
6. 什么是数制？计算机领域的常用数制有哪些？
7. 计算机中数值、字符和多媒体信息是如何表示的？
8. 计算机伦理的主要问题有哪些？
9. 谈谈你对隐私保护、知识产权保护的理解。
10. 谈谈你对 IT 职业道德规范和从业人员社会责任的认识。目前，你认为作为一名 IT 从业人员在恪守职业规范和履行社会责任方面存在哪些问题？

二、练习题

1. 三根不同长短的木棍，请找出最长一根木棍。请用自然语言写出解决问题的算法，

并进行符号化变换，写出符号化的算法。

2. 求八进制数 123 和十六进制数 3E2 的展开通式，并求两个数的十进制数值。

3. 求二进制数 11.101 的展开通式，并求该数的十进制数值。

4. 求十进制数 30 的十六进制数。

5. 求十进制实数 12.75 的二进制数。

6. 已知字符“0”的 ASCII 值为 48，请推算出字符“5”的 ASCII 值。

三、实验题

1. 使用任何一种程序设计语言，编程实现“例 1-1”和“练习题 1”中的算法，执行查看结果。

2. 请使用 WinRAR 或 WinZip 等文件压缩软件，为你硬盘上的多个文件建立一个压缩包。

3. 查看你使用的浏览器，制订和实施一套适合你自己的隐私设置方案。

4. 使用 CC 网站，给你创作的一幅照片申请版权许可证。

第 2 章 计算机系统与计算机网络

计算机和计算机网络的应用已经渗透到社会生活的各个领域，正极大程度地影响着人们的生活方式和工作方式，甚至思维方式。CPU、硬盘、鼠标、软件、互联网、校园网、IP 地址、Wi-Fi、无线路由器、电子邮件、搜索引擎等，都在我们身边，我们每天都接触着和使用着，一直伴随着我们在这个信息时代、互联网时代生存。计算机软硬件及网络的基础知识作为了解、掌握和运用计算机科学的基本概念和原理、应用计算机及网络的基本技术解决实际问题、在现实生活和工作中更好地操控和使用计算机及计算机网络的基础，在我们的现代科学技术的知识体系中扮演着重要的角色。

本章包含两大部分，计算机系统和计算机网络，其主要内容包括：2.1 节简单介绍了可计算问题和图灵机原理，以及冯·诺依曼体系结构；2.2 节描述了计算机硬件系统中主要部件(设备)的定义、功能、组成、分类和性能，包括主机中的 CPU、主板、存储器和外部设备中的外存储器以及常用输入输出设备；2.3 节从定义、分类、安装、升级、卸载、发展、计算机语言几个方面介绍了计算机软件，举例说明了计算机编程方法；2.4 节对计算机网络与互联网做了全面性、概要性介绍，包括计算机网络的定义、功能、技术发展、分类、拓扑结构、通信介质、协议、设备和安装，Internet 的产生、基础结构、通信协议和接入方法、服务与应用等。

2.1 图灵机与冯·诺依曼结构

2.1.1 图灵机与可计算问题

1936 年，图灵在伦敦权威的数学杂志上发表了题为《论数字计算在决断难题中的应用》的论文，提出了著名的抽象计算模型——图灵机。1950 年 10 月，图灵提出了关于机器思维的问题，发表了划时代之作——《机器能思考吗》这一里程碑式的论文。图灵在数理逻辑和计算机科学方面取得的这些举世瞩目的成就，即奠定了现代计算机技术的基础，因此他被誉为“计算机科学之父”和“人工智能之父”。

20 世纪之前，人们普遍认为任何同一类问题都能够找到对应的一组规则(算法)求解结果，而对于该类问题中的任何一个具体问题，都能按照这组规则完全机械地在有限步骤内求解出结果。但是后来发现有许多问题很难找到算法，人们则称这样一些问题为“不可计算的”。如何界定问题的“可计算性”成为研究热点，而图灵机给出了“可计算性”的严格数学定义，并用图灵机来界定可计算问题，产生了著名的“可计算性理论”(Computability Theory)，即凡是图灵机可以计算的函数，称之为可计算函数，其一定能够用计算机进行计算；反之，则为不可计算函数，无法使用任何计算机求解。利用可计算性理论可以确定哪些问题可以用计算机来解决，哪些不能。

图灵机对人们使用纸笔进行数学运算的过程进行了抽象，在理论上能够模拟现代数字计算机的一切运算，可视为现代数字计算机的数学模型。图灵机由三部分组成：①一条双向都可无限延长的被分为一个个小方格的纸带，每个方格可以有不同颜色或者书写给定字母表上的符号，也可为空白 B；②一个在带子上可以左右移动的读/写头；③一个有限状态控制器，含有限个内在状态及控制读/写头移动或读写的控制规则表 Table，如图 2-1 所示。其工作原理为：①在每个时刻，读/写头都要从当前纸带上读入一个方格信息；②根据读入信息和当前控制器中的内部状态查找对应规则，即查表，得到一个输出动作；③移动读/写头或在纸带上当前位置写入符号(包括空白)，并确定其下一时刻的内部状态。

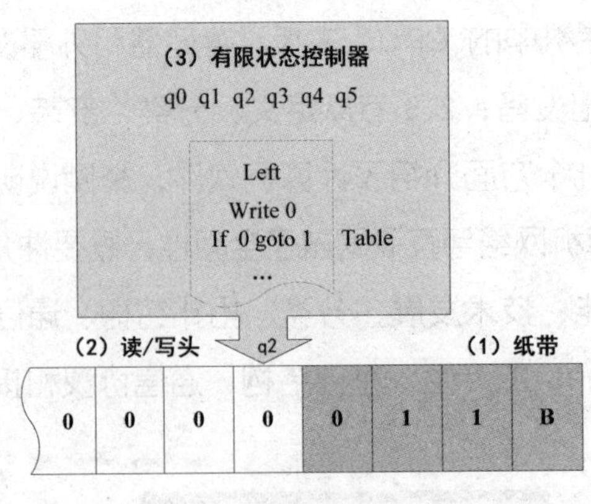

图 2-1 图灵机示意图

一个图灵机描述了一个计算过程——算法，任何正常人都可以按照算法的描述，机械

地进行有限步骤的计算，得到同样的结果，这就是可计算性理论的核心思想。可计算性理论证明了可计算性问题解决的机械有限性，肯定了计算机实现的可能性，为现代计算机系统的出现奠定了理论基础。图灵机同时还给出了输入和输出(读/写头)、算法与程序(控制规则表 Table)以及现代计算机主要架构的雏形：存储器(纸带)，中央处理器(控制器及其内部状态)，输入/输出(纸带的预先输入)。在已经被证明存在的“通用图灵机”(UTM，Universal Turing Machine，可以模拟任何其他图灵机的图灵机)上更是进一步被设想为：存储器(纸带)上除了记录问题数据外，还记录着指令。图灵机按照程序(控制规则和内部状态)步骤运行得出结果，结果也保存在存储器(纸带)上。“通用图灵机”被认为就是现代通用计算机最原始的模型。

2.1.2　冯·诺依曼体系结构

图灵定义了计算，定义了通用机，证明了计算模型之间的等价以及计算模型的极限，但未考虑物理实现，而冯·诺依曼将计算机的定义用物理手段有效地实现。图灵机是理论模型，冯·诺依曼计算机则是图灵机的工程化实现。

现代计算机被称为冯·诺依曼计算机，还一直使用冯·诺依曼提出的冯·诺依曼体系结构(Von Neumann Architecture，或称“冯·诺依曼模型”(Von Neumann Model) 或称“普林斯顿体系结构”(Princeton Architecture))。其基本要点为：

(1) 计算机的指令和数据采用二进制表示和存储。

(2) 计算机包括运算器(又称算术逻辑单元，Arithmetic Logical Unit，ALU)、存储器(Memory)、控制器(Control Unit)、输入和输出设备(Input/Output Device，I/O 设备)五大基本部件。

采用“存储程序”(Store Program)原理，是冯·诺依曼计算机的基本工作原理，即将根据特定问题编写的程序存储在计算机存储器中，然后按照存储器中存储程序的首地址执行程序的第一条指令，再依次按照该程序规定的顺序执行其他指令，直至程序执行结束。

图 2-2 为冯·诺依曼计算机体系结构简图。计算机在控制器的控制下，数据和程序从输入设备输入到存储器，经过运算器的运算处理，送到存储器，最后经输出设备输出。这些部件之间使用信号线来传递数据、指令和控制信号。为了节省并简化电路结构，采用公共通道，这个通道简称为总线(Bus)。计算机总线主要有三条：数据总线 DB(Data Bus，主要传递数据信息，也传递指令和状态信息等)、地址总线 AB(Address Bus，传递存储器地址信息)和控制总线 CB(Control Bus，主要传递控制信号和时序信号)。

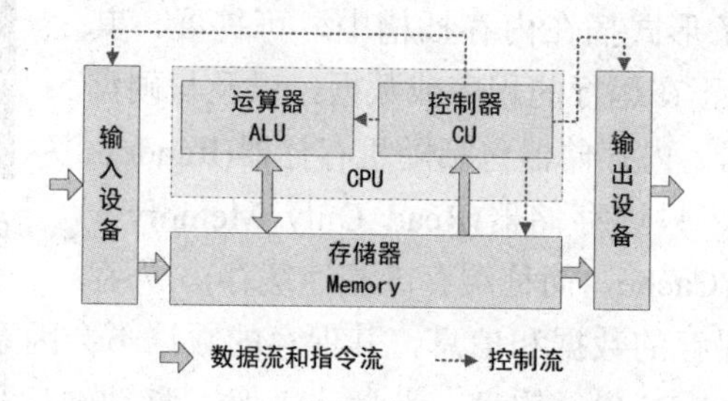

图 2-2　冯·诺依曼体系结构简图

冯·诺依曼体系结构是计算机系统的硬件结构，是由电子、机械和光电元件等组成的各种物理装置，按冯·诺依曼体系结构的要求构成的一个有机整体，为程序(计算机软件)运行提供物理基础，一个完整的计算机系统由硬件系统和软件系统组成。下面以微型计算机系统为例，介绍计算机系统的硬件系统和软件系统。

2.2 计算机硬件系统

计算机硬件(Hardware)系统是计算机硬件设备的总称。根据冯·诺依曼体系结构，主要有运算器、存储器、控制器和 I/O 设备五大部件。其中运算器和控制器组成了中央处理器(Central Processing Unit，CPU)，是一块超大规模的集成电路，是计算机硬件中的核心部件，是计算机的运算核心和控制核心。存储器在不特指时一般为内存储器(简称内存)，与 CPU 直接相连，是 CPU 可直接访问的存储器。CPU 不能直接访问的为外存储器(简称外存)，不直接与 CPU 相连。CPU、内存储器和一些重要电子部件、外部设备接口等安放和连接在一块称之为“主板”(Mainboard)的电路板上，它是计算机硬件部件的“航母”。CPU、主板、内存储器和外存储器中的硬盘等一般又都放在一个称之为“主机”的箱子里，箱子外的设备主要为 I/O 设备和其他通信、控制和存储设备。然而，现在的一体机电脑将主机与外部设备的显示器集成在一起，而形成没有“箱子”的计算机。图 2-3 为计算机硬件系统的组成简图，下面分别介绍这些部件。

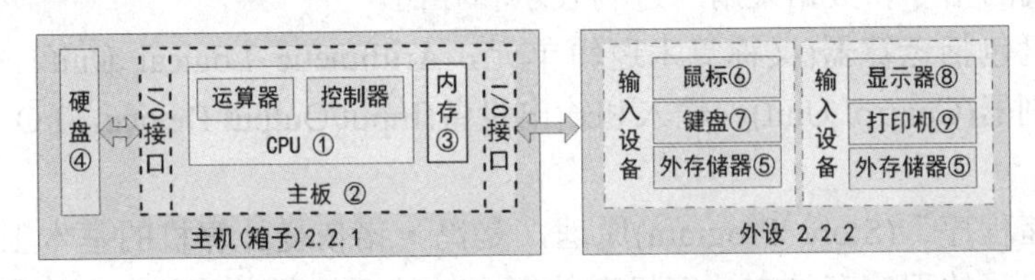

图 2-3　计算机硬件系统组成简图

2.2.1　主机

机箱中的多层印刷电路板(PCB)为主板(图 2-4 所示为一款华硕 z307 系列主板)，提供了 CPU、内存、显卡等电子元器件的插槽，是各种外部设备/元器件的接口及各种芯片的底盘，实现了元器件之间的相互连接，目前多使用玻璃纤维作为原材料。内存以内存条形式插在内存插槽中，可扩展，其作用是暂时存放 CPU 中正在运行的程序或数据，以及与硬盘等外部存储器交换的数据。内存储器包括随机存储器(Random Access Memory，RAM)、只读存储器(Read Only Memory，ROM)和高速缓冲存储器(Cache，简称缓存或高速缓存)。外存储器用来存放需要长久保存的数据和信息，其保存的数据不会因系统断电而丢失，且容量大。外存包含有硬盘(Hard Disk)、软盘、光盘、U 盘、移动硬盘和存储卡等，其中绝大多

图 2-4　华硕 z307 系列主板

数硬盘被永久性地密封固定在机箱中的硬盘驱动器中。表 2-1 列出了主机中的主要硬件设备和部件。

目前，随着电子元器件技术的发展，护甲技术、电磁屏蔽、静电防护、网络防雷防电等主板和接口保护技术，智能风扇和水冷技术等提高主板散热效能技术以及内存优化技术等提高内存和硬盘性能的技术，应用越来越普遍。

随着大数据时代的到来，数据产生速度及数据量迅速提高，极大地推动了云存储技术的迅速发展，在企业级商业应用以及个人存储空间无限化需求方面有着重要的应用。

注：云存储(Clouds Storage)：将储存资源放到云上供人存取的一种存储方案，让存储以网络服务的方式提供给用户在任何时间、任何地点、通过任何可联网的设备连接到云上使用，具有高安全性和读取速度快等特点。云存储是云计算概念的延伸，通过集群应用、网络技术或分布式文件系统等，将网络中大量各种不同类型的存储设备通过应用软件集合起来协同工作，共同对外提供数据存储和业务访问功能的一个系统。

表 2-1　主机中主要硬件设备/部件

序号	硬件设备/部件	定义/功能	组成/分类	主要性能指标
1	CPU 英特尔酷睿微处理器(第 7 代)	分析计算机指令，协调计算机各部件工作，进行算术和逻辑运算	包括运算器(ALU，Arithmetic Logical Unit，算术逻辑单元)、控制器(CU，Control Unit)、寄存器、高速缓存和总线	(1)字长 (2)主频 (3)外频 (4)Cache (5)CPU 的制造工艺、封装技术、工作电压、指令集、前端总线、核的数目等
2	主板	在机箱内，微机最基本、最重要部件之一，支持 CPU 与内存等系统电子部件进行通信，并为其他外设提供接口	主要由 CPU 插槽、内存插槽、扩展插槽、电源接口、外部接口和功能芯片等组成。其中扩展插槽供外设的接口卡(如声卡、视频卡、网卡、硬盘驱动器、电视转化卡)插接或集成，通过更换这类插卡，可实现局部升级	主板的类型和档次决定着整个微机系统的类型和档次，其性能影响着整个微机系统的性能

续表

<table>
<tr><th>序号</th><th colspan="3">硬件设备/部件</th><th colspan="2">定义/功能</th><th>组成/分类</th><th>主要性能指标</th></tr>
<tr><td rowspan="3">3</td><td rowspan="3">存储设备</td><td rowspan="3">内存</td><td>随机存储器</td><td rowspan="4">利用半导体介质、磁介质、光介质存储数据的部件/设备</td><td>可以随机读写数据，只能暂时存放信息，一旦断电，信息立即消失。
RAM 通常指计算机主存，是狭义上的“内存”</td><td>RAM 分为静态 RAM(SRAM，存取速度快，主要用于高速缓存)和动态 RAM(DRAM，集成度高，主要用于大容量内存储器)两种类型，微机中的内存条就是 DRAM</td><td>(1)容量
(2)存取时间：单位 ns(纳秒)</td></tr>
<tr><td>只读存储器</td><td>一般只能读出事先存储的数据，不能再写入新内容，断电后信息不会丢失。</td><td>(1)普通 ROM：在生产芯片时写入信息，不能更改；
(2)PROM(可编程 ROM)：可将编好的程序固化在 PROM 中，内容一旦写入便不能更改；
(3)EPROM(可擦除 PROM)：可用紫外线照射擦除内容，可多次编程，应用较多；
(4)EEPROM(E2PROM，电可擦除 EPROM)：可使用电来擦除内容</td><td></td></tr>
<tr><td>高速缓存</td><td>存在于主存与 CPU 之间的 SRAM 存储器，容量小，速度远高于主存而接近于 CPU 的速度。用于缓解内存与 CPU 之间的速度差异</td><td></td><td>(1)容量
(2)命中率</td></tr>
<tr><td>4</td><td></td><td>外存</td><td>硬盘</td><td>计算机中最重要的外部存储设备。其特点是存储容量大、存取速度快</td><td>主要由盘片、磁头、硬盘驱动器及其适配器、连接电缆等组成。
硬盘有固态硬盘(SSD，新式硬盘，采用闪存颗粒)、机械硬盘(HDD，传统硬盘，采用磁性碟片)、混合硬盘(HHD，将磁性硬盘和闪存集成在一起的硬盘)</td><td>(1)容量
(2)转速
(3)平均寻道时间
(4)缓冲区容量</td></tr>
</table>

注：(1) 字长：计算机在同一时间内能够一次处理的二进制位数，其直接反映了计算机的计算精度。微机字长从8位、16位、32位到目前的64位。

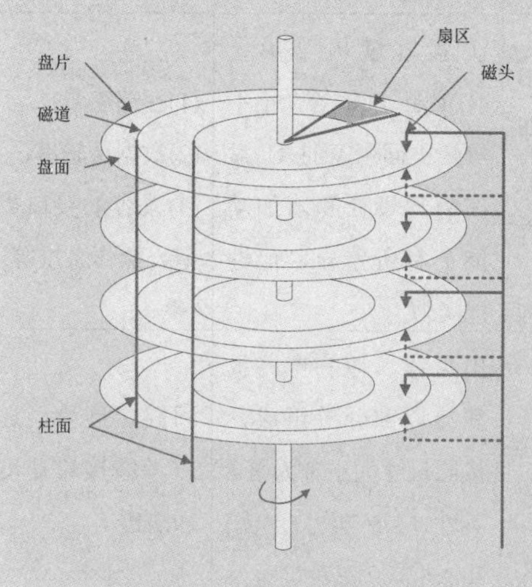

图2-5　硬盘主要结构

(2) 主频：CPU内核工作时的时钟频率，是CPU内数字脉冲信号振荡的速度，单位MHz或GHz。在其他性能指标相同的情况下，CPU主频越高，其运算速度越快。

(3) 外频：CPU与主板之间同步运行的速度，多数情况下也是内存与主板之间同步运行的速度，直接影响内存的访问速度和CPU同时接收来自外部设备数据的速度。

(4) Cache命中率：CPU在Cache中找到所需内存中数据的比例。

(5) 硬盘容量：硬盘最主要的参数，以兆字节(MB)、吉字节(或千兆字节，GB)或太字节(或百万兆字节，TB)为单位，目前市场常见的硬盘容量为TB级。硬盘通常由重叠的一组盘片构成(参见图2-5)，每个盘片可单面或双面存储数据，每个盘面一般配一个读写磁头。每个盘面以其中心为圆心，不同半径的同心圆称为磁道，每个盘面都被划分为数目相等的磁道，数据沿着轨道存放。具有相同半径的磁道形成一个圆柱——柱面，磁盘的柱面数与一个盘单面上的磁道数相等。盘面又被分成大小一般为512字节的扇形区域——扇区，磁盘驱动器以扇区为单位访问磁盘。则可使用公式计算硬盘容量为：磁头数×柱面数×磁道扇区数×每扇区字节数。

(6) 硬盘转速(Revolutions Per Minute)：硬盘盘片在一分钟内所能完成的最大转数，以RMP(转/分钟，r/min)表示，值越大，硬盘寻找文件的速度就越快，硬盘的传输速度也就越快，硬盘的整体性能也就越好。

(7) 硬盘平均寻道时间(Average Seek Time)：硬盘接到读/写指令后到磁头移到指定的磁道(柱面)上方所需要的平均时间，单位为毫秒(ms)。

(8) 硬盘缓冲区容量：为了减少主机的等待时间，平衡内部与外部的数据传输速度，硬盘会将读取的数据先存入缓冲区，等全部读完或缓冲区填满后再以高速速率快速向主机发送。理论上讲，缓冲区越大，即使硬盘内部数据传输速度不变，硬盘的性能也会更好。

2.2.2　外部设备

计算机系统中输入和输出设备(Input Device and Output Device，简称I/O设备)、外存统称为外部设备(简称外设)，其作用为存储和传输数据。表2-2列出了常见的外部设备。

表 2-2　主要外部设备

序号	硬件设备/部件			定义/功能	组成/分类	主要性能指标
1	外存储器		U 盘	微型移动存储设备，通过 USB 接口与计算机连接，实现即插即用。 U 盘可以多次擦写、读取速度快、小巧便于携带、存储容量大、价格便宜、性能可靠	U 盘容量从 2GB、4GB 至 1TB 等大小不等，不同厂家的 U 盘在外形设计和附加功能上有所差异，但性能类似	(1)存储容量； (2)数据传输率； (3)兼容的接口类型、操作系统等
			移动硬盘	以硬盘为存储介质，采用 USB、IEEE 1394 等传输速度较快的接口与计算机相连的硬盘。其特点是轻便、易于携带	由盘体、控制电路板和接口部分等组成，按照尺寸大小分为 1.8 英寸、2.5 英寸(主流)和 3.5 英寸三种类型	同固定硬盘，还应考虑接口速度和防震
			存储卡	固态电子快闪数据存储设备，用于手机、数码相机、便携式电脑、MP3 和其他数码产品上的独立存储介质，多为卡片或方块状	市场上有各种性能不同的存储卡，如 MMC 卡、SD 卡、记忆棒、PCIe 闪存卡、CF 卡等	(1)数据写入速度； (2)容量
2	输入/输出设备	输入设备	鼠标	最常用的计算机输入设备之一，随计算机软件的图形化界面的普及而普及，是计算机显示系统纵横坐标定位的指示器，可以移动鼠标指针，并对其所指位置的屏幕元素进行操作，因形似老鼠而得名	按照不同分类方法可分多类，一般有机械鼠标、光电鼠标和光机鼠标；有线和无线鼠标；PS/2 和 USB 鼠标；双键、三键和多键鼠标等。	(1)分辨率； (2)刷新率
3			键盘	最常用的计算机输入设备之一，一般作为计算机的标准输入设备，输入计算机指令，操作计算机。现在一般使用的键盘都称为 QWERTY(主键盘字母区左上角 6 个字母的连写)键盘	一般有机械式、塑料薄膜式、电容式等类型。常见按键数有 101 键、104/105 键和 108 键。键位排列一般分为功能键、打字键、编辑键、数字键盘(也称小键盘)和指示灯区五个区域	

续表

序号	硬件设备/部件			定义/功能	组成/分类	主要性能指标
4	输入/输出设备	输出设备	显示器	也称监视器，微机的标准输出设备，可以显示键盘输入的命令和数据，以及计算机数据处理的结果	常用的显示器：CRT、LCD、LED、PDP、OLED、3D 显示器	(1)点距； (2)分辨率； (3)扫描频率； (4)刷新速度； (5)响应时间； (6)色深/色域； (7)其他，如静态对比度、可视视角、亮度、颜色数、色域、面板等。 显示器通过显示适配器(显卡)与主机相连，显示性能除了取决于显示器本身，还与显卡性能有关(可参考天梯图)
5			打印机	用于将计算机处理的文字或图形在纸上输出	(1)针式打印机； (2)喷墨打印机； (3)激光打印机； (4)3D 打印机	(1)分辨率； (2)速度； (3)噪声

输入设备是用户向计算机输入数据、程序和命令的设备，是计算机与用户通信的桥梁。常见的输入设备有键盘、鼠标、摄像头、扫描仪、激光笔、手写输入板、游戏杆等。

随着移动互联、多点触控、传感器、可穿戴等技术的发展，触控屏、触控板、触控笔(Stylus)等作为输入设备越来越得到普遍应用。而随着人工智能技术和深度学习算法的发展，语音识别、指纹识别、手势识别和面部追踪、脑电波追踪、眼球跟踪、3D 体感等技术也越来越多地应用到输入设备中。

注：触控笔(见图 2-6)是一种笔形输入工具，可以通过点击触控屏输入指令、写字或绘图。

图 2-6　触控笔

输出设备(Output Device)是接收计算机的数据和命令，将计算机的数据处理结果以数字、字符、图像、声音等人类可读的形式显示出来的设备。

常见的输出设备有显示器、打印机、绘图仪、影像和语音输出系统、磁盘等。常用的显示器又可分为 CRT、LCD、LED、PDP、OLED、3D 显示器等。目前，传统的屏幕显示技术已经被平板显示技术所取代，显示器从 CRT 发展到 LCD、LED，球状显示变成了平面显示、曲面显示，凸面显示屏发展到凹面显示屏，LCD 的时代随之到来。随着显示时代的到来，显示无处不在的需求不断增长，推动着新型材料化学技术、柔性电子技术、OLED 技术等的不断发展，柔性显示器(又称 E-paper，电子纸)等新型显示器的应用将越来越广泛。VR 因其具有的多感知性、沉浸感、交互性、想象性，为显示方式带来了革命性的改变。随着 VR 虚拟显示技术、可穿戴技术的不断发展，目前 VR 显示器越来越普遍地应用到城市规划、建筑设计、工业仿真、古迹保护、房地产销售、旅游、水利电力、地质灾害、教育培训等众多领域，特别是在游戏领域。

目前，最为常见的 3D VR 显示器是头戴式显示器(头显，如图 2-7 所示)，而随着投影技术、全息膜材的发展，一种通过将影像投射到空气、纱幕等介质上来记录并再现物体真实 3D 图像的技术——3D 全息技术应运而生。全息技术产生的全息投影无须佩戴 3D 眼镜观看甚至可与之互动，在舞台演出、交通管理、设计、广告旅游、文物资料保管和展出、立体电影、医疗、远程沟通、智慧教育、军事等领域都有着广泛的应用需求。

一般微型计算机上使用的打印机有点阵式打印机、喷墨打印机和激光打印机。点阵式打印机为击打式打印机，是通过打印头中的小针击打打印纸形成文字或图形，目前很少使用，只在商业领域用于票据打印。喷墨打印机为非击打式打印机，是通过强电场作用将墨水喷到输出介质表面，形成图案或字符。随着激光打印机价格的下降，喷墨打印机的使用大大减少。激光打印机为非击打式打印机，是激光扫描技术和电子照相技术相结合的打印输出设备。

被称为“上上个世纪的思想，上个世纪的技术，这个世纪的市场”的 3D 打印技术，其核心思想起源于 19 世纪末的美国，20 世纪 80 年代发展成熟并被广泛应用，1995 年 MIT 提出了“3D 打印”一词。3D 打印技术是以数字模型文件为基础，通过逐层喷射金属、陶瓷、塑料、砂、可食性材料等可黏合材料以构造物体的快速成型技术。3D 打印技术作为工业 4.0 重点规划项目，已经成为全球时代发展的焦点，不仅给全球制造业带来了巨大变革，同时对于建筑行业、食品产业、医疗行业、考古及遗产保护、航天军事、生活卫生、影视传媒以及教育等众多领域都有着巨大的影响。3D 打印技术将颠覆众多领域中原有的制造流程，简化制造工艺，缩短研发和制造周期，降低制作成本，提高生产效率，改变生活方式。3D 打印机如图 2-8 所示。

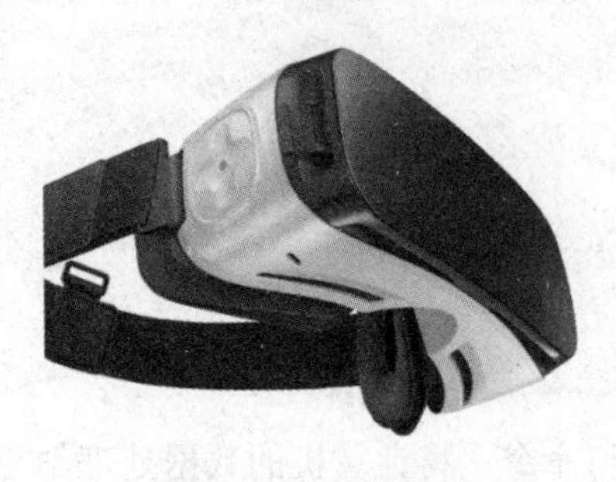
图 2-7　3D VR 头显

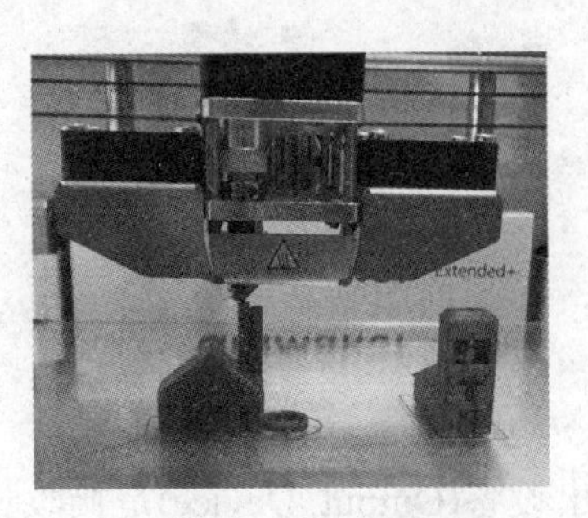

图 2-8　3D 打印机

注：(1) 数据传输速率(Data Transfer Rate)：每秒钟传输数据的比特数，是数据传输设备的重要技术指标之一，单位为比特/秒(bit/s，b/s)。U 盘和移动硬盘等外存的数据传输率与磁盘格式和 USB 传输接口有关，U 盘和移动硬盘依靠 USB 接口与计算机相连，其速度将影响数据传输率。

(2) 存储卡的速度：早期使用 Class 等级作为通用标准来标识数据存取速度，等级越高速度越快，目前 Class10 级最为常见。随着高速卡和高清视频的普及，出现 USH 高速接口，使用“I”“U1”和“U3”标识速度。写入速度一般远远低于读取速度，故该速度为标识存储卡性能的重要指标之一。

(3) 鼠标分辨率(DPI/CPI，Dots Per Inch/ Count Per Inch，每英寸的像素数/每英寸的采样率)：鼠标每移动一英寸能准确定位的最大信息数，单位为 DPI/CPI。因 DPI 参数与显示器像素分辨率有关，故使用 CPI 更能反映鼠标精度。目前，鼠标产品上标注的 DPI 与 CPI 异名同义。

(4) 鼠标的刷新率：鼠标的采样频率，鼠标每秒钟采集和处理的图像数量，单位为 FPS(帧/秒)。

(5) 显示器的点距：给定颜色的一个发光点与距它最近的相邻同色发光点之间的距离，与分辨率不同，这种距离不能用软件来更改。在任何相同分辨率下，点距越小，图像就越清晰。

(6) 显示器的分辨率：像素点与点之间的距离，像素数越多，分辨率越高。分辨率通常是以“水平像素数×垂直像素数”来标识，如：1680(水平像素数) × 1050(垂直像素数)。查看和更改显示器设置的界面如图 2-9 所示。

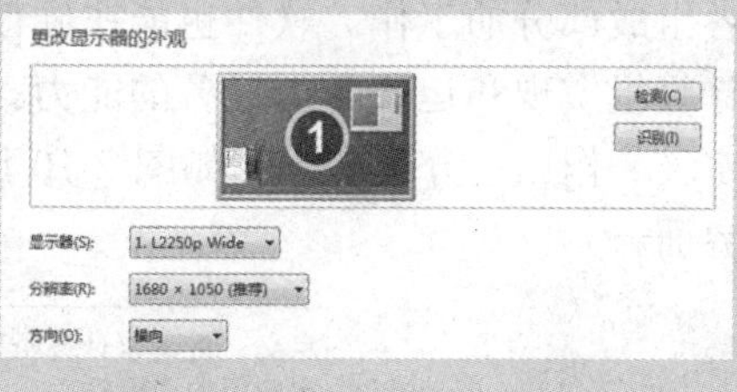

图 2-9　查看和更改显示器的设置

(7) 显示器的扫描频率：显示器每秒钟扫描的行数，单位为千赫(kHz)。它决定着最大逐行扫描清晰度和刷新速度。

(8) 显示器的刷新率：每秒钟出现新图像的数量，单位为 Hz(赫兹)。刷新率越高，图像质量越好，闪烁越不明显，人的感觉越舒适。

(9) 显示器的响应时间：液晶显示器的每一个像素点从暗到明以及从明到暗所需的信号反应时间，单位为毫秒(ms)。

(10) 打印分辨率：每英寸横向和纵向打印的点数，以 DPI(Dot Per Inch，点/英寸)表示。

(11) 打印速度：打印文稿所需要的时间，单位为 PPM(页/分，每分钟打印的页数)。

(12) 打印噪声：打印机正常工作状态下的打印声音，单位为 dB(分贝)，大于 60dB 为噪声。

2.3 计算机软件系统

2.3.1 认识计算机软件

计算机软件(Software)是由数据和计算机程序组成的计算机系统的非硬件部件，与计算机硬件系统一起构成整个计算机系统。计算机软件是计算机用户与计算机硬件之间的接口，用户主要是通过软件与计算机进行交互。

注：计算机软件的一般定义为：软件=程序+数据。而从软件工程的角度定义软件为：软件=程序+数据+文档。程序是指挥计算机执行特定任务的指令集合，如：排版文档、编辑照片、查杀病毒、浏览网页等；数据是任务中数字化的处理对象，如：文档、照片等，通常也被称为数据文件；文档是程序的说明性资料。

计算机软件能够控制与管理计算机硬件资源，提高计算机资源的使用效率，协调计算机各组成部分的工作。软件也能在硬件提供的基本功能的基础上，扩大计算机的功能，提高计算机实现和运行各类任务的能力。计算机软件可以分为系统软件和应用软件两大类，其定义、作用、分类和举例如图 2-10 所示，图 2-11 和图 2-12 所示为几种系统和应用软件的界面。

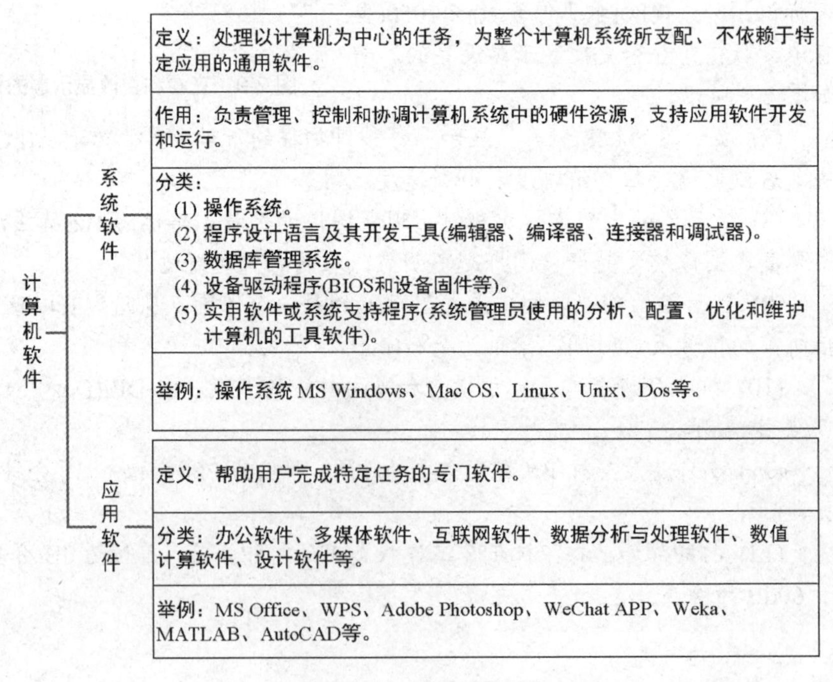

图 2-10 计算机软件分类

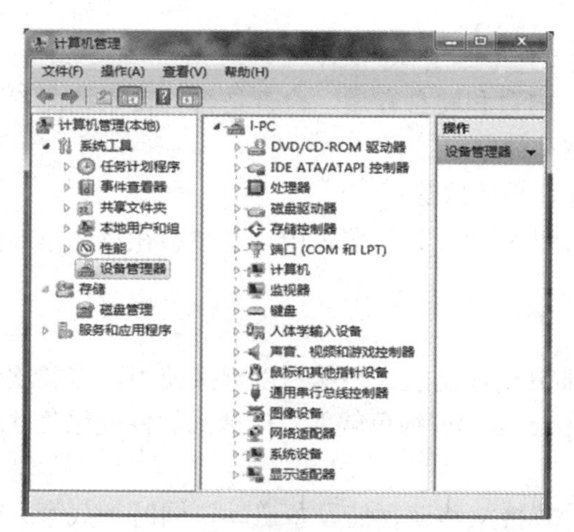

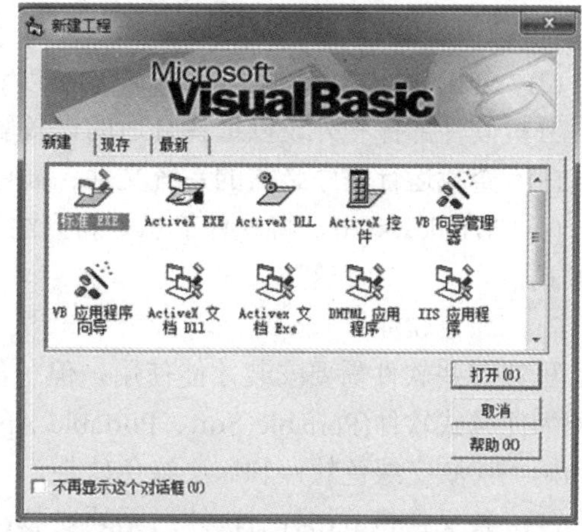

图 2-11　系统软件：Windows 操作系统的设备管理器和 VB 6.0 程序开发工具

图 2-12　应用软件：数据挖掘软件 Weka 和图像处理软件 Photoshop CC

注：系统软件与应用软件的界限并不绝对，如一些操作系统捆绑的应用软件，可以被卸载而不会影响其他软件的功能，此时它们不被认为是系统软件。而如 IE、Chrome 等 Web 浏览器，有可能被当作操作系统和系统软件的一部分。还比如一些云端软件，向软件客户(通常是 Web 浏览器或 Web 浏览器中运行的 JavaScript 应用程序)提供服务，而不是直接向用户提供服务，因此应被认为是系统软件。然而，在功能上又应该属于应用软件，如文字处理 Web 应用程序与文字处理应用程序没什么区别。

2.3.2　计算机软件的安装、升级与卸载

1. 软件安装

1)　软件安装过程及其一般操作

软件安装是指将程序放在计算机中以使其能运行或执行的过程。多数应用软件都会包含安装程序(名为 setup.exe 或 install.exe)，它能引导用户完成安装。在安装过程中，安装程序通常会执行以下操作。

(1)　将该软件的所有文件复制到本地计算机硬盘的特定文件夹里，有时需要事先解压

缩文件；

(2) 分析计算机资源，如：处理器速度、内存和硬盘容量，检查是否符合系统配置要求，分析硬件部件和外设以选择合适的设备驱动程序；

(3) 查找运行程序必需的系统文件、插件、播放器等；

(4) Windows 中，将软件信息更新到注册表和“开始”菜单中，有时会在桌面添加快捷方式。

2) 绿色软件

虽然有些软件需要安装才能使用，但一部分软件无须安装就可以直接使用，这类软件被称为便携式软件(Portable Soft、Portable Application)或绿色软件。便携式软件或绿色软件分为两类：狭义绿色软件和广义绿色软件。

(1) 狭义便携式(绿色)软件：无须安装，直接从移动存储设备启动，同时加载个人自定义配置，不使用注册表保存设置，断开设备后，不在运行过的计算机上留下任何痕迹。或者也可直接拷贝(必要时解压缩)安装文件夹到目标文件夹，除了软件的安装文件夹，不往注册表、系统文件夹等任何地方写入任何信息，卸载软件只需要直接删除安装文件夹即可。因其不在系统中留下任何痕迹，是一种“纯绿色无污染”的软件。

(2) 广义便携式(绿色)软件：在狭义的基础上，向系统文件夹拷贝一些动态库，或在注册表中导入一些必要设置等，对系统改变少，操作简单易撤销，可以纯净卸载。

3) Web 应用与移动应用

目前，除了以上两种本地软件的使用模式之外，Web 应用和移动应用两种软件使用模式也非常普遍。

(1) Web 应用。

Web 应用(软件)是通过 Web 浏览器访问的软件，它们并不是本地运行，大部分代码是在连接到互联网或其他计算机网络的远程计算机上运行的，如 Google Docs、Turnitin(见图 2-13)等。很多 Web 应用都涉及云计算，大多数 Web 应用都不需要安装在本地计算机上。

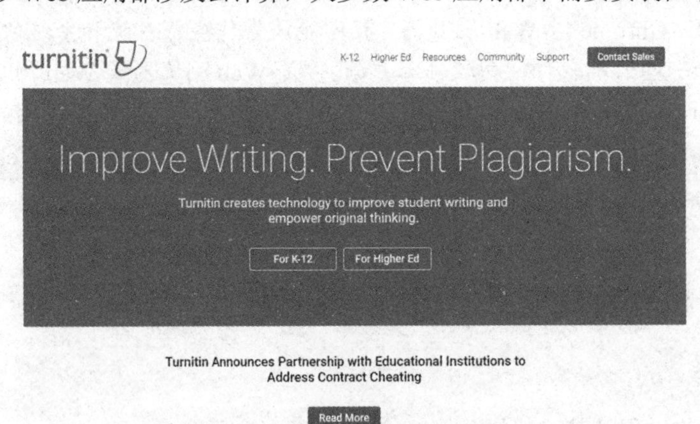

图 2-13 Turnitin 官网主页

(2) 移动应用。

移动应用(App)是为智能手机、平板电脑或一些媒体播放器等手持设备设计的，它们通

常是通过在线应用商店(App Store/Android Market)销售的小型专门应用软件。很多都免费，且价格低廉，数量众多且充满乐趣(见图 2-14)。与 Web 应用不同的是，移动应用需要安装完成后才能使用。

2. 软件升级与更新

软件发行商会定期推出其软件的新版本，用新版本代替旧版本的过程被称为软件升级(Upgrade)。软件的每个版本都会带有一个版本号以标识这些更新，如 1.0 变为 2.0。升级到新版本通常是收费的，当然要比单独购买现成的新版本要便宜。

软件更新(Update)是用一小段更新代码(又称软件补丁，Patch)来替换当前已经安装的软件中的部分代码，用以修复或完善软件。一组用以修复问题和填补安全漏洞的补丁被称为服务包。补丁和服务包通常是免费的，它们通常只修改版本号小数点之后的数字，如 2.0 变为 2.01。

用户可以自由选择接收软件更新提醒和更新的方式，图 2-15 所示为 Windows 操作系统更新方式的选择，大多数软件都被设置为在 Web 上检查是否有可用更新而提醒用户下载更新。

图 2-14　苹果手机的水果忍者 App

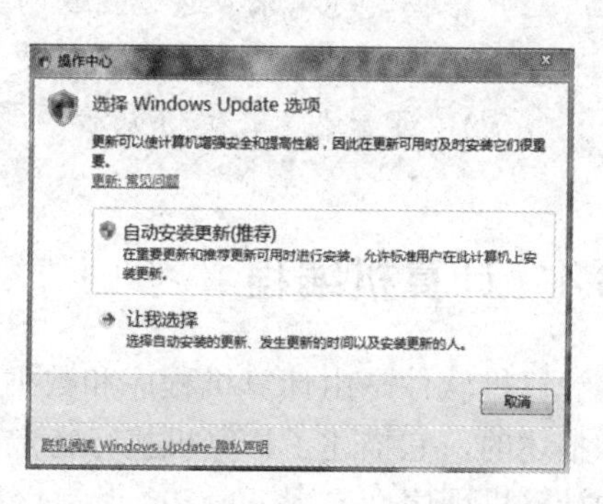

图 2-15　Windows 操作系统的软件更新选择

3. 软件卸载

Windows 操作系统自带卸载程序(详见第 3 章 3.3.5 小节)，多数需要安装的软件也都自带卸载程序。卸载程序用以从计算机硬盘的多个文件夹中删除软件文件，并帮助用户确认是否存在多个程序共用的文件，这些文件通常应该保留。

2.3.3　计算机软件的发展

计算机软件的发展经历了主机时代(1970—1985 年)、客户/服务器时代(1985—2000 年)、桌面 SaaS 时代(2000—2015 年)以及云时代(2015 年至今)。目前，“软件正渗透到各行各业，悄然占据经济的主导地位，成为行业变革的基础，这场‘软件革命’将给美国乃至全球经济带来深远影响”(网景创始人马克·安德森(Marc Andreessen)在“软件蚕食世界”中的论断)。这些深远的影响包括：

(1)　“软件定义一切”的时代来临。

软件定义的技术本质是“硬件资源虚拟化，管理功能可编程”，即将硬件资源抽象为虚拟资源，用系统软件对虚拟资源管理和调度，在此基础上，用户可编写应用程序，满足访问资源的多样性需求。在虚拟化以及软件定义一切的趋势作用下，越来越多的硬件正在被软件取代。

(2) 服务与劳动力正在被软件所取代。

随着人工智能的发展，越来越多的工作正在被软件所取代，每一家公司都将变为软件公司。如：媒体正在使用机器人写稿，AI 个人助理正在为你安排出行计划，投资银行正在使用 AI 做出更好的投资，律师事务所正在参考 AI 建议打官司，无人驾驶汽车的出现等。

(3) SaaS 和互联网已经打破了用户的边界壁垒，软件创新全球化趋势明显。

(4) 人工智能正在成为一种服务。

“互联网”“移动”向“机器学习”转移趋势明显，AI 和机器学习正在为应用赋予新的能量。

注：SaaS (Software-as-a-Service，软件即服务)：一种通过互联网提供软件服务的全新的软件应用模式。厂商将应用软件统一部署在自己的服务器上，用户根据实际需求，通过互联网获得厂商提供软件服务。因其成本低(用户不需一次性投入大量用于硬、软件更新及人员投入的开支，而只需支出少量服务租赁费)、部署迅速、定价灵活、满足移动办公，而颇受欢迎。

2.3.4 计算机编程

计算机软件是由计算机程序和数据组成，而计算机程序(简称程序)是由计算机语言书写和描述的，它描述了计算机执行特定任务中的处理对象和处理规则。下面来体验一个简单的计算机程序。

【例 2-1】 使用文本编辑器编辑一段简单程序，运行该程序，查看结果。

操作步骤：(1) 在 Windows 下打开任意一个文本编辑器(如“记事本”，方法是：单击【开始】按钮，在【开始】菜单中选择【所有程序】→【附件】→【记事本】命令)。

(2) 在“记事本”窗口中输入如下程序(见图 2-16(a))，并以“sayhello.bat”为文件名保存在“c:\Users\你的用户名”文件夹下，如本例中的“BUU”。

(3) 在“命令提示符”下运行该程序(方法是：单击【开始】按钮，在【开始】菜单中选择【所有程序】→【附件】→【命令提示符】命令，打开命令提示符窗口。在该提示符下，输入“sayhello”，按 Enter 键，即运行 sayhello.bat 文件中的程序)，查看结果(见图 2-16(b))。

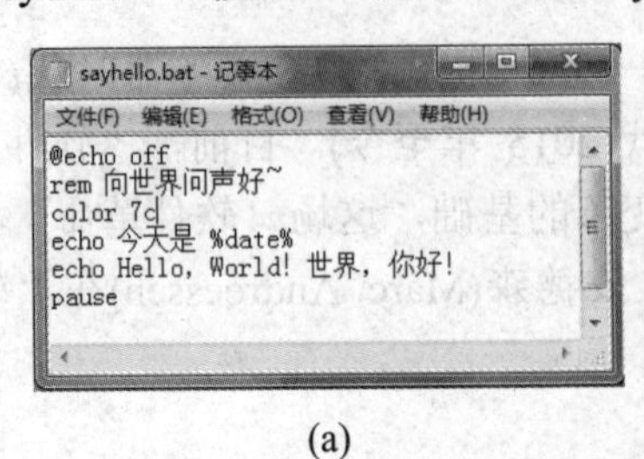

(a)

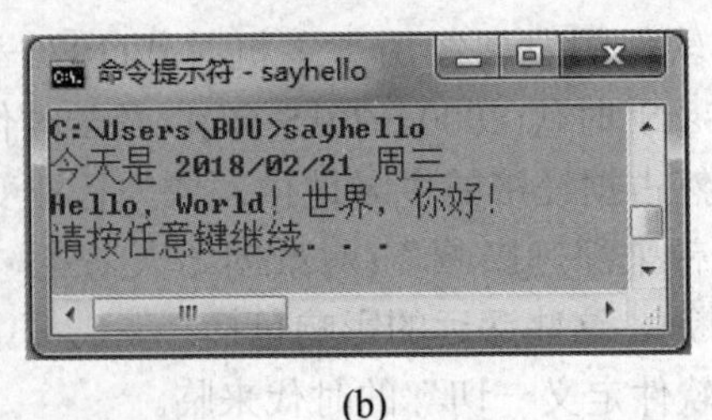

(b)

图 2-16 一个简单的批处理程序

注：扩展名为.bat 的文件为批处理文件，在命令提示符下运行该文件中的程序，即依次执行其中的每条命令。其中@echo off 为取消屏幕上的回显；rem 为程序注释，在取消回显后，不显示在屏幕上；color 为设置屏幕的背景色和文字前景色，7 为背景灰，c 为前景淡红色；echo 为在屏幕上显示命令后文字；pause 为暂停程序执行，直到按任意键继续。

1. 计算机语言

计算机语言(Computer Language，又称编程语言(Programming Language))是人与计算机之间通信的语言，指令就是通过这种计算机语言传递给计算机的。如上例中的程序就是用一种脚本语言所书写。与其他语言一样，每种计算机语言都有自己一套符号和语法规则，这些符号按照语法规则组成计算机指令，或称语句(Statement)，这些语句组成具有一定语义、能够完成特定任务的程序。用计算机语言来书写程序的过程称为编写程序，简称编程(Programming)，编程的人称为程序员(Programmer)。

作为人与计算机通信的语言，应该是人和计算机都能够读懂的语言。最早，为了使计算机能够直接识别和执行程序，人们使用二进制代码来编写程序，这套二进制代码形成的指令系统被称为机器代码或机器语言(Machine Code/Machine Language)。机器语言是由 CPU 直接执行的一组指令，一条指令就是机器语言的一条语句，由操作码和地址码两部分组成。其中操作码为指令的操作性质或功能，地址码为操作数或操作数的地址。每个指令执行的都是一个非常具体的任务，如给寄存器中的数据加 1。机器语言具有灵活、直接执行、速度快及与计算机硬件密切相关等特点。

然而，由于机器语言都是由 0 和 1 组成的二进制代码，编写和记忆困难，可读性极差，易出错。因此，一种更具可读性的面向机器的语言出现了，这种语言被称为汇编语言(Assembly Language)。汇编语言使用助记符代码来代替机器代码，不再直接使用 0/1 指令。如在 Z80 处理器中给寄存器 D 加 1 的机器码为 14H(十六进制数表示，二进制数表示为 00010100)，在汇编语言中则表示为 INC D。在汇编语言中，用助记符(如 INC)代替操作码，用地址符号或标号代替地址码(如 D)。使用汇编语言编写的程序，计算机不能直接识别，要将其翻译成机器语言，这种将汇编语言书写的程序翻译成与之等价的机器语言程序的翻译程序被称为汇编程序(Assembler，又称汇编器，属系统软件)。汇编程序把汇编语言编写的程序翻译成机器代码的过程称为汇编，这些机器代码称为目标程序，它们不能直接运行，还需要用连接程序(Linker)进行装配，生成可执行程序。这个过程如图 2-17 所示。

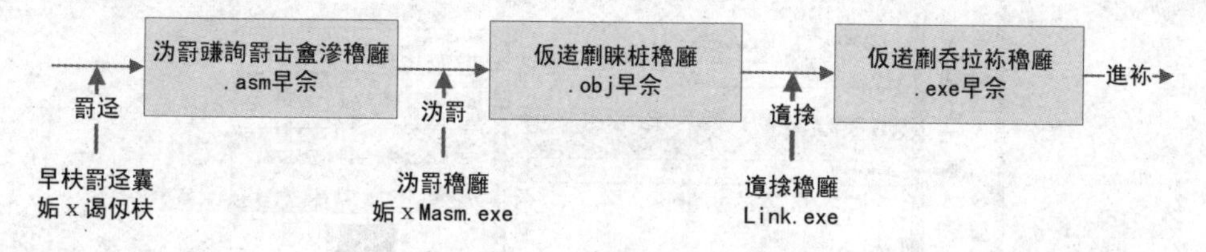

图 2-17　汇编执行过程

虽然汇编语言与机器语言相比使用更为方便，但它仍然存在与机器语言类似的使用困难、与计算机硬件相关性强的问题。1954 年，被公认的世界上第一个计算机高级语言

FORTRAN 诞生。它是第一个不依赖于计算机硬件、通用性强、表达方式与自然语言和数学公式非常接近的高级语言(High-level Language)。高级语言与机器语言和汇编语言(相对的，机器语言和汇编语言也被称为低级语言(Low-level Language))不同，它与计算机的硬件结构及指令系统无关，具有更强的表达能力，更方便地表示数据的运算和程序的控制结构，更好地描述各种算法。高级语言使用人类语言中的词汇和语法来编写程序，易学、易用、易读、易理解。如果说机器语言和汇编语言是以机器的思维来编写程序，则高级语言就是以人的思维逻辑来编写程序，其完全脱离了 CPU 的思维模式，故可移植性很高。高级语言与汇编语言编写的程序一样，需要先翻译成机器语言后，才能被计算机识别和执行。通常的翻译方式有两种：编译和解释。

编译(Compile)是使用编译程序(Compiler，又称编译器，属系统软件)将高级语言编写的源程序整个翻译成目标程序的过程。目标程序是不能直接运行的二进制文件，还需要经过连接生成可执行程序后才能运行(如图 2-18 所示)。解释执行(Interpretive Execution)是使用解释程序(Interpreter，又称解释器，属系统软件)对源程序逐句进行解释，解释一句执行一句的过程。解释执行过程不对整个源程序进行翻译，也不生成目标程序。

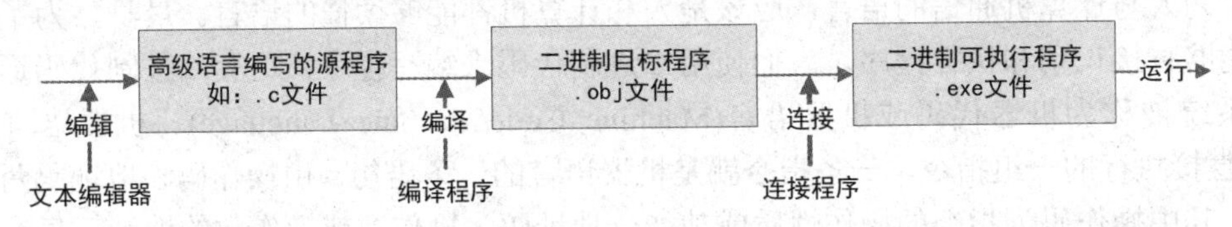

图 2-18　编译执行过程

注：目前，一般使用 IDE(Integrated Development Environment，集成开发环境)完成从编辑、编译、连接，到运行的程序设计开发的全过程。IDE 一般包括代码编辑器、编译器、连接器、调试器以及图形化用户界面和可视化编程工具等，集成了代码编辑、分析、编译、连接、调试等功能。常用的 IDE 有微软的 Visual Studio、PyCharm、Eclipse 等。图 2-19 所示为 Visual Basic 6.0 集成开发环境的主界面。

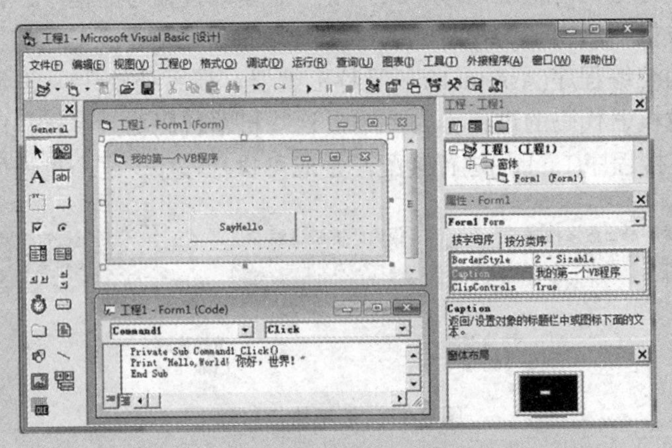

图 2-19　Visual Basic 6.0 集成开发环境

编译型程序在程序运行前经过翻译过程，运行时无须再翻译，执行效率高、速度快，在同等条件下对系统要求较低，编译后程序不可修改、保密性好。但系统可移植性差，只能在兼容的操作系统上运行，一般在开发操作系统、大型应用程序、数据库系统、对系统兼容性要求低的情况下采用。编译型语言最著名的有 C、C++等。解释型程序在程序运行前无编译过程，运行时需解释器对程序逐行解释，方可运行，使得其执行效率相对低、速度慢，占用资源多，代码可修改后再次执行。但其可移植性较好，在安装了解释环境的情况下，可运行于不同操作系统下。解释型语言最典型的有解释型 Basic、Ruby、JavaScript、VBScript、Perl 等一些脚本语言。

注：可以通过解释器优化提高解释型程序的代码效率。同时，随着基于虚拟机语言的兴起，解释型语言和编译型语言的界限已经越来越模糊，Java、C#、Python 等语言都被认为是编译型与解释型相结合的混合型语言。如 Java，首先使用编译器编译成字节码文件(非二进制)，在运行时使用解释器再将其解释为机器代码，即 Java 是一种先编译后解释的语言(使用 Eclipse 等 IDE 开发程序时，将这两步合二为一)。再如 Python 也是一门先编译后解释语言，在程序运行时，编译结果保存在内存中，在程序运行结束时，Python 解释器将内存中的编译结果保存为文件(.pyc 文件)，避免了下次再次使用该 Python 程序时的重复编译，提高代码效率。

机器语言是最早用来为计算机编程的语言，称为第一代语言，每一种机器语言只能用于一种特定的 CPU 或微处理器系列，现在程序员已经很少使用其直接编程；汇编语言被称为第二代语言，它也是针对特定机器、与一种机器语言有一一对应关系，现在程序员一般使用其编写与硬件密切相关的程序，如编译器、操作系统、设备驱动程序等；随着高级语言的诞生，计算机语言发展到第三代；1969 年，计算机科学家开始研发称为“第四代语言”的高级语言，其更接近于人类的自然语言，如 SQL 数据库标准语言。第四代语言为面向问题的非过程化语言，它只需告诉计算机做什么，而无须编程告诉它怎么做。

注：1982 年，日本研究人员开始研发第五代语言，Prolog(Programming in Logic)语言诞生。它是一种说明性的逻辑编程语言，最初用于自然语言研究，现已被广泛应用在人工智能领域。

2. 计算机编程方法

早期的计算机编程方法是基于编写让计算机逐步执行的指令代码，这种方法称为过程化编程(Procedure-Oriented Programming，又称面向过程程序设计)，它将问题的解决方案概念化为一系列的步骤，这些解决问题的方法和步骤被称为算法。支持过程化编程的语言称为过程化语言，机器语言、汇编语言以及 FORTRAN、C 语言等很多高级语言都是过程化语言。过程化语言非常适用于使用线性的、流程化严格的算法解决的问题。过程化程序仅有一个开始点和一个终止点，程序流程从开始点沿着一定的路径执行到终止点，即从程序的第一条指令开始，按照一定的顺序一条一条指令执行到程序结束。

在使用编程语言编写程序之前，应将解决问题的方法和步骤，即算法描述清楚，描述算法的工具不应与任何一种编程语言相关，以使程序员专注于算法本身的对错，而无须关注代码或指令的实现细节。描述算法的工具通常有伪代码和程序流程图等，例 2-2 给出了一个简单算法的流程图(见图 2-20(a))及其使用 BASIC 语言编写的程序(问题解决过程的示意性描述，见图 2-20(b))。

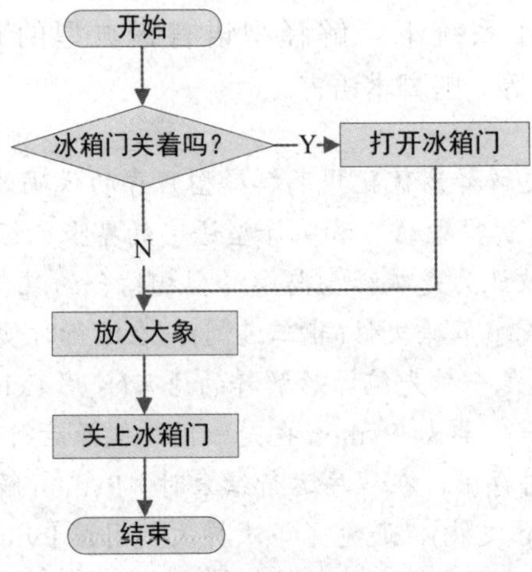

(a) “把大象装冰箱”的算法流程图

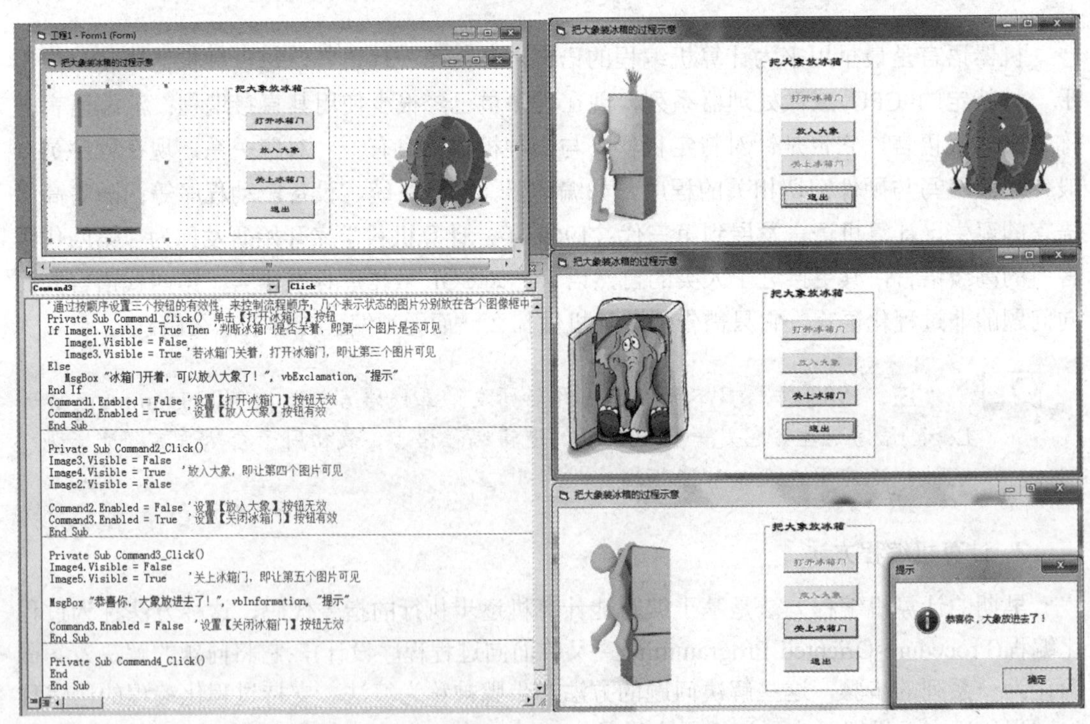

(b) “把大象装冰箱”的 VB 6.0 程序和运行效果

图 2-20　利用编程语言编写“把大象装冰箱”的流程程序和运行效果

【例 2-2】 给出“把大象装冰箱”的算法，画出算法流程图，并使用 VB 6.0 实现。

过程化编程语言在控制计算机执行程序的流程时，一般有三种控制结构(支持三种控制结构的语言称为结构化编程语言(Structured Programming Language))：顺序、选择分支和循环。顺序执行是程序执行的一般状态，即指令或语句从第一条开始按照先后顺序依次执行，如上例中的 Command2_Click 和 Command3_Click 中的语句就是顺序执行；一些情况下需要根据实际情况的不同跳过一些语句，如上例中的 Command1_Click 中，要判断冰箱门是否关闭，若关闭才需要打开，否则直接放大象了，此为选择分支结构；而循环结构是需要根据实际情况的不同重复执行某些语句，如：计算 1 到 100 的累加，即将 1 到 100 加到累加和中，这个过程以加入累加和中的数小于等于 100 继续，大于 100 结束，流程图如图 2-21 所示。

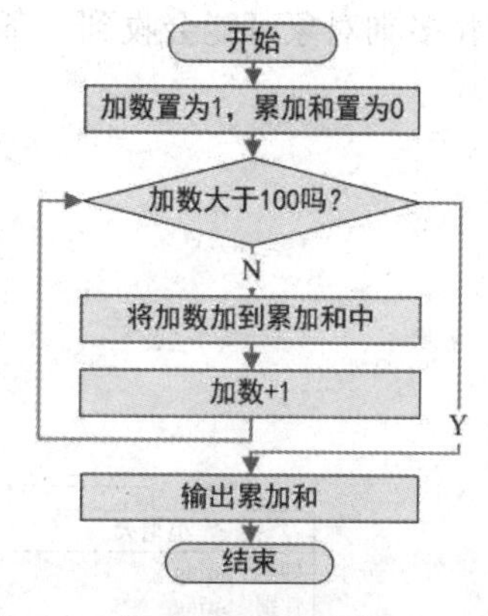

图 2-21　使用循环结构实现 1 到 100 累加的算法流程图

随着计算机软件的规模越来越大，程序越来越复杂，程序设计的困难性、易错性、可维护性都面临巨大挑战，应用结构化程序设计方法，仍难以控制。此时，面向对象程序设计(Object Oriented Programming，OOP)语言作为一种降低复杂性的工具而诞生了，面向对象程序设计方法也逐渐普及。面向对象程序设计方法是以人类认识客观世界的方法为基础，以将现实世界抽象成对象为基础，建立对象模型描述现实世界中事物特征，利用软件工具直接完成从对象的描述到软件结构之间的转换，程序设计过程更自然、更贴近人类普遍认知。目前，有很多流行的编程语言都具有面向对象程序设计特性，如 Python、C++(C 语言扩展，加入面向对象特性)、Java、C#、Perl、Ruby 等，它们一般具有面向过程和面向对象的双重特性，被称为混合语言。还有一类语言本身是过程化语言，但因其开发环境具有面向对象特性而使其成为混合语言，如上面提到的 VB 6.0(Visual Basic 6.0)。

面向对象程序设计中有几个重要概念，通过这些概念可以体现面向对象的设计思想。

(1) 对象(Object)：客观世界一个事物的抽象，如一只狗。

(2) 类(Class)：客观世界一类事物的抽象，如犬类，是具有相同特征的对象的集合，一个对象是类的一个实例，即一只狗是犬类的一个实例。类通常具有描述其特征的“属性”，以及描述其行为(也表示可以对这一类中的对象执行哪些操作)的“方法”。如犬的属性可以包括姓名、性别、种类、年龄、颜色、体重等，而其方法可以是获取犬的每天食量等。

(3) 继承(Inheritance)：描述了类与类之间的一种关系，即一个类(称为子类)拥有了一个或多个其他类(称为基类)的结构，同时还可以对基类的属性和行为进行扩充和重定义，如小型犬、中型犬和大型犬可以是犬类的子类，它们都可以继承犬类的所有属性和方法，同时可以有自己特有的属性和方法，如肩高、获取人类年龄等(如图 2-22 所示)。

(4) 封装(Encapsulation)：将数据(即属性)和操作(即方法)绑定在一起封装在类(对象)内部，以保证数据和代码安全性，避免外部干扰和误用，通过给外界以接口来实现与外界的交互。

(5) 多态性(Polymorphism)：子类中重新定义方法的能力，允许一个方法名对应不同类中内容不同的方法。如小型犬、中型犬和大型犬三个类中都有获取人类年龄的方法，但是计算方法是不同的。

(6) 消息传递(Message Passing)：对象之间通过传递和接收消息来解决问题，如一只拉布拉多狗对象可能会收到一条请求获取每日食量或人类年龄的消息。

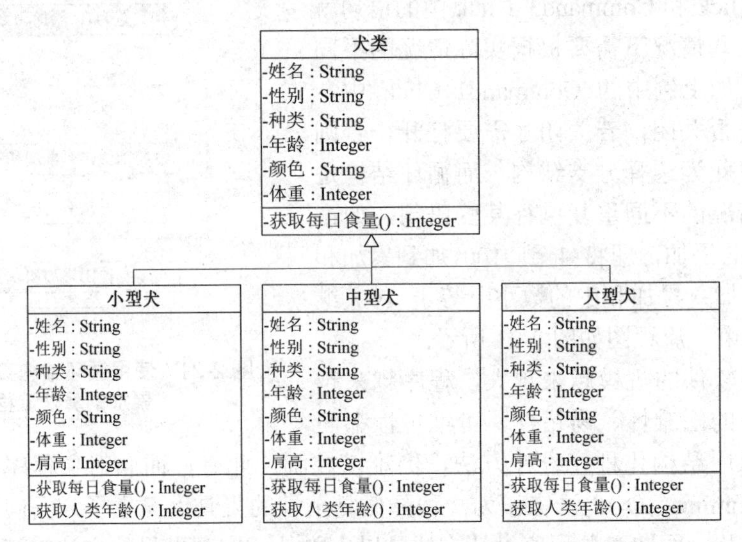

图 2-22 犬类(基类)与大、中、小型犬类(子类)之间的关系图

2.4 计算机网络

计算机网络技术是通信技术与计算机技术相结合的产物。始于 20 世纪 50 年代，随着技术的不断进步，得到了迅猛的发展，已经成为人类赖以生存的重要技术资源，普及到人们的生活和商业活动中，对社会各个领域都产生了广泛而深远的影响。掌握计算机网络技术与应用方法，已经成为现代人们生活、学习中不可或缺的一个基本技能。

2.4.1 认识计算机网络

1. 计算机网络的定义

计算机网络(Computer Network)是一种允许网络节点共享资源的数字电信网络。在计算机网络中，计算设备使用节点之间的连接(即数据链路，Data Links)交换数据，这些数据链路建立在电缆、光缆或无线网络(如 Wi-Fi)上。

网络节点(Network Node)是产生、转发和接收数据的网络计算机设备，包括计算机、电话、服务器和其他网络硬件等。计算机网络支持大量的应用和服务，如访问万维网(World Wide Web)和数字音/视频，共享使用应用程序和存储服务器、打印机和传真机，使用电子邮件和即时消息应用程序(Instant Messaging Application)等。最著名的计算机网络是国际互联网(Internet，也称因特网)。

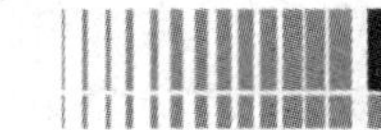

2. 计算机网络的功能

计算机网络的功能主要是实现计算机之间的资源共享、网络通信和对计算机的集中管理。除此之外还有均衡负荷、分布处理和提高系统安全与可靠性等功能。

(1) 资源共享：包含硬件资源(各种类型的计算机、大容量存储设备、计算机外部设备)、软件资源、数据资源和信道资源(通信信道)的共享。

(2) 网络通信：这是计算机网络的基本功能，可实现不同地理位置的网络节点之间的各类数据传输。

(3) 分布处理：把要处理的任务分散到不同计算机上并行处理，而不是集中在一台大型计算机上，可以提高工作效率并节约成本。

(4) 集中管理：计算机联网后，可以在某个中心位置实现对整个网络的管理。

(5) 均衡负荷：当网络中某台计算机的任务负荷太重时，通过网络和应用程序的控制和管理，将作业分散到网络中的其他计算机中，由多台计算机共同完成。

(6) 提高可靠性：网络中的每台计算机都可通过网络相互成为后备机，也可以通过网络实现多个地点互做备份。一旦某台计算机出现故障，它的任务就可由其他的计算机代为完成，这样可以避免在单机情况下，一台计算机发生故障引起整个系统瘫痪，从而提高系统的可靠性。

3. 计算机网络技术的发展

计算机网络技术自产生以来，发展极其迅速，对人们工作、生活都产生着极其深刻的影响，作为核心高新技术之一，支撑着现代社会、经济、文化等各个领域的发展。计算机网络技术的发展可以分为以下四个阶段。

1) 远程联机系统阶段(20 世纪 50 年代—60 年代末)

计算机技术与通信技术的首次结合出现在 20 世纪 50 年代初。当时，美国为军事需要，将地面防空系统通过通信线路把测控仪器和远程雷达连接在了一台主控计算机上，这为计算机网络的出现打下了基础。此后不久，美国航空公司将其分布在全美境内的 2000 多台计算机连接到一台中央主控计算机上实现飞机订票系统，这便是以计算机为中心的联机系统。

2) 局域网发展阶段(20 世纪 60 年代末—70 年代)

真正意义上的计算机网络的诞生实际上是分组交换理论的出现。1969 年 9 月，美国国防部基于包交换理论，建立了举世闻名的 ARPA 网(ARPAnet，阿帕网，Internet 的前身)，这是计算机网络发展史上的一个里程碑式的标志。包交换技术(Packet Switching Technology，又称分组交换技术)使计算机网络的概念、结构和设计都发生了根本性的变化，为后来的计算机网络打下了基础。

3) 开放系统互连阶段(20 世纪 70 年代—90 年代)

面向终端的联机系统随着计算机技术的发展弊端凸显，越来越需要多主机之间进行通信，从而构成一个分布式的信息共享系统。同时，许多国家都意识到在计算机网络技术发展中占得先机的重要性，加大国家投入。然而，随着计算机网络技术快速发展，受到威胁的传统电信公司也加大了对电信数据网的投入，试图以资源优势压倒计算机网络。20 世纪

70 年代，这种混乱且剧烈的竞争局面最终催生了里程碑式的计算机网络技术标准——TCP/IP 传输协议的诞生。TCP/IP 实现了跨地域跨异构网络通信，每个可以进行数据传输的系统在 TCP/IP 协议中都被当作成为一个独立的物理网络，它们在协议中的地位是平等的。TCP/IP 协议和互联网架构的联合设计者温顿·瑟夫(Vinton G. Cerf)和鲍勃·卡恩(Bob Kahn)与万维网的发明者蒂姆·伯纳斯·李(Tim Berners-Lee)一起被称为“互联网之父”。1984 年，国际标准化组织 ISO(International Standards Organization)正式颁布了开放式系统互连参考模型的国际标准 OSI(Open System Interconnection)，实现了不同厂家生产的计算机之间的互连(这种“互连”也称为“互联”)。OSI 模型(如图 2-23 所示)已被国际社会普遍接受，被认为是计算机网络体系结构的基础。

应用层(Application Layer)
表示层(Presentation Layer)
会话层(Session Layer)
传输层(Transport Layer)
网络层(Network Layer)
链路层(Data Link Layer)
物理层(Physical Layer)

图 2-23　OSI 参考模型

注：OSI 参考模型将整个网络通信的功能划分为从物理层到应用层由低到高七个层次，每层完成一定的功能，4～7 层主要负责互操作性，1～3 层用于建立两个网络设备间的物理连接。每层都直接为其上层提供服务，并使用下层提供的服务。同一节点内相邻层之间通过接口通信，不同节点的同层按照协议实现对等层通信。OSI 参考模型通过分层把复杂的通信过程分成了多个独立的、比较容易解决的子问题。

4)　万维网时代(20 世纪 90 年代至今)

随着计算机网络技术的全球标准化，万维网的道路由此展开，互联网离开实验室走入社会商用，在电子邮件的处理与网页的浏览方面被广泛应用。每一次国际金融危机都会带来一场科技革命，在经历了 20 世纪末到 21 世纪初的网络经济泡沫之后，随着宽带、无线移动通信等技术的出现，计算机网络技术的社会化应用得到飞速发展，用户群体和网络规模不断扩大，出现了以社交网络为代表、自组织个性化为特征的万维网技术。普通用户成为互联网应用中内容的提供者，激发了公众参与热情，使得网络内容日益繁荣，为互联网的进一步发展提供了巨大的空间。网络也真正走进人们生活，成为人们日常生活中不可替代的一部分，对社会、政治、经济、文化、科学、教育、军事都产生了巨大而深远的影响。

5)　未来计算机网络技术的发展

在接入技术方面，全面引入光纤接入技术，充分利用其极高的传输效率和优异的稳定性，降低成本，大范围的普及推广；综合应用多种接入网技术，如光纤与电力线、有线与无线相结合的接入方式，实现资源优化配置，提升应用效率。

在接入设备方面，正快速向移动化方向发展，用户接入计算机网络的方式正在由传统的个人计算机、工作站和笔记本电脑向消费类电子设备，如电视机，以及个人数字助理(Personal Digital Assistant，PDA，常见的 PDA 有条码扫描器、RFID(Radio Frequency Identification，射频识别技术)读写器、POS 机、智能手机、平板电脑、手持游戏机等)、手持电脑 HPC(Handheld PC)等能够依靠语音和手写输入的移动式系统转变。同时，物联网技

术正在不断发展，物联网设备类型正在不断扩大，借助统一的智能网络基础设施，制造、能源、交通运输等行业企业设备以及智能家居、可穿戴设备、汽车等正在接入网络。

注：物联网(Internet of Things，IoT)是指物物相连的互联网。物联网以互联网为核心和基础，是互联网的延伸和扩展，其用户端延伸和扩展到任何物品，物品与物品之间通过智能感知、识别技术与普适计算等通信感知技术，进行信息交换和通信，以实现智能化识别、定位、跟踪、监控和管理的一种网络。

在高速传输方面，互联网的“核心”——骨干网提供商和许多 ISP(Internet Service Provider，互联网服务提供商)的网络速度正在从 100G、200G 的吉(Giga)比特向太(Tera) 比特(bps，比特/秒)发展。在局域网方面，百兆、千兆(bps)以太网技术正在迅速发展，4Mbps 到 12Mbps 的 4G LTE 无线网络正在广泛推广，百兆甚至千兆级的移动宽带 5G LTE 随着需求的迫切增长而有望在速度和时延方面与地面铜缆和光纤相竞争。

在网络应用方面，随着语义网时代的到来，网络的智能化发展成为一个重要趋势，人工智能技术在智能搜索、智能推送、图像识别和过滤、语音识别和自然语言处理等方面得到迅猛发展；移动应用是未来另一个发展前景巨大的网络应用，LBS(基于位置的服务，Location Based Service)、移动搜索、移动支付、移动娱乐、移动社交、智能商务等有着巨大的需求和发展潜力；在线视频/网络电视的应用已经在网络上呈爆炸式增长，更高的画面质量、更强大的流媒体、个性化、共享等将有着很大的发展前景；以富互联网应用程序(Rich Internet Applications，RIA)为代表的具有高度互动性、丰富的用户体验感、功能强大的互联网客户端将成为趋势。

注：语义网(Semantic Web)：一种智能网络，是对未来网络的一种设想，与 Web 3.0 相结合，是 3.0 网络时代的特征之一。通过给万维网上的文档添加能够被计算机所理解的语义——元数据(Meta data)，使之能够理解词语、概念以及它们之间的逻辑关系，从而使整个互联网成为一个通用的信息交换媒介，使交流更有效率和更具价值。

4. 计算机网络的分类

计算机网络分类一般可以按照规模和地理范围划分为以下 10 种。

(1) 纳米网络(Nanoscale Network，NN)：具有纳米级的部件，如非常小的传感器(Sensor)和执行器(Actuator)，如生物系统中的传感器和执行器，应用于生物医学领域、环境研究、军事、工业和消费品等方面。

(2) 个人区域网(Personal Area Network，PAN)：指距离 10 米以内的个人数字设备或消费电子产品之间的连接，如个人电脑、打印机、传真机、电话、PDA、扫描仪、游戏机、家庭影院投影设备等有线和无线设备，有线 PAN 通常由 USB 和火线(FireWire)连接，无线 PAN 使用蓝牙和红外通信等技术连接。

(3) 局域网(Local Area Network，LAN)：地理范围一般在几百米到二十公里之间的数据通信网络，如家庭、学校、办公楼或紧密定位的建筑物群的网络。有线局域网一般基于

以太网技术，使用如同轴电缆、电话线、电力线等连接。与广域网(WAN)相比，LAN 具有更高的数据传输速率和有限的地理范围，并无须租用线路提供连接。局域网可以通过路由器(Router)连接到广域网上。

(4) 校园网(Campus Area Network，CAN)：是由局域网在有限的地理区域内互连而成，如大学校园网可能会连接各种校园建筑、学院或院系、图书馆和学生宿舍等。

(5) 骨干网(Backbone Network，BN)：计算机网络基础设施的一部分，提供了在不同的局域网或子网之间交换信息的路径。骨干网可以把跨越不同建筑物或者广阔区域内不同的网络连接在同一幢大楼内。如一个大公司可以实现一个骨干网络来连接位于世界各地的部门，连接各部门网络的设备构成了骨干网。又如互联网骨干网是广域网(WAN)以及将它们连接到互联网的路由器的集合。

(6) 城域网(Metropolitan Area Network，MAN)：指覆盖范围介于局域网和广域网之间、能在 80 公里以内支持城市范围内信息传输的网络，通常跨越城市或大校园。如本地互联网提供商、小型有线电视公司和电话公司使用的都是城域网。

(7) 广域网(Wide Area Network，WAN)：覆盖远距离的数据通信网络，如城市、国家、大洲甚至全球。它通常由多个较小型网络构成，这些较小型网络可能使用不同计算机平台和网络技术。广域网通常利用公共电信公司(如电话公司)提供的传输设施。国际互联网是世界上最大的广域网。

(8) 国际互联网(Internet，又称网际网络，因特网)：是网络与网络之间所串联成的庞大网络，这些网络以一组通用的协议相连，形成逻辑上的单一巨大国际网络。

(9) 企业专用网络(Enterprise Private Network，EPN)：一个单一组织建立的网络，用于互连其办公地点(例如生产站点、总部、远程办公室和商店)，以便它们能够共享计算机资源。

(10) 虚拟专用网络(Virtual Private Network，VPN)：在公用网络上建立专用网络，进行加密通信，在企业网络中有广泛应用。

5. 计算机网络的拓扑结构

网络拓扑(Network Topology)是通信网络中各种元素(链路、节点等)的排列方式，可以是物理或逻辑描述。其中通信设备为节点，设备之间的连接为节点之间的链路。物理拓扑是网络的各种组件的位置，逻辑拓扑是数据如何在网络中流动。图形化这些链接，可以形成一个可以用来描述网络物理拓扑的几何图形。在计算机网络中一般使用的物理拓扑有星型结构(由中央节点和分支节点构成，各分支节点均与中央节点具有点到点的物理连接，如图 2-24(a)所示)、总线型结构(单根数据传输线作为通信介质，所有节点都通过硬件接口直接连接到通信介质上，如图 2-24(b)所示)、环型结构(传输介质串接各个节点形成闭合环路，每个节点仅与其相邻的两个节点相连，如图 2-24(c)所示)、树型结构(星型结构的叠加，网络的最高层是中央处理机，最低层是终端，如图 2-24(d)所示)、网状结构(每对节点具有一条专用的点到点链路，如图 2-24(e)所示)及混合结构(将上述各种网络拓扑混合起来的结构。常见的有环星型、星总型混合等，如图 2-24(f)所示)等。

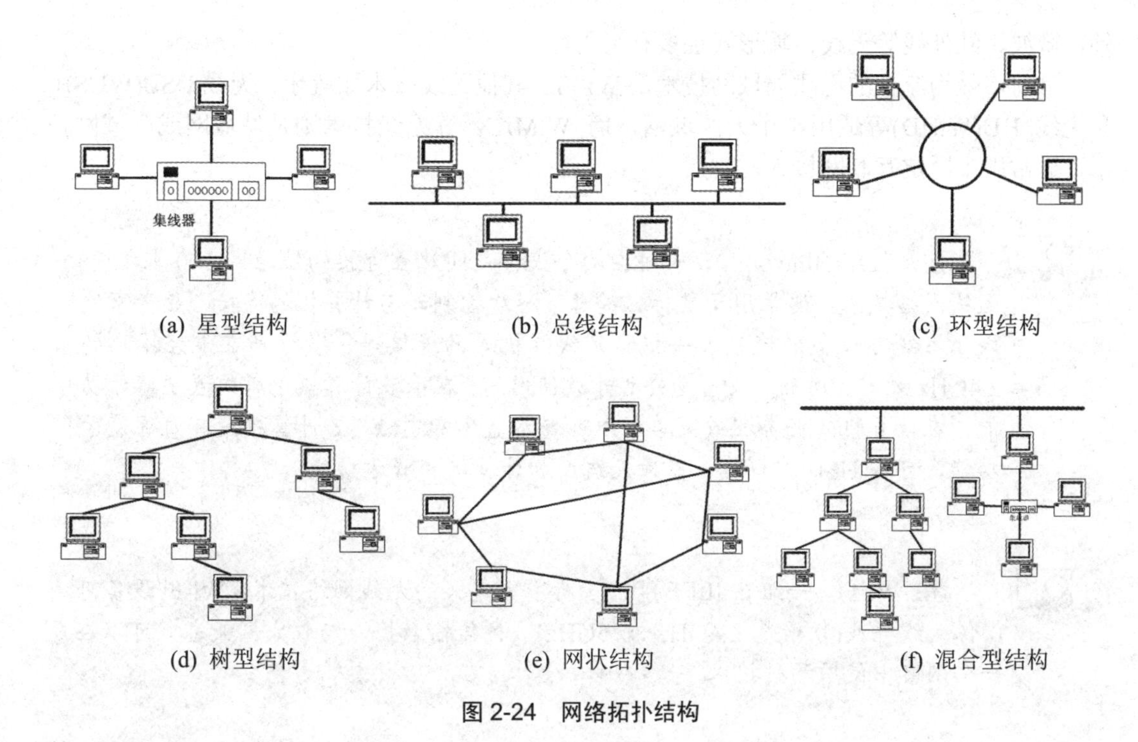

(a) 星型结构　(b) 总线结构　(c) 环型结构

(d) 树型结构　(e) 网状结构　(f) 混合型结构

图 2-24　网络拓扑结构

6. 网络通信介质

在有线连接的网络中，数据通过电缆在节点之间传输，而无线网络则通过空气传输数据。数据传输介质可分为有线和无线两种。

(1) 有线连接。通常使用同轴电缆(Coaxial Cable)及五类线(Category 5，Cat5)或六类线(Category 6，Cat6)双绞线(Twisted-pair Cable)连接，电缆末端都是塑料制成的 RJ45 接头，似电话线接头但略大。而 MAN 和 WAN 通常使用光缆(Fiber-optic Cable)。

注：著名的以太网(Ethernet)，IEEE(Institute of Electrical and Electronics Engineers，电气和电子工程师协会)将其定义为 IEEE 802.3 标准，于 1976 年问世，是局域网有线连接的主导标准。很多计算机的系统单元上都内置有以太网端口，若要检查计算机能否使用以太网，可以打开 Windows 的设备管理器查看网络适配器的类型，如图 2-25 所示。

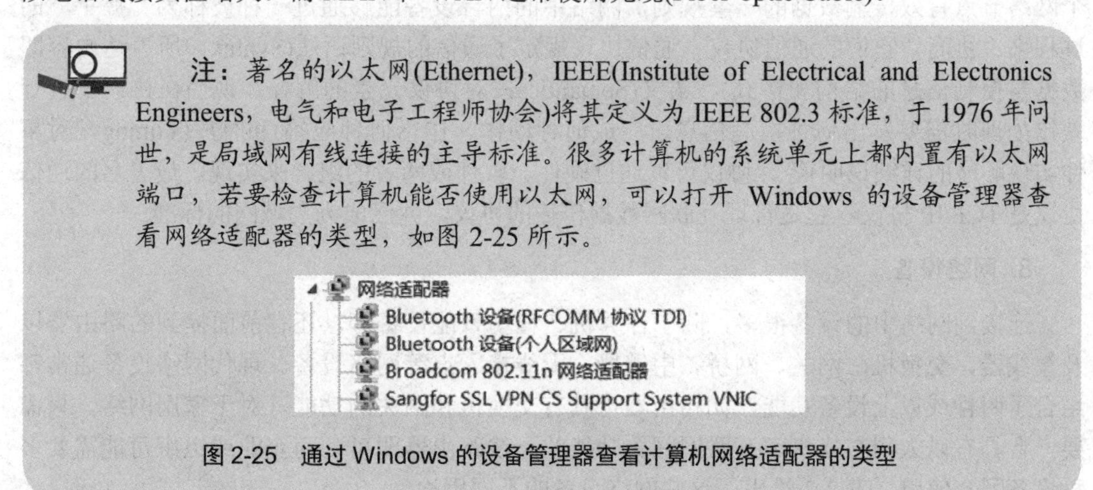

图 2-25　通过 Windows 的设备管理器查看计算机网络适配器的类型

(2) 无线连接。多数无线连接是通过射频信号(Radio Frequency signal，RF signal)传输数据。射频信号通常叫作无线电波，是由带天线的无线电收发器发送和接收的。除此之外，微波、红外线等无线传输形式也多有采用。

目前，最为流行的无线局域网技术是 Wi-Fi。其他无线技术如蓝牙、无线 USB(WUSB)和无线 HD(WiHD)等适用于个人区域网，而 WiMAX 等无线技术则是城域网或广域网技术，通常用于固定互联网接入。

注：蓝牙(Bluetooth)，一种在两个设备之间建立连接的短距离(100 米之内)无线网络技术。通常用于鼠标、键盘、游戏控制器与计算机的连接，或者家庭娱乐系统各设备的连接、手机与无线耳机等的连接等。蓝牙是在未经授权的 2.4GHz 频率上运行，故它是公共开放使用的。在很多计算机中都内置了蓝牙功能，在计算机的任务栏或菜单栏中可查看蓝牙标志，若计算机没有内置蓝牙功能，可在 USB 端口插入蓝牙天线增加计算机的蓝牙功能。

注：Wi-Fi，一组在 IEEE 802.11 标准中定义的无线网络技术，Wi-Fi 设备可以像无线电波(频率是 2.4GHz 或 5GHz)一样传输数据，与以太网兼容，可以在一个网络中使用两种技术。

注：带宽，通信信道(或链路，数据传输的物理通路或信号传输的频段)的传输能力，数字数据信道以比特/秒(b/s)为单位。

7. 网络通信协议

协议(Protocol)是一系列用于交互和协商的规则。网络协议是指从一个网络节点向另一个网络节点有效传输数据的一套规则，网络中的两台设备能够通过一种被称为“握手”的过程来“协商”它们的通信协议。通信协议规定了通信的规则语法(Syntax，所表达内容即数据与控制信息的结构和格式)、语义(Semantics，对协议元素的解释，说明在协调和进行差错处理时需要发出何种控制信息、完成何种动作、作出何种应答)和时序(Timing，对事件实现顺序的详细说明)等。协议可以通过硬件、软件或两者的组合来实现。最著名的通信协议是 TCP/IP 协议。它是管理互联网数据传输的协议，并已成为局域网的标准。

8. 网络设备

连接到网络中的设备很多，除了计算机、移动智能设备等，还有前面提到的路由器以及集线器、交换机、网关、网桥、中继器、无线接入点等网络设备。现代网络设备通常都结合了两种或以上设备功能，如路由器也具有交换机和网关的功能。对于家用网络，只需要一台具有以太网交换机和互联网网关功能的无线路由器即可，而企业或组织可能需要多种设备配合使用。表 2-3 给出了这些网络设备的不同用途。

表 2-3　网络设备及其主要用途

网络设备	用　途	使用示意图
路由器(Router)	用于网络之间的数据转发，特别是局域网和广域网之间的异种互连	计算机　路由器
网关(Gateway)	又称网间连接器，连接两类不同的网络，如连接家用网络和互联网	计算机　网关
网桥(Bridge)	又称桥接器，连接两个类似的网络	计算机　路由器　网桥　路由器　计算机
中继器(Repeater)	还原信号至最大强度和重传信号来扩展网络覆盖范围	计算机　中继器
集线器(Hub)	特殊中继器，通过添加额外端口扩展有线网络	计算机　路由器　集线器　计算机
交换机(Switching)	用于信号转发，作用类似集线器，是其换代设备，协助网络中多个设备间的通信	计算机　交换机
无线接入点(WAP)	俗称“热点”，用于将无线设备连接到有线网络。有两种：作为无线网络核心的路由和接入一体设备；作为无线网络扩展纯接入点设备	计算机　WAP　路由器　计算机

9. 网络安装

我们经常需要将计算机或其他设备组装为一个局域网，安装网络之前要先进行规划，如需要哪些设备连接到网络中，需要同时支持有线和无线连接吗？如何连入互联网等。网络规划的核心是指出有线和无线的路由器以及如何连入互联网(如图 2-26 所示)。安装网络的一般过程如下。

(1) 插上路由器。

(2) 将路由器连接到计算机。

在路由器的以太网端口(LAN 端口)将路由器与计算机用短网线相连，如图 2-27 所示。

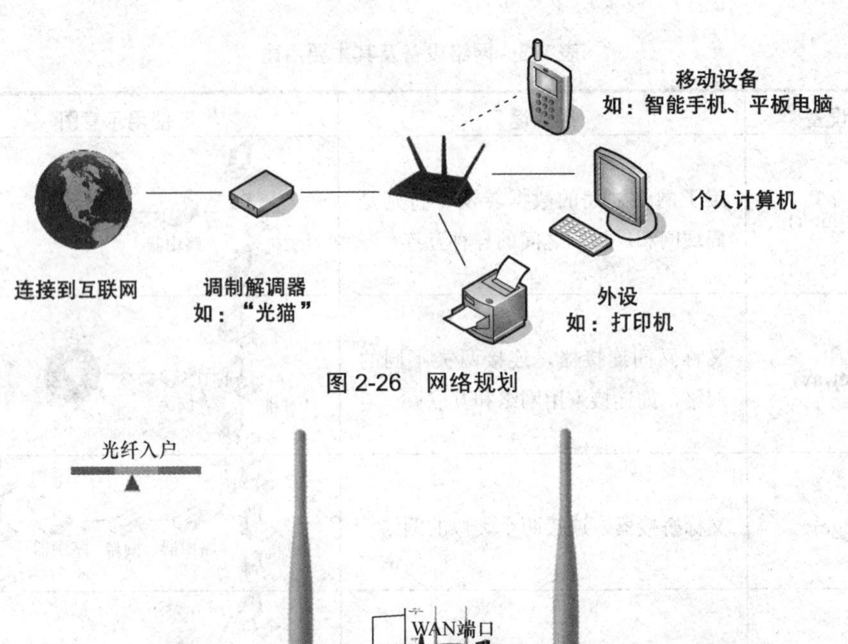

图 2-26　网络规划

图 2-27　路由器与电脑相连

(3) 配置路由器。配置路由器是指用户登录配置程序，配置路由器，并存储到路由器的 EEPROM 中。路由器本身无键盘和显示器，需要将计算机(或手机)与路由器相连(见步骤 2)，计算机的网络连接实用程序会自动检测到该链路，用户就可以在计算机的浏览器上访问路由器的配置程序。例如：某种品牌的路由器的地址为 ftplogin.cn(或 IP 地址为 192.168.1.1)，在浏览器中输入该地址。在路由器配置程序中主要完成以下工作：

① 修改路由器配置程序密码，该密码仅仅在登录配置程序时使用。

② 修改 SSID(Service Set Identifier)。SSID 是服务区标识号，即无线网络的名字，路由器出厂时有默认的 SSID，用户可将其修改为自己喜欢的 ID 名。

③ 激活 WPA 或 PSK，并创建加密密钥。无线连接的网络要比有线连接的网络更易受到攻击，应激活加密保障网络安全。选择使用加密 WPA-PSK/WPA2-PSK，创建加密密钥，即无线上网密码。

(4) 互联网接入。网络服务商 ISP 会提供调制解调器(Modem，昵称为“猫”，用于将数字信号译成可使用普通电话线传输的模拟信号，或反之，这一过程完成了两台计算机之间的通信)，使用网线将路由器的以太网端口(WAN 端口)与“猫”相连(如图 2-27 所示)，打开“猫”与路由器进行通信，使用连接在路由器上的计算机(或手机)浏览器，访问互联网测试连接是否成功。

(5) 连接无线设备。Windows 或智能手机或其他移动设备会自动搜索可用无线网络。启用 Wi-Fi，等待搜索，找到正确的无线网络名，输入加密密钥即可连接无线网络。若要将打印机连入网络，可以将打印机连接到已联网的计算机上，并在计算机上设置打印机共享，或者将具有内置网卡的打印机直接连接到路由器上，使得该网络中的设备可以共享打印机。

2.4.2　认识互联网

国际互联网(Internet，一般简称互联网，也称因特网，以下统一称 Internet)，全球互联计算机网络系统，是当今世界上规模最大、用户最多、影响最广泛的计算机互联网络。Internet 使用 TCP/IP 协议连接全球设备，通过电子、无线和光网络技术将不同拓扑结构的局域网、城域网和广域网等连接在一起，承载着大量的信息资源和服务，如超文本文档和万维网(WWW)、电子邮件、电话和文件共享等。

1. Internet 的产生背景

Internet 的历史始于 1957 年，苏联发射了人类历史上第一颗人造地球卫星 Sputnik，为应对苏联当时所展示的这种技术优势，美国政府决定大力改善其科技基础设置。美国高级研究项目计划署(Advanced Research Projects Agency，简称 ARPA)应运而生，其积极参与了一个旨在帮助科学家们交流和共享有价值计算机资源的项目，该项目于 1969 年架设了主要用于网络技术的研究和试验的 ARPAnet(阿帕网)，该网络被公认为是 Internet 的前身。1985 年，美国国家科学基金会(National Science Foundation，NSF)利用当时已经是计算机网络标准协议的 TCP/IP 通信协议，使用 ARPAnet 技术架设了一个类似于 ARPAnet 但更大的网络 NSFnet，其不仅连接了几台大型主机，还连接了多个局域网。连接两个或多个网络就形成了“互联网络”或“互联网”(internet，首字母 i 小写)。随着这种网络在世界范围内的发展，它的名字逐渐演变为 Internet(首字母 I 大写)。

2. Internet 的基础结构

Internet 是一种数据通信网络，随着时间的推移，各种各样的网络与网络、网络与 Internet 主干网(骨干网)产生互联(也称互连)，具有相当的偶然性，就形成了现在的 Internet 结构。Internet 主干网是为 Internet 数据传输提供主路的网络，一般是由高性能路由器和光纤通信链路组成。以前，主干网与其他与之相连的网络之间就像脊柱与肋骨的关系，而现在其结构更像错综复杂的公路网一样，有着很多连接点和连接路线。主干网链路和路由器是由 NSP(Network Service Provider，网络服务提供商)维护，他们为 ISP(Internet Service Provider，互联网服务提供商)提供 Internet 连接。Internet 的结构如图 2-28 所示。

3. Internet 的通信协议

Internet 使用多种协议支持基础数据传输和服务，如电子邮件、Web 访问和下载等。表 2-4 列出了其中的几个主要协议。

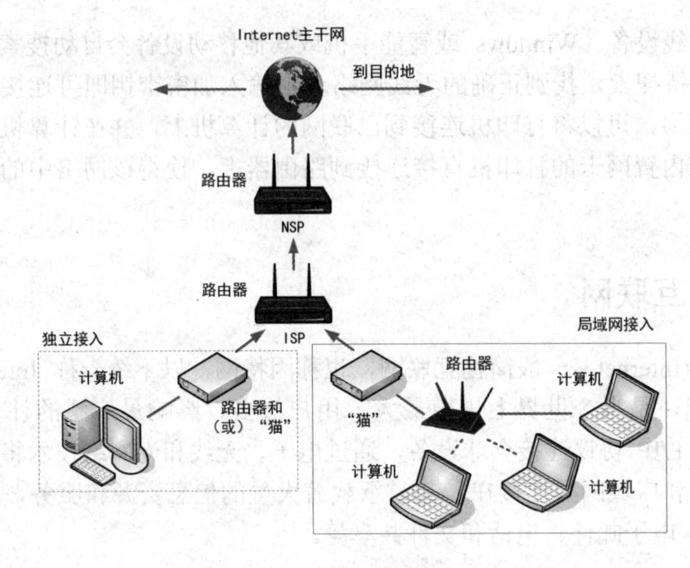

图 2-28 Internet 的结构

表 2-4 Internet 的主要协议

协 议	名 称	功 能
TCP	Transmission Control Protocol，传输控制协议	创建连接并交换数据包
IP	Internet Protocol，网际协议	为设备提供唯一的地址
UDP	User Datagram Protocol，用户数据报协议	域名系统、IP 电话以及文件共享所使用的另一种不同于 TCP 的数据传输协议
HTTP	HyperText Transfer Protocol，超文本传输协议	在 Web 上交换信息
FTP	Transfer Protocol，文件传输协议	在本地计算机和远程计算机之间传输文件
POP	Post Office Protocol，邮局协议	将电子邮件从电子邮件服务器传送到客户端收件箱中
SMTP	Simple Mail Transfer Protocol，简单邮件传输协议	将电子邮件从客户端计算机传送到电子邮件服务器
VoIP	Voice over Internet Protocol，Internet 语音传输协议	在 Internet 上传送语音会话
IRC	Internet Relay Chat，Internet 中继聊天协议	在线用户之间实时传送文本信息
BitTorrent	比特流	由分散的客户端而不是服务器来传输文件

其中：TCP/IP 为 Internet 提供了一个公开、免费、扩展性好、易实现的协议标准，它其实是负责 Internet 上消息传输的主协议组(Protocol Suite，协同工作的协议的组合)。除了 TCP 协议和 IP 协议之外，还有 UDP 协议、FTP 协议、SMTP 协议、HTTP 协议等。TCP 协议能够将消息或文件分成包，而 IP 协议负责给各种包加上地址以便它们能够路由到其目的地。这个地址被称为 IP 地址。在网络中，IP 地址用来确定计算机的唯一身份。

IP 地址(Internet Protocol Address)是分配给连接到 Internet 计算机的一段数字标识，用来在数据传输时识别源和目标计算机。IP 地址若用二进制表示，其长度为 32 位，通常写成十进制，以句点“.”将其分为 4 个八位组，如 192.168.1.1。

注：现有的互联网是在 IPv4 协议(IP 协议第 4 版)的基础上运行的，该协议下的 IP 地址使用 32 位二进制表示。2011 年 1 月，互联网之父温顿·瑟夫透露的一条信息“当年他们在设计 IPv4 系统时，认为设 43 亿个 IP 地址就已经足够了，谁知这一估计是错误的，导致现在 IP 地址资源短缺”，受到全球关注。因此，为应对地址空间的不足，IPv6 协议诞生了。它采用 128 位地址长度，据保守估计，整个地球的每平方米都可分配 1000 多个地址，可以说是不受限制地提供地址。IPv6 地址通常写成 8 组，每组为 4 个十六进制数字，如 2018:13ac:0:1:21a2:77a2:2970:14ab。目前，IPv4 和 IPv6 两个系统同时存在。

每个八位组中的数字对应着一种网络级别(A 级～E 级，共五级)，如由 128～191 的数字开头的 IP 地址对应的是 B 级网络，如大学校园。在传递数据包时，Internet 路由器会使用第一个八位组来确定传送数据包的大致方向，而 IP 地址的其余部分则是用来向下搜索更为确切的目的地的。

一台计算机既可以拥有一个固定分配的静态 IP 地址，也可以拥有一个临时分配的动态 IP 地址。通常需要使用固定不变地址的 ISP、网站、邮件服务器或其他服务器等需要使用静态 IP 地址。而多数 Internet 用户都是一个动态 IP 地址，以避免静态 IP 地址用尽的情况发生。每个 ISP 能够支配一组唯一的 IP 地址，分配给需要的用户。如用户使用“光猫”连接 Internet 时，ISP 的 DHCP(Dynamic Host Configuration Protocol，动态主机配置协议)服务器就会为用户的计算机分配一个临时的 IP 地址，断开连接时，该地址就会被收回到 IP 地址组中，以便分配给其他登录 Internet 的用户计算机。

计算机很少连续获取相同的动态 IP 地址，这样因 IP 地址并不固定，一般用户很难在自己的计算机上架设网站或扮演其他的服务器角色。如开设在线商店时，每次连接的 IP 地址都不同，买家很难找到这个商店。所以，若需要扮演服务器角色，ISP 可以为用户提供静态 IP 地址和扮演服务器角色所需要的带宽。

一般情况下，用户计算机连接到 Internet 之后，若计算机和“猫”一直开着，就会一直保持在线，即便计算机并未主动访问 Internet，这种连接采用的是持续在线连接技术。在该方式下，若“猫”和计算机一直开着，则动态 IP 地址会一直不变。使用持续在线连接技术便于用户不必在每次主动访问 Internet 时花费再次建立连接的时间，但同时也可能带来安全隐患。因为长时间地使用同一个 IP 地址连接到 Internet，会给黑客带来入侵的便利条件。

IP 地址是一串数字，记忆起来很困难。为此，Internet 引入域名服务系统 DNS(Domain Name System)。通常用具有一定含义的、容易记忆的一串字符来代替 IP 地址，称为域名(Domain Name)，如 buu.cn。域名是网页地址和电子邮件地址的一个关键部分。域名系统采用层次型命名机制，按机构域或地理域进行分层。每一层都有一个子域名，子域名之间用圆点分隔。从右到左依次为：顶级域名(一级域名)，代表某个国家、地区或机构类型；二级域名，在通用顶级域名下，它是域名注册人网上名称，而在国家或地区顶级域名下，

它是机构类别；三级及其以上的域，是本系统、单位或所用的软硬件平台的名称、主机名、服务器名。如北京联合大学网站主页域名为 www.buu.edu.cn。其中“cn”表示中国，“edu”表示教育机构，“buu”是北京联合大学英文简称作为的网络名，“www”是这台服务器的名称。

顶级域名分为三类：国家或地区顶级域名(Country/Region Code Top-Level Domains，ccTLDs)、通用顶级域名(Generic Top-Level Domain，gTLD)和新通用顶级域名(New gTLD)。国家或地区顶级域名指明该域名源自的国家或地区，如 cn 代表中国，ca 为加拿大，au 为澳大利亚等；通用顶级域名为一些特定组织使用的顶级域名，如 com 为商业机构，net 为网络提供商，org 为非营利组织，edu 为教育机构等，表 2-5 列出了常见的通用顶级域名；2011 年，增设新通用顶级域名，它可以使用多种语言字符来表示，如“.中文网”“.北京银行”等。

表 2-5 常见通用顶级域名

域 名	描 述	域 名	描 述	域 名	描 述
com	商业机构	edu	教育机构	gov	政府部门
int	国际机构	mil	军事机构	net	网络机构
org	非营利组织	arts	文化娱乐机构	arc	消遣娱乐机构
mobi	供移动设备访问的网站	info	信息服务机构	nom	个人
biz	商业机构	web	与 WWW 有关的机构		

在 Internet 中，每个域名都对应着一个唯一的 IP 地址，这种对应关系被输入到一个称为域名系统(Domain Name System，DNS)的庞大数据库中，该数据库存放在称为域名服务器(Domain Name Server)的计算机中。在将数据包路由到域名(如 buu.edu.cn)之前，必须通过域名服务器将其解析为 IP 地址。

用户计算机扮演客户端角色的 Internet 访问，如 Web 浏览、电子邮件和聊天是不需要自己的域名的，但是，用户计算机若想要扮演服务器角色，如架构网站、管理自己的 Web 服务器等，就需要一个域名。ICANN(Internet Corporation for Assigned Name and Numbers，Internet 域名与数字地址分配机构)是各国政府承认的、负责协调 Internet 域名系统技术管理的全球性组织。ICANN 监管一些营利性的授权域名注册机构，这些机构能够处理域名请求，用户可以向其申请注册自己的域名，如图 2-29 所示。

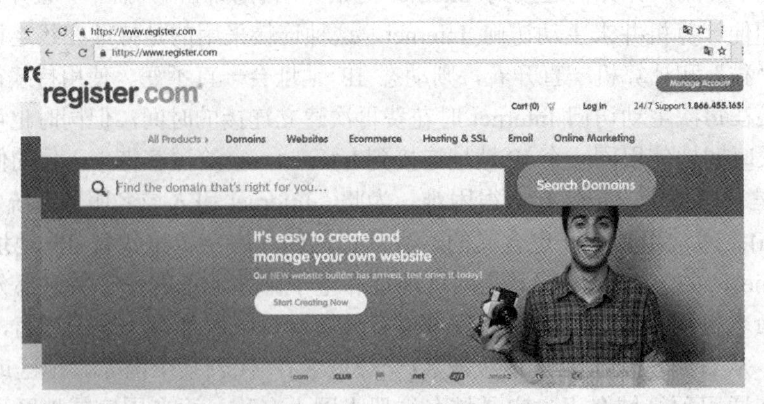

图 2-29 注册域名

4. 连接 Internet

Internet 上连接着各种不同拓扑结构的网络，这些网络是如何连入 Internet 的呢？

1)　连接速度

往返时延(Round-Trip Time，RTT，或称网络时延，简称时延)：表示一个数据包从发送端发送到接收端，接收端收到后立即发送确认，返回到接收端总共经历的时延，即数据在两点之间传输的来回时间，是计算机网络中的一个重要性能指标。

用户可以使用 Windows 内部命令 Ping(Packet Internet Groper，Internet 包探测器)检查网络是否连通，往返时延是多少，传输中是否丢包等，帮助用户分析和判定网络故障等。它可以向特定的 Internet 地址(IP 地址或域名都可)发送信号，并等待回应。若回应返回到计算机，Ping 就会报告对方在线，并显示往返时延等信息(如图 2-30 所示)。在玩在线游戏、使用 IP 电话、加入在线视频会议或观看在线电影之前，可以使用 Ping 确定网络是否通畅。

```
C:\Users\BUU>ping weibo.cn

正在 Ping weibo.cn [123.125.106.66] 具有 32 字节的数据:
来自 123.125.106.66 的回复: 字节=32 时间=1ms TTL=55
来自 123.125.106.66 的回复: 字节=32 时间=1ms TTL=55
来自 123.125.106.66 的回复: 字节=32 时间=1ms TTL=55
来自 123.125.106.66 的回复: 字节=32 时间=1ms TTL=55

123.125.106.66 的 Ping 统计信息:
    数据包: 已发送 = 4，已接收 = 4，丢失 = 0 (0% 丢失)，
往返行程的估计时间(以毫秒为单位):
    最短 = 1ms，最长 = 1ms，平均 = 1ms
```

图 2-30　使用 Ping 命令检测网络时延

用户在 ISP 的广告上看到的连接速度是指单位时间内用户计算机与 ISP 之间所能传输的数据量，单位一般为 kb/s(每秒千比特)或 Mb/s(每秒兆比特)。连接速度取决于连接 ISP 的方式，电话拨号、有线电视、卫星还是宽带。最快速度和实际速度是有区别的，因为链路会受到干扰的影响，同时，上行速度和下行速度也是不同的。

上行速度(Upstream Speed)是指用户计算机向 Internet 上传数据的速度，下行速度(Downstream Speed)是指将数据下载到用户计算机的速度。可以使用实用程序(如 Speedtest.net)检测自己计算机的 Internet 连接速度，如图 2-31 所示。多数情况下，上行速度慢于下行速度。ISP 通常会限制用户与 Internet 之间的数据交换速度，以保证所有用户能共享到相同的带宽。上行速度与下行速度不同的连接被称为非对称连接(Asymmetrical Connection)，即双向带宽不等的连接，如 ADSL。而两者相同时，称此连接为对称连接(Symmetric Connection)，即双向带宽相等的连接，如 HDSL。

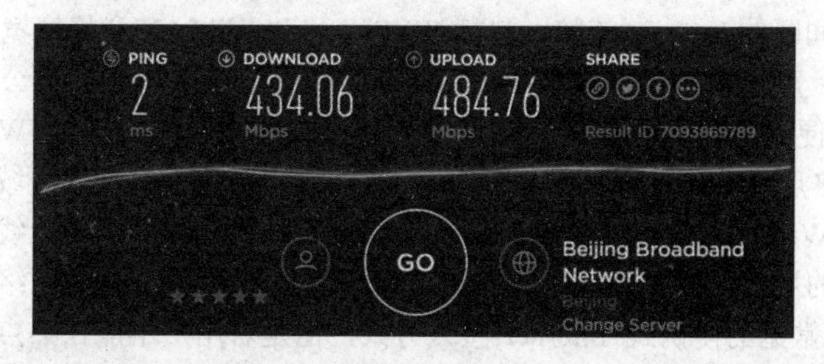

图 2-31　使用 Speedtest.net 检测计算机连接 Internet 的上行和下行速度

2) 连接方式

用户可以使用多种方式连接到Internet，包括固定接入、便携式接入和移动接入。

(1) 固定接入。

将计算机从一个固定点(如墙上的插口或屋顶天线)连接到 ISP，是接入 Internet 的主要方式。固定接入可以使用拨号连接、DSL、有线电视、光纤接入、卫星服务和固定无线等多种方式连接 Internet。

拨号连接是使用语音调制解调器和电话线在用户计算机与 ISP 之间进行数据传输，速度慢，非对称；DSL(Digital Subscriber Line，数字用户线路)使用电话线进行纯数字传输，是一种高速、数字化、持续在线的对称和非对称接入技术。DSL 有多种变体，如 ADSL、SDSL、HDSL、VDSL 等，统称为 xDSL；有线电视 Internet 服务(Cable Internet Service)是指在提供有线电视服务的基础设施上建立持续在线的宽带接入。在这种接入方式中，有线电视电缆(同轴电缆或光缆)同时为电视信号、上下行的数字信号提供带宽，用户需要电缆调制解调器(Cable Modem，CM)将计算机数字信号转换为能够在有线电视网中传输的信号；光纤接入(FTTx，Fiber To The x)，即光纤宽带接入，是指通过“光猫”将数据由电信号转换为光信号进行传输的接入方式，具有高速、质高、距离长等特点。根据光纤深入用户群的程度不同，可将光纤接入分为 FTTP (光纤到驻地，Fiber-To-The-Premises)、FTTC(光纤到路边，Fiber-To-The-Curb)、FTTZ(光纤到小区，Fiber-To-The-Zone)、FTTB(光纤到大楼，Fiber-To-The-Building)和 FTTH(光纤到户，Fiber-To-The-Home)等，它们统称为 FTTx；卫星 Internet 服务(Satellite Internet Service)是指用户通过卫星调制解调器、卫星天线和卫星连接 Internet 的一种非对称、高速接入方式。基于高通量卫星可以实现天地一体化网络，在农村宽带接入、大交通宽带接入、临时通信、政府和企业专网、电信基站中继、万物互联等领域都具有广泛的应用空间；固定无线接入方式(FWA，Fixed Wireless Access)是指利用微波等传输方式为固定位置的用户或仅在小范围区域内移动的用户提供无线通信接入服务。这种方式更适用于地形条件复杂、长期开销需求小、可灵活增加信道数的通信环境。最著名的固定无线标准为 WiMAX(Worldwide Interoperability for Microwave Access，全球微波互联接入)，也称为 802.16 无线城域网或 802.16，其具有高速、传输距离远等优点，比卫星 Internet 服务时延短。

(2) 便携式接入和移动接入。

便携式 Internet 接入是指能够方便地将 Internet 服务从一个位置移动到另一个位置，包括 Wi-Fi 和便携式 WiMAX 服务。移动 Internet 接入是指在用户走动或搭乘交通工具时可以为用户提供不间断的 Internet 连接，包括 Wi-Fi、移动 WiMAX 和蜂窝宽带服务。

关于 Wi-Fi，除了常用于家庭之外，还常用于宾馆、商店、学校等公共场所，是目前使用最为广泛的便携和移动式接入方式。用户通过在这些区域中找到 Wi-Fi 热点来接入 Internet。Wi-Fi 热点(Wi-Fi Hotspot)是指这样一片区域，用户可以在该区域内访问能够提供 Internet 服务的 Wi-Fi 网络。接入 Wi-Fi 热点的方式与建立局域网的无线连接相同，带有 Wi-Fi 无线网卡的用户计算机的网络连接实用程序会自动识别 Wi-Fi 网络并建立连接。尽管 Wi-Fi 是一种常见的便携式 Internet 接入方式，但是若用户不能在热点的覆盖范围内，热点便不能提供移动 Internet 接入。一些智能手机也可以作为 Wi-Fi 热点，充当无线网络的路由器。用户可以在任何能够使用数据服务的地方开启自己设备的移动热点功能，为其

他开启了Wi-Fi的设备提供便携式Internet接入。

装有便携式WiMAX的计算机可以让便携式Internet变得更为简单。在移动设备，如笔记本电脑、智能手机上装上WiMAX电路和天线，在其ISP的发射塔的覆盖范围内可以方便地接入Internet。若ISP与手机运营商一起来部署移动WiMAX，就可以在不同发射塔的覆盖范围之间提供无缝的Internet连接了。

在许多国家，蜂窝电话(手机)的覆盖范围非常广阔，蜂窝通信技术作为移动技术的一种，被称为蜂窝移动通信(Cellular Mobile Communication)技术，使用蜂窝通信技术接入Internet可以提供很好的移动性，这是其他的有线和无线技术无法实现的。蜂窝通信技术从2G、3G发展到现在的4G、未来的5G，其覆盖范围非常广泛，几乎人类所能涉足的地方都覆盖了移动蜂窝网络。任何设备接入蜂窝网络之后，不需要重新部署，就可以实现始终在线，是非常可靠的Internet连接方式。

2.4.3 Internet应用与服务

Internet连接为用户提供了面向全球数据通信系统的访问，TCP/IP和UDP协议解决了基础的数据传输问题，而一些应用协议则实现了各种Internet应用和提供了多种Internet服务。Internet提供的应用与服务包括WWW服务、电子邮件(E-mail)、文件传输(FTP)、云计算、实时消息、IP电话、博客、微博等。

1. Web应用

1990年，万维网的发明者蒂姆·伯纳斯·李制订了URL、HTML、HTTP规范，并希望这三种技术能够让人们可以通过“电子文档网络”来共享信息。直到1994年，Netscape(网景)浏览器的发布，这一愿望才真正变为现实，普通大众通过浏览器才真正体验到了Internet的最大魅力之一——Web。

1) Web技术概述

(1) Web：World Wide Web的简写，也称“万维网”，是指通过HTTP协议在Internet上连接和访问的文档、图像、音/视频文件的集合。

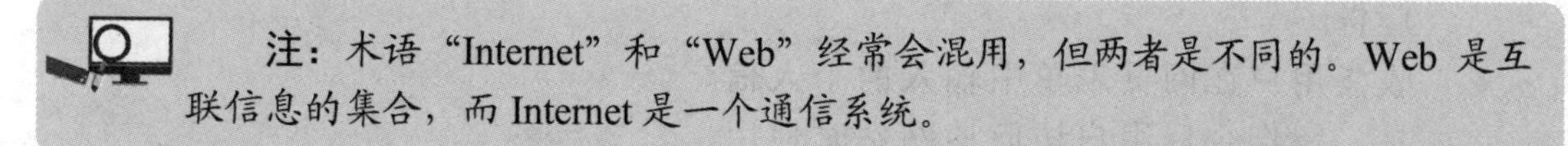
注：术语“Internet”和“Web”经常会混用，但两者是不同的。Web是互联信息的集合，而Internet是一个通信系统。

(2) Web 2.0和Web 3.0：Web 2.0是随着维基、博客和社交网络的出现，用户在Web平台上自主生成信息产品内容的Internet应用模式，是区别于传统的由网站雇员主导生成内容的第二代Internet；Web 3.0是随着云计算、人工智能等新技术的出现，而产生的第三代Internet。

(3) 网站(Website)和网页(Web Page)：根据一定规则和格式组织的信息集合，它们由一系列展示特定内容的网页组成，用户可以通过Web浏览器访问。所有网站上的行为都是在Web服务器(连接到Internet能够接收到浏览器请求的计算机。它能够收集所请求的信息，并将这些信息按照浏览器可以显示的格式传回到浏览器)的控制下进行的；网页是指一个或多个按照书页格式显示出来的Web文件结果或输出，网页中往往包含多种媒体内容，

且具有与用户互动的功能。用户可以通过 Web 浏览器，如 Microsoft Internet Explorer、Google Chrome、Mozilla Firefox 或 Apple Safari 访问网页。在使用浏览器时，可以通过点击超文本链接(简称链接)或输入 URL 来访问网页。HTML 文档的文件后缀为.htm 或.html。

(4) URL：每个网页都有一个叫作 URL(Uniform Resource Locator，统一资源定位符)的唯一地址，表示存储该网页的 Web 服务器及其在服务器上的位置、文件名和后缀，如北京联合大学网站主页的 URL 为 http://www.buu.edu.cn。URL 通常以 http://开头，以表明使用 Web 的标准通信协议，也可缺省。URL 的结构如图 2-32 所示。

http://	www.buu.edu.cn/	jiaoxue/	kebiao.html
Web协议标准	Web服务器名	文件夹名	文件名及后缀

图 2-32　URL 结构

注：URL 中不会有空格，有时会用下画线表示单词之间的空格，所有类型的斜线都为正斜线，有些字母是区分大小写的。

(5) HTML(HyperText Markup Language，超文本标记语言)和 XML。HTML 是指创建 HTML 文档需要遵循的一组规范，这些文档可以在浏览器中显示为网页，是网页的源文档。XML(eXtensible Markup Language，可扩展标记语言)是与 HTML 非常类似的标记语言，设计用于传输和存储 Web 数据，而不是像 HTML 那样设计为了展示数据。

(6) HTTP(HyperText Transfer Protocol，超文本传输协议)：是 Internet 上所有 WWW 文件必须遵守的标准协议，与 TCP/IP 协议协同工作，将 HTML 文档等 Web 资源获取到桌面计算机上来，是应用最为广泛的一种网络协议。

(7) HTTP Cookie：简称 Cookie，是由 Web 服务器生成后存储在用户计算机硬盘上的文本文件中的一小块数据，其允许网站将信息存储在用户计算机上以备将来检索时使用。网站可以使用 Cookie 实现以下功能：

- 监控用户浏览网站的路径，记录用户查看过的网页或购买过的商品；
- 收集信息使 Web 服务器能够根据用户以前在该网站上购买的商品弹出相应的广告；
- 收集用户在网页表单中输入的个人信息，留作今后用户访问该网站时使用等。

用户可以改变浏览器的设置，以使用、禁用或删除 Cookie。图 2-33 所示为 Google Chrome 浏览器使用和禁用 Cookie 的界面(单击浏览器的【自定义及控制 Google Chrome】→【显示高级设置】→【隐私设置】→【内容设置】，打开【内容设置】对话框)。

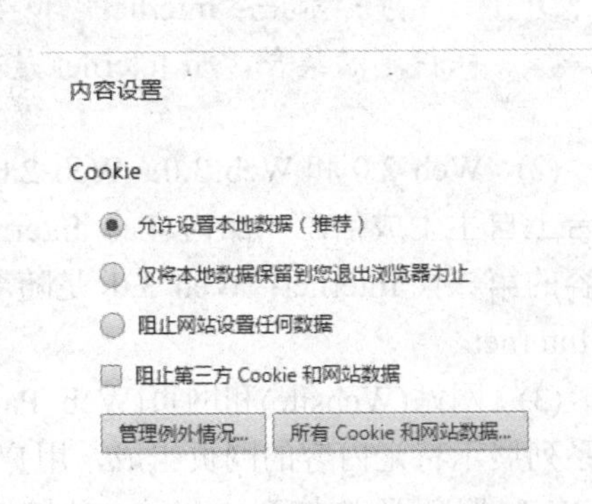

图 2-33　在 Google Chrome 浏览器中使用和禁用 Cookie

Cookie 本身带有安全措施，以防止其被滥用，但是仍然存在漏洞，最常见的利用 Cookie 行

为是广告服务。大多数浏览器都可以阻止第一方 Cookie 和第三方 Cookie。第一方 Cookie 是用户访问的网上商店、在线课程网站、搜索引擎网站等建立的，如网上商店网站会为用户的购物车设置 Cookie。而第三方 Cookie 是由附属网站设置的，大多与营销和广告有关。当用户点击了显示在网站上的第三方营销公司提供的标题广告时，第三方就会秘密创建一条广告服务 Cookie，以此跟踪用户在具有第三方广告的站点上的活动，这就是第三方 Cookie。若彻底禁用 Cookie，则用户将无法网上购物、参与在线课程、使用电子邮件或其他 Web 服务，故用户不需要禁用所有 Cookie，而只需要阻止第三方 Cookie，就可在不影响合理的 Web 活动的情况下消除大多数广告 Cookie 了。同时，还可以阻止特定网站的 Cookie。

2) 搜索引擎

Web 包含巨量的页面，它们存储在遍布世界各地的服务器上，需要通过搜索工具才能快速地找到它们。这个工具就是 Web 搜索引擎(Search Engine)。它是一种根据一定的策略帮助人们在 Web 上定位信息的程序。最常见的搜索策略为关键字查询。搜索引擎将查询的结果以网站列表的形式显示出来，并带有源页面的链接和包含关键字的简单摘录。图 2-34 给出了使用 Bing 搜索关键字“搜索引擎”的查询结果。

图 2-34 使用 Bing 搜索关键字“搜索引擎”的查询结果

常用的搜索引擎有 Google、Yahoo、Baidu、Ask 等。一般的搜索引擎包括以下 4 个组件。

(1) 爬虫程序(Web Crawler)：有时又称蜘蛛程序(Web Spider)，是一种能有条不紊地自动访问网站的计算机程序，其作用是遍寻 Web 以收集包含查询内容的数据；

(2) 索引器：处理爬虫程序收集来的信息，将其转换为存储在数据库中的关键字和 URL；

(3) 数据库：存储网页的索引引用；

(4) 查询处理器：允许用户通过输入关键字访问数据库，并产生一个包含查询内容的网页列表。

怎样形成基本搜索呢？多数搜索引擎处理的是关键字搜索，即搜索条件是包含与搜索内容相关的一个或多个单词(称为搜索项)，这些单词可以使用搜索运算符 AND、OR、NOT、双引号、星号、双句点等来构造更为复杂的搜索条件，提高搜索效率。

注：一些搜索技巧如下：多数搜索引擎不区分大小写，一般为模糊查询，搜索项的前后顺序是有关的，与用户所在位置是有关的，一些搜索引擎会使用预测技术来利用之前的搜索结果，使用“高级搜索”限制语言、文件类型、日期、网页标题等，可以提高搜索效率等。

一些搜索引擎网站会为学术作品、图像、视频、新闻、电子商务商品、博客等提供独立的搜索，如 Bing 的“网页”“图片”“视频”“学术”“词典”“地图”等独立搜索链接。

注：智能搜索引擎与大数据、语音识别、自然语言处理、人工智能技术等相结合，与传统搜索引擎相比更具智能化，搜索方式更具多元化。通过使用智能搜索引擎，用户可以直接获取问题的答案，而不像传统搜索引擎一样得到的是多条相关信息。搜索方式也不仅仅是传统的文本搜索、语音搜索、图片搜索、多媒体搜索等多种搜索功能，使得搜索更方便、高效。

3) 电子商务

(1) 概述。

电子商务(E-commerce)是指在计算机网络上以电子形式进行商业交易的行为和过程。它利用 Internet 和 Web 能够支持的技术，如移动商务、电子转账、供应链管理、Internet 营销、在线交易处理、电子数据交换(EDI)、库存管理和自动数据收集等，买卖有形产品(如柴米油盐)、数字产品(如新闻、音乐、视频、数据库、软件等)和服务(如在线医疗咨询、远程教育等)。

基于参与者的性质，最为常见的电子商务商业模式有 B2C(Business-to-Consumer，企业对消费者，如网上企业商店)、C2C(Consumer-to-Consumer，消费者对消费者，如网上竞拍、个人物品转卖)、C2B(Consumer-to-Business，消费者对企业，如各种定制服务)、B2B(Business-to-Business，企业对企业，如供应商和销售商直接的产品交易)和 B2G(Business-to-Government，企业对政府，如网上政府采购、电子通关、电子报税)。

(2) 购物与支付。

HTTP 协议是一种无状态协议(Stateless Protocol)，它不会记录浏览器之前的交互活动。那么网上商店是如何记住顾客放在购物车中的商品呢？通常采用两种 Cookie 技术来实现。使用 Cookie 存储放在购物车中的商品信息，或者使用 Cookie 来唯一标识顾客，为其产生一个 ID 号，并将该 ID 号和顾客放在购物车中的商品一起存储在服务器端的数据库中。

最为常见的在线支付方式为直接向商家提交银行卡号、信用卡号(如银联)或使用第三方支付服务(如支付宝)。为了保证支付安全，如防止银行卡号等信息被黑客使用包嗅探器(Sniffer，窃听网络上流经的数据包的软硬件设备)窃取，顾客应该通过安全连接进行电子交易。安全连接(Secure Connection)可以加密计算机与网站之间传输的数据，以及确认网站的真实性，用于建立安全连接的技术主要有 SSL/TLS(Secure Sockets Layer/ Transport Layer Security，安全套接层/传输层安全)和 HTTPS(HyperText Transfer Protocol over Secure Socket Layer，超文本传输安全协议，是以安全为目标的 HTTP 通道，即 HTTP 安全版)等。在使用安全连接时，URL 是以“https://”开头，并在地址栏和状态栏中显示锁形图标(如第 1 章图 1-18 所示)。

4) 电子邮件

电子邮件(Electronic Mail，E-mail)是 Internet 上应用最广泛和最受欢迎的服务之一。它是通过网络传送的一条一条的消息文档。提供电子邮件服务的计算机系统称为电子邮件系统，它是传输、接收和存储电子邮件消息的整套计算机硬件和软件系统，其核心是电子邮件服务器。电子邮件服务器能够为每个人提供电子邮箱，将收到的消息传送到这些邮箱中，并通过 Internet 将发出的邮件路由到其他的电子邮件服务器上。

(1) 电子邮件的组成。

标准格式的电子邮件消息由消息头和消息正文组成。消息头包含收件人、发件人、主题和日期等信息，还可能有抄送人、优先级等信息。

(2) 电子邮件协议。

POP3(Post Office Protocol-version 3，邮局协议版本 3)和 IMAP(Internet Mail Access Protocol，交互式邮件访问协议)用于管理接收的邮件，IMAP 对 POP3 进行了改进，它不会在服务器上自动删除下载过的邮件消息。SMTP(Simple Mail Transfer Protocol，简单邮件传输协议)则用于处理发出的邮件。

(3) 使用电子邮件系统。

使用电子邮件系统需要具备三个条件：拥有 Internet 连接、电子邮件账户和处理电子邮件消息的软件。拥有电子邮件账户就是用户在电子邮件服务器上建立属于自己的电子邮箱，用户可以从自己的 ISP 处获取邮件账户，或直接从新浪、网易等 Web 电子邮件服务商那里获得电子邮件账户。每个电子邮件账户具有唯一的电子邮件地址，它提供了将消息路由到指定邮箱所需的信息，如：shunliu1215@163.com，其中“@”前为用户 ID(或称用户名)，“@”后为管理用户电子信箱的电子邮件服务器的域名，符号“@”读作“at”，意为“在”。电子邮件软件既可以是安装或存放在硬盘上(或手机等其他移动设备中)的本地软件(或手机 App 等)或便携式软件，又可以是在浏览器通过 Web 访问的服务。基于本地客户端软件的电子邮件系统称为本地电子邮件，通过浏览器提供电子邮件访问服务的系统称为 Web 电子邮件。

① 使用本地电子邮件。在使用本地电子邮件时，用户收到的电子邮件消息都存储在电子邮件服务器上，当用户启动电子邮件客户端(包括手机 App 等)并开始接收邮件时，才被下载到作为电子邮件收件箱的本地文件夹(或手机等移动设备)中。这种技术被称为存储-转发(Store and Forward)技术。使用本地电子邮件的主要优势在于可以在离线状态下撰写和

阅读邮件。本地电子邮件的收发过程如图 2-35 所示。

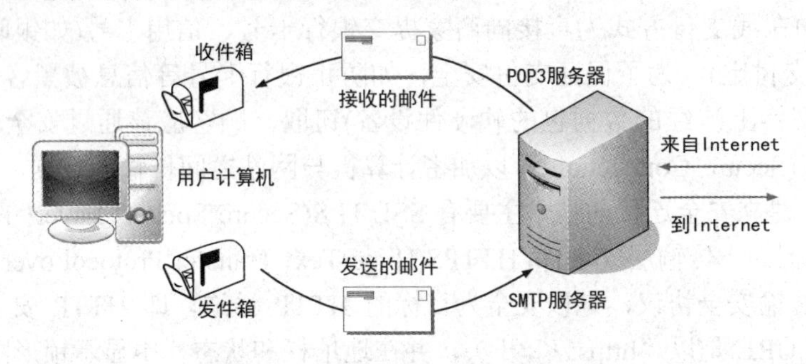

图 2-35　本地电子邮件的收发过程

要使用本地电子邮件需要选择一种本地电子邮件客户端软件，如 Mac OS(苹果操作系统)自带的 Mail 软件、Windows 操作系统的 Microsoft Outlook、智能手机及其他移动设备上的 Mail App 等。安装客户端软件后，需要配置电子邮件服务，包括电子邮件的用户 ID(即电子邮件地址的@前面的部分，如 shunliu1215)、邮箱密码、发送(SMTP)服务器地址、接收(POP3)服务器地址，还可能需要配置收发服务器端口号、安全措施等。

注：发送(SMTP)服务器地址和接收(POP3)服务器地址可由电子邮件服务提供商提供，或可以在电子邮箱的帮助中找到。如 163 邮箱的 SMTP 服务器地址为 smtp.163.com，POP3 服务器地址为 pop.163.com。

② 使用 Web 电子邮件。在使用 Web 电子邮件时，需要在电子邮件网站(如 mail.163.com)上注册获得 Web 电子邮件账户，然后通过浏览器使用该项服务。与本地电子邮件最大的不同是收件箱在 Web 上，当用户需要阅读、撰写和发送电子邮件时，需要使用浏览器打开电子邮件网站并登录，且一直保持在线状态。

注：网络礼仪(Netiquette，由 Network(网络)、Etiquette(礼仪)两个词组合而成)，是一套在 Internet 上保持文明和有效沟通的习惯或规则。而具体到使用电子邮件时，应该注意的内容包括：使用有意义、能清楚描述邮件内容的邮件标题；使用大小写字母，全部使用大写字母意味着对人咆哮；对内容谨慎，注意邮件内容是不安全的，避免使用不文明词语，慎用讽刺或诙谐性词语，慎用表情符号和缩略文字；邮件正文要简洁；若邮件中有附件(Attachment)，应该在正文内容里加以说明；使用群发功能时，使用密送(Bcc)或群发单显，接收人在邮件中就不会看到一长串的地址了；慎用 Reply All，不要向“所有收件人”发送回复；应及时查阅和回复邮件，当天最好；慎重打开标题稀奇古怪或无标题的邮件，有中毒风险。

2. Internet 服务

1) FTP 文件服务

FTP(File Transfer Protocol，文件传输协议)是一种为处在局域网或 Internet 中的计算机

提供文件传输的方法。Internet上的免费资源以及企业、学校等机构的内部公开文件的提供和获取，都可以采用这种方法。在不必与远程计算机(称为FTP服务器)的操作系统或文件管理系统打交道的情况下，用户可以通过FTP很容易地上传或下载文件。在进一步得到相关授权之后，还可以修改或删除文件。在异构的操作系统和硬件结构的情况下，只要两台计算机都连入Internet或局域网，并且都支持FTP协议，它们之间就可以进行任何格式的文件传输。用户可以使用FTP客户端软件(如CuteFTP或开源的FileZilla)或浏览器(在地址栏输入FTP服务器地址)访问FTP服务器。

用户访问FTP服务器有两种方式：注册使用，需要用户名和密码；使用无密码的用户ID“anonymous”以匿名(Anonymous)方式登录服务器。

2)　云服务

云服务(Cloud Service)，是指通过Internet从云计算提供商的服务器上按需向用户提供服务，是一种基于Internet的服务增加、使用和交付模式。通过这种方式，用户可以使用计算机、手机等设备获取基于Internet服务器所提供的计算、存储等服务。如著名的Google APPs可以从桌面计算机或手持设备访问办公应用、电子邮件、博客和社交网络；苹果的iCloud可以与苹果设备实现无缝对接，使用者可以免费储存5GB的资料；以及各种企业云可以提供的相关服务等。

3)　即时消息

即时消息(Instant Messaging，IM)，又称即时通信，是指可以在线实时互发短消息的工具。一对一地发送消息称为即时消息，而群组通信则称为聊天(Chat)。流行的即时通信工具有Wechat(微信)、Facebook Messenger(脸书)、Skype、QQ、WhatsApp、Yahoo Messenger (已关闭)、MSN Messenger(已关闭)、Google Talk(已关闭)等。

4)　VoIP

VoIP(Voice over Internet Protocol，IP电话)是一种使用宽带Internet连接代替普通电话系统进行电话通话的技术，即将模拟的语音信号，经过压缩与封包之后，以数据包的形式通过Internet进行传输。

5)　论坛、维基、博客和微博

即时消息、聊天和VoIP都属于同步通信，即参与沟通的人们需要同时在线进行实时交流。而论坛、维基、博客和微博等属于异步通信，即用户利用Internet发布消息后，根据发布者设置的限制，有权访问的人能够实时或随后阅读这些消息。

- 论坛(Forum，BBS)是基于Web的在线讨论网站，用户群体可以发表和阅读评论，对主题进行讨论。大多数论坛都设置管理员或坛主，负责监督讨论主题、清理恶意用户和处理成员请求等。
- 维基(Wiki)是一种在线用户可以直接通过Web浏览器进行协同工作，修改其上内容和结构的网站。用户可以使用标记语言、借助富文本编辑器来书写和编辑文本。与论坛最大的不同是，Wiki允许修改已经发表的内容。
- 博客(Blog或Weblog)一词源于Web Log(网络日志)的缩写。个人、企业或者组织都可以开设自己的博客，并发表与各种主题有关的文章，是一种特别的网络出版物形式。博客文章主要基于文本，也可包含图片、视频，内容按照时间顺序由近至远排列，并且不断更新。
- 微博(Weibo)是一种不超过140字(不同网站限制不同)的短消息。与博客文章相

似，只是长度受限，故称为微博。

3. Internet 应用与服务的发展

随着 Internet 技术的飞速发展、Internet 的用户数量快速增长，Internet 的应用领域也在继续扩大，并向社会、经济、生活的各个方面急速渗透。电子计算机将不再是 Internet 的中心设备，越来越多的城市基础设施将直接接入到 Internet 上，形成万物互联的物联网；Internet 向无线化连接、移动化应用的发展趋势日益明显；SoLoMo(索罗门，即 Social(社交)、Local(本地位置)、Mobile(移动)三词组合)将主导 Internet；云服务将成为应用最普遍的服务；轻巧的智能移动设备，表达简洁的微博、微信，随时体验的轻游戏，应用简便的 App Store(应用商店)中的软件和基于云服务的在线应用，使得 Internet 将变得越来越轻巧和环保；虚拟现实和增强现实技术将极大促进 Internet 的应用；人工智能技术将驱动 Internet 应用产业升级；IDC(Internet Data Center，Internet 数据中心)需求进一步增加；大数据、云计算为企业更为广泛地使用多种互联网工具实现产业升级提供空间。

2.5 本章小结

本章对计算机体系结构、软硬件系统和计算机网络做了全方位的介绍。从可计算问题的探讨及图灵机对该问题的概念实现，到冯・诺依曼体系结构对现代计算机的影响；从计算机硬件系统的组成及主要部件(设备)的定义、功能、分类和性能，到计算机系统的另一个组成部分——计算机软件系统，计算机软件的定义、分类、安装、升级、卸载、发展，计算机语言和编程方法；从局域网到互联网，从技术到应用，从计算机网络的定义、功能、技术发展、分类、拓扑结构、通信介质、协议、设备和安装，到 Internet 的产生背景、基础结构、通信协议、接入、应用与服务。主要内容如图 2-36 所示。

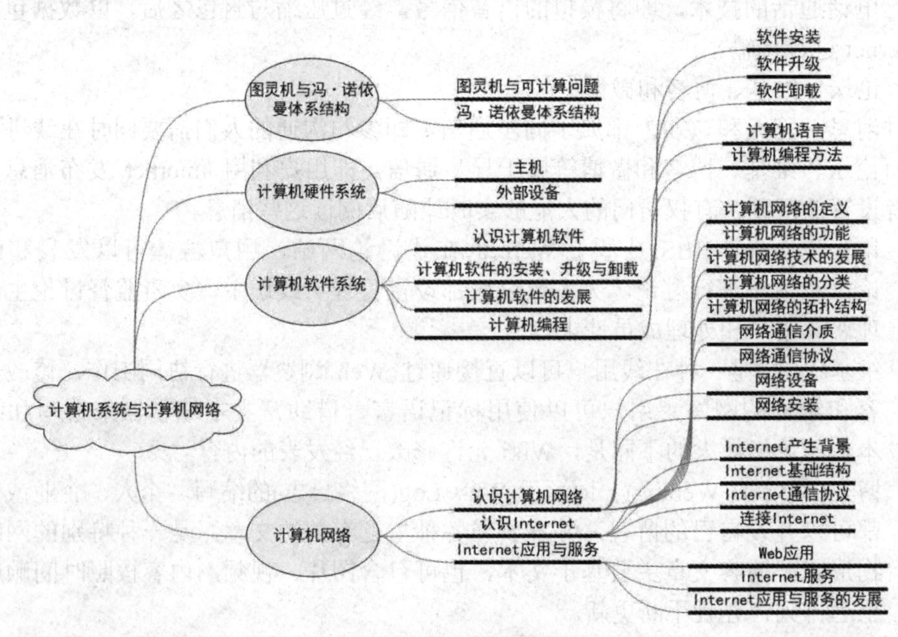

图 2-36　第 2 章内容导图

2.6　习　　题

一、问答题

1. 冯・诺依曼体系结构的要点是什么？现代计算机的基本工作原理是什么？

2. 假如要组装一台个人计算机，都需要哪些主要部件(设备)？可以根据哪些性能选择这些部件(设备)？

3. 请举出几种你用过的计算机系统软件和应用软件。

4. 什么是面向过程编程语言、结构化编程语言和面向对象编程语言？请分别列举出几种。

5. 请对互联网的未来展开畅想。

6. 请举出纳米网、个人区域网、局域网、校园网、中国 Internet 骨干网、虚拟专用网的例子。

7. 网络通信介质主要有哪几种？

8. Internet 的主要通信协议有哪些？

9. 请列举出你了解的 Internet 应用和服务。

10. 谈谈你对网络礼仪的看法。

二、练习题

1. 检查你的个人计算机(或笔记本电脑等)的配置参数，列出清单，并与目前市场标准配置进行比较。

2. 寻找一个便携式或绿色软件，体验其使用方法。

3. 给出“网络安装”的算法，画出算法流程。

4. 配置你的家庭网络，检查你的个人计算机、笔记本电脑、智能手机等设备及家庭网络接入 Internet 的方式，请画图说明。

5. 通过 Ping 命令获取 www.baidu.com、http://www.pixabay.com 等网站的 IP 地址，并测试其连通性。

6. 了解你的 ISP 宣传的网速，测试一台连入 Internet 的计算机实际的上行速度和下行速度。

7. 检查你的浏览器设置，检查你的计算机中的所有 Cookie，选择使用或禁用第三方 Cookie 和某个特定网站 Cookie。

8. 使用百度高级搜索，搜索关键词“solomo”，要求在最近一个月的 PPT 文件标题中出现完整的关键词。若未找到，可以调整搜索时间限制再次搜索。

9. 检查你的智能手机、平板电脑等移动设备的电子邮件客户端软件的 POP(IMAP)收件服务器和 SMTP 发件服务器的配置，确保能够以本地电子邮件方式正确收发邮件。

10. 了解你所在学校、企业等机构的 FTP 服务器地址，登录该服务器，查看资源，尝试下载资源，甚至上传可分享的有价值资源。

三、实验题

使用任何一种编程语言，编程实现图 2-21 中的算法，执行程序，查看结果。

第 3 章 操作系统及其使用

通过前面两章的学习，我们已经了解到一个完整的计算机系统是由看得见、摸得着的计算机硬件和摸不着的计算机软件组成。中央处理器 CPU 是计算机系统硬件的核心和基础，而在计算机软件系统中，操作系统具有同样的核心和基础作用。

每当我们打开计算机，在完成计算机硬件的自检、初始化程序等一系列任务后，系统启动成功。首先看到的就是操作系统界面，我们所做的一切工作都是在操作系统之上来完成的。可能很少有人去想：为什么鼠标的拖曳就能完成对文件、程序和各种软硬件资源的使用及管理，也没有意识到正是因为有了操作系统的支持，我们才能方便地使用计算机。如果离开了操作系统，计算机就是一堆电子产品的集合，什么事情也做不了。

本章将进行操作系统的学习，了解计算机操作环境的变化与发展；掌握操作系统的基本概念和主要功能；学会使用操作系统进行系统设置、文件管理、程序管理和磁盘管理；了解云操作系统和移动终端操作系统。本章涉及的基本概念是根据微型计算机通用操作系统而不是特定操作系统来描述的，且以 Windows 10 作为示例操作系统。

3.1 计算机操作环境的变化与发展

操作系统(Operation System，OS)是一个管理计算机硬件并提供应用程序运行环境的软件系统。对于用户而言，操作系统提供了一种用户与计算机之间的交互机制，用户直接感受到的是计算机的使用界面和提供的服务。操作系统的优劣对于程序员是有价值的，而普通用户更关注如何方便地使用计算机和提供什么应用程序。

3.1.1 操作界面的变化与发展

操作系统提供的界面是人与计算机交汇的地方，界面的优劣直接决定了人与计算机的关系是否和谐。操作系统提供的操作界面主要有字符用户界面、图形用户界面和未来人们期待的虚拟现实界面。

1. 第一代字符用户界面

1981 年，美国微软公司(Microsoft)的 MS-DOS 1.0 版与美国国际商用机器公司(IBM)的 PC 机问世，开创了全新的微型计算机时代。DOS 系统是一个单用户、单任务、字符界面的操作系统，通过问答式的对话、严格规范的命令语言方式进行人机交互。字符用户界面占用系统资源相对较低，但掌握这种命令行的语法格式需要大量训练，且操作比较枯燥，容易出错，人机交互界面的自然性和协调性很差，使初学者望而生畏。于是，图形用户界面便应运而生。

2. 第二代图形用户界面

1985 年，Microsoft 公司发布第一代窗口式多任务 Windows 1.0 操作系统，使得 PC 机开始进入了图形用户界面时代。图形用户界面采用图形化的操作界面，通过容易识别的图形元素将系统的文件、各种应用程序和各项功能直观、逼真地表示出来。用户使用鼠标和键盘，通过选择菜单命令，打开窗口、对话框，来完成对应用程序和文件的操作。图形用户界面虽然占用系统资源相对较多，但易于理解和操作，用户不必像使用字符界面那样去记住各种命令及格式，从而把用户从烦琐且单调的操作中解脱出来。如今，绝大多数的微型机都在使用图形化用户界面的操作系统，随着系统版本的不断升级，用户将获得越来越多崭新的体验。

3. 新一代虚拟实境交互界面

随着计算机技术不断发展，未来的人机界面发展趋势是追求“人机和谐”的、“适人化”的多维信息交互式风格，具有沉浸式和临场感的虚拟现实应用已走向实用。

虚拟实境(Virtual Reality，VR)是用计算机技术来生成一个三维的视觉、听觉、触觉等感官世界，用户可以从自己的视点出发，利用自然的技能和某些设备对这一虚拟世界客体进行浏览和人机互动。虚拟实境具有三个最突出的特征，即交互性、沉浸感和构想性，使人产生强烈的参与感、操纵感，实现人机一体化，其最终目的在于探索自然和谐的人机关

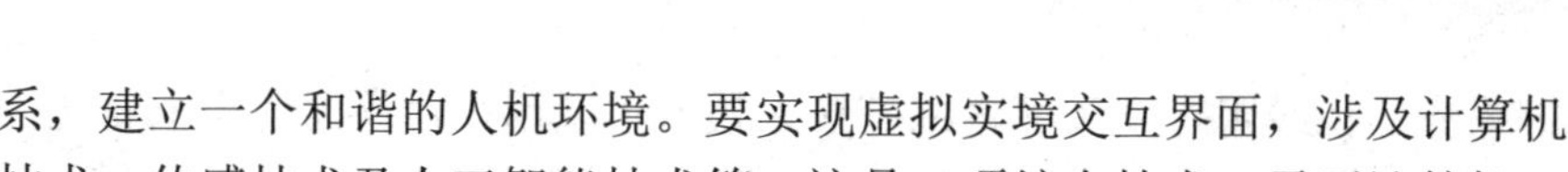

系，建立一个和谐的人机环境。要实现虚拟实境交互界面，涉及计算机图形学、人机接口技术、传感技术及人工智能技术等，这是一项综合技术，需要计算机、心理学、人类工程学等专家共同开发研究。

从鼠标、键盘到触摸板、触摸屏交互模式以及未来会逐步应用到更多平台和环境中的虚拟实境模式，计算机操作环境将不断改善，其交互方式会更好地服务广大用户。

3.1.2　图形用户界面的主要技术

早期的图形用户界面，如苹果电脑的 Mac OS、微软的 Windows 系列操作系统，均采用 WIMP 这一界面典范。WIMP 是由“窗口”(Window)、“图标”(Icon)、“菜单”(Menu)以及“指示器”(Pointer)所组成的缩写。用户的工作显示在称为“窗口”的矩形区内，所有窗口具有统一的风格和相似的操作方式，在窗口中可以运行应用程序，进行文件的管理和编辑。图标是将文件、文件夹、应用程序或特定计算机系统中的设备用图形化的方式表现出来。菜单提供了一系列可以执行的命令，根据调出位置不同，菜单所包含的命令即时变化。指示器或指针能够让用户从视觉上随时追踪鼠标移动的位置，指针的形状有不同种类，代表了不同的功能。

图形用户界面技术的特点体现在三方面：多视窗技术、菜单技术和联机帮助。

1. 多视窗技术

多视窗是指在同一屏幕上能打开多个窗口。多视窗技术可以提供：

(1)　友好的操作环境。通过窗口、菜单、图标、按钮、工具栏、对话框等具有图形功能的用户界面进行人机交互。

(2)　一屏多用。一个多视窗的屏幕，从功能上说，相当于多个独立的屏幕，扩大了屏幕在同一时间所显示的信息容量。

(3)　任务切换。模拟人们日常工作中同时干几件事的情景，用户可以同时打开几个窗口以运行多个应用程序，并实现在它们之间的快速切换。注意：虽然在同一时间可以打开多个窗口，但是只有一个窗口是当前活动窗口，允许接收用户输入的数据或命令，其他窗口都是非活动窗口。

(4)　资源共享与信息共享。操作系统的资源主要包括 CPU、存储器、I/O 设备等，窗口系统的资源还包括窗口、事件等，这些资源为各应用程序所共享。

2. 菜单技术

菜单是将一组命令用列表的形式组织起来，根据功能不同，划分到不同的菜单组中。菜单中包含的命令项也称为菜单命令，选择它可以直接执行某种操作。在 Windows 系统中，提供了窗口菜单、控制菜单、开始菜单和快捷菜单等不同形式。

3. 联机帮助

联机帮助技术为初学者提供了一种学习新软件的方法。借助它用户可以在使用过程中随时查询有关信息，代替了书面用户手册，提供了一个面向任务的帮助信息查询环境。

新一代的图形用户界面将在图形用户界面的基础上，采用更加自然的人机交互技术，

如语音、自然语言、手势、视线跟踪及头部跟踪等输入技术，以用户对界面的需求变化为出发点，实现多通道、非精确、高输入带宽及不受地点限制的人机通信。

3.2 操作系统概述

操作系统并不是与计算机硬件一起诞生的，它是在人们使用计算机的过程中，为了满足两大需求而产生的：一是使计算机变得好用。即提供更好的服务，将人们从烦琐、复杂的对机器掌控的任务中解脱出来。二是使计算机运行变得有序。操作系统管理着计算机上的软、硬件资源，掌控计算机上所有事情。随着计算机硬件技术、应用需求的发展，软件新技术的出现，操作系统逐步形成并越来越完善。

3.2.1 操作系统的基本概念

下面从系统角度和用户角度两个方面来认识操作系统。

1. 系统角度

从系统角度看，操作系统是计算机系统的管理者。这个管理者是由一组控制和管理系统软、硬件资源，使计算机系统各部件协调一致开展工作的程序所组成，是最基本的系统软件，其他软件都是在操作系统的支持下安装和使用的。

2. 用户角度

从用户角度看，操作系统是计算机系统的服务者，服务上一层的应用软件，为用户提供使用计算机的界面和交互接口，通过操作接口(操作控制计算机工作)和程序接口(获得操作系统底层服务)两种方式将其服务和功能提供给用户。

3. 什么是操作系统

计算机成功启动后，进入到初始界面，即桌面，这就是用户使用计算机的工作台。用户整理文件、运行程序、浏览网页、听音乐、看视频、玩游戏等，都是通过操作系统和计算机互动而实现的。操作系统是指控制、管理和分配计算机系统软、硬件资源，合理地组织调度计算机的工作，为用户提供友好界面和其他软件运行环境的一组程序的集合。操作系统和计算机软、硬件关系示意图如图 3-1 所示。

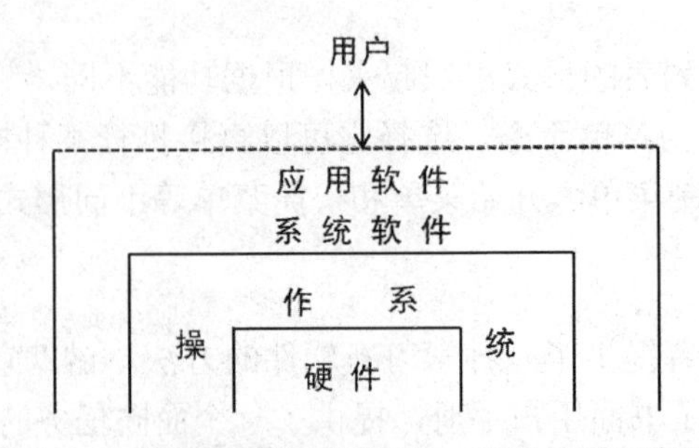

图 3-1 操作系统和计算机软、硬件关系示意图

从图 3-1 中可以看出，操作系统是在硬件基础上的第一层软件，在操作系统的支持下，可以安装各种软件。实际上，软件是对硬件性能的扩充和完善，而在硬件基础上每添加一层软件，计算机的功能就会越来越强大。如在输入/输出设备上添加输入/输出管理软件；为便于管理文件，支持共享和保证信息安全，再添加一层文件管理软件；在文件管理层上再添加一层窗口管理软件。最终呈现在用户面前的计算机是经过若干层软件改造的计算机系统，每层都能利用较低层所提供的功能来实现对计算机系统资源的抽象管理，使得用户不必了解底层实现细节，就能方便地使用计算机。为用户创造良好的交互界面，有效地利用计算机系统的 CPU、内存和 I/O 设备、提供良好的扩展性和开放性，以适应不同类型的计算机硬件和体系结构，是操作系统不断追求的目标。

当前最著名的操作系统就是微软公司研发的 Windows 系列操作系统，广泛用于 PC 和笔记本电脑，其系统版本不断更新，从最初的 Windows 1.0 到大家熟知的 Windows 95、Windows 98、Windows ME、Windows XP、Windows Vista、Windows 7、Windows 8、Windows 10 和 Windows Server 服务器级操作系统。另外，被广泛认可的 Unix 操作系统，是一个强大的多用户、多任务操作系统，支持多种处理器架构，主要用于服务器和中小型的计算机系统。Linux 是一个免费使用和自由传播的类 Unix 操作系统，作为多用户网络操作系统使用。Mac OS 是苹果公司为其 Macintosh 系列机上研发的操作系统，也是首个在商用领域获得成功的图形用户界面操作系统。

3.2.2　操作系统的基本功能

作为一个大型复杂的系统软件，操作系统的设计和开发遵循结构化方法的抽象和分解原则，采用模块化设计，将系统分解成若干功能明确、相对独立的子系统。从计算机系统资源管理角度看，操作系统具有处理器管理、存储管理、文件管理、设备管理等主要管理功能，如图 3-2 所示。

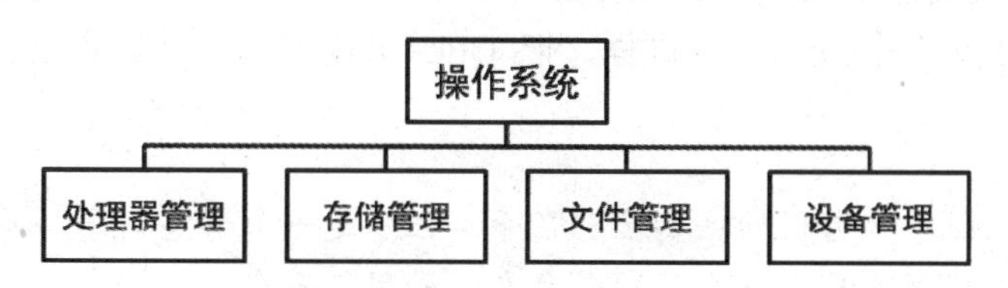

图 3-2　操作系统的主要管理模块

1. 处理器管理

处理器是计算机系统的核心部件和最主要的设备资源。处理器管理是操作系统资源管理中的一个重要功能，主要负责调度、管理和分配 CPU 并控制程序的执行。

计算机在早期执行单道程序或者单用户命令时，对处理器的管理任务相对简单。同一时刻，内存中只有一道程序在运行，这个程序执行完毕，下一个程序才开始执行，各个程序之间是按照先后顺序依次执行的。在引入多道程序系统后，程序可并发执行。“多道”是指计算机内存中同时存放几道相互独立的程序，其运行特点是宏观上并行执行，即同时进入系统中的程序都处于运行状态，程序在执行时间上是有重叠的。而实际运行中，在任一时刻点上是串行的，即各道程序轮流使用 CPU，交替着运行。

多道程序设计技术不仅使 CPU 得到充分利用，同时提高了系统的吞吐量(单位时间内处理程序的个数)，最大化利用了系统资源。这种使用并行处理方法解决问题的思路在人们的日常工作、学习和生活中随处可见。例如，银行里多个办理业务窗口、外出路上多车道选择、听音乐的同时收发电子邮件等，目的是在最短的时间内，合理安排并完成几件事情。对计算机系统来说，如何将 CPU 的时间合理分配给各个程序这一任务变得复杂，操作系统对处理器的管理就是要解决 CPU 分配策略、调度方法等问题。

注：多道程序设计技术是指在计算机系统的主存储器中同时存放多个独立的程序并相互穿插地运行。多道程序系统也称为多任务系统。

为了使程序在多道程序环境中能并发执行，并对并发执行的程序加以控制和描述，在操作系统中引入了进程概念。

进程(Process)就是程序的一次执行，是一个活动的实体，是操作系统进行资源调度和分配的独立单位。无论是常驻程序还是应用程序，都以进程为标准运行单位。所以对处理器的管理，可以归结为是对进程的管理，进程管理可以分为以下四个方面。

(1) 进程控制：当用户一道作业要运行时，应为之建立一个或多个进程，并为它分配资源，将它放入进程就绪队列。当进程运行完成时，立即撤销该进程，以便及时释放其所占有的资源。

(2) 进程同步：协调多个并发执行的进程。

(3) 进程通信：实现在相互合作的进程之间进行信息交换。

(4) 进程调度：包括作业调度、进程调度两步。作业调度是从后备队列里按照一定的调度算法，选出若干个作业，为它们分配运行所需的资源，建立进程，使之成为就绪进程，并把它们按一定算法插入到就绪队列。进程调度是从进程的就绪队列中，按照一定的调度算法(如符合人类思维模式的先来先服务算法、短进程优先算法、时间片轮转调度算法、高优先权调度算法等)选出一个进程，把 CPU 分配给它，并设置运行现场，使进程投入执行。

注：程序和进程的主要区别在于，程序是一个静态概念，是一组有序的指令集合。程序可长期保存，永久存在。进程是一个动态概念，是程序及其数据在计算机上的一次运行活动。进程具有一定的生命期，是动态地创建和结束的。一个进程可以执行一个或几个程序，同一程序也可能由多个进程同时执行。

在 Windows 操作系统中，通过【任务管理器】来跟踪系统性能、查看当前正在运行的程序和进程，并可结束用常规方法无法结束的程序和进程。默认情况下，【任务管理器】打开后，显示【进程】选项卡，如图 3-3 所示。进程的管理分为前台进程管理和后台进程管理，主要包括创建进程和结束进程、展开详情、重新启动进程、打开文件所在位置以及查看属性等。

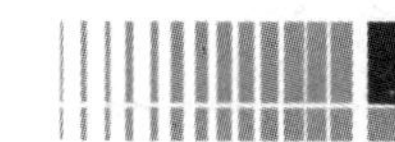

任务管理器

文件(F)　选项(O)　查看(V)

进程　性能　应用历史记录　启动　用户　详细信息　服务

名称	11% CPU	50% 内存	92% 磁盘	97% 网络
应用 (3)				
Task Manager	0.1%	10.0 MB	0 MB/秒	0 Mbps
Windows 写字板应用程序	0%	261.1 MB	0 MB/秒	0 Mbps
Windows 资源管理器	0%	21.6 MB	0 MB/秒	0 Mbps
后台进程 (26)				
360安全卫士 安全防护中心模...	0%	19.3 MB	0 MB/秒	0 Mbps
360主动防御服务模块 (32 位)	0%	2.2 MB	0 MB/秒	0 Mbps
AMD External Events Client ...	0%	0.3 MB	0 MB/秒	0 Mbps
AMD External Events Service...	0%	0.4 MB	0 MB/秒	0 Mbps
Application Frame Host	0%	2.6 MB	0 MB/秒	0 Mbps
COM Surrogate	0%	0.9 MB	0 MB/秒	0 Mbps
Cortana (小娜)	0%	0.1 MB	0 MB/秒	0 Mbps
InstallAgent	0%	1.9 MB	0 MB/秒	0 Mbps
InstallAgentUserBroker	0%	3.1 MB	0 MB/秒	0 Mbps

简略信息(D)　　重新启动(E)

图 3-3　通过【任务管理器】窗口查看进程

2. 存储管理

存储器是计算机系统的重要资源，也是计算机系统中十分紧俏的资源。存储管理功能很多，在此主要讨论对内存的管理。

操作系统对内存的管理主要包括：

(1) 内存分配。在系统启动成功后，操作系统、其他系统软件会进驻内存，如果一个程序要执行，也必须装入内存。如何分配内存以保障系统及各用户程序都有自己的内存空间，是内存分配解决的主要问题。

(2) 存储保护。系统中存在着多个程序在运行，确保每道程序都只在自己的内存空间运行，彼此互不干扰。

(3) 内存扩充。当用户执行程序已经超过计算机系统所能提供的存储容量时，内存扩充能够将内存储器和外存储器结合起来进行管理。

现代操作系统存储管理涉及的主要技术有缓冲技术和虚拟内存。

缓冲技术(Buffering Technique)是指增加缓冲区域，使用空间换取访问时间的一种技术。例如 CPU 的处理速度比访问内存的速度快，于是在 CPU 中配置高速寄存器、各级缓冲存储器，存储 CPU 最近经常处理的指令和数据，避免每次都要访问内存而降低计算机的效率。再如，由于内存的访问速率比磁盘的访问速率快，在内存中配置缓冲区，用于存储输出到磁盘或从磁盘输入内存的数据。由于本地磁盘的访问速率比网络存储访问速率快，在本地磁盘中配置缓冲区，存储最近访问网络的数据等。通过硬件和管理软件构成一个足够大的层次化存储体系，既匹配了 CPU 的存取速度，保证整机的运行效率，又使得计算机的整体价格适中。

存储器体系结构采用金字塔式的层次化存储体系，将速度不同、容量不同、存储技术也不同的存储设备分为几层，以速度快、容量小、价格贵的寄存器为塔顶，以速度慢、容量大、价格低的外部存储器为塔底，中间由速度、存储容量、价格逐步变化的各级缓冲存储器和主存储器构成，如图 3-4 所示。

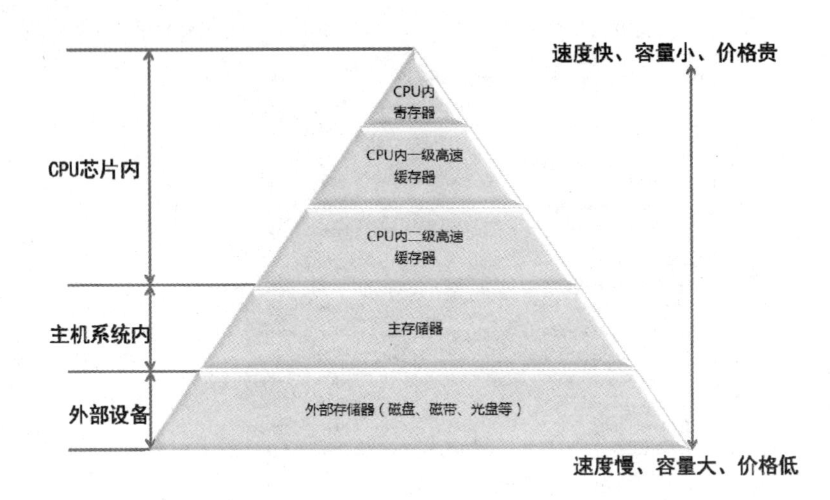

图 3-4　层次化存储体系示意图

另一种内存管理技术，即虚拟内存(Virtual Memory)。计算机中所运行的程序均由内存执行，当执行的程序占用内存很大时，会耗尽内存。采用虚拟内存技术，当内存空间不够时，利用一部分硬盘空间来充当内存使用，这部分空间即称为虚拟内存。虚拟内存在硬盘上的存在形式就是 PageFile.sys 这个页面文件，它将计算机的内存和硬盘上的临时空间组合，将数据从内存移至页面文件便可释放部分内存，根据需要再将数据从页面文件移回内存，以便完成工作。

注：PageFile.sys 是 Windows 默认在系统盘下建立的“虚拟内存交换文件”。该文件是系统文件，不能删除，但可以设置大小，通常系统根据内存的大小而自动设置虚拟内存的大小。

虚拟存储技术是一种对计算机资源进行抽象模拟的技术。在已有的硬件资源基础上，将外存的一部分虚拟为内存使用，通过管理软件，实现内存和外存密切合作，使用户感觉扩大了内存空间。虚拟化技术根据对象不同可分成存储虚拟化、计算虚拟化、网络虚拟化等。

在桌面上右击【此电脑】图标，在弹出的快捷菜单中选择【系统属性】命令。在打开的【系统属性】窗口中，单击左侧的【高级系统设置】链接，进入【系统属性】对话框的【高级】选项卡，单击【性能】选项组中的【设置】按钮。打开【性能选项】对话框，并切换到【高级】选项卡，单击【虚拟内存】选项组中的【更改】按钮。如图 3-5 所示，在【虚拟内存】对话框中，取消选中【自动管理所有驱动器的分页文件大小】复选框，可自定义

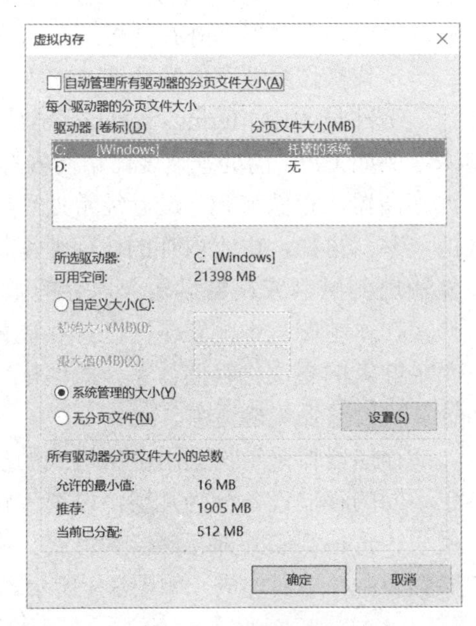

图 3-5　设置虚拟内存

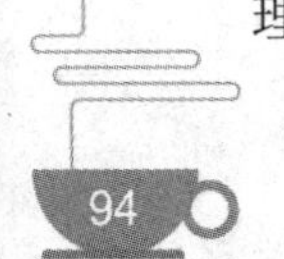

设置初始大小和最大值，单击【确定】按钮，重启系统即可应用设置。

虚拟存储器最大容量为：内存容量 + 部分硬盘容量。内存大小的设置一般使用默认值即可，如果内存不足时，再重新进行设置。建议虚拟内存容量最多不超过实际内存的 2 倍。

随着硬件的发展，目前主流计算机的内存容量是 4GB，32 位系统最大寻址可以达到 4GB，如果是 8GB 内存的用户只能使用 64 位系统来解决内存利用问题。在拥有较大内存的计算机上，建议设置小一点的虚拟内存或关闭它，以求系统运行速度最大化。

3. 文件管理

文件是存储在外部存储器上的具有标识名的一组信息的集合，计算机系统中运行的各种程序、数据、文档、声音、图像等均以文件的形式保存在外部存储器中。所以，操作系统必须提供一个高效、方便、易用的文件管理机制，这样的机制称之为文件系统，来管理文件的存储、读/写、检索、更新、共享和保护。

1) 文件的组织形式

文件的组织形式也称为文件的结构，文件的结构分为逻辑结构和物理结构。

文件的逻辑结构是从用户角度看到的文件的组织形式，与存储介质特性无关。逻辑结构分为两大类：有结构的记录文件和无结构的字符流文件。记录文件由记录组成，即文件由一组相似记录组成，以记录为单位组织和使用信息。表 3-1 所示为学生基本信息记录。字符流文件是最简单的文件组织形式，以字节(Byte)为单位，直接由一连串信息组成，被看成是一个字符流，比如一个二进制文件、源程序文件或字符文件等。

表 3-1 学生基本信息记录

学　号	姓　名	性　别	出生日期	专　业	系　号
1501	张三	女	1994-12-2	法律	05
1502	李四	男	1994-9-6	历史	02
1503	王五	女	1995-1-10	新闻	03

文件的物理结构又称文件的存储结构，是从系统实现的角度看文件在存储设备上的存放形式。逻辑上的文件信息最终都要按照一定存取方法存储到物理设备中，文件系统按照什么方式将文件信息存储到存储设备中，与文件的逻辑结构、存取内容和存储介质的特性有很大关系。文件在逻辑上可以看成是连续的，但在存储介质上存放时可以有多种形式。目前常用的文件物理结构有顺序结构文件、链接结构文件、索引文件和哈希(Hash)文件等。

2) 文件命名

计算机为区分不同的文件，必须给每个文件指定一个名称，操作系统对文件实行按名存取的操作方式。

在操作系统中，文件名由主文件名和扩展名两部分组成，扩展名加在主文件名后面，用分隔符句点“.”隔开。

Windows 文件的主文件名可以由 1～255 个字符组成。文件名除了开头之外的其他地方可以使用空格，还可以包含多个句点“.”，但文件名中不能使用“？”“*”“、”

“\” “/” “ “” “ ” ” “<” “>” “|” 等特殊字符。扩展名由 1～4 个字符组成，扩展名表示了文件的格式类型，帮助用户了解应该使用哪种软件打开文件。文件扩展名是一个常规文件的构成元素，但一个文件并不一定需要一个扩展名。当打开文件时，有扩展名的文件会自动用与其相关联的程序进行打开，没有扩展名的文件则需要选择程序来打开它。

3) 目录结构

为了更有效地管理计算机中的文件，通常用户都会在计算机中的硬盘里把互相有关的文件存储在一个文件夹内(目录)。文件目录结构采用树形结构，一般有一级目录结构、二级目录结构和多级目录结构。一级、二级目录结构的优点是简单，缺点是文件不能重名，限制了用户对文件的命名，当文件较多时查找速度慢。多级目录结构可以很好地反映现实世界复杂层次结构的数据关系且便于文件分类，查找速度快。

Windows 系统采用的是多级目录结构。在对文件进行操作时，一般要用盘符指出被操作的文件或目录在哪一磁盘。盘符也称驱动器名。常用的盘符用字母表示，如 A:、B:、C:、D:、E:……，其中冒号“:”不能省略。通常将“盘符:”称为根目录，如计算机系统的“C:”盘。根目录下的所有目录都称为根目录的子目录，子目录又可以有下一级子目录。Windows 系统使用“\”符号来创建目录与子目录关系，且名称忽略其大小写差异。

在图 3-6 所示的 Windows 资源管理器窗口中，左边显示常用的文件夹导航，右边为文件夹和文件结构。图 3-7 显示 C 盘根目录下部分目录结构。

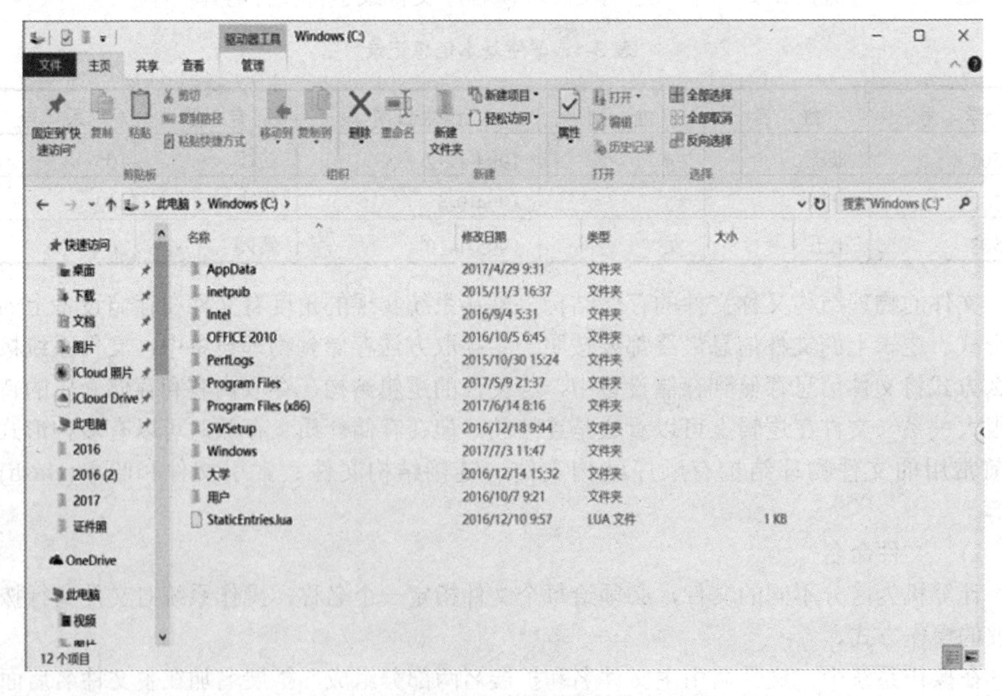

图 3-6 文件夹和文件结构

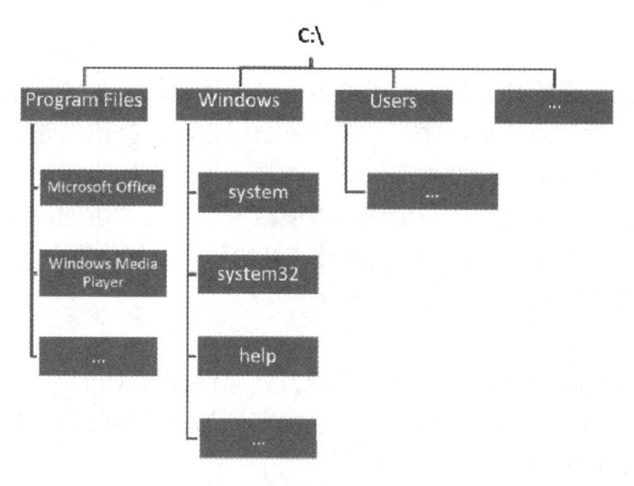

图 3-7　树状目录结构示例

4)　文件路径

在计算机中要访问某个文件就必须知道文件的位置，而表示文件的位置的方式就是路径。文件路径名是个字符串，从根目录出发到所找文件的通路上的所有目录名与文件名用分隔符“\”连接起来。文件路径分为如下两种。

①　绝对路径：表示文件存在的完整路径，是指从硬盘的根目录出发到所找文件通路上所有目录名与文件名。

②　相对路径：指从当前目录出发到所找文件通路上所有目录名与文件名。

注：如果要访问 C 盘 Windows 文件夹中 System32 子文件夹中的 calc.exe 文件，其绝对路径格式为：C:\Windows\ System32\calc.exe。

如果当前目录为 System32，要访问 C 盘 Program Files 文件夹中 Windows Media Player 子文件夹中的 wmplayer.exe 文件，其相对地址格式为：..\..\Program Files\Windows Media Player\ wmplayer.exe(“..”表示上一级目录)

5)　常见文件系统

文件系统是操作系统在磁盘上组织、管理文件的方法。文件系统是对应硬盘的分区的，而不是整个硬盘，不管硬盘是只有一个分区，还是有几个分区，不同的分区可以有着不同的文件系统，每个文件系统都有自己的特殊格式与管理方式。

Windows 能支持的文件系统主要有 FAT16、FAT32 与 NTFS。NTFS 系统是 Windows 上最可靠与最有效率的文件系统。其他的 FAT 家族都比 NTFS 古老，且对于文件长度与分区磁盘能力均有很大限制。

(1)　FAT32：支持分区的大小最大为 32GB，支持单个文件大小不能超过 4GB。不支持文件安全设置。FAT32 适合于中小磁盘，产生的磁盘碎片适中。

(2)　NTFS：支持的分区大小可以达到 2TB，支持单个文件大小可以超过 4GB。具有较好的安全性，可以设置对不同用户不同文件/文件夹的访问权限。NTFS 适合更大的磁盘及分区，且磁盘利用率高，产生的磁盘碎片较少。

4. 设备管理

现代计算机系统配置的外部设备种类繁多，设备操作性能也各不相同。设备管理是用于对设备进行控制和管理的一组程序，主要任务是根据用户提出的输入输出请求，为用户分配输入输出设备。对于非存储型外部设备，如显示器、打印机等，可以直接作为一个设备分配给一个用户程序，在使用完毕后回收以便给另一个有需求的用户使用。对于存储型的外部设备，如磁盘、磁带等，则是提供存储空间给用户，用来存放文件和数据。

设备管理的主要功能如下。

(1) 缓冲管理。

计算机系统中一般设有缓冲区来存放数据。外部设备与 CPU 交换信息时，都要利用缓冲区来缓和两者之间速度不匹配的问题，以提高外部设备与 CPU 的利用率。缓冲管理就是管理好各种类型的缓冲区。

(2) 设备分配。

根据用户的输入输出请求，系统按照设备类型和相对应的分配算法(先来先服务、优先级高者优先)对设备进行分配，并将未获得所需设备的进程放入相应设备的等待队列。

(3) 设备处理。

实现 CPU 和设备控制器之间的通信，即启动指定的输入输出设备，完成用户要求的操作，并对由设备发来的中断请求进行及时响应，根据中断类型进行相应的处理。

(4) 虚拟设备。

系统可将一台物理设备在采用虚拟技术后变成多台逻辑上的虚拟设备，被多个用户共享，以提高设备利用率及加速程序的执行过程。

3.3 Windows 10 操作系统的使用

从 1985 年微软第一款图形用户界面 Windows 1.0 诞生到 2015 年的 Windows 10 发布，Windows 操作系统经历了从低级到高级的发展过程，总体趋势是功能越来越强大，界面越来越友好，用户使用越来越方便。

Windows 10 发布的版本中，家庭版、专业版、企业版以及教育版是针对台式机、笔记本电脑的。一般来讲，配置较低的计算机预装家庭版，正常情况安装专业版，企业版和教育版大多需要自己购买或者由企事业单位、学校提供。

3.3.1 Windows 10 操作系统的新变化

Windows 10 是一款覆盖台式机、笔记本电脑、平板及手机的全平台操作系统，每个平台拥有相同的操作界面和共享一个应用商店，应用程序可统一更新和订购。与之前 Windows 版本相比较，用户直接感受到的 Windows 10 新特征、新变化如下。

1. 开始菜单回归与改进

人们熟悉的 Windows 7 之前的开始菜单回归 Windows 10 桌面左下角，改进后的开始

菜单可以进行全局搜索，搜索范围包括本地内容和网络内容。同时，开始菜单右侧新增一个具有现代风格的区域，有系统通知、日期、天气、邮件和常用程序等功能，显示项目可以自由定制、排列顺序和调整大小。用户感受最直观的变化是采用扁平化设计风格的开始菜单+通知中心，如图 3-8 所示。

图 3-8　开始菜单 + 通知中心

2. 虚拟桌面

虚拟桌面的设计是为专注于某种应用场景或任务环境的用户，可以定制一个新的工作环境。也就是同一个操作系统中，可以运行多个应用程序和同时拥有多个桌面，每个桌面上允许有不同的任务，互相不影响使用并可以任意切换。

在任务栏上单击 Task View 图标，出现提示添加桌面的对话框，单击右下角【+ 新桌面】图标添加一个虚拟桌面，如在这个桌面上打开浏览器进行信息查询，如图 3-9 所示，此时一个桌面打开文档办公，一个桌面上网查询资料。之前的系统是应用程序之间的切换，Windows 10 提供的是直接切换屏幕，这个功能也为和平板电脑或其他移动设备更好地融合提供了方便。

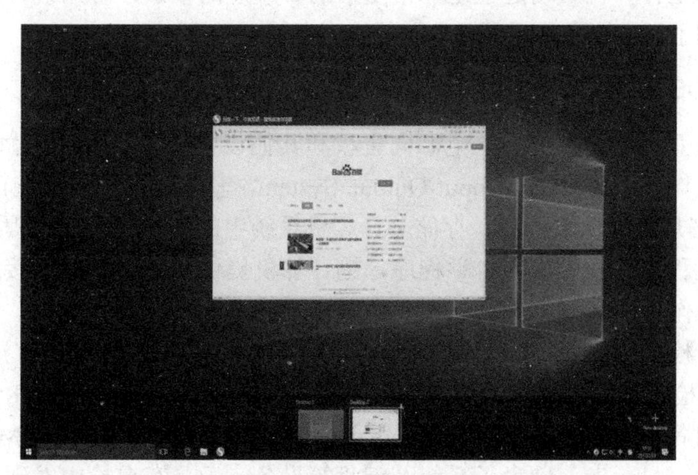

图 3-9　虚拟桌面设置

3. 内置 Microsoft Edge 浏览器

Windows 10 内置一款全新的浏览器 Microsoft Edge，同时，Windows 10 也保留 IE 浏览器，即 IE 浏览器与 Edge 浏览器共存，前者使用传统排版引擎，以提供旧版本兼容支持，后者采用全新排版引擎，更精简、更快、更新、更多人性化服务的浏览体验带来不一样的感觉。两个不同的独立浏览器，各自有着明确的功能和目的。

4. 新添通知中心

Windows 10 增加了通知中心功能，应用消息的快速推送、系统升级的安全提示、常用功能的启动开关、更新内容、电子邮件和日历等都被集中到通知中心里，用户可以感受到同手机一样操作方便和快捷。

单击任务栏右侧的【新通知】图标，打开通知中心，如图 3-10 所示。

该窗口主要分两部分：上面的部分是通知中心，显示各种应用的通知。下面部分是操作中心，显示应用设置的快捷方式。

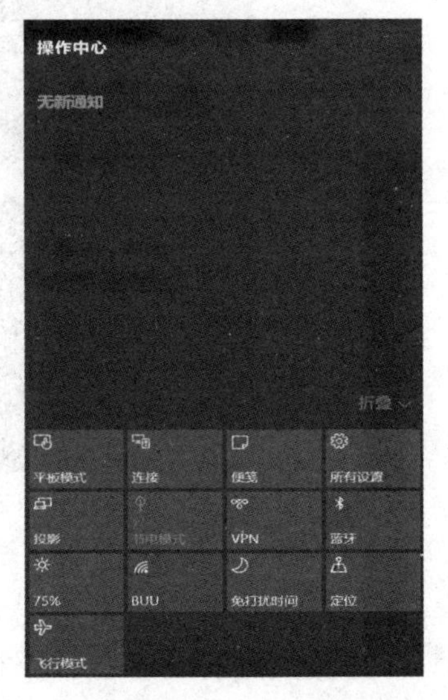

图 3-10　通知中心

5. 跨平台能力出色

Windows 10 不仅运行于个人电脑端，还能运行在平板、手机等移动设备，成为一个多平台的操作系统。Windows 10 支持广泛的设备类型，并为所有硬件提供一个统一的平台。

3.3.2　Windows 10 操作系统的启动过程

从打开电源启动计算机到出现 Windows 登录界面，用户看到的是一系列快速闪过的启动信息，而实际上计算机启动过程是非常复杂的。短短的十余秒时间，计算机究竟做了哪些事情？让我们了解一下操作系统是如何启动的。

1. 运行 BIOS 程序

当按下电源开关启动主机后，电源向主板和其他设备供电，BIOS 就开始接管主板启动的所有自检工作。BIOS(Basic Input-Output System，基本输入输出系统)是被固化在计算机主板 ROM 芯片上的一组程序，存储着计算机系统中的基本输入输出程序、系统信息设置、硬件自检测程序和系统启动自举程序，为计算机提供最底层、最直接的硬件控制以及计算机的初始操作。

(1)　加电自检。

BIOS 首先检查计算机硬件能否满足运行的条件，由加电自检 POST (Power-On-Self-Test)程序负责对各个硬件设备进行检查，主要检测 CPU、基本内存、ROM、主板、CMOS 存储器、串并口、显示卡、硬盘子系统及键盘等设备，一旦在自检中发现问题，系统将给出提示信息及发出不同含义的蜂鸣警告，启动中止。如果没有问题，屏幕则会显示出

CPU、内存、硬盘等信息。

(2) 启动自举程序。

硬件自检完成后，BIOS 就按照系统 CMOS 设置中保存的启动顺序搜寻本地硬盘、光盘、U 盘、移动硬盘、网络服务器等设备，并根据启动设备读取操作系统引导记录，最后将系统控制权交给引导记录。

CMOS(Complementary Metal Oxide Semiconductor，互补金属氧化物半导体)是主板上一块可读写的 RAM 芯片，保存系统当前的硬件配置信息和用户的设定参数。CMOS 使用外接电池供电，以保证其存储内容断电后不丢失。CMOS 设置指的是通过 BIOS 设置中的“标准 CMOS 设置”调试 CMOS 参数的过程。现代微型机将 CMOS 设置程序做到了 BIOS 芯片中，在开机时通过按下某个特定键就可进入 CMOS 设置程序。

2. 读取主引导记录

BIOS 按照启动顺序，将系统控制权交给启动顺序设置中的第一个存储设备(如硬盘启动)，读取位于硬盘的 0 磁道 0 柱面第 1 个扇区的主引导记录 MBR(Master Boot Record)。MBR 是一段可执行程序，由不同操作系统写入不同的代码，其主要作用是检查磁盘分区表是否正确并确定硬盘的哪个分区为引导分区。因为硬盘可以有几个分区，每个分区可能安装不同的操作系统，所以主引导记录要知道将哪个分区的操作系统启动程序调入内存执行。

3. 启动硬盘

计算机的控制权转交给硬盘的第一个分区。在 Windows 操作系统中，引导分区会被主板和操作系统认定为第一个逻辑磁盘(驱动器 C: 或本地磁盘 C:)。MBR 引导程序加载并启动硬盘分区引导记录 PBR(Partition Boot Record)，其主要作用是告诉计算机，操作系统在这个分区中的位置，PBR 中的引导程序加载并启动安装在其上的操作系统，计算机系统开始加载操作系统了。

4. 加载操作系统

计算机的控制权转交给操作系统后，操作系统的内核首先被载入内存，之后硬件、服务、桌面等信息载入，当所有操作加载完成后，Windows 的图形界面就可以显示出来了。最后用户登录 Winlogon.exe 进程将启动本地安全性授权子系统，此时就可以登录系统了。

注：如果计算机中安装了多个 Windows 操作系统，所有的记录都会被保存在系统盘根目录下一个名为 boot.ini(系统启动引导程序)的文件中。NTLDR (NT Loader，系统加载程序)是一个具有隐藏和只读属性的系统文件，它的主要职责是解析 boot.ini 文件，在完成初始化工作后就会读取 boot.ini 文件，并根据其中的内容判断计算机上安装了几个 Windows 系统以及分别在硬盘的第几个分区上。NTLDR 会根据文件中的记录显示多个操作系统的选择界面，并默认持续 30 秒。如果用户没有选择，那么 30 秒后，NTLDR 将自动引导默认的系统启动，至此操作系统选择这一步完成。

3.3.3 系统设置

1. Windows 10 设置中心

Windows 10 增加了设置中心，将之前控制面板中的系统设置和管理的主要工具移到这里，同时传统的控制面板依然保留在系统中，用户可以自行选择启用哪种方式。

设置中心窗口界面清晰简洁，菜单布局合理，统一的蓝色图标、黑色文字，体现了现代化的设置风格。在【开始】菜单中选择【设置】命令，可以看到一个非常清新整洁的 Windows 10 设置中心，如图 3-11 所示。

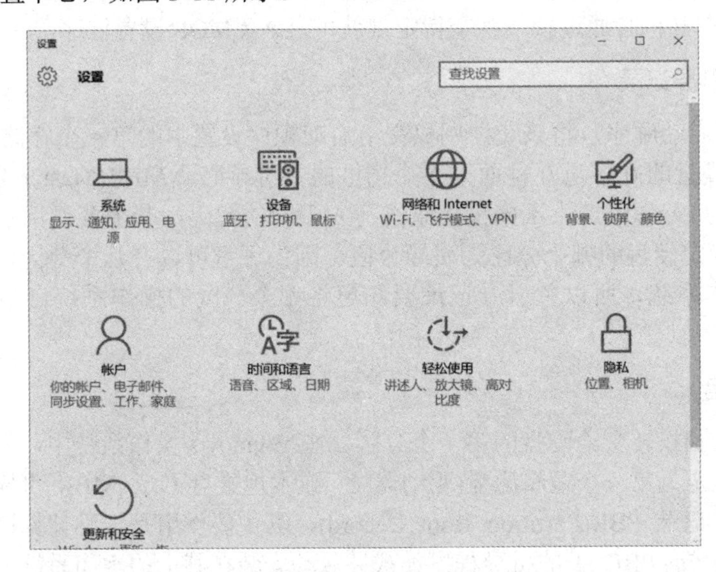

图 3-11　Windows 10 设置中心

2. 查看系统配置和基本信息

在【开始】菜单中选择【设置】命令，在打开的【设置】窗口中单击【系统】图标，可以查看计算机的基本信息，如图 3-12 所示。继续选择左边栏的【设备管理器】选项，还可以看到 CPU、显卡、声卡、网卡等设备的配置信息。

3. 用户管理

Windows 操作系统属于多用户的操作系统，即同一台机器可以为多个用户建立账户，系统根据不同用户权限分配资源，用户在所分配的资源内各自进行操作，彼此间不受影响。

Windows 10 中的用户主要有：

(1) 本地账户。操作系统的一般用户，拥有对系统使用的绝大多数权限。账户配置信息保存在本地机中。

(2) Administrator 管理员账户。超级管理员账户，拥有最高权限。

(3) 微软账户。创建一个微软账户，即通过一个邮件地址和密码，就可以登录所有的 Microsoft 网站和使用各种服务了，如使用云存储空间、购买和下载安装 Windows 10 应用

商店中的软件。

图 3-12　查看计算机基本信息

Windows 10 默认 Administrator 账户是禁用的，可以通过如下设置开启。

右击【此电脑】图标，在弹出的快捷菜单中选择【管理】命令，打开【计算机管理】窗口，选择左侧的【本地用户和组】中的【用户】，在右侧的 Administrator 名称上右击，在弹出的快捷菜单中选择【属性】命令，打开【Administrator 属性】对话框，取消选中【账户已禁用】复选框，如图 3-13 所示。注销或重启计算机后设置生效。

图 3-13　【Administrator 属性】对话框

本地账户、微软账户之间可以相互切换。通过选择【控制面板】中的【用户账户】选项，进入【用户账户】窗口，可以修改当前账户名称、类型，也可以修改成其他账户登录。具体设置如图 3-14 所示。

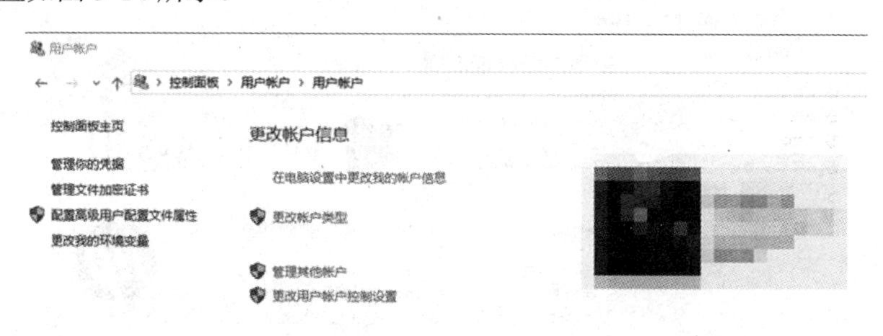

图 3-14 【用户账户】窗口

注：传统的【控制面板】功能依然保留在 Windows 10 系统中。右击【开始】菜单按钮，在弹出的快捷菜单中选择【控制面板】命令，可以看到之前我们较熟悉的控制面板。

4. 设置桌面的外观属性

桌面个性化设置可以修改桌面背景、主题，设置屏幕保护等桌面效果。

在【开始】菜单中选择【设置】命令，在打开的【设置】窗口中单击【个性化】图标，打开【个性化】设置窗口，如图 3-15 所示。

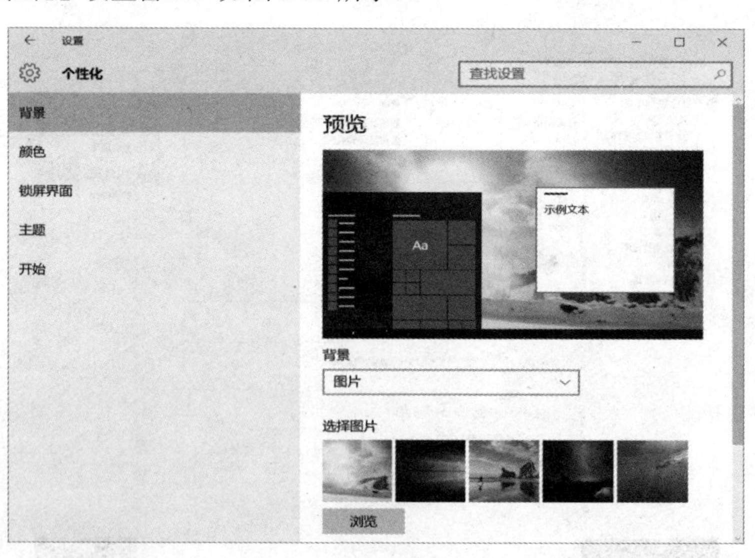

图 3-15 桌面个性化设置

选择【背景】选项设置桌面背景，桌面背景可以使用自定义图片、纯色以及图片的填充方式。

选择【主题】选项设置自己想要的主题风格。

选择【锁屏界面】选项设置屏幕保护程序。在屏幕保护程序设置窗口，可以从屏幕保护下拉列表中选择自己喜欢的一种屏幕保护效果，设置屏幕保护打开的时间等。

5. 设置或更改系统的日期、时间和数字格式

在【开始】菜单中选择【设置】命令，在打开的【设置】窗口中，单击【时间和语言】图标，在【时间和语言】的设置界面中，选择【区域和语言】选项，在右侧【相关设置】下选择【其他的日期、时间和区域设置】选项，在【时钟、语言和区域】页面，单击【更改日期、时间和数字格式】链接，打开【区域】对话框，单击【其他设置】按钮，打开【自定义格式】对话框，在此，可以设置或更改系统数字格式、货币格式、时间和日期格式，如图 3-16 所示。

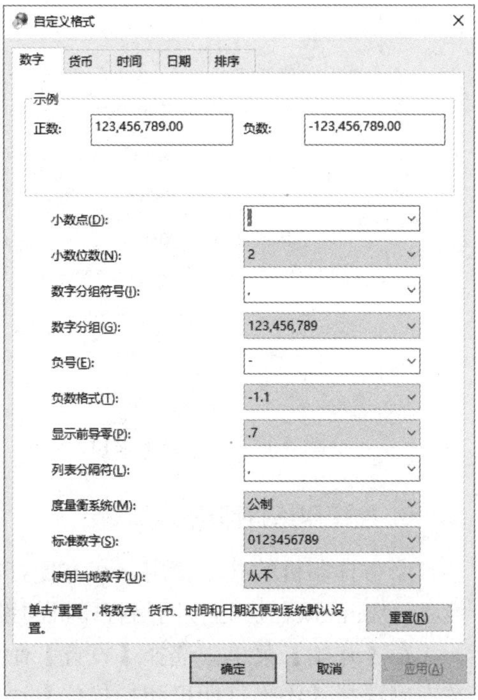

图 3-16　【自定义格式】对话框

例如：设置小数位数为 2 位，货币符号为$，系统的长时间格式为“tt hh:mm:ss”，短日期格式为“yyyy-MM-dd”，分别打开不同的选项卡，按要求进行相应设置。

6. 添加新字体

Windows 系统自带的字体有限，如果想使用个性化字体，需要在系统中安装新字体。

方法 1：右击新字体文件，在弹出的快捷菜单中选择【安装】命令，系统立即安装新字体。

方法 2：如果一次需要安装多种字体，则选中所要添加的所有字体文件，右击，在弹出的快捷菜单中选择【复制】命令；打开系统字体文件夹，默认是 C:\Windows\Fonts。在 Fonts 文件夹中，执行【粘贴】命令后，多种字体就安装完成，如图 3-17 所示。

添加新字体后，在文档处理软件中就可以使用这些字体了。

7. 添加和管理硬件

设备管理器是管理计算机硬件设备的工具，借助设备管理器可以查看硬件设备状态、更改设备属性、检查或更新设备驱动程序。

在【开始】菜单中选择【设置】命令，在打开的【设置】窗口中单击【系统】图标，在打开的系统设置界面中选择左侧的【关于】选项，再选择右侧的【设备管理器】选项，打开【设备管理器】窗口，如图 3-18 所示。可以看到当前的设备，通过单击左侧箭头，进行展开操作，查看设备的具体信息。如果某个设备前有黄色的感叹号，说明该设备的驱动程序没有安装好，单击鼠标右键可以更新驱动程序。

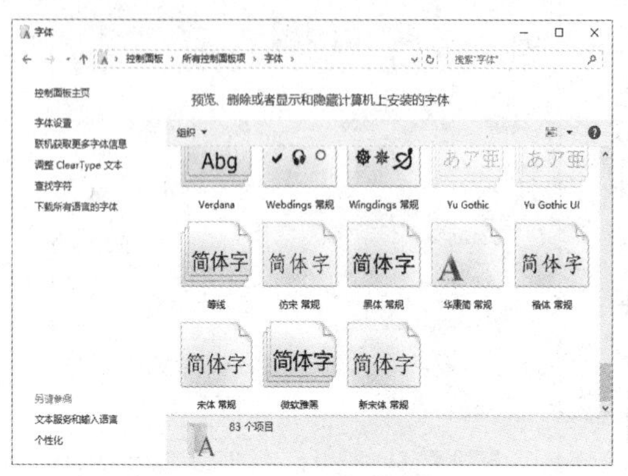

图 3-17 【字体】窗口

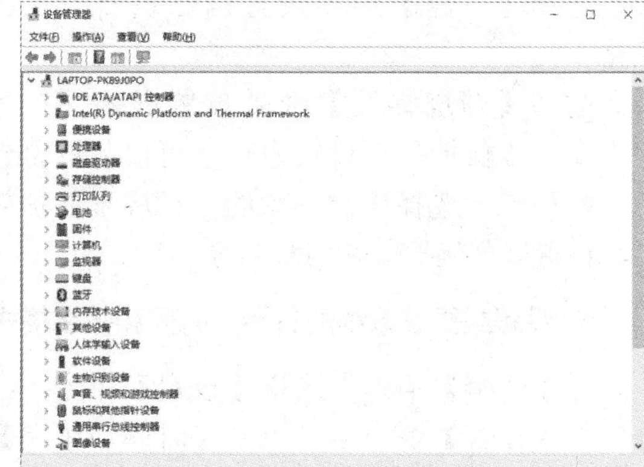

图 3-18 【设备管理器】窗口

8. 连接网络打印机

网络打印机的共享使用，在方便打印的同时，也节约了成本，是现代办公必不可少的设备。Windows 10 连接网络打印机的设置方法如下。

在【开始】菜单中选择【设置】命令，在打开的【设置】窗口中单击【设备】图标，在右侧选择【添加打印机和扫描仪】选项，此时搜索可使用的打印机。通常网络打印机是搜索不到的，建议直接单击【我需要的打印机不在列表中】按钮自行添加，打开图 3-19 所示的窗口。

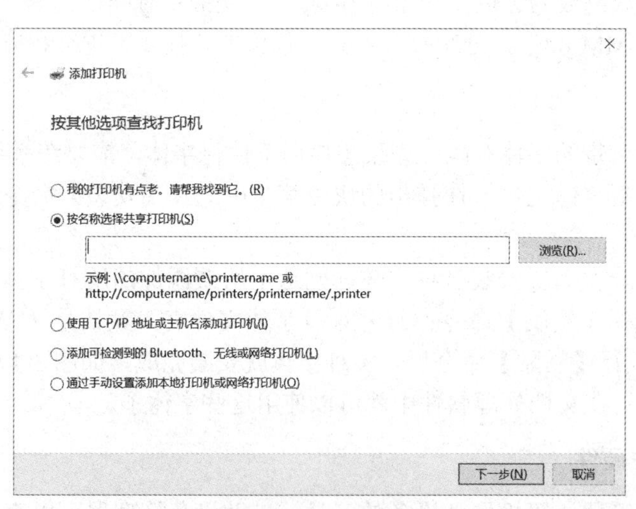

图 3-19 【添加打印机】窗口

选中【按名称选择共享打印机】单选按钮，并单击【浏览】按钮，在打开的新窗口中，直接输入管理打印的计算机的 IP 地址，如“\10.20.156.53”，此时出现共享打印机列表，选中需要的打印机，单击【选择】按钮，正常情况下，系统自动添加打印机。打印机安装成功后，在设备和打印机窗口就可以看到安装的打印机了。

注：在安装网络打印机前，我们需要知道局域网中管理打印服务的这台计算机的 IP 地址及共享打印机名称和型号。

9. 优化系统性能

系统优化主要清理 Windows 临时文件，释放硬盘空间；可以清理注册表里的垃圾文件，减少系统错误的发生；还可以阻止一些程序自动执行，提高系统运行速度等。简单的系统优化通过属性设置完成，全面的优化需要借助第三方工具如 Windows 优化大师、超级兔子、360 安全卫士等完成。

(1) 减少开机项目：按快捷键(Windows 图标键+R)打开【运行】对话框，输入 msconfig 命令后，弹出【系统配置】窗口，选择【启动】选项卡，打开【任务管理器】以管理启动项目，通过设置禁用，如图 3-20 所示，将开机后不需要自动启动的项目关闭，以加速开机速度。

图 3-20　在【任务管理器】中设置启动项

(2) 定期清空系统缓存：在 C:\Windows\Temp 文件夹中，存放着系统临时文件，扩展名为.tmp。这些文件是用户在使用办公软件和应用程序时系统临时保存的工作结果，可以定期删除，以便释放系统缓存空间。

(3) 磁盘清理：清理磁盘中的垃圾文件，具体操作见 3.3.6 节。

3.3.4　文件管理

文件是计算机中存储信息的基本单位。创建文件需要三个基本要素：存放位置、文件名、扩展名。对文件的操作主要有：创建、打开、选取、复制、移动、删除、搜索文件、设置文件查看方式、建立关联等。

1. 文件属性

一个文件包括两部分内容：一是文件所包含的数据，称为文件数据；二是关于文件本身的说明信息，称为文件属性。查看文件属性的基本方法如下。

方法 1：右击选中的文件，在打开的快捷菜单中选择【属性】命令。

方法 2：选中文件后按组合键 Alt+Enter，可快速打开文件属性对话框，如图 3-21 所示。在文件属性对话框，可以查看文件的详细信息：文件位置、文件类型、打开方式、文件大小、建立时间、修改时间和访问时间等，还可以保护文件，设置文件为只读属性或隐藏属性。

2. 设置文件查看方式

Windows 操作系统从 Windows 7 开始默认不显示文件类型，有时我们需要显示文件扩展名，设置方法如下。

方法 1：在【文件资源管理器】窗口，单击【查看】选项卡中的【选项】按钮，打开【文件夹选项】对话框，切换到【查看】选项卡，在【高级设置】列表框中取消选中【隐藏已知文件类型的扩展名】复选框，如图 3-22 所示。单击【应用】和【确定】按钮后，即可看到文件的扩展名。

图 3-21 文件属性对话框

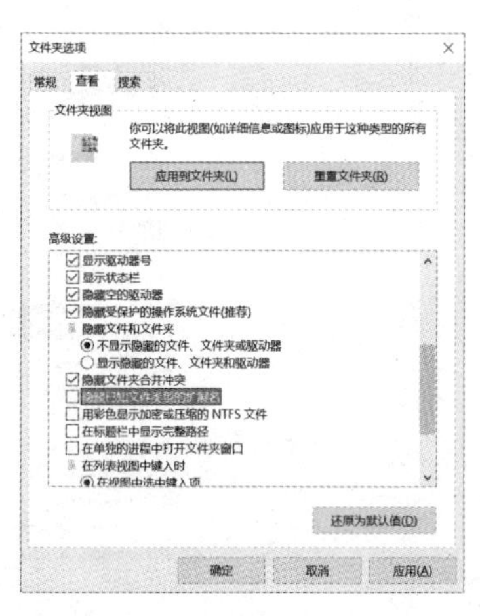

图 3-22 【文件夹选项】对话框

方法 2：双击【此电脑】图标，在打开的窗口中选择【查看】选项卡，在【显示/隐藏】选项组中，选中【文件扩展名】复选框，即可快速显示文件扩展名，如图 3-23 所示。

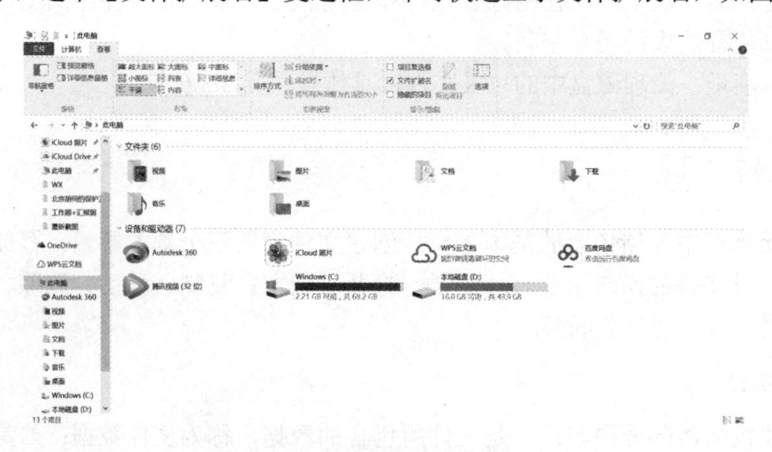

图 3-23 快速设置文件查看方式

3. 搜索文件

在计算机中查找文件，在确定文件名的情况下，只要输入完整的文件名即可找到文件。如果不确定文件位置、名称或扩展名，就要设置搜索条件进行模糊查找了。在设置搜索条件时，文件名中可以使用两个特殊的通配符“?”与“*”。

- ? 表示在该位置可以是一个任意合法字符。
- * 表示在该位置可以是若干个任意合法字符。

通配符?和*可以出现在主文件名或扩展名中。例如：“*.*”表示磁盘上的所有文件。设置文件搜索条件的方法：鼠标单击搜索框，输入搜索条件，如要查找扩展名为.docx 的文档文件，搜索框设置为“*.docx”，查找到的结果如图 3-24 所示。

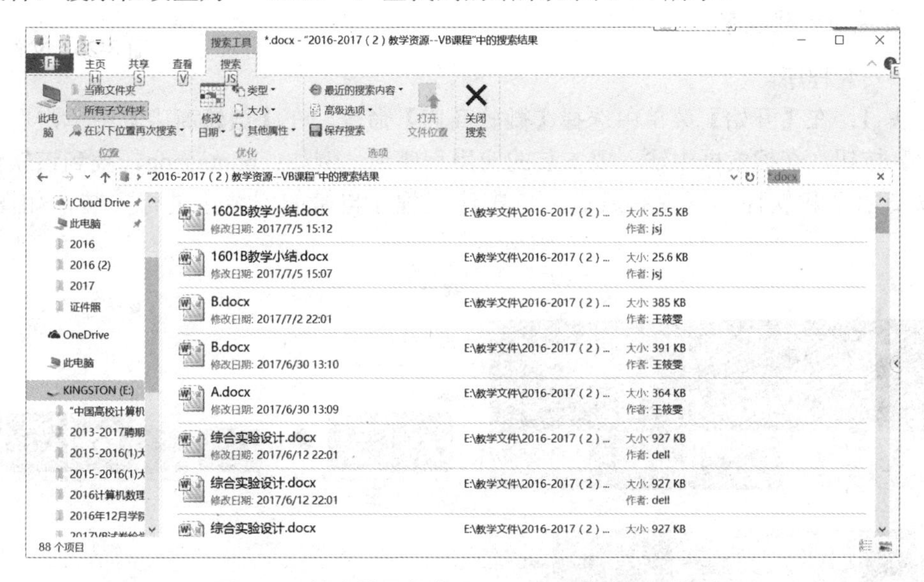

图 3-24　搜索扩展名为“.docx”文件的显示结果

在鼠标单击搜索框时，出现【搜索工具】选项卡，用户可以按照文件类型、大小、修改日期、子文件夹等不同形式设置搜索条件，如图 3-25 所示。

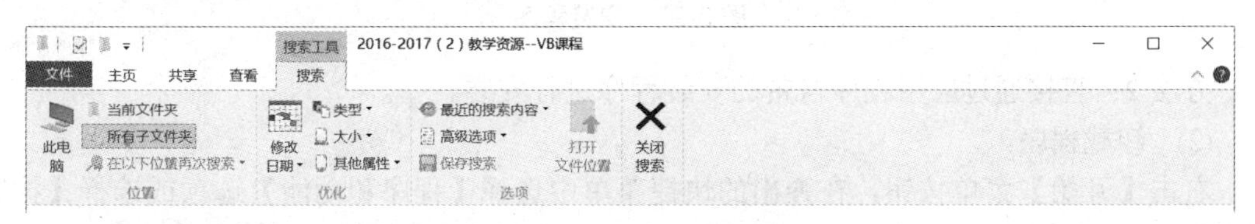

图 3-25　【搜索工具】选项卡

4. 文件关联

文件关联是指系统将某种类型的文件自动关联到一个可以打开它的应用程序。大部分应用程序在安装过程中，自动与某些类型文件建立关联。例如，“.docx”文件默认情况下自动和 Microsoft Word 应用程序关联。当用户双击.docx 文件时，系统会自动用 Microsoft Word 打开它。可以通过打开方式修改文件的关联方式。设置方法如下。

右击需要修改的文件，在弹出的快捷菜单中选择【打开方式】命令，在打开的对话框中选择另一个程序，如图 3-26 所示。

图 3-26　文件关联

3.3.5　程序管理

计算机中的所有工作都是由一个个程序完成的，程序是以文件的形式存放的，是能够实现某种功能的一类文件，这类文件通常以.exe 为扩展名，称作可执行文件。程序的基本操作主要包括安装、运行、创建快捷方式和卸载等。

1. 安装与卸载程序

(1)　安装程序。

方法 1：在【开始】菜单中选择【微软商店】命令，在【微软商店】中单击右上角的【搜索】按钮，在搜索框中输入要安装的应用程序名，例如：photoshop，找到该软件后，在微软商店下载软件，下载完成后，单击应用程序自带的安装包进行安装，如图 3-27 所示。

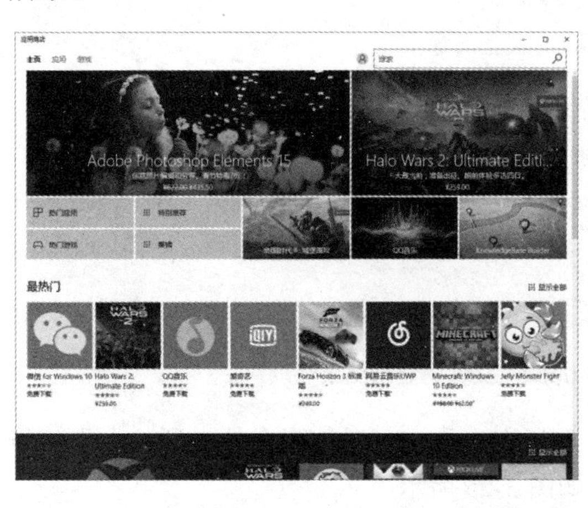

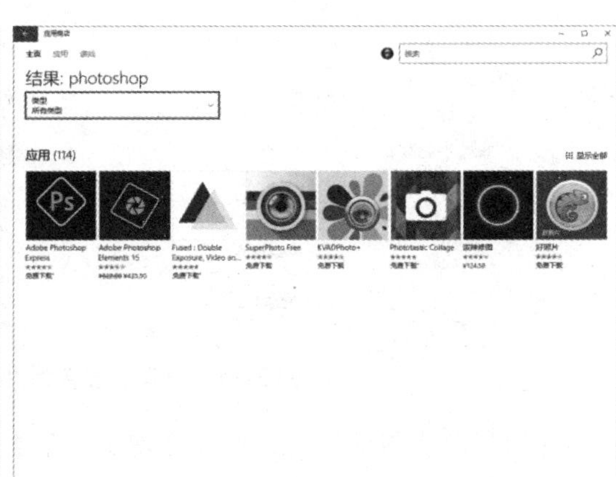

图 3-27　安装程序

方法 2：直接通过应用程序自带的安装程序进行安装。

(2)　卸载程序。

右击【开始】菜单按钮，在弹出的快捷菜单中选择【程序和功能】选项或选择【控制面板】命令，在打开的【控制面板】窗口中单击【程序】图标，在【程序】窗口中选择【程序和功能】选项，打开图 3-28 所示的窗口。

选择要卸载的应用程序，例如“2345 看图王”，右击弹出快捷菜单，选择【卸载】命令，打开对话框，如图 3-29 所示。单击【开始卸载】按钮，即可卸载该程序。

2. 建立快捷方式

快捷方式是 Windows 提供的一种快速运行程序、打开文件或文件夹的方法。快捷方式一般放置在桌面上、【开始】菜单和任务栏上的【快速启动】区中，方便用户快速地打开

所需要的程序或文件。

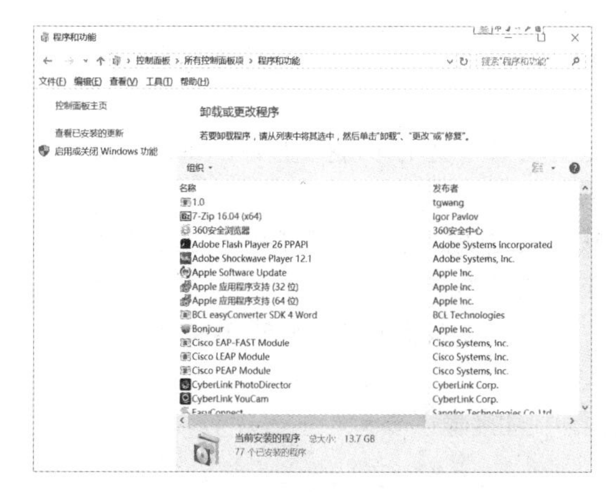

图 3-28 【程序和功能】窗口

图 3-29 卸载程序

快捷方式是与程序、文件或 Windows 中的任何一个对象建立的一个快速链接，其扩展名为.lnk。当删除快捷方式时，原程序、文件或对象依然保留在原位置。下面以在桌面上建立一个 OFFICE 文件夹，在其中建立 Word、PowerPoint、Excel 三个应用程序的快捷方式为例，说明建立快捷方式的方法。

方法 1：打开【开始】菜单，在 Microsoft Word 2010 命令上右击，在弹出的快捷菜单中选择【更多】→【打开文件位置】命令，出现如图 3-30 所示的界面。

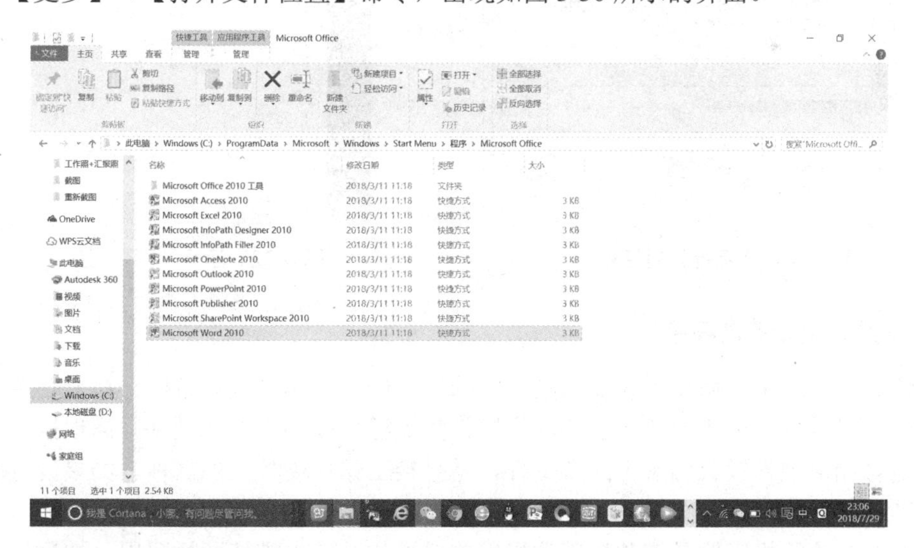

图 3-30 文件位置

在 Microsoft Word 2010 文件上右击，在弹出的快捷菜单中选择【发送到】→【桌面快捷方式】命令，即可在桌面上创建 Microsoft Word 2010 程序的快捷方式图标。同理，在桌面上建立 Microsoft Excel 2010、Microsoft PowerPoint 2010 的快捷方式，最后将三个快捷方式拖放至 OFFICE 文件夹中。

方法 2：在桌面上打开 OFFICE 文件夹，单击【开始】菜单按钮，分别将 Microsoft

Word 2010、Microsoft Excel 2010、Microsoft PowerPoint 2010 直接拖曳至 OFFICE 文件夹中。

3. 运行程序

运行程序就是打开一个相应的窗口，在这个窗口中进行功能设置，从而完成各项工作。运行程序的方法如下。

方法 1：在桌面上建立应用程序的快捷方式，通过快捷方式快速打开某个应用程序。

方法 2：在【开始】菜单按钮上右击，在弹出的快捷菜单中选择【运行】命令，在【运行】对话框中输入要运行的程序名，例如：输入“calc.exe”，如图 3-31 所示，则打开计算器程序。

方法 3：单击【开始】菜单按钮，在搜索框中直接输入要运行的程序名，单击即可打开该程序，如图 3-32 所示。

图 3-31 【运行】对话框

图 3-32 运行计算器程序

4. 安装、更新驱动程序

在计算机系统中，操作系统要识别、控制某个硬件工作，例如主板、显卡、声卡、网卡、打印机等设备，就需要相应的驱动程序作为支撑。驱动程序是硬件厂商根据操作系统编写的包含相关硬件设备信息的配置文件，是直接工作在硬件上的软件。如果没有驱动程序的驱动，硬件就无法工作。操作系统不同、硬件设备不同，驱动程序也就不同。

新购买的计算机一般是安装好驱动程序的，操作系统也支持即插即用。如果用户想了解硬件设备的运行情况，可打开如图 3-18 所示的【设备管理器】窗口查看和更改设备属性、更新设备驱动程序等。在设备属性对话框中，切换到【驱动程序】选项卡，可以看到设备的驱动信息、版本、新日期等信息。如果某个设备前有黄色的感叹号，说明该设备的驱动程序没有安装好，需要重新安装。方法如下。

方法 1：这是原始安装驱动程序的方法。根据厂商提供的系统盘、驱动程序盘或硬件设备型号，下载相应的驱动程序，找到安装程序“Setup.exe”可执行文件，按照提示信息

完成安装。

方法 2：使用驱动管理类软件安装。网上搜索并下载安装“驱动精灵”或“驱动人生”，运行该软件后，会自动对硬件设备进行扫描、确定设备的型号并对驱动程序进行检测，如果有硬件驱动问题，会有提示信息，根据提示，更新设备的驱动程序即可。

方法 3：更新驱动程序。在【设备管理器】窗口找到相关的硬件设备，右击选择【更新】命令，根据厂商提供的系统盘、驱动程序盘或硬件设备型号，下载相应的驱动程序，之后按照提示信息完成更新。

5. 任务管理器的使用

任务管理器的主要作用是可以查看当前系统 CPU、内存、磁盘和网络的使用情况；当系统出现“死机”现象时，可以利用任务管理器终止未响应的应用程序。打开任务管理器的方法如下。

方法 1：在任务栏上右击，在弹出的快捷菜单中选择【任务管理器】命令，打开与如图 3-33 所示类似的界面。

方法 2：在【开始】菜单上右击，在弹出的快捷菜单中选择【任务管理器】命令。

方法 3：按 Ctrl +Alt +Delete 组合键，打开【任务管理器】窗口。

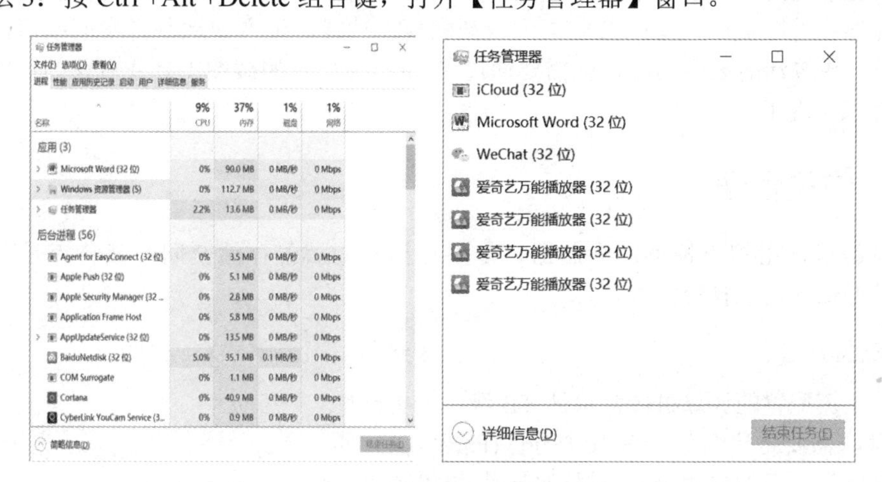

图 3-33　任务管理器

任务管理器的主要功能如下。

- 【进程】选项卡：可以切换或关闭要结束的程序；了解后台进程运行情况。
- 【性能】选项卡：以实时动态变化的图形形式显示 CPU、内存、磁盘和网络的使用情况，也可以查看其他有用的系统信息。
- 【启动】选项卡：通过启动管理器可以看到系统在启动后自动运行什么程序，也可以禁用某些启动项。

6. 剪贴板

在使用计算机的过程中，几乎人人都会使用剪切或复制、粘贴功能，轻松地实现不同应用程序间的数据交换与传递，这项功能就是借助内置在 Windows 中的剪贴板实现的。

剪贴板(Clipboard)是一个非常有用的工具，它占据一块内存空间，用来临时存放数据。当用户从某个程序剪切或复制数据时，该数据会被移动到剪贴板并保留在其中，当粘贴到另一个应用程序时，该数据从剪贴板中取出到目标位置。借助剪贴板这块内存空间，实现了应用程序之间数据的交互。剪贴板可以存放各种类型的数据(字符、表格、图形、图像、声音等)，且实现剪切或复制一次、粘贴多次的功能。不足的是剪贴板中只能保留一份数据，每当新的数据送入，旧数据便会被覆盖。

(1) 使用剪贴板实现不同应用程序之间数据传递。

在数据源的位置选择要剪切或复制的数据(在窗口菜单中，选择【剪切】或【复制】命令；或直接使用快捷键 Ctrl+X、Ctrl+C，分别代表剪切或复制)，打开目标文件，定位插入点位置后，选择粘贴(在窗口菜单中，选择【粘贴】命令；或直接使用快捷键 Ctrl+V，代表粘贴)，完成一次数据传递。

(2) 使用剪贴板实现屏幕或窗口截图。

Windows 系统提供截取全屏或当前窗口的快捷键。按键盘上的 Print Screen 或 Prt sc/Sys Rq 键，当前整个桌面上显示的内容就会被截取下来并保存在剪贴板中，之后剪贴板中的内容可以粘贴到“画图”或 Photoshop 之类的图像处理软件中进行后期的处理，也可粘贴到文字处理软件中进行图文混排。

按住键盘上的 Alt 键，再按 Print Screen 键，当前桌面上活动窗口中的内容就会被截取下来并保存在剪贴板中。借助截取桌面或截取窗口功能，可方便地获得桌面或窗口中的信息。当然，更灵活的截图功能，就需要通过 Windows 自带的截图工具或专业的抓图软件，如 SnagIt 来实现了。

3.3.6 磁盘管理

磁盘是最常用的一种辅助存储器，是主存储器的后备存储空间。其特点是存储容量大、可长期保存信息且价格低。

1. 磁盘分区

目前主流配置的计算机硬盘可达 TB 级，为更好地管理磁盘，需要将磁盘划分为几个分区(Partition)。通常一块磁盘最多可划分 4 个主分区(如果是 GPT 磁盘，一种新型磁盘模式，其主分区数量不受 4 个的限制，且支持大于 2TB 的总容量及大于 2TB 的分区)，或者是 3 个主分区加上 1 个扩展分区。

(1) 查看磁盘分区模式。

右击【此电脑】图标，在弹出的快捷菜单中选择【管理】命令，打开【计算机管理】窗口，在左侧的窗格中选择【存储】下的【磁盘管理】选项，在对应的明细窗格中右击【磁盘 0】图标，在弹出的快捷菜单中选择【属性】命令，在打开的磁盘 0 属性对话框中切换到【卷】选项卡，此时可以看到磁盘分区形式为 GPT 模式，如图 3-34 所示。

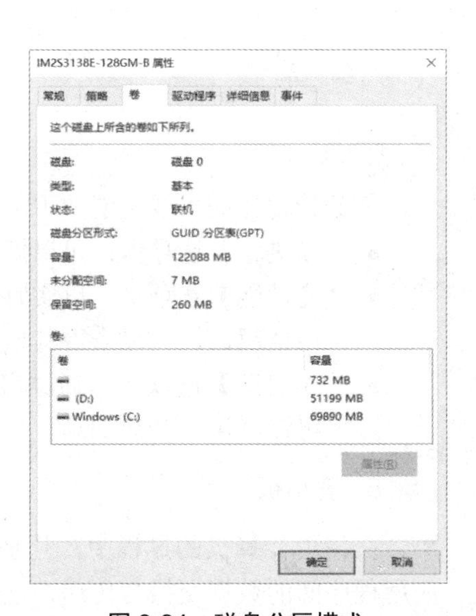

图 3-34　磁盘分区模式

注：随着硬磁盘容量越来越大，传统的 MBR 分区已经不能满足用户需求，因为 MBR 分区最多只能识别 2TB 的空间，最多只能支持 4 个主分区或 3 个主分区+1 个扩展分区。而 GPT 分区表则能够识别 2TB 以上的硬盘空间，在 Windows 系统中可以支持 128 个主分区。

(2)　磁盘分区的方法。

磁盘分区由主分区、扩展分区和逻辑分区组成。在一块新磁盘上建立分区时，一般遵循以下顺序：建立主分区→建立扩展分区→建立逻辑分区→激活主分区→格式化分区。

主分区也称引导分区，是可以引导系统启动后能自动读取文件的一个磁盘分区，Windows 操作系统一般安装在主分区中，用盘符 C 表示。主分区之外，剩余的磁盘空间就是扩展分区了。

扩展分区是为了解决主分区数量限制而产生的，在扩展分区中可以继续进行切割划分成多个逻辑分区。

逻辑分区是建立在扩展分区中的二级分区，一个逻辑分区对应于一个逻辑驱动器，如盘符 D、E、F……。

建立磁盘分区最方便的方法是使用 Windows 自带分区管理软件。方法为右击【此电脑】图标，在弹出的快捷菜单中选择【管理】命令，在打开的【计算机管理】窗口，选择【存储】下的【磁盘管理】选项，在对应的明细窗格中右击要压缩的磁盘(例如：D 盘)，在弹出的快捷菜单中选择【压缩卷】命令，在【输入压缩空间量(MB)】微调框中填写要压缩出的空间量(见图 3-35)，压缩后会发现多出一块未分区磁盘(绿色分区)，右击该磁盘图标，在弹出的快捷菜单中选择【新建分区】命令，打开【新建简单卷】向导窗口，按向导提示填写要新建磁盘的大小、选择驱动器磁盘编号、选择文件系统格式、是否执行快速格式化等，操作完成后，创建磁盘分区的操作就完成了，如图 3-35 所示。

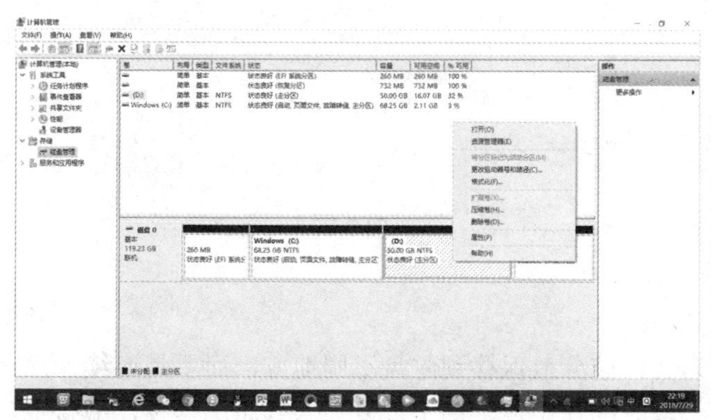

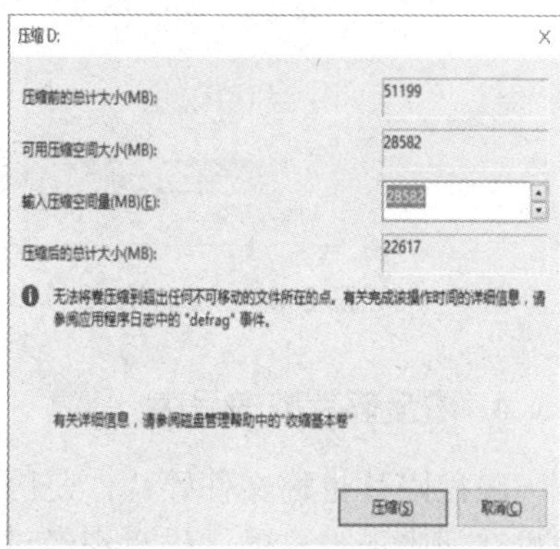

图 3-35　压缩磁盘

2. 磁盘格式化

磁盘格式化(Format)主要功能是划分磁道和扇区；检查整个磁盘上有无带缺陷的磁道，对坏磁道加注标记；建立目录区和文件分配表，为计算机存储、读取数据做好准备。如果要将一个磁盘上的文件全部删除，最快、最彻底的方法就是使用磁盘格式化操作。

磁盘格式化主要针对硬盘、U 盘、各种储存卡等存储设备。方法如下。

双击桌面【此电脑】图标，在打开的窗口中找到想要格式化的磁盘并右击，在弹出的快捷菜单中选择【格式化】命令，打开如图 3-36 所示的对话框。

在【格式化】对话框可进行容量大小、文件系统、分配单元大小、卷标等设置，也可采用默认设置。如果是已使用过的磁盘，可选择【快速格式化】(删除磁盘上原有的文件分配表和根目录，不检测坏磁道，不进行数据备份)；如果是新磁盘，要进行正常格式化。设置完成后，单击【开始】按钮即可对磁盘进行格式化。

3. 磁盘清理程序

磁盘清理是清理磁盘中的垃圾文件，如清空回收站、删除一些临时文件等，经过磁盘清理后，可以释放部分磁盘空间。

使用系统自带的磁盘清理工具可完成磁盘清理工作。

双击桌面【此电脑】图标，在打开的窗口中选择要进行清理的磁盘并右击，在弹出的快捷菜单中选择【属性】命令，在属性界面单击【磁盘清理】按钮，选择要进行清理的系统垃圾，如图 3-37 所示，单击【确定】按钮进行磁盘清理。

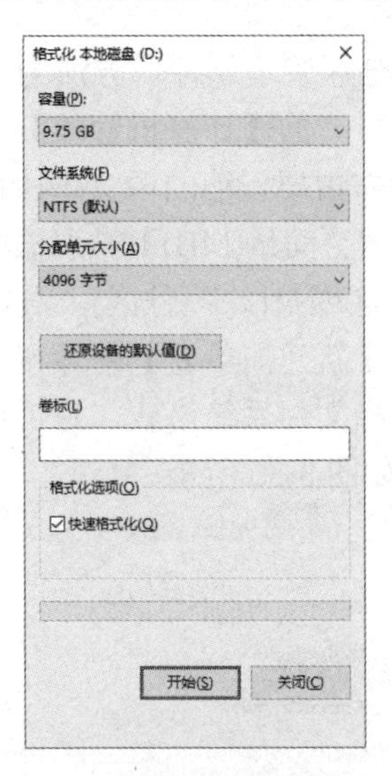

图 3-36　磁盘格式化

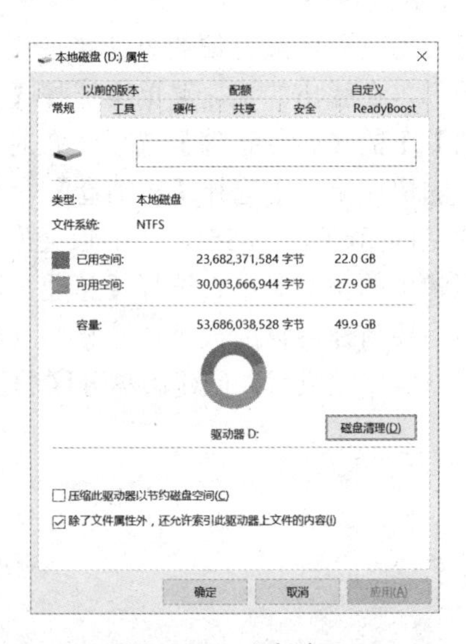

图 3-37　磁盘清理

4. 磁盘碎片整理程序

磁盘碎片也称文件碎片，是因为文件被分散保存到磁盘不同地方，而不是连续保存在磁盘空间中所形成的。磁盘在经过一段时间使用后，由于反复写入或删除文件，磁盘中会产生一些不连续的空闲扇区，从而使文件不能保存在连续的扇区中，降低了磁盘的访问速度。

使用系统自带的磁盘碎片整理工具可完成磁盘碎片整理。

双击桌面【此电脑】图标，在打开的窗口中单击要进行碎片整理的磁盘，在窗口上方出现【驱动器工具】选项卡，选择【管理】选项组中的【优化】选项，打开【优化驱动器】对话框。图 3-38 所示为【驱动器工具】选项卡。

图 3-38　【驱动器工具】选项卡

在图 3-39 所示的【优化驱动器】对话框中，可对磁盘先进行分析，即对磁盘的全部碎片进行查找，根据系统检查出来的磁盘碎片数，决定哪个盘需要进行碎片整理。分析完成后，单击【优化】按钮完成磁盘碎片整理工作。

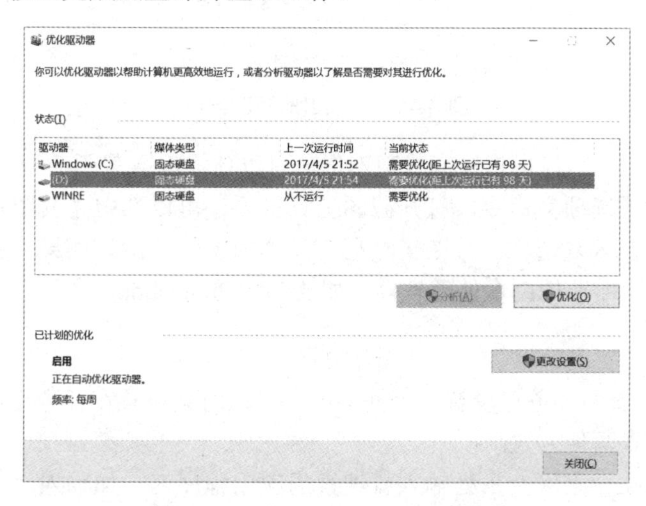

图 3-39　【优化驱动器】对话框

3.3.7　常用小工具

从最早的 Windows 1.0 到现在的 Windows 10，系统内置了一些实用方便的小工具，有我们熟悉的画图、记事本、计算器、IE 浏览器等，这些小工具功能简单，免去了安装第三方软件的不便，基本能满足用户的工作需求。这里，再介绍几款 Windows 10 自带的、实用的、有趣的工具。

1. 截图工具

在使用计算机时，截取屏幕上可视图像是常常会用到的一种功能。Windows 系统自带的截图工具基本能满足各种截图需求，其方法如下。

单击【开始】菜单按钮，在【所有应用】中选择【Windows 附件】→【截图工具】程序，打开【截图工具】窗口，如图 3-40 所示。

选择窗口中的【新建】命令，进入截图模式，系统提供任意格式截图、矩形截图、窗口截图、全屏幕截图等 4 种模式，选择某种模式后，如矩形截图，鼠标指针变成十字形，在要截取的地方画出一个矩形框后，截取的矩形范围自动保存在截图工具面板上，如图 3-41 所示。

图 3-40　【截图工具】窗口

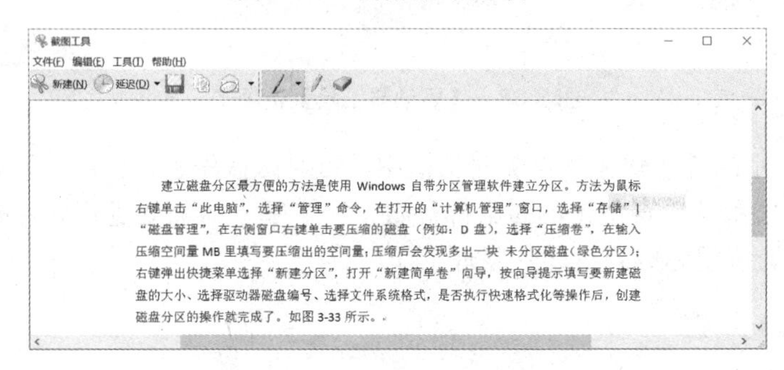

图 3-41　截取出的矩形窗口

选取任意模式截图，鼠标指针变成剪刀形，可以任意剪取截图范围。

选择窗口中的【选项】命令，打开截图工具选项，可以选中【截图复制到剪贴板】、【退出前提示保存】等复选框。截图工具只有简单的编辑功能，如果需更精细处理截取出来的图片，就要使用专业的图像处理软件，如 Adobe Photoshop。

2. 搜索程序

Windows 10 系统的任务栏里有一个搜索框，可以将其设置在任务栏左侧。搜索框支持本地搜索和网络搜索两种方式。

单击搜索框，在搜索区空白处输入要搜索的应用程序名，如输入“paint”，搜索到画图程序，如图 3-42(a)所示，可以直接打开画图工具。搜索应用程序时，需要输入准确的程序名，如 notepad (记事本)、wordpad(写字板)、snipping tool(截图工具)等。输入关键词“百度”，搜索到百度，如图 3-42(b)所示，单击后可以直接跳转到百度页面。

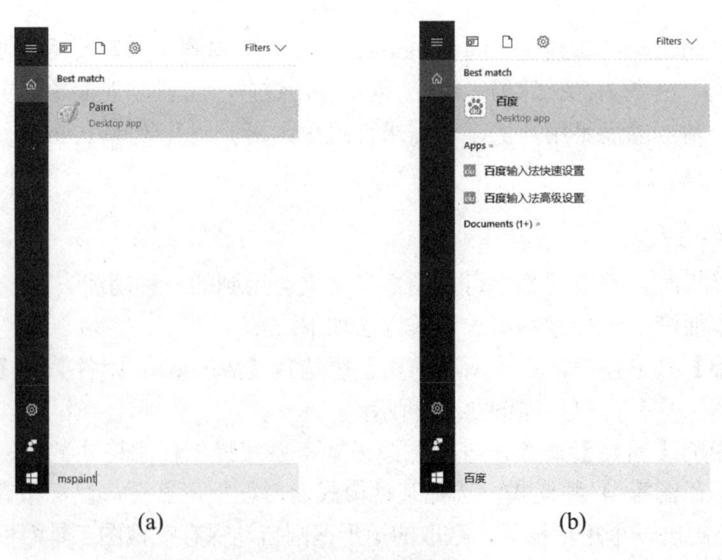

图 3-42　搜索程序

3. 数学输入面板

数学输入面板是 Windows 自带的数学公式输入工具，其最大特点是可以简单、方便地录入数学公式。

单击【开始】菜单按钮，在【所有应用】中选择【Windows 附件】→【数学输入面板】程序，打开数学输入面板界面，如图 3-43 所示。

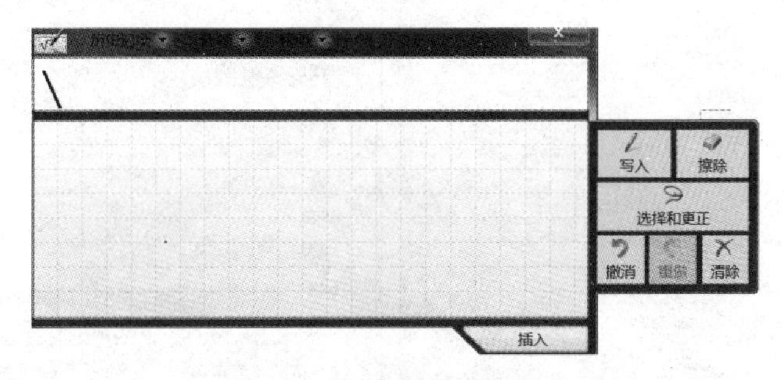

图 3-43　数学输入面板界面

数学输入面板支持手写输入，在画图板上画出公式后，软件会自动识别、自动分析并在上方白色区域内生成相应的公式，如图 3-44 所示。在绘制过程中，软件提供一个简易的工具栏，最上方的【写入】和【擦除】即让用户选定写入状态或擦除状态。在公式编辑好后，打开文字处理软件，激活光标，然后单击数学输入面板右下角的【插入】图标，公式就被插入到相应的光标所在处。

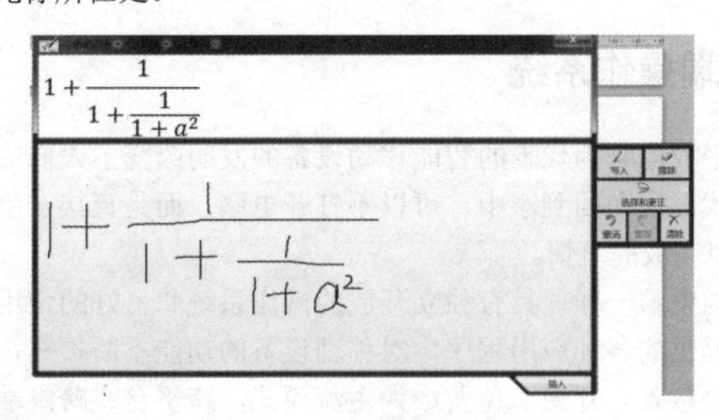

图 3-44　绘制数学公式

4. Windows 日记本

Windows 日记本是一个便笺记录实用程序，通过用户的手写输入方便地创建便笺。通常，记录一些简单的事情，大多使用系统自带的记事本，若要处理图文信息，则需要使用文字处理工具。如果还需要附加手写或手画的内容，则要有支持手写的工具来完成。在使用了 Windows 日记本和一些带有触摸功能的设备后，鼠标指针在它的界面中变成了“手写笔”，可以随意涂改，轻松地完成记录工作。

Windows 日记本中内置了多种模板，从【文件】中的【根据模板新建便笺】里选择速记、月历、音乐等不同模板，可满足用户不同的需求。

保存日记的方式有两种：若使用【另存为】方式保存，则可以保存为默认的 jnt 格式的便签文件(见图 3-45)或 jtp 格式的模板文件；若使用【导出】功能来保存，则可以保存为网页打包文件 mht 或 tif 图片文件。

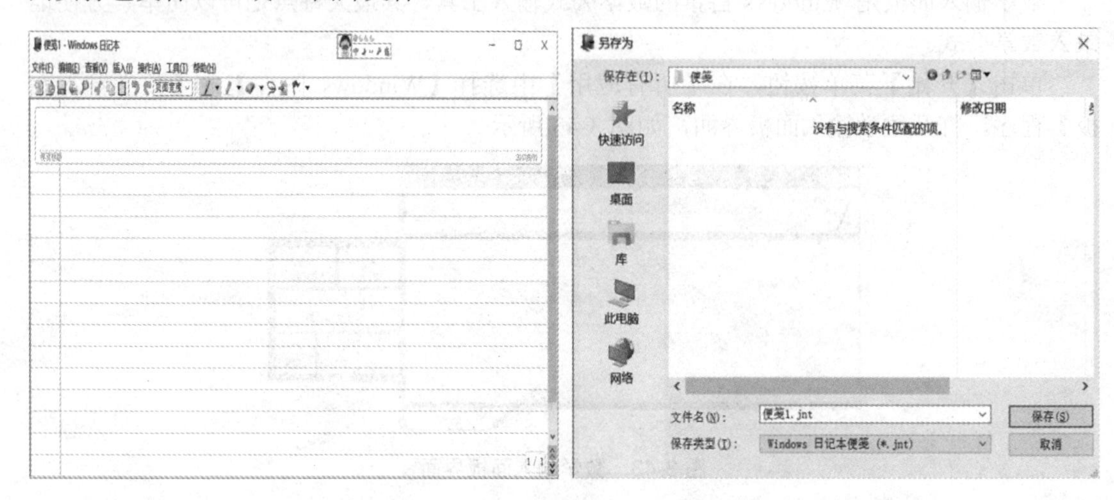

图 3-45　Windows 日记本及其默认保存格式

Windows 附件中提供了许多实用的小工具，可进一步学习。

3.4　移动终端操作系统和云操作系统

3.4.1　移动终端操作系统

以智能手机、平板电脑为代表的智能移动设备的发明改变了人们的生活方式，开创了移动互联网的新时代。现在回到家中，可以不打开电脑，而是直接在手机或平板上完成以前只有用电脑才可以完成的事情。

智能移动设备同电脑一样，具有独立开放的操作系统和良好的使用界面，用户可以安装由第三方服务商提供的各种应用程序，对移动设备的功能不断扩充，并可以通过移动通信网络实现无线网络接入。开源、免费成为主流模式，跨平台、跨终端成为移动操作系统发展的趋势。

移动智能终端操作系统的技术架构主要分为三种，分别是类 Unix 架构、Windows 架构和以 Symbian 为代表的其他架构。常见的智能手机操作系统有 Android、iOS、Windows Phone、Symbian、黑莓等。

1. Android 系统

Android 系统是 Google 开发的基于 Linux 平台的一款开源手机操作系统名称，该平台由操作系统、中间件、用户界面和应用软件组成，具有良好的开放性和可移植性、较强的用户体验、众多的应用程序和丰富的硬件选择及与 Google 应用无缝结合等特点，相较于其他系统保持着绝对领先优势，是目前世界市场占有率第一、使用最广泛的手机操作系统。

2. iOS 系统

iOS 是由苹果公司为 iPhone 开发的操作系统，主要用在 iPhone 和 iPad 上。iOS 具有系统与硬件的整合度高、华丽的用户界面、流畅的操作、较强的数据安全性和众多的应用等特点，也是目前使用最广泛的手机操作系统之一。

3. Windows 10 Mobile 系统

Windows Phone(简称 WP)是微软发布的一款手机操作系统，最新版本为 Windows 10 Mobile。系统底层源代码是基于 Windows 源代码编写的，具有较好的系统优化、低配置高流畅度、桌面定制、图标拖曳、滑动控制等较前卫的操作体验等特点。但由于系统不是开放的源代码，限制了第三方应用软件的开发，这是微软手机操作系统面临的巨大挑战。

3.4.2　云操作系统

无论是个人电脑上的 Windows，还是移动端上的 Android 或 iOS，都难以摆脱本地硬件和软件资源的限制。随着“宽带中国”战略的实施，教育、医疗、电子商务、日常办公、娱乐等诸多行业，都将通过物联网天地互联，云操作系统也就应运而生。

云操作系统，也称云计算中心操作系统或云计算操作系统，是指使用云计算、云存储技术为支撑的操作系统。核心功能是可以管理和驱动海量服务器、存储等基础硬件；可以管理海量的计算任务以及资源分配；为云应用软件提供统一、标准的接口。

云操作系统可以分为两大类：终端型云操作系统和服务端型云操作系统。普通用户接触到的是终端型云操作系统，典型的代表是 Google Chrome OS。其基本理念是操作系统建立在云端，只提供一个 Web 浏览器界面，以浏览器为云计算的入口，通过浏览器，用户使用 Web 应用程序提供的服务。

随着网速的进一步提升，真正云操作系统变为现实。当然，传统的操作系统不会消失，作为设备的管理者更多承担幕后的工作。当我们进入云计算时代，所有的数据、文件、操作记录都可以永久地保存在云操作系统中，我们也不需要下载安装和更新应用程序，只需轻轻一点便能添加应用程序，之后一切自动执行。让我们拭目以待。

3.5　本 章 小 结

本章简述了操作系统基本概念及功能，并以 Windows 10 系统为操作平台，介绍了系统设置、文件管理、程序管理、磁盘管理和常用工具的使用方法。涉及的核心概念有：操作系统、多道程序设计、程序、虚拟存储技术、进程、文件、移动终端操作系统、云操作系统。主要内容如图 3-46 所示。

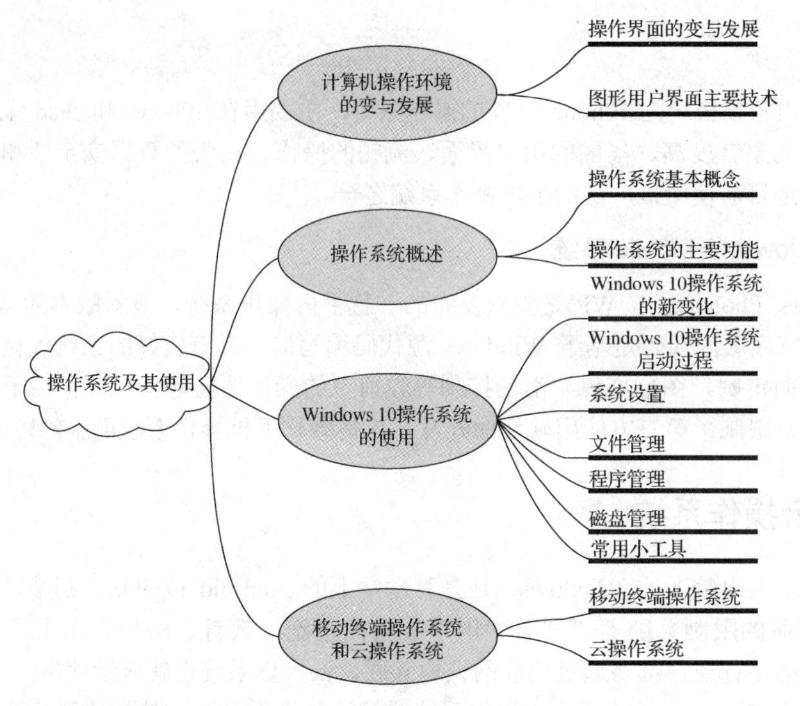

图 3-46　第 3 章内容导图

3.6　习　题

一、问答题

1. 什么是操作系统？其主要功能和基本特征是什么？
2. 列举典型的操作系统并简述其主要特点和应用领域。
3. 什么是多道程序设计？其特点是什么？
4. 举例说明系统软件和应用软件的主要区别。
5. 如何理解计算机系统的资源？
6. 什么是进程？它与程序相比有哪些特征？
7. 操作系统中，绝对路径和相对路径有什么区别？
8. 怎样理解“虚拟机”的概念？
9. 简述计算机启动过程。
10. Windows 10 有哪些新变化、新特征？

二、实验题

1. 观察计算机启动过程，查看本机的硬件配置和基本信息。

2. 打开“任务管理器”，查看进程，关闭一个进程，新建一个进程，掌握简单的进程控制操作。

3. 使用 Windows 磁盘碎片整理实用工具，对计算机磁盘进行整理。

4. 上网下载 Windows 优化大师，安装到本地机上，并对系统进行全面优化。

5. 在 C:\Windows 文件夹中查找大小为 1MB～16MB 的 exe 文件。

第4章
文字处理

文字处理(Word Processing，WP)，即利用计算机软件辅助处理文字的录入、编辑、排版等，是日常办公中最为常见的事务。“字处理”一词是由IBM公司在20世纪60年代中期提出的，70年代末出现了第一款文字处理软件 Word Star。自从微软公司于1989年推出了图形界面的 Microsoft Word 之后，字处理软件开始进入了日常办公领域。近年来随着办公自动化的推广与发展，字处理软件已经成为办公事务中一个不可或缺的工具。

Microsoft Word 作为微软办公软件包 Microsoft Office 的一部分，本章以 Microsoft Word 2016 为工具，详细介绍 Word 文档的基本编辑和排版方法。其主要内容包括：4.1 节简单介绍了 Word 软件；4.2 节通过对单页文档图文混排的介绍，初步体验了 Word 编辑和排版的基本过程和方法，详细描述了文字、段落和页面三大格式设置，以及图文混排的方法；4.3 节针对多页文档——长文档的排版特点，详细介绍长文档排版的基本过程和方法，包括设置页眉和页脚的奇偶页不同，利用大纲级别的设置和预设标题样式的应用设置文档层次结构、分节、断开和恢复节间链接，在不同节中设置不同的页眉和页码、设计封面、使用书签和脚注、使用交叉引用、添加目录等；4.4 节以具有复杂格式的公文类文档排版为例，介绍了提高排版效率和规范性的排版技术——模板排版。其中，样式的创建和应用，使用文本框与表格显示和布局提示文字，是模板文件创建的重点。

4.1　Word 软件的工作界面

Word 操作界面包括 Office 软件一般具有的标题栏、快速访问工具栏、功能区、工作区和状态栏等几个部分。功能区将字处理的各类操作分列在【文件】菜单和【开始】、【插入】、【设计】、【布局】、【引用】、【邮件】、【审阅】、【视图】选项卡中，使用户可以快速地找到与当前操作相关的一组命令。如图 4-1 所示。

图 4-1　Word 窗口

4.1.1　【文件】菜单

单击 Word 窗口左上角的【文件】按钮，打开【文件】菜单，如图 4-2 所示。

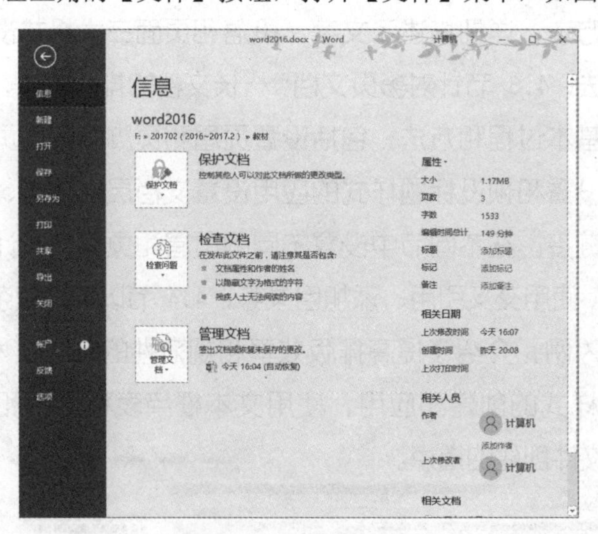

图 4-2　【文件】菜单

【文件】菜单包含了各种有关文件的操作，包括【信息】、【新建】、【打开】、【保存】、【另存为】、【打印】、【共享】、【导出】、【关闭】、【选项】等命令，各个命令的功能详见表 4-1。

表 4-1　【文件】菜单中的命令

命　令	描　述
信息	当前文件的大小、页数、字数、编辑时间、创建和修改时间等
新建	列出各种常用文档模板，不使用现有模板时可以选择【空白文档】模板创建新文档
打开	打开最近编辑过的文档、共享文档、OneDrive 云上的文档或电脑其他位置上的文档
保存	保存文档
另存为	将文档另存为其他文件名或其他位置，也可以保存为其他文档格式
打印	打印、打印设置及打印预览视图
共享	将文档保存到 OneDrive 云，可以共享该文档
导出	将文件保存为 PDF/XPS 文档或更改文档类型
关闭	关闭文档。如果文档被修改过，程序将提示保存文档
选项	打开【Word 选项】对话框，对软件进行常规设置

4.1.2　功能区

功能区包含了传统程序的菜单和工具栏，将以前菜单和工具栏中的命令按功能分布到几个选项卡内，如图 4-3 所示的 Word 2016 功能区。

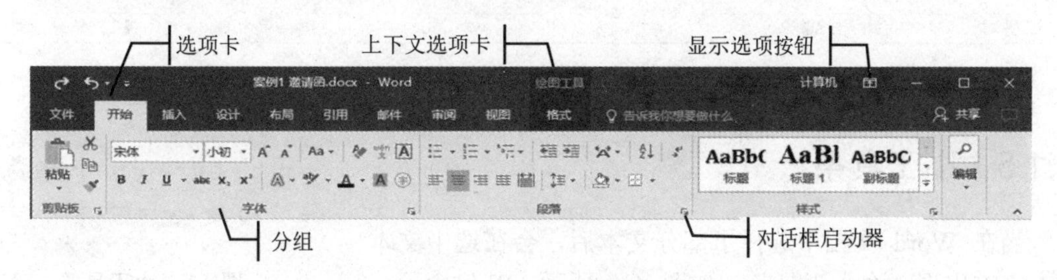

图 4-3　Word 功能区

功能区中包括以下要素。

- 选项卡：每个 Microsoft Office 软件都有一组规定的选项卡，包括【开始】、【插入】、【设计】、【布局】、【引用】、【邮件】、【审阅】、【视图】等，各命令按钮按照功能分布到各个选项卡内。
- 分组：选项卡中的命令依照其功能被分成若干个组，如【开始】选项卡包含【剪贴板】、【字体】、【段落】、【样式】和【编辑】等组。
- 对话框启动器：一些分组的右下角有一个小按钮(“启动对话框”按钮)，单击时会打开一个包含相关功能的对话框。如单击图 4-3 中【段落】组的对话框启动器，将打开【段落】对话框。
- 上下文选项卡：当选中了某个对象时，功能区上会出现针对该对象操作的选项

卡，称为上下文选项卡，如图 4-3 所示的【绘图工具】|【格式】选项卡。

在选项卡标签右侧的空白区域单击鼠标右键，在弹出的快捷菜单中可以选择【最小化功能区】命令，最小化功能区。

4.1.3 快速访问工具栏

快速访问工具栏包含程序最常用的命令按钮(默认为【重复】和【撤销】)，其右侧的按钮称为【自定义快速访问工具栏】按钮，单击此按钮打开【自定义快速访问工具栏】下拉列表，如图 4-4 所示。

该下拉列表中列出了可以添加在快速访问工具栏中的命令按钮。选择【其他命令】选项，打开【自定义】对话框，可以将 Word 的其他命令添加到快速访问工具栏中。

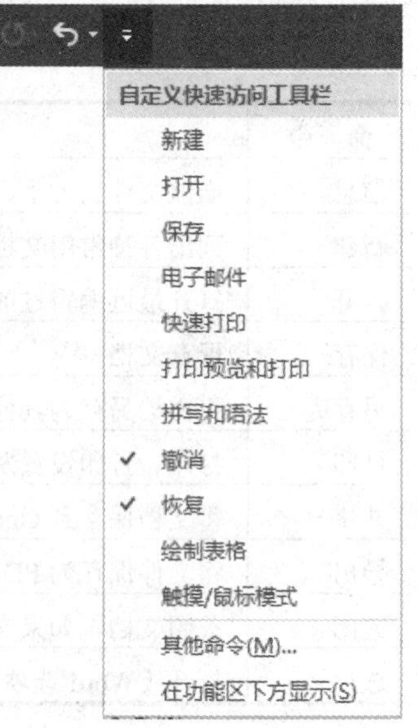

图 4-4 【自定义快速访问工具栏】下拉列表

4.1.4 状态栏

状态栏位于 Word 窗口的最下面，显示与文档及当前操作相关的信息，如图 4-5 所示的状态栏中显示当前页号与总页数、字数统计、拼写与语法检查按钮、输入法提示、视图模式、显示比例等。

第 1 页，共 1 页　234 个字　英语(美国)　100%

图 4-5 Word 窗口的状态栏

4.1.5 小工具条

当在 Word 文档中选择了部分文本后，会在选中文本的右上方出现一个小工具条，如图 4-6 所示。其包含了一些常用的文本与段落格式设置命令，用于快速设置选中文本的格式。

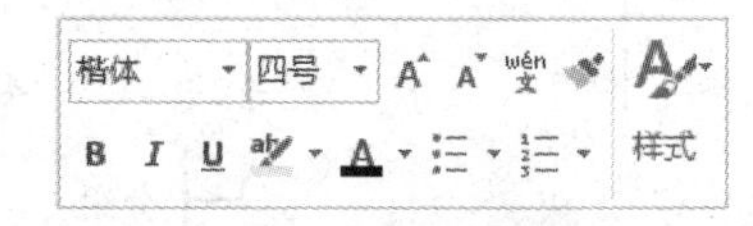

图 4-6 小工具条

4.2 基本图文混排——制作邀请函

小型任务实训——任务 4-01 制作邀请函

使用 Office 办公软件完成工作、学习、生活中的文字处理，已经成为目前的首选方式，而制作一个适度修饰的邀请函是办公事务或个人交往中经常会用到的技能。

【任务目标】制作一个活动邀请函，以此描述 Word 文档的创建过程，以及文字格

式、段落格式和页面格式设置与图文混排的方法。

【解决方案】邀请函有很多种风格，现以一次校园活动邀请为背景制作一个主题突出、适度装饰的邀请函，如图 4-7 所示。

制作邀请函涉及的操作包括文字格式、段落格式和页面设置，插入图片及图片格式设置，插入形状及形状格式的设置。

【实现步骤】

(1) 新建空白文档，保存文档。

启动 Word 程序，单击【文件】按钮打开【文件】菜单，选择【新建】命令，单击【空白文档】按钮，如图 4-8 所示。此时出现 Word 的主界面，标题栏中显示文档的默认标题为“文档 1”。在【文件】菜单中选择【保存】或【另存为】命令，选择保存位置。若选择【这台电脑】，则定位到【我的文档】文件夹，若选择【浏览】，则打开【另存为】对话框，选择保存路径，更改文件名，文件类型默认为 Word 文档，即后缀为.docx。

图 4-7　邀请函制作效果

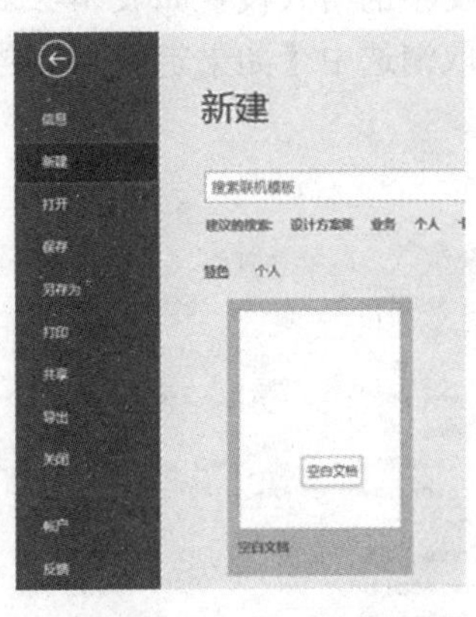

图 4-8　新建空白文档

注：在文档的编辑和排版过程中，随时保存文档中的修改结果是个好的习惯，使用快捷键 Ctrl+S 能够快捷地保存文档。

(2) 设置页面布局。

在功能区中单击【布局】选项卡中的【纸张大小】按钮，在弹出的下拉列表中选择【其他纸张大小】选项，打开【页面设置】对话框，在【纸张】选项卡中设置文档的宽度为 10 厘米，高度为 15 厘米，如图 4-9 所示。选择【页边距】选项卡，设置上下页边距分别为 1.5 厘米，其他为默认设置。

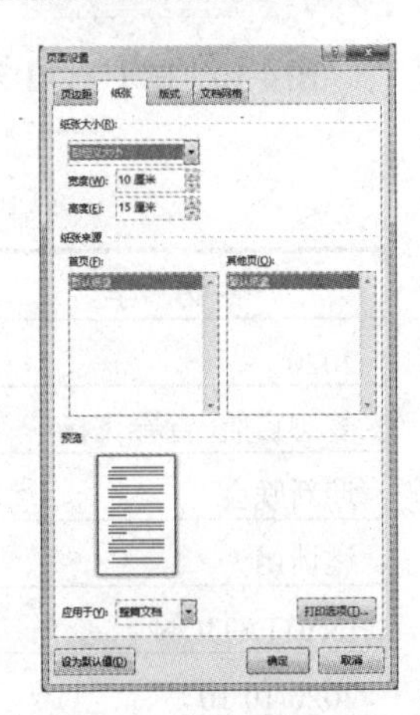

图 4-9　设置纸张大小

(3) 录入文字，设置文字和段落格式。

在文档中录入图 4-7 中所有文字。选中文档中“2020”文本，在功能区【开始】选项卡的【字体】和【字号】下拉列表框中设置字体为 Calibri，字号为【初号】，并单击 B(加粗)按钮。单击【字体】的对话框启动器，打开【字体】对话框，在【高级】选项卡中

设置文字的字符间距为加宽 2.5 磅，如图 4-10 所示。在功能区的【开始】选项卡中单击【居中】按钮，设置段落格式为居中。

注：(1) 在文档中按 Enter 键，则形成一个段落标记，即形成一个新段落。Word 文档默认显示回车符，若要隐藏文档窗口的段落标记，在【文件】菜单中选择【选项】命令，打开【选项】对话框，在【显示】选项页中取消选中【段落标记(M)】复选框即可。

(2) 功能区的【开始】选项卡的【字体】与【段落】选项组内的命令用来设置文字字体与段落的常用格式，而打开【字体】和【段落】对话框，可以设置更多的选项。在【字体】对话框的【高级】选项卡内可设置字符的字间距，在【段落】对话框内可设置段内行间距、段间距、段落缩进等。

其他文字的格式设置如表 4-2 所示。其中“邀请函”的段落格式设置中，在【间距】选项组中取消选中【如果定义了文档网格，则对齐到网格】复选框，如图 4-11 所示。

图 4-10 在【字体】对话框中设置字符间距

图 4-11 在【段落】对话框中设置取消段间对齐到网格

表 4-2 邀请函文字及段落格式说明

文 字	格式说明
2020	Calibri，初号，字体颜色：橙色，居中
梦想启航 青春飞扬	黑体，小四，字体颜色：橙色，居中
迎新晚会	宋体，10 号，字体颜色：白色，居中
邀请函	宋体，28 号，字体颜色：白色，居中
INVITATION	Calibri，五号，字体颜色：白色，居中，段后 1.5 行
2020/10/10	Calibri，五号，字体颜色：橙色，居中

续表

文　字	格式说明
2020 级迎新晚会	中文：宋体，西文：Calibri，五号，字体颜色：橙色，居中，段后 1.5 行
时间：19:00	中文：宋体，西文：Calibri，五号，字体颜色：白色，居中
地点：青春剧场	宋体，五号，字体颜色：白色，居中，段后 1.5 行
盛情邀请您出席	宋体，小四，字体颜色：橙色，居中，段后 1.5 行

(4) 插入形状，设置形状格式。

在功能区中单击【插入】选项卡中的【形状】下拉按钮，选择直线线条，如图 4-12 所示。按住 Shift 键，同时在文档中拖动鼠标画一条水平线，拖动两端手柄调整长短。选中该直线，单击【格式】选项卡中的【形状轮廓】下拉按钮，设置线条颜色为橙色，粗细为 0.75 磅。再次单击【插入】选项卡中的【形状】下拉按钮，选择【基本形状】中的双括号，插入双括号，调整大小，单击【格式】选项卡中的【形状轮廓】下拉按钮，设置轮廓颜色为橙色。调整直线和双括号的布局：形状插入到文档中后，默认环绕方式为【浮于文字上方】，并随文字移动。保持默认，选中直线形状，单击其后的【布局选项】按钮，在图 4-13 所示对话框中选择【查看更多】，在【布局】对话框中设置直线形状相对于页边距水平居中对齐，垂直方向上在段落下侧 1.95 厘米处，如图 4-14 所示。双括号同理设置为相对于页边距水平居中对齐，垂直方向上在段落下侧 1.25 厘米处。

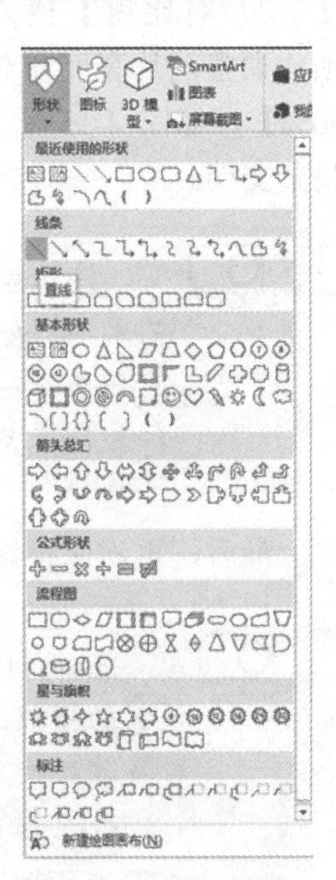

图 4-12　插入直线形状

图 4-13　【布局选项】对话框

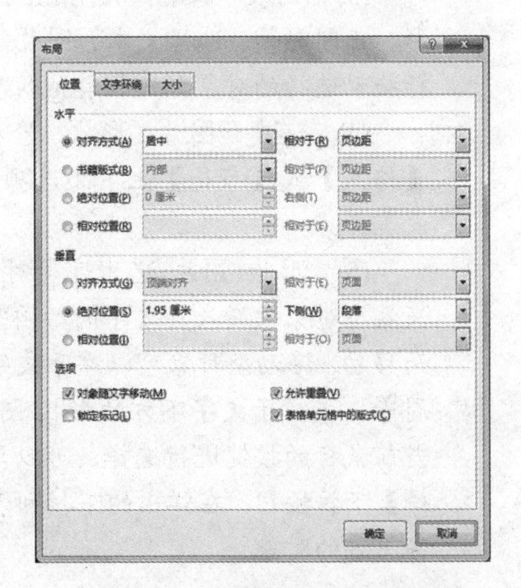

图 4-14　设置直线形状的布局

(5) 插入并处理背景图片。

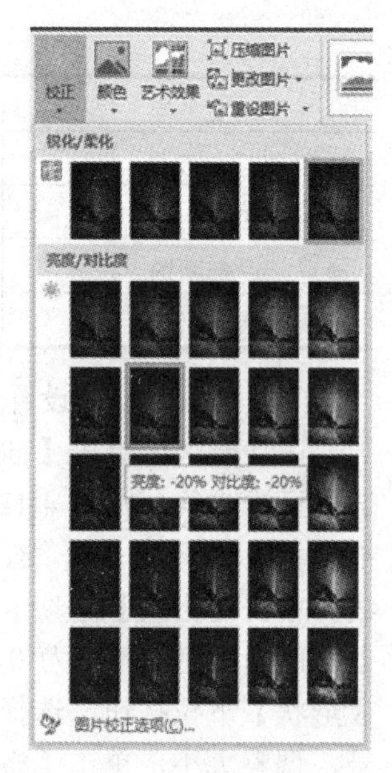

图 4-15 设置背景图片格式

在功能区单击【插入】选项卡中的【图片】按钮，打开【插入图片】对话框，选择“4-01 邀请函”素材文件夹中的图片文件“邀请函背景.jpeg”，单击【插入】按钮插入图片。

选中该图片，单击【格式】选项卡中的【环绕文字】按钮，设置图片的环绕方式为【衬于文字下方】。选择【校正】→【亮度/对比度】栏内的【亮度：-20% 对比度：-20%】选项，调整图片亮度和对比度，在【锐化/柔化】栏中选择【锐化50%】，如图 4-15 所示。调整图片的大小与位置，使图片覆盖整个文档。

注：选中文档中的各种对象，如图片、图形、艺术字、表格时，在功能区上自动出现的上下文选项卡——【格式】选项卡中，可对选中对象进行各种格式设置。

最后，再次保存修改后的结果。

注：(1) 新建 Word 文档时，可以选择建立空白文档，也可以使用 Word 预装的模板或在线模板新建文档，利用模板新建的文档拥有模板的各种格式设置及预先输入的内容。

(2) 键盘上的 Insert 键是个开关键，可以在“插入”和“改写”两种模式之间进行切换，默认为“插入”模式，即用键盘输入的文本将插入到光标所在处(称之为插入点)。而在“改写”模式下输入的文本将替换插入点后的字符。

(3) 插入形状时，按 Shift 键可以画出正的图形，如水平或垂直线、正方形、正圆形等。选择文本、图片、形状、艺术字等对象，按 Ctrl 键的同时用鼠标拖动选择的对象到文档其他位置将复制选择的对象。

(4) 选中如图片、形状、艺术字、表格等对象后，在功能区上将自动显示【格式】或【布局】上下文选项卡，在此可对选中对象进行各种格式或布局设置。

(5) 形状、图片、艺术字等对象的文字环绕方式有嵌入型和浮动型两大类。嵌入型对象被嵌入在文字间，相当于文本中的一个大字符，会随着文字的移动而移动。浮动型对象可以浮于文字上方、衬在文字下方、将文字排列在对象四周等。当衬于文字下方的形状/图片等对象与文字混排在一起后，将无法使用当前鼠标的按键进行选择，可以单击【开始】选项卡【编辑】选项组中的【选择】下拉按钮，在弹出的下拉列表中选择【选择对象】选项，即可选中衬于文字下方的对象。

4.3　长文档排版——图书排版

长文档也称长篇文档，即包含多页面的多页文档，区别于单页文档，如图书、文章等。单页文档的排版重点在页面、段落、文字格式的设置以及图文混排。那么长文档因其具有多页内容、结构较为复杂等特点，排版的重点在于以下三点，如图 4-16 所示。

(1) 设置文档层次结构，来体现章节结构(参见图 4-16①)；

(2) 设置不同章节不同的页面格式(参见图 4-16②)；

(3) 一般有页码、目录、封面等(参见图 4-16③)。

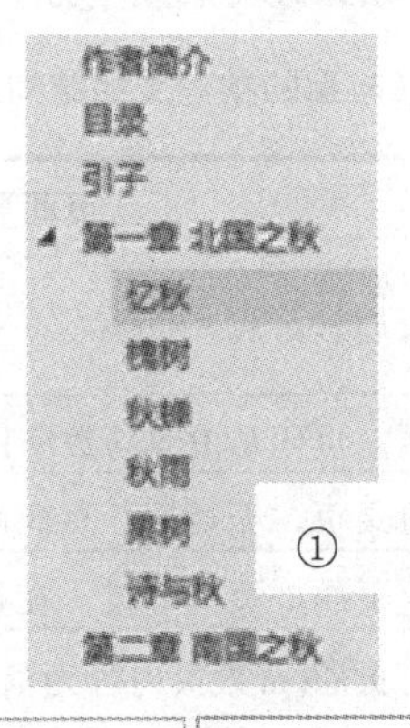

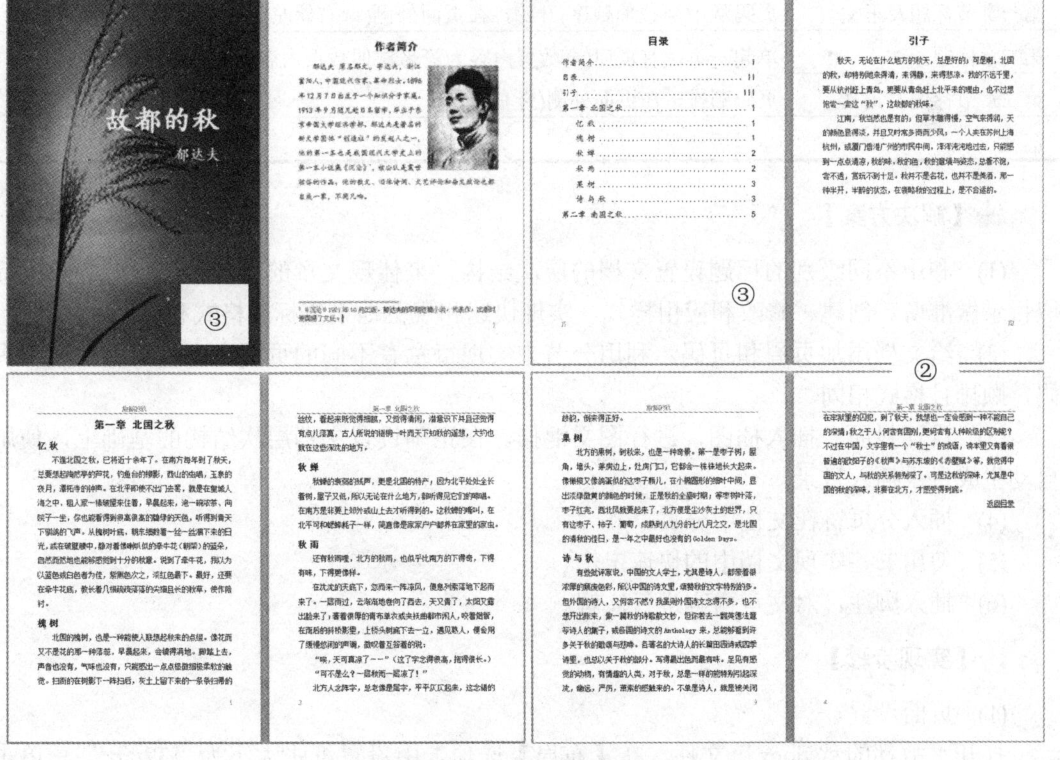

图 4-16　长文档排版重点

《故都的秋》是作家郁达夫的一篇小文，收录在《达夫全集》中。作为图书排版的一部分，现对其进行排版设计，以描述长文档排版的过程，体现长文档排版的特点。

小型任务实训——任务 4-02　图书排版

【任务目标】文件名为“故都的秋.docx”的原始文档包含了全部文字内容，其中有篇名、作者、作者简介、正文。为了能够更好地体现文档的层次结构，对原文进行了处理，划分了章节，并添加了章节标题，文档的结构如表 4-3 所示(其中的要求与一般的出版规范不完全相符)。如图 4-16 所示是制作完成后的长文档排版，文档可以独立或作为《达夫全集》图书的一部分，直接打印或印刷成纸质书册。

表 4-3　《故都的秋》文档结构及页面要求

文字内容	页面要求	节
篇名	封面页，无页眉、页脚、页码	1
作者		
作者简介	首页，无页眉，页码从 I(罗马数字)开始，在页面外侧(奇右偶左)	2
目录	单起一页，目录页，无页眉，页码顺排，在页面外侧(奇右偶左)	
引子	单起一页，无页眉，页码顺排，在页面外侧(奇右偶左)	
第一章标题	单起一页，有页眉(奇数页内容为篇名，偶数页内容为章标题)，页码从 1(阿拉伯数字)开始，在页面外侧(奇右偶左)	3
第一章节标题及正文		
第二章标题	单起一页，有页眉(奇数页内容为篇名，偶数页内容为章标题)，页码顺排，在页面外侧(奇右偶左)	4
第二章节标题及正文		
落款	与最后一章同页	

【解决方案】

(1) 利用不同级别的标题设置文档的层次结构，来体现文章的章节结构。并为自动提取目录做准备。创建、修改和应用样式，实现快速和规范地设置标题格式和级别。

(2) 给文档添加页眉和页码。利用分节来实现每章有不同的页眉内容，页脚中放入页码，顺排且格式相同。

(3) 设计封面，插入插图，进行图文混排。在正确设置文档层次结构的基础上，使用自动生成目录插入目录。

(4) 插入分页符在文档中分页。

(5) 使用书签实现文档中的快速定位。

(6) 插入脚注，对文章内容进行注解。

【实现步骤】

(1) 页面设置。

打开“故都的秋.docx”文件，在【布局】选项卡中设置纸张大小为“32 开”。单击【页边距】下拉按钮，在弹出的下拉列表中选择【自定义页边距】选项，打开【页面设

置】对话框，分别在【页边距】、【版式】和【文档网格】选项卡中设置上、下、左、右页边距分别为 2 厘米、1.5 厘米、1.5 厘米、1.5 厘米；设置奇偶页不同，并将页眉位置调整为距边界 1.2 厘米；设置文档网格选项为【无网格】。

(2) 设置正文格式。

按 Ctrl+A 组合键选中整篇文档，设置字体格式为宋体，五号字，并设置整篇文档为首行缩进 2 字符，行距为 1.5 倍。设置“作者简介”部分的字体为楷体，五号。

在“引子”之前插入“目录”标题，按 Enter 键。目录内容暂时为空，待文档编辑排版完成后，最后插入目录内容。

注：在【开始】选项卡中单击【显示/隐藏编辑标记】按钮，可显示出文档内的非打印字符(空格、回车符、制表符、分页符、分节符等标记)，以便确定文本、图片的确切位置。

(3) 设置文档层次结构。

为了体现章节结构，需要设置文档的层次结构。设置文档层次结构的方法是为章节标题设置具有层次的大纲级别。而设置章节标题具有不同的大纲级别的方法有两种。

① 直接设置标题的大纲级别。方法如下：选中需要设置的标题或将光标定位于标题所在行，打开【段落】对话框，设置【大纲级别】为【1 级】或【2 级】等。如将各章标题“引子”“第一章 北国之秋”和“第二章 南国之秋”的大纲级别设置为【1 级】，而将各节标题“忆秋”“槐树”“秋蝉”“秋雨”“果树”“诗与秋”的大纲级别设置为【2 级】。

注：(1) 在设置章节层次时，可以使用格式刷。如设置“引子”的大纲级别为【1 级】后，将光标放在该标题上，双击【开始】选项卡中【剪贴板】选项组中的格式刷图标，再一一单击其他章标题，就会将被单击的章标题设置为与“引子”相同的格式，即全部成为 1 级标题。再次单击格式刷图标即取消格式刷的应用。(双击格式刷图标可以多次反复应用格式，而单击格式刷图标则只能应用该格式一次。)

(2) 为了能够快速定位到章节标题，可以在【导航】窗格的搜索栏中输入“第^?章”或“第^?^?章”，找到所有“第 X 章”或“第 XX 章”，并反显显示。单击【搜索下一处】按钮可以将光标定位到下一个章节标题处。其中的“^?”为通配符，通配一个任意字符。

文档的层次结构设置完成后，可以在【视图】选项卡中选中【导航窗格】复选框，或使用快捷键 Ctrl+F，在文档编辑页面左侧出现的导航窗格中查看，如图 4-16①所示。在导航窗格中看到的标题都是带有超链接的，可以单击它们在文档中快速定位到相应标题位置。

② 应用预设样式【标题 1】、【标题 2】等。因这些预设标题已经设置了大纲级别，如【标题 1】的大纲级别为 1 级，【标题 2】的大纲级别为 2 级等，则应用这些标题样式，即设置了相应的大纲级别。方法为：选中需要设置的标题或将光标定位于标题所在行，单击【开始】选项卡【样式】选项组中的【标题 1】或【标题 2】等。对各章标题和各

节标题分别应用样式中的【标题1】和【标题2】之后，文档的层次结构如图4-16①所示。

注：样式是一套字符格式和段落格式的组合，将样式应用到文档中的文本会使文本获得样式中的文本格式和段落格式。使用样式可以提高格式设置效率，即一次能够完成一组设置操作，并且样式命名后可永久保存在文档中供反复使用。同时应用样式进行格式设置能够提高文档格式的规范性，避免格式设置不一致问题。在Word中，样式分为Word预设样式和自定义样式两类。预设样式中的文字和段落格式以及大纲级别都是预设的，在排版文档时直接应用即可。自定义样式是用户根据需要新创建的样式，方法为：单击【开始】选项卡【样式】选项组中的对话框启动器，打开【样式】对话框，单击左下角的【创建样式】按钮，打开【根据格式化创建新样式】对话框，如图4-17所示。在此可以输入样式【名称】；设置【样式类型】是段落还是表格、字符等；设置【样式基准】是来确定新样式的基础样式来自于哪个已经存在的样式，如章标题和节标题样式的样式基准可以设置为【标题1】和【标题2】；设置【后续段落样式】以确定该样式应用到某段落后，其后的段落默认样式是已经存在的哪个样式或它本身。在该对话框中，除了可以直接修改一些常用格式之外，还可以单击对话框左下角的【格式】按钮，选择【字体】或【段落】等，打开相应对话框进行更为详细的设置。不论预设样式还是自定义样式，应用方法都是将光标放在需要应用样式的段落中或选中要应用样式的文字，单击样式列表中某样式名即可。

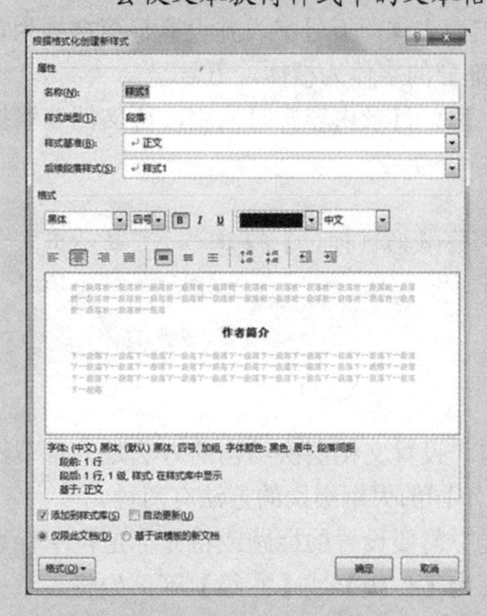

图4-17 【根据格式化创建新样式】对话框

(4) 设置章节标题格式。

在使用以上两种方法设置了各章节标题的大纲级别以体现文档层次结构之后，可以对各章节标题的文字格式和段落格式按照要求进行修改。

对于直接设置大纲级别的标题，因原标题文字和段落格式未做任何修改，故只需按照要求修改标题的文字格式和段落格式即可，如按照表4-4所示设置章节标题格式。

表4-4 《故都的秋》章节标题格式要求

序号	标题	格式要求	样式名
1	章	黑体，四号，加粗，段落居中对齐，单倍行距，段前后1行	章标题
2	节	宋体，小四，加粗，字符间距加宽 2 磅，段落两端对齐，单倍行距，段落前后0.5行	节标题

在第一个章或节标题的格式设置完成后，可以使用两种方法提高其他标题的设置效

率。一是使用格式刷将第一个设置好的标题格式应用到其他标题上；二是使用样式。将光标放在完成格式设置的第一个章或节标题上，单击【开始】选项卡【样式】组中的样式列表框右侧的【其他】下拉按钮，展开全部样式列表，选择【创建样式】命令，如图 4-18 所示。在打开的【根据格式化创建新样式】对话框中输入样式名，如“章标题”和“节标题”，来快速创建自定义样式，如图 4-19 所示(该对话框为图 4-17 对话框的缩略版，单击该对话框中的【修改】按钮则展开如图 4-17 的其余部分)。再将光标一一放在其他需设置格式的章标题或节标题上，单击样式列表中的样式名【章标题】或【节标题】，即将该样式应用到了这个标题上。后者看似比前者更烦琐，但是若今后标题(包括应用了样式的正文)的格式要求发生变化时，则只需要鼠标右键单击样式列表中的该样式，选择快捷菜单中的【修改】命令，在【修改样式】对话框中修改样式格式，同时选中【自动更新】复选框，如图 4-20 所示，则所有应用了该样式的标题(或正文等)的格式会自动更新，提高了排版效率和规范性。

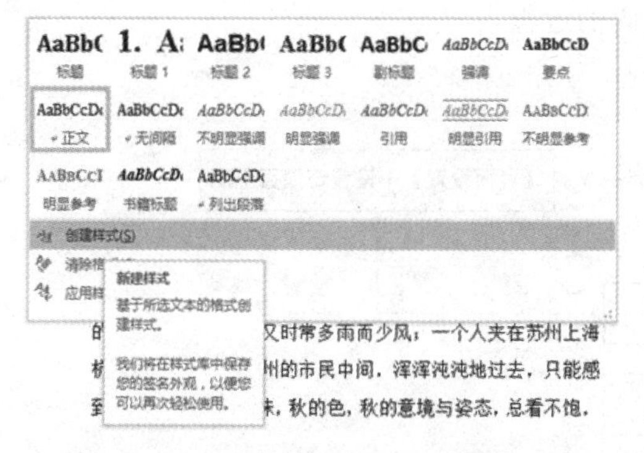

图 4-18　样式列表中的【创建样式】命令

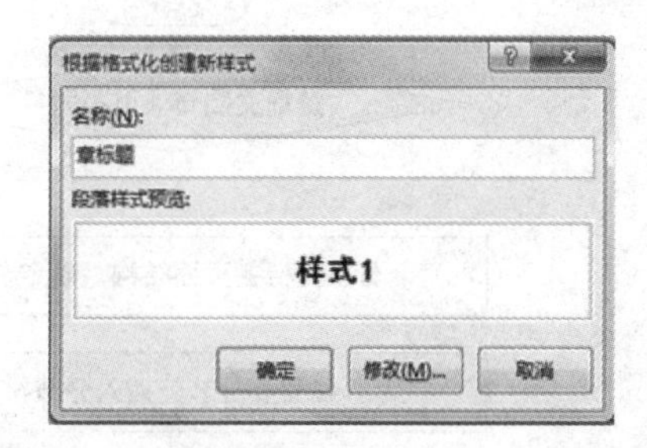

图 4-19　【根据格式化创建新样式】缩略版对话框

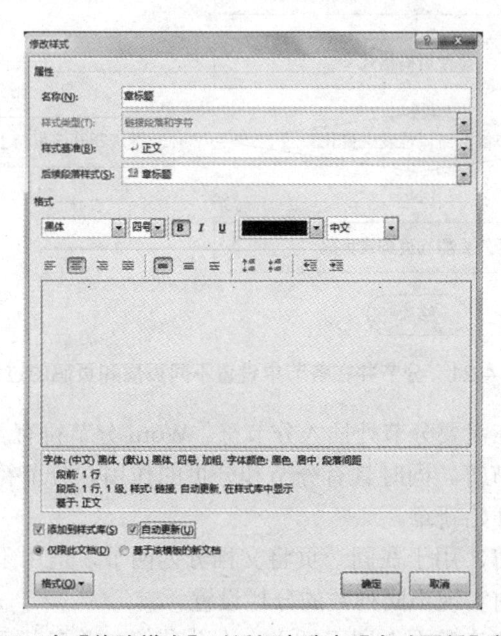

图 4-20　在【修改样式】对话框中选中【自动更新】复选框

对于使用预设样式【标题 1】和【标题 2】设置大纲级别的章节标题，若预设样式不符合章节标题的格式要求，则需要右击样式列表中的【标题 1】或【标题 2】样式，在弹出的快捷菜单中选择【修改】命令，在【修改样式】对话框中修改样式格式，同时选中【自动更新】复选框，即所有相应的章节标题格式会自动更新。

(5) 分节，在各节中设置不同的页眉和页码。

页眉和页脚是文档中每个页面的顶端和底端的区域，可以在页眉和页脚中插入文本或图形，如书名、章节标题、公司名称与徽标、日期与页码等内容。插入的页眉和页脚内容默认显示在文档每一页。若需要文档的奇数页与偶数页或首页有不同的页眉和页脚，可以在【页面设置】对话框的【版式】选项卡内选中页眉和页脚的【奇偶页不同】或【首页不同】复选框。若需要在文档不同页的页眉和页脚中有不同的内容或格式，则需要对文档分节，并断开与上一节的链接，这样可以在各节中设置不同的页面格式，包括分栏、页边距、纸张大小和方向、不同的页眉和页脚内容及格式、脚注和尾注等。图 4-21 所示流程图为在文档中分节并在各节中设置不同页眉和页码的过程。

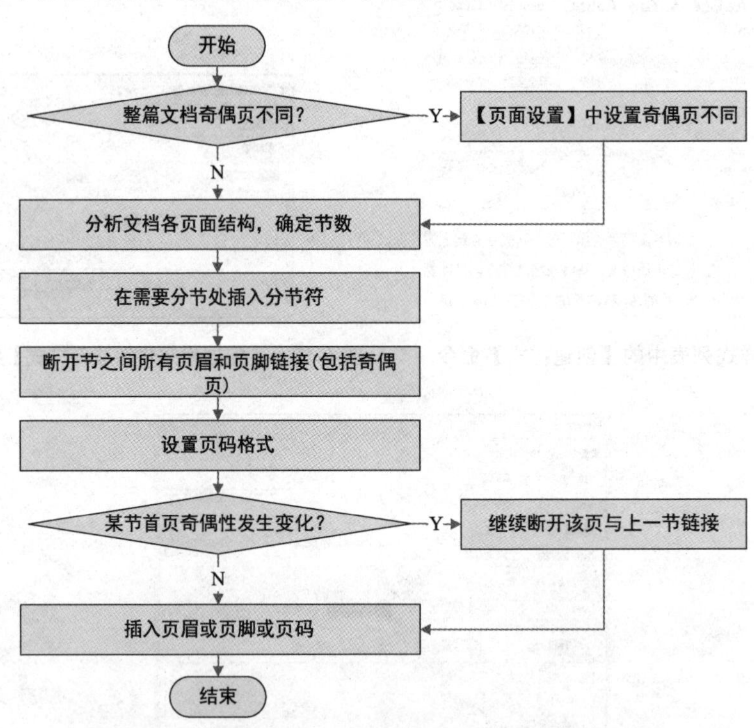

图 4-21　分节并在各节中设置不同页眉和页码的过程

文档分节的方法是在需要分节处插入分节符。Word 分节符有 4 种类型。

- “下一页”分节符。同时具有分节和分页的作用，分节符后将开始一个新页，适用于在文档中开始新章。
- “连续”分节符。用于在同一页将文档分为两节，适用于在一页中实现不同的格式，如在一页内实现不同列数的分栏设置。
- “偶数页”或“奇数页”用于插入一个分节符，并在节后开始一个新的偶数页或奇数页。

下面按照图 4-21 流程，完成分节及在各节中设置不同的页眉和页码。在前面的页面设置中已经设置了奇偶页不同。根据表 4-3 所示文档结构及页面要求，封面、作者简介/ 目录/引子、第一章和第二章有不同的页面设置要求，分析出文档应分为 4 个节，并需要断开节间的链接，再分别设置各节的页面格式，主要是页眉和页码格式及内容。

① 插入分节符，分节并断开节间链接。

将插入点光标放在“作者简介”标题的最左端，在【布局】选项卡中单击【分隔符】下拉按钮，在弹出的下拉拉列表中选择【下一页】选项，如图 4-22 所示，在“作者简介”前插入一个兼具分页功能的分节符，则将“篇名和作者”与“作者简介”分在了两节两页。同理，依次在“第一章”和“第二章”前插入【下一页】分节符，将整个文档分为 4 节，双击页面顶端和底端，将光标定位到页眉、页脚区可查看分节情况，如图 4-23 所示。

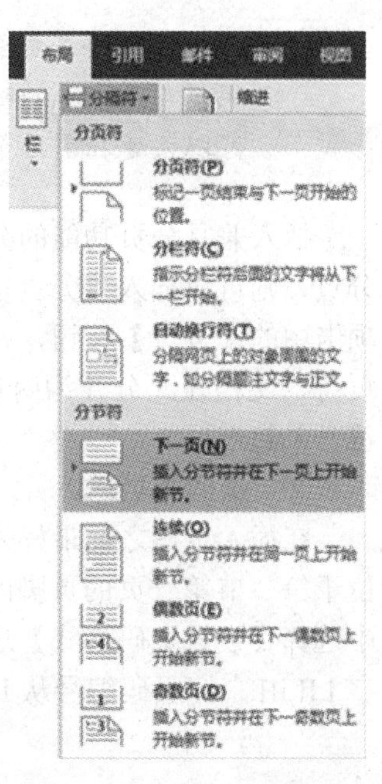

图 4-22　插入【下一页】分节符

默认情况下，这 4 个节的页眉、页脚分别链接在一起，则使得后一节与前一节具有相同的页眉和页脚。为使各节页眉和页脚相互独立，需要断开与上一节的链接。方法是双击后一节页面顶端或底端，将光标放在页眉或页脚编辑区，关闭【设计】选项卡中的【链接到前一条页眉】功能，显示效果为按钮标签取消底纹，如图 4-24 所示。

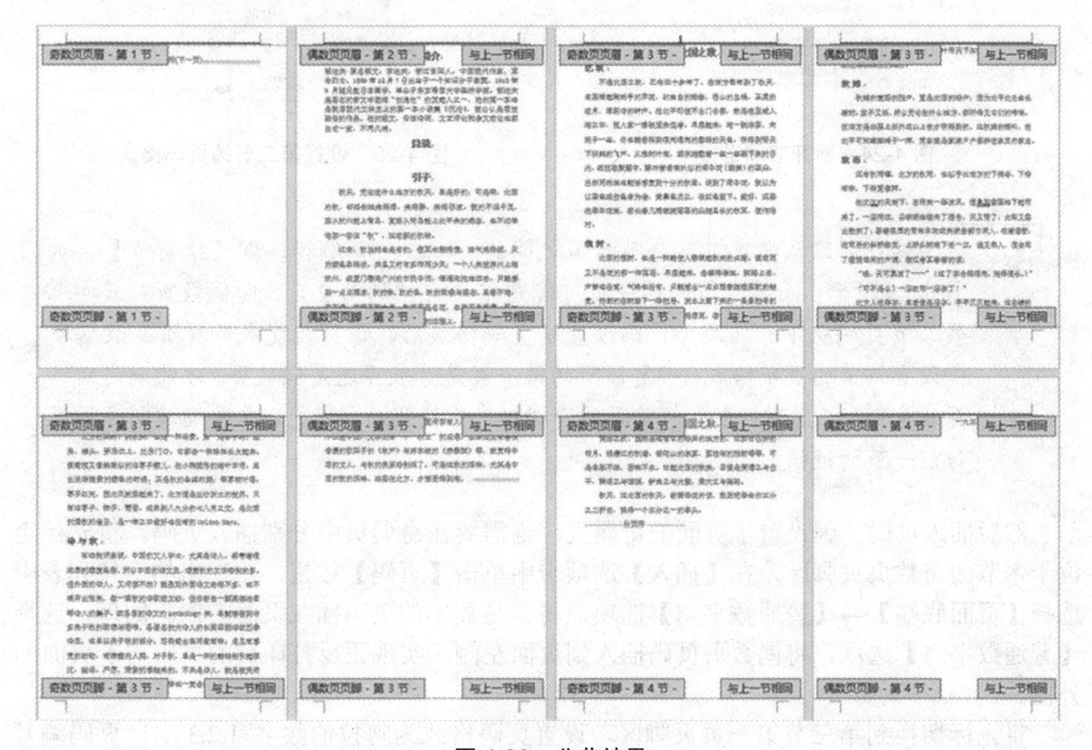

图 4-23　分节结果

注：因在页面设置中已经将奇偶页设置为不同，故要分别取消所有节中奇偶页与上一节的链接。单击【设计】选项卡中的【上一节】/【下一节】按钮，可以快速在前后节间切换。

插入兼具分页功能的分节符，能够起到既分节又分页的作用。然而在同一节中若强制分页，则可以插入“分页符”。方法是将插入点光标移到要分页的位置，单击【插入】选项卡中的【分页】按钮，在弹出的下拉列表中选择【分页符】选项，即在当前位置插入分页符，文档在此分开为两页。根据表 4-5 要求，在“目录”和“引子”前分别插入分页符，单起一页。

② 页码和页眉。

在插入页码之前最好先设置好本节的页码格式，包括编号格式和页码起始。将光标定位于第二节第一页的页脚区，在【设计】选项卡中单击【页码】按钮，在弹出的下拉列表中选择【设置页码格式】选项，打开【页码格式】对话框，在其中设置编号格式为罗马数字 I,II,III,…，页码编号从 I 开始，如图 4-25 所示。

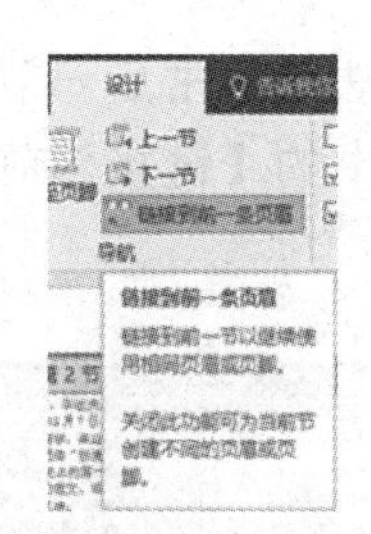

图 4-24　断开节间链接

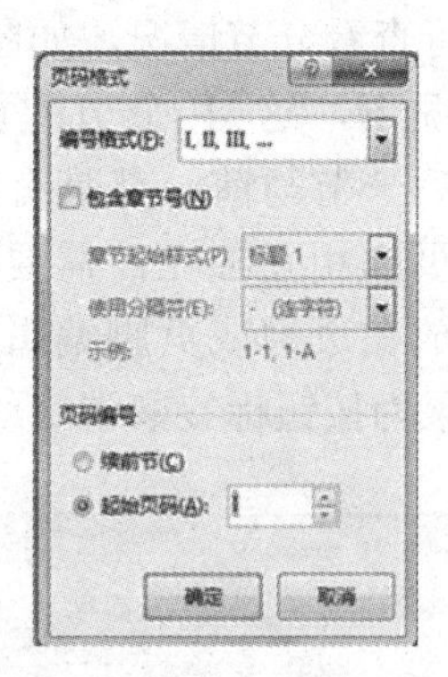

图 4-25　设置第二节的页码格式

注：因默认情况下，分节后节之间的页码编号是顺排，即【续前节】，如图 4-25 所示。而第二节的第一页可能是整个文档的第 2 页，即偶数页。若要求第二节页码从 1 开始编号，则设置了页码格式后，该页就变成奇数页。故需要先设置该节的页码格式，确定该节的第一页是奇数页还是偶数页，才能确定后续页的奇偶性。同时，在某节首页的奇偶性发生变化后，可能还需要继续断开该页与前一节的链接。

然后插入页码，因设置了页面的奇偶页，则需要在奇偶页中分别插入页码。将光标定位于本节的奇数页页脚区，在【插入】选项卡中单击【页码】按钮，在弹出的下拉列表中选择【页面底端】→【普通数字 3】选项，将罗马数字的页码插在页面右侧。同理，选择【普通数字 1】选项，将偶数页页码插入到页面左侧，实现正反打印后的页码居于页面的外侧。

将光标切换到第三节第一页页脚区，设置页码格式为阿拉伯数字 1,2,3,…，页码编号从 1 开始。然后插入页码，方法和要求同上。因第四节中的页码格式同第三节，且为第三

节页码的顺排，故可以将第四节与第三节之间的链接恢复，使得第四节页脚格式同第三节，并默认页码【续前节】。恢复节间链接的方法同取消链接，只是打开【链接到前一条页眉】功能，按钮标签出现底纹。

第三节有页眉，且奇偶不同。在奇数页输入篇名“故都的秋”，在偶数页输入章标题“第一章　北国之秋”。第四节同理，只是在偶数页输入本章标题“第二章　南国之秋”。同样，因第四节的奇数页页眉同第三节奇数页，故可恢复它们之间的链接，来快速添加第四节页眉。

注：(1)　在第三节、第四节的偶数页页眉处输入章标题时，除了可以直接输入外，还可以使用交叉引用提高输入效率和正确性。交叉引用是引用同一文档其他部分的链接。如在正文中引用图/表标签和编号“见图 1”，就可以在正文中快速定位到“图 1”。将光标定位到第三节页眉区，在功能区中单击【引用】选项卡中的【交叉引用】按钮，打开【交叉引用】对话框，选择【引用类型】为【标题】，【引用内容】为【标题文字】，再选择当前页眉所在的章标题“第一章　北国之秋”，如图 4-26 所示，单击【插入】按钮即可在页眉处插入章标题。第四节同理。此时注意，只有应用了预设标题【标题 1】或基准样式来源于预设标题【标题 1】的章标题才会出现在【交叉引用】对话框的标题列表中。

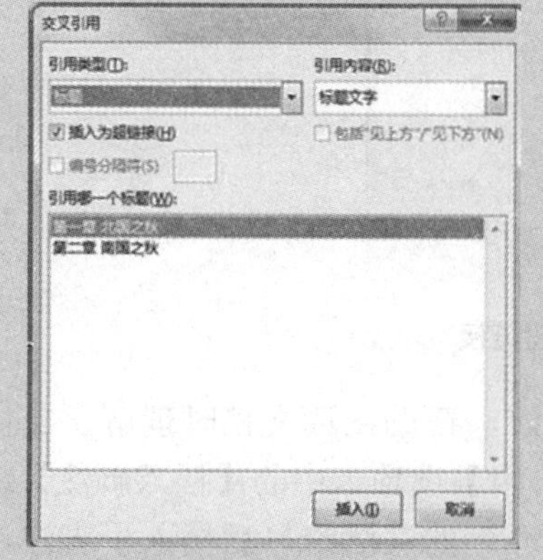

图 4-26　在偶数页眉中插入章标题的交叉引用

(2)　当需要删除页眉时，经常需要删除页眉区下方的横线，方法为：选中页眉中的文字段落(含段落标记)，单击【开始】选项卡中的【框线】按钮，打开框线列表，选择【无框线】选项。或将光标置于该页眉处，在【样式】选项卡中单击【其他】按钮，在弹出的列表中选择【清除格式】选项。

(3)　若要撤销上一步或多步操作，可使用 Ctrl+Z 快捷键，也可单击快速访问工具栏中的【撤销键入】命令；若需要重做上一步或多步操作，可使用 Ctrl+Y 快捷键，也可单击快速访问工具栏中的【重复键入】命令。

(6)　设计封面，插入插图，进行图文混排。

将插入点光标放在首页，单击【插入】选项卡中的【图片】按钮，插入素材文件“封面.jpeg”，设置图片的文字环绕方式为【衬于文字下方】，调整图片大小和位置，使其覆盖整个页面。在【绘图工具】|【格式】选项卡中单击【旋转】按钮，在弹出的下拉列表中选择【水平翻转】选项翻转图片。插入两个文本框，分别放置篇名和作者，设置篇名格式和作者格式，结果封面如图 4-16 所示。

将插入点光标放在“作者简介”段落中，插入素材文件“郁达夫.jpg”，设置作者图片的文字环绕方式为【四周型环绕】，调整大小和位置，结果如图 4-16 所示。

(7)　添加书签和脚注。

书签是一个有名称的标志位置，建立书签的目的是快速在文档中定位。可以为正文中某文本、图片、形状等加入超链接，单击该链接可以快速跳转到书签所在处，便于电子版

文档的阅读，对于图书尤为有用。插入书签的方法为：将光标放在要插入书签处，单击【插入】选项卡中的【书签】按钮，在打开的【书签】对话框中输入书签名称，单击【添加】按钮即可。文档中在“目录”标题处插入名为“目录”的书签，在各章最后添加文本“返回目录”，选中此文本，单击【插入】选项卡中的【超链接】按钮，在打开的【编辑超链接】对话框中选择【本文档中的位置】，选中出现的“目录”书签，即插入了跳转到该书签位置的链接，如图 4-27 所示。在阅读文档时，将光标置于“返回目录”文本上，按住 Ctrl 键，光标变为手形，单击文本就会跳转到目录标题位置。

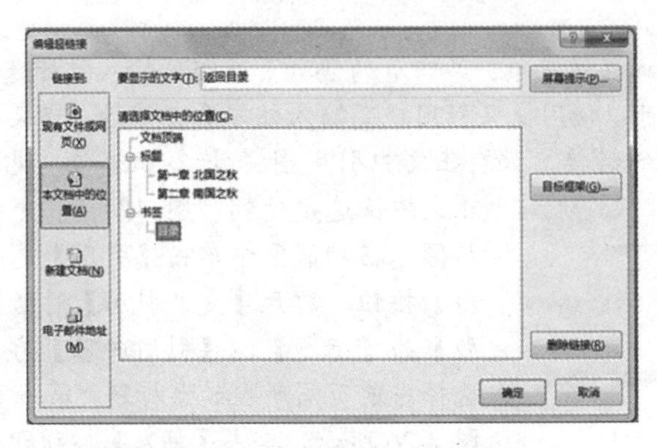

图 4-27　插入跳转到目录书签的超链接

脚注和尾注是出现在页面底端和整个文档最后的注解，帮助阅读文档时理解正文内容。加入方法为：将光标放在要注释的文本处，单击【引用】选项卡中的【插入脚注】或【插入尾注】按钮加入脚注或尾注。文档中在“作者简介”的《沉沦》后插入了脚注，如图 4-16 所示。

(8) 提取目录。

在设置了文档的层次结构后，可以自动生成目录，目录默认包括 3 级大纲标题，对应为 3 级目录。将光标放在目录标题下方，单击【引用】选项卡中的【目录】按钮，在弹出的下拉列表中选择【自定义目录】选项，打开【目录】对话框，保持默认设置，确定即可。选中整个目录，设置其格式为楷体，小四，两端对齐，段前后 0.5 行。目录效果如图 4-28 所示。

注：在提取目录后，若文中内容和格式发生变化，则目录需要更新。更新包括只更新页码和更新整个目录。若仅仅页码发生变化，其他内容和格式未变，则选择前者，否则选择后者。更新目录的方法为：右击目录域，在弹出的快捷菜单中选择【更新域】命令，打开【更新目录】对话框，选择【只更新页码】或【更新整个目录】选项，确定即可，如图 4-28 所示。只更新页码，目录的格式不会发生变化。而更新整个目录，则目录格式会恢复为默认初始格式。

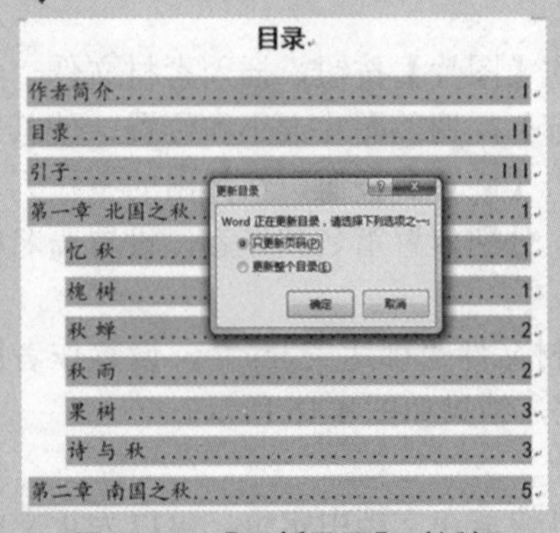

图 4-28　【更新目录】对话框

4.4　模板排版——制作公文模板

模板是具有预定义格式和布局设计的起始文件，以 dotx 或 dotm 文件格式保存在模板文件夹中，用于按照模板格式快速生成特定用途种类的文档。模板中一般包含简单的文字提示，完整的格式设置和页面布局设计。其中的文字格式和段落格式往往被定义为样式，文字提示和页面布局设计往往借助于文本框的布局、域和宏的应用来实现。

Word 有两类模板，一类是大量的内置模板，包括书法字帖、新闻稿、求职信等本地模板以及联机模板。使用 Word 内置模板是在新建文档时，在【文件】菜单中选择【新建】命令，在【新建】窗格中单击【特色】标签，选择其中的本地模板，如图 4-29 所示。或者直接在【搜索联机模板】搜索框中搜索联机模板。选中模板后，单击【创建】按钮，即打开使用所选模板创建的文档，此时可以在该文档中进行文档的编辑了。

除了使用 Word 内置模板之外，还可以创建和使用新的自定义模板。自定义模板是按照某类文档的格式和版面要求，进行格式设置和版面设计，保存为 dotx 或 dotm 格式的模板文件。该文件一般被保存在当前计算机文档库的“自定义 Office 模板”文件夹中，在新建文档时单击【个人】标签即可找到该模板，如图 4-30 所示。

图 4-29　Word 内置模板

图 4-30　自定义模板

利用模板进行文档的排版一般用于格式较多且复杂、格式经常需要重用、格式规范化要求较高以及需要提高排版效率的情况下。如公文排版、论文排版、长篇书籍排版等。下面以公文的模板排版为例，介绍自定义模板的建立和使用方法。

小型任务实训——任务 4-03　制作公文模板

公务文书，简称公文，是党政机关、社会团体和企事业单位用于公务活动的应用文书。其具有特殊规范化的文体和特定的行文格式、行文规则和管理办法。

公文写作是常用的办公事务之一，严谨的格式化要求是公文写作的特点。公文模板拥有某类文书的所有格式设置和版面布局，利用模板创建公文只需要用实际的文本替换模板中的标识即可，大大提高了公文写作的效率。能够按照部门公文格式要求制作出一个适用

的公文模板是现代办公人员的基本技能之一。

【任务目标】为提高复杂格式的文档排版效率，提高排版的规范化程度，在公文排版中，一般使用模板排版，即应用预制的公文模板排版公文。

【解决方案】

(1) 要制作的公文模板如图 4-31 所示。公文一般有版头、主体和版记三部分。公文首页红色分隔线以上为版头，红色分隔线以下、公文末页首条分隔线以上为主体，公文末页首条分隔线以下、末条分隔线以上为版记。模板中包括各部分内容的提示文字、布局、文字格式和段落格式以及页面设置。其中所有文字内容的文字格式和段落格式如表 4-5 所示，全部被定义为样式，便于重复使用，提高规范性。

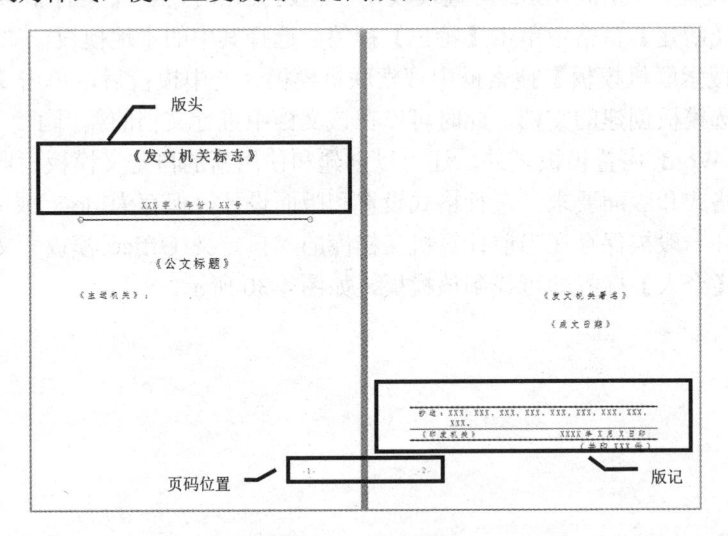

图 4-31　公文模板

表 4-5　公文文档中各文字内容的格式要求

序号	文字内容	格式要求	样式名
1	《发文机关标志》	宋体，红色，一号，加粗，段落居中对齐	发文机关
2	XXX 字〔年份〕XX 号	仿宋，三号，段落居中对齐，段前 2 行	发文字号
3	《公文标题》	宋体，二号，段落居中对齐，段前 2 行，段后 1 行	公文标题
4	《主送机关》	仿宋，三号，段落两端对齐	主送
5	《公文正文》	仿宋，三号，首行缩进 2 字符	公文正文
6	《发文机关署名》	仿宋，三号，段落右对齐，右侧缩进 3 字符，段后 1 行	发文机关署名
7	《成文日期》	仿宋，三号，段落右对齐，右侧缩进 4 字符	成文日期
8	抄送：XXX，《印发机关》	仿宋，四号，段落两端对齐，左右各缩进 1 个字符，悬挂缩进 3 字符	抄送印发机关
9	××××年×月×日印	仿宋，四号，段落右对齐，右缩进 1 个字符	印发日期
10	(共印 XXX 份)	仿宋，三号，段落右对齐	共印

(2) 在版面布局设计中，“《发文机关标志》”提示文字放在文本框中，版记部分的提示文字放在表格中，便于控制其在页面中的位置和段落对齐。

(3) 任务涉及的主要操作包括指定文档的默认字体，设置文档每页行数和每行字符数；插入文本框，设置文本框相对于页面的位置；插入形状，设置形状相对于被锁定段落的位置；插入符号；插入表格，设置表格相对于页面的位置；插入页码，设置页眉和页脚奇偶页不同；将文档保存为 Word 模板文件。

【实现步骤】

(1) 新建文档，设置页面格式。

按照以下标准进行文档页面格式设置，公文文书页面标准为：纸张大小为 A4(21 厘米×29.7 厘米)；上、下、左、右页边距分别是 3.7 厘米、3.5 厘米、2.8 厘米和 2.6 厘米，形成版心尺寸 15.6 厘米×22.5 厘米；公文正文字体为仿宋、三号字；版面每页 22 行、每行 28 个汉字，并撑满版心，双面印刷。

启动 Word 程序，新建空白文档。打开【页面设置】对话框，参考图 4-32 在【纸张】选项卡中设置纸张大小为 A4 纸(Word 文档的默认值)，在【页边距】选项卡内设置上、下、左、右页边距，在【版式】选项卡内选中【奇偶页不同】复选框。在【文档网格】选项卡内，首先单击右下角的【字体设置】按钮，打开【字体】对话框，设置文档的默认字体为仿宋、三号字，确定后再在【文档网格】选项卡内选中【指定行和字符网格】单选按钮，设置文档每页 22 行、每行 28 个汉字。

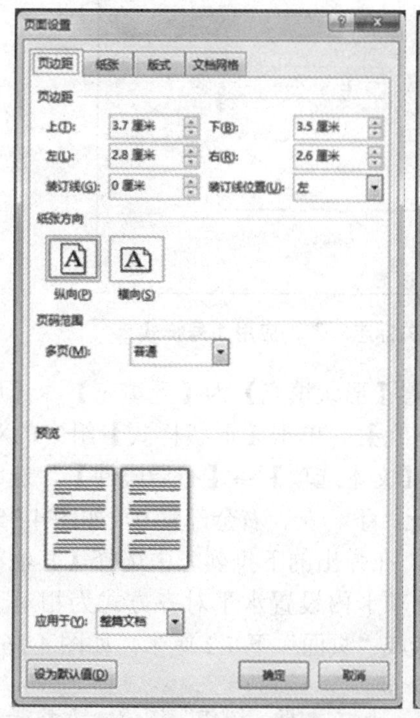

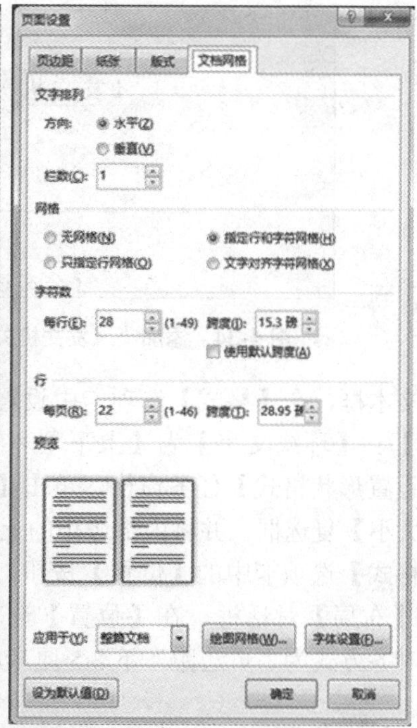

图 4-32　设置文档版面

注：文档正文字符的大小直接影响每页行数和每行字数的设置，因此在进行网格设置前需要首先设置正文的字体和字号。

(2) 创建样式。

按照表 4-5 所示创建 10 个样式，如图 4-33 所示。

图 4-33 样式创建结果

(3) 添加"《发文机关标志》"。

发文机关标志在文档的最上面，距离版心上边距离 3.5 厘米。为了更好地控制文字的位置，使用文本框。单击【插入】选项卡中的【文本框】按钮，在弹出的下拉列表中选择【简单文本框】选项插入文本框，在文本框内输入文本"《发文机关标志》"，应用 1 号样式"发文机关"设置其格式，如图 4-34 所示。

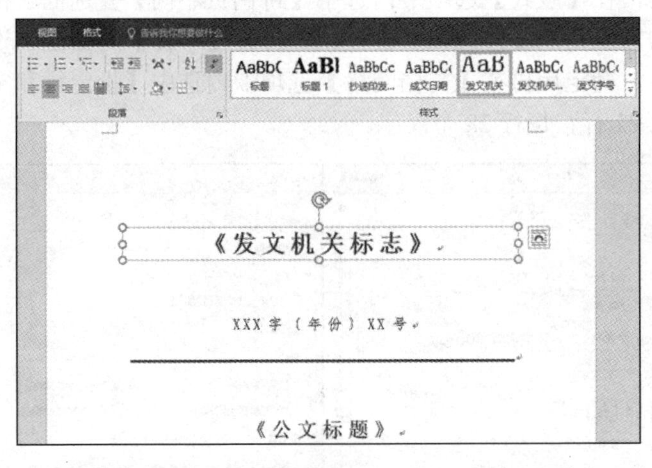

图 4-34 添加"《发文机关标志》"，应用 1 号样式

选中该文本框，在【格式】选项卡中设置【形状填充】为【无填充】、【形状轮廓】为【无轮廓】、【环绕文字】为【上下型环绕】。单击【形状样式】组中的对话框启动器，打开【设置形状格式】任务窗格，单击【文本选项】→【布局属性】，选中【根据文字调整形状大小】复选框，并将内部边距的上、下、左、右全部置 0，如图 4-35 所示。

单击【格式】选项卡中的【位置】按钮，在弹出的下拉列表中选择【其他布局选项】选项，打开【布局】对话框，在【位置】选项卡内设置水平对齐方式为相对于页面【居中】，垂直对齐方式为"页边距"下 3.5 厘米或"页面"下 7.2 厘米，如图 4-36 所示。

注：在 Word 文档中插入的对象，如文本框、图像、图表、表格等，可以在其【布局】对话框内设置对象在文档中相对于页面或段落的位置，设置选项有【对齐方式】、【绝对位置】、【相对位置】等。

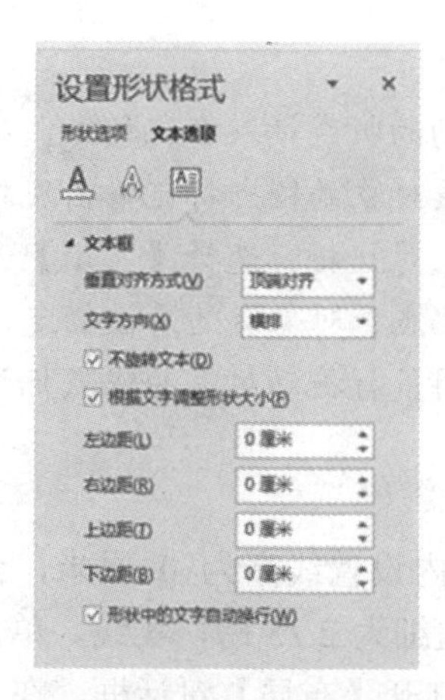

图 4-35 设置“《发文机关标志》”文本布局属性

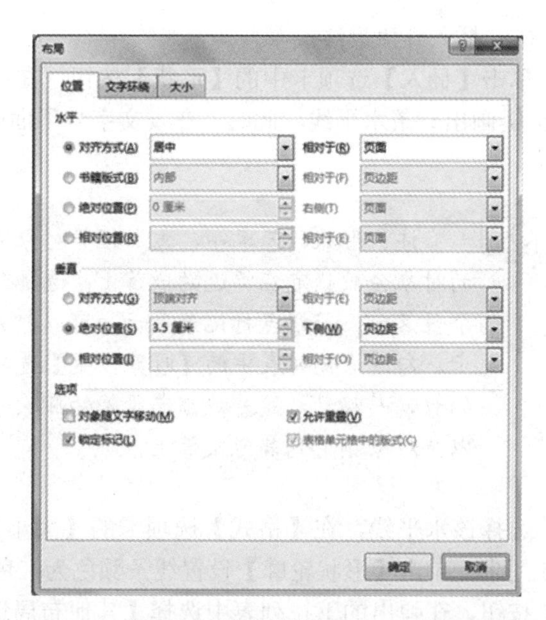

图 4-36 设置“《发文机关标志》”文本框布局

(4) 添加发文字号。

在“《发文机关标志》”下面添加发文字号，即“XXX 字〔年份〕XX 号”，使用 2 号样式“发文字号”设置格式。

其中，年份的两边有一对六角符号，该符号无法从键盘直接输入，需要插入符号。在【插入】选项卡中单击【符号】按钮，在弹出的下拉列表中选择【其他符号】选项，打开【符号】对话框插入该符号，如图 4-37 所示。【符号】对话框包括【符号】和【特殊字符】两个选项卡。【特殊字符】选项卡包含长划线(—)、省略号(…)、注册符号(®)、商标符号(™)等特殊字符；【符号】选项卡包含各个字体字符集的符号，如六角符号包含在【普通文本】字符集的【CJK 符号和标点】子集内。

图 4-37 【符号】对话框

(5) 插入红色反线。

单击【插入】选项卡中的【形状】按钮，在弹出的下拉列表中选择【直线】形状，按 Shift 键画出一条水平线。此时，在发文字号下面的段落标记前会显示出形状对象的锚点标记⚓。

注：形状、艺术字、文本框等对象默认以浮动的版式插入在文档中，插入的对象会被锁定在临近的段落上。选择对象后，该对象的锚点标记将出现在这个段落前。若锚点标记未显示，可以打开【选项】对话框，选择【显示】选项卡，勾选右侧列表中的【对象位置】选项来显示锚点。对象会随着被锁定段落的移动而移动，随着被锁定段落的删除而删除。用鼠标拖动对象的锚点标记可以将对象锁定到其他段落上。

选择该水平线，在【格式】选项卡的【大小】选项组内设置线高为 0 厘米，线宽为 15.5 厘米。单击【形状轮廓】设置线条颜色为红色，线条粗细为 2.25 磅，实线。单击【位置】按钮，在弹出的下拉列表中选择【其他布局选项】，打开【布局】对话框，在【文字环绕】选项卡内设置环绕方式为【浮于文字上方】，在【位置】选项卡内设置水平对齐方式相对于页面居中、垂直对齐方式为行下侧 0.5 厘米。

(6) 输入公文主体，添加版记。

输入公文主体的文字提示，包括标题、主送机关、正文、发文机关署名、成文日期，使用样式 3—样式 7 设置文字及段落格式。

版记，位于公文最后一页紧邻版心下缘。为了将版记固定到页面底部，可以使用表格输入版记并将表格位置设置到页面底部。

单击【插入】选项卡中的【表格】按钮，用鼠标选择 3 行 1 列的表格，则插入一个 3×1 的表格。选中表格第 2 行并右击，在弹出的快捷菜单中选择【拆分单元格】命令，在【拆分单元格】对话框中设置列数为 2，行数为 1。将表格中该行的一列拆分为两列分别放《印发机关》和印发日期。按照图 4-31 和表 4-5 所示，在表格各单元格输入文字，应用样式 8—样式 10 设置文字格式。

单击表格左上角的表格移动控点 ⊞ 选中整张表格，单击【开始】或【设计】选项卡中的【边框】按钮，在弹出的下拉列表中选择【边框和底纹】选项(或右击表格，在弹出的快捷菜单中选择【边框和底纹】命令)，打开【边框和底纹】对话框，设置上边线为 2.25 磅粗线、中间水平线为 0.5 磅细线，取消下边线和左右边线。选择表格第 2 行，在【边框和底纹】对话框框中将中间垂直线取消。

右击表格，选择【表格属性】选项，打开【表格属性】对话框，选择【环绕】并单击【定位】按钮，打开【表格定位】对话框，如图 4-38 所示设置表格的位置。水平位置相对于页边距居中，垂直位置相对于页边距放置底端。

注：日期的输入，可以直接输入或使用【插入】选项卡中的【日期和时间】命令按钮插入系统日期。

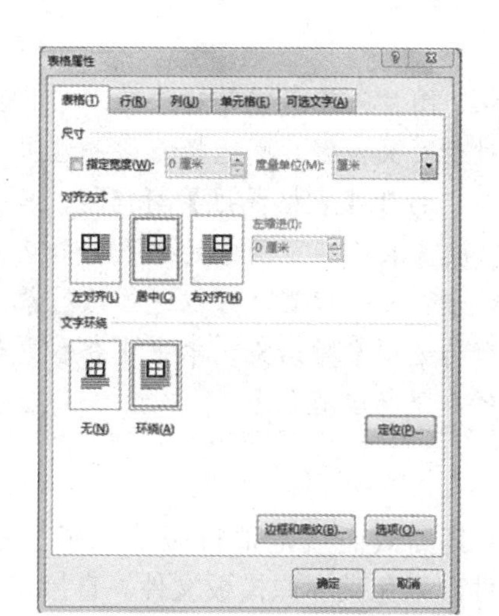

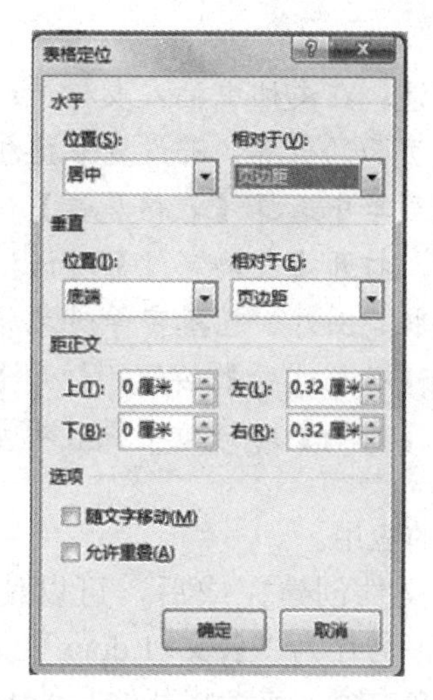

图 4-38　设置表格布局属性

(7)　插入页码。

版心内设计完成后，需要在文档内添加页码。为使文档装订后页码保持在外侧，文档奇数页页码需要插入到页面右侧，偶数页页码插入到页面左侧，页码两端还应各加一条长划线。

在功能区单击【插入】选项卡中的【页码】按钮，在弹出的下拉列表中选择【页面底端】→【普通数字 3】选项，将页码插入到文档页脚的右侧(奇数页)。将光标位于第 2 页，与插入第 1 页页码一样插入第 2 页页码，注意此时选择【普通数字 1】将页码插入到文档页脚左侧(偶数页)。分别在奇数页和偶数页的页码两侧加入一条长划线。单击【插入】选项卡中的【符号】按钮，在弹出的下拉列表中选择【其他符号】选项，打开【符号】对话框，选择【特殊字符】选项卡中的【长划线】选项，如图 4-39 所示。设置页码为 4 号宋体。

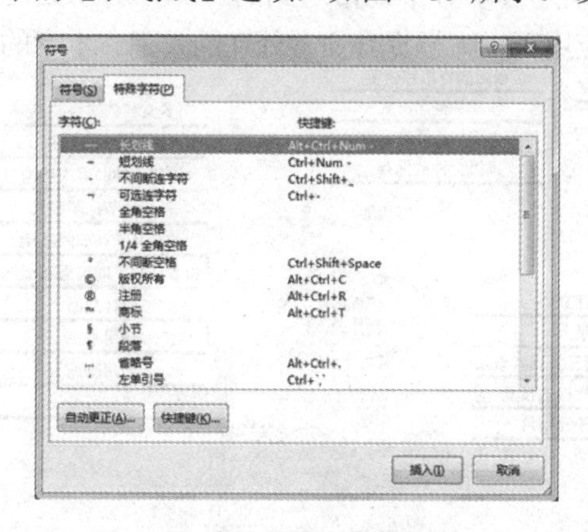

图 4-39　插入长划线

(8)　保存模板文件。

单击【文件】按钮，在打开的【文件】菜单中选择【另存为】命令，打开【另存为】对话框，选择文件类型为“Word 模板”，此时保存位置自动定位为“自定义 Office 模板”文件夹，输入文件名“公文模板”，单击【保存】按钮。

注：在文档中插入表格、形状、图片、艺术字等对象后，可以设置它们相对于页面的位置。若设置表格相对于页面位置，则选择表格并右击，在弹出的快捷菜单中选择【表格属性】命令，打开【表格属性】对话框，单击【定位】按钮，打开【表格定位】对话框，设置表格在页面中的水平与垂直位置。若设置形状、图片、艺术字等对象相对于页面的位置，可以选择该对象，单击其右侧的【布局选项】按钮，打开【布局选项】对话框，单击【查看更多】，在打开的【布局】对话框中设置对象的水平与垂直位置。

(9) 模板的应用。

公文模板文件创建完成后，可以使用其高效而规范地排版公文了。打开“公文模板.dotx”文件，另存为“公文 1.docx”文件，以免破坏原模板文件。直接在文档的提示文字位置输入公文内容，或者将其他文件中的公文内容复制粘贴到文档的提示文字处。

注：从其他文件中复制粘贴到公文文档中的文字的格式可能与公文文档中的格式不同，为避免破坏公文文档中的文字和段落格式，可以在粘贴时选择【粘贴选项】中的【只保留文本】，如图 4-40 所示。该选项就只粘贴文字，而不会破坏目标文档中的格式。

图 4-40 【粘贴选项】中的【只保留文本】

4.5 本 章 小 结

文字处理是日常生活或办公事务中经常遇到的工作，对字处理操作概念和过程的清晰把握、对字处理软件的熟练应用可以大幅提升文字处理的效率。本章的主要内容如图 4-41 所示。

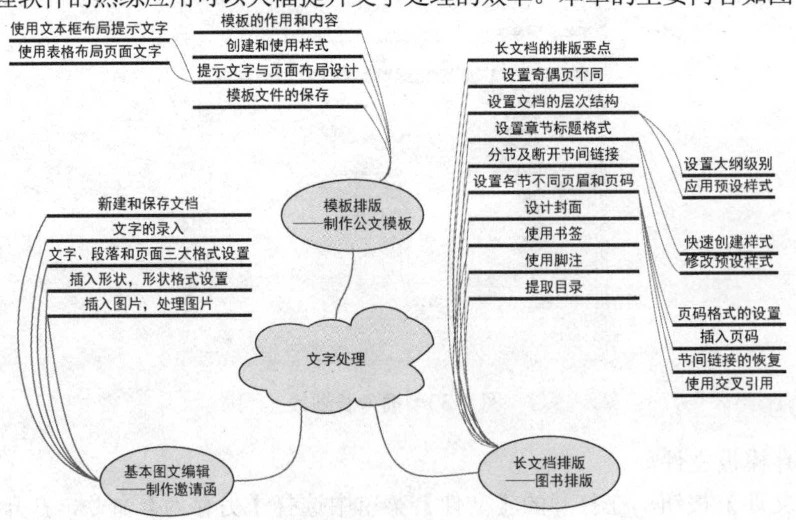

图 4-41 第 4 章 文字处理内容导图

4.6 习　　题

一、问答题

1. 文档中插入形状的文字环绕方式都有哪些？这些环绕方式各有什么特点？插入形状默认的文字环绕方式是什么？

2. 为什么文档正文默认大小会影响文档网格设置？

二、实验题

1. 自选主题，制作一张图文并茂的贺卡。

2. 制作一个会议邀请函。

3. 新建文档，输入数学公式：$y=\int_0^\pi \frac{\sin(x)}{x}\mathrm{d}x$。

4. 应用“小型任务实训——任务 4-03　制作公文模板”制作公文。

5. 制作书信模板。

6. 设计排版一篇短篇小说。

第5章 演示文稿

在工作和学习中经常需要进行一些演示类工作，如：介绍公司产品、汇报工作计划、展示研究成果、专家报告、教师授课、竞聘职位等。演示文稿是完成这些演示类工作的重要媒介，是演示者思想的重要传达工具。而演示文稿内容的逻辑性和视觉的表现力直接影响着演示效果。

本章介绍演示文稿设计与制作过程中的组成元素，并对各组成元素进行逐一分析、拆解，试图将演示文稿的全貌呈现出来，希望读者学习本章的内容之后，了解制作原则，掌握制作技巧，触类旁通，举一反三，应用到工作和学习中制作出好的演示文稿。本章主要内容包括：5.1 节介绍了演示文稿的制作过程、演示文稿的常见类型、组成部分和制作工具；5.2 节介绍了演示文稿的文字设计；5.3 节介绍了演示文稿的图片设计；5.4 节介绍了演示文稿的版式与母版设计；5.5 节介绍了演讲文稿的动画设计；5.6 节介绍了演示文稿的常用操作。

5.1 演示文稿概述

演示文稿(Presentation)是辅助演讲者进行演讲信息展示的文稿，其可以集成文字、图形、图像、声音、动画、视频等多种媒体信息，具有可视化、多媒体化信息呈现和辅助性信息传播的特点。演示文稿一般由多页幻灯片(Slides)组成，可以通过幻灯片的依次切换，在投影仪、计算机、平板电脑、手机等设备上放映，也可以打印输出在纸上或胶片上。

本节将介绍演示文稿设计制作的过程，有哪些常见类型的演示文稿，演示文稿由哪些部分组成，制作演示文稿的工具有哪些。

5.1.1 演示文稿的设计制作过程

演示文稿从开始到结束的过程是：需求分析与主题确定→素材收集与内容组织→内容呈现→演示排练，图 5-1 为演示文稿制作的流程图。

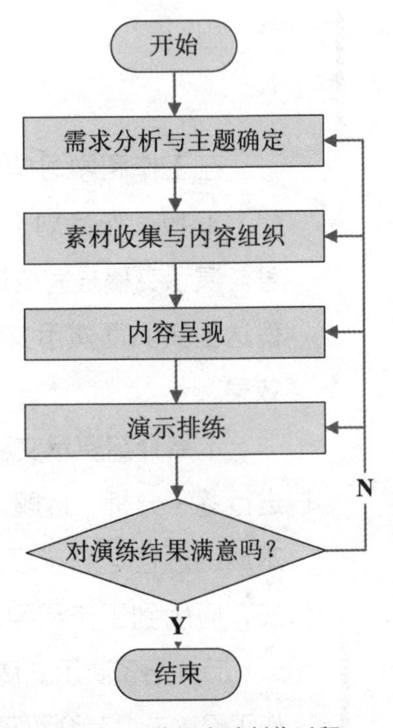

图 5-1 演示文稿制作过程

1. 需求分析与主题确定

对演示进行需求分析可以从了解以下几个方面的内容入手。

1) 场合

常见的场合是教师授课、产品宣传、会议演说、项目汇报等。在制作演示文稿之前，一定要对场合做好判断。明确目前场合的基本情况、调性、演示要达到的目的。在掌握了以上信息的基础上，进一步确定面向当前场合的标准动作，才有创新和超越的可能。否则，不符合场合的演示可能会导致各种尴尬，对演讲者及其所代表单位甚至所在行业都可能造成影响。

2) 观众

观众决定了话题的焦点和走向，对观众的了解程度越深，演示的效果会越好。在了解观众的过程中，可以通过多种方式，如调查问卷、与活动召集人或联系人沟通、与观众沟通、通过多个途径去搜索信息等。

3) 场地

要提前明确现场的投影环境、音响环境及是否有计时器、提词器等。如果是 LED 屏幕，要搞清楚屏幕的比例，目前的主流配置是 16∶9。如果场地是室内的活动，演示过程中要多用深色系的背景，不要使用白色或浅色背景，否则，长时间盯着屏幕，很容易让观众视觉疲劳。

4) 主题

通常来说，主题应该是演讲者的专长，演讲者完全可以把握。不过，考虑到不同场合

不同观众，主题的方向可能不同。如一位计算机领域的专家，跟同行分享的时候，可以用“基于 Hadoop 的分布式文本分类研究”作为主题，但是，跟大学生做分享的时候，用“如何用大数据有效地支持学习”也许会更合适一些。

2. 素材收集与内容组织

演示文稿的内容是演示和表达的核心。在需求分析的环节，已经梳理出了主题，那么在收集素材和组织内容的环节，主要需要完成以下工作。

1) 列出提纲

根据主题，列出演示内容的提纲。提纲的表现形式可以多样，手绘、思维导图或者仅仅罗列条目均可。

2) 根据所写提纲收集素材

在明确的提纲列出来之后，可根据提纲内容去收集相应的素材。

3) 组织素材

未经编排的素材犹如一盘散沙，不能直接拿来呈现给观众，需要利用一些方法、原则进行组织后，梳理出演示内容之间的逻辑关系。现列举出目前常用的两种内容组织方法。

(1) 金字塔原理。

金字塔原理(The Pyramid Principle，也被译为金字塔法则)是一种层次化、结构化的思考与沟通技术，可以用于结构化写作和演讲，是表达思想的逻辑、组织内容的工具。金字塔原理的创始人为美国人芭芭拉・明托(Barbara Minto)。

金字塔原理的基本思想是“学会从结论说起”+“利用分类方法组织素材”。“学会从结论说起”就是将要表达的中心论点最先抛出，以论点鲜明、含义明确的陈述句来描述。再提出围绕中心论点的各个论据，然后利用素材对每个论据进行支撑性论述，如图 5-2 所示。

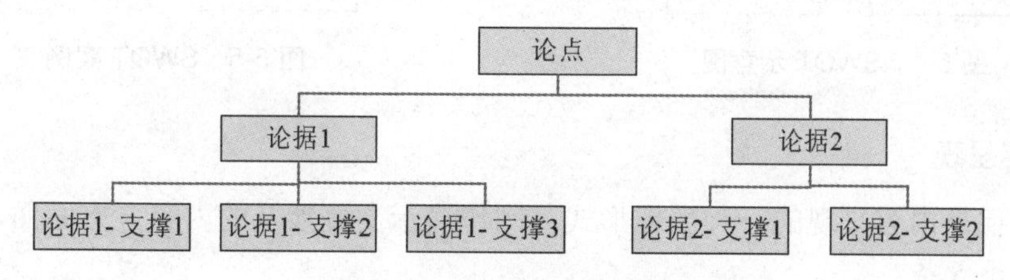

图 5-2　金字塔原理示意图

举例事项如下：下午 1 点，一位员工向老板报告：“赵经理，之前您说下午 3 点到公司，而现在刘老师的事情已经提前安排到了上午，张经理下午 5 点还有个会，所以，我们的培训计划提前到下午 2 点。”

以上这段话的中心思想不明确、表达无逻辑，容易让老板听完之后一头雾水，不知所云。若采用金字塔原理，如图 5-3，从结论说起，观点鲜明，逻辑清晰。而素材的组织则利用分类的方法。如“刘老师的事情已经提前安排到了上午”和“张经理下午 5 点还有个会”是更改培训时间的他人的原因。老板原定于下午 3 点到公司而提前到 1 点就到了公司，这条是老板本人的原因。

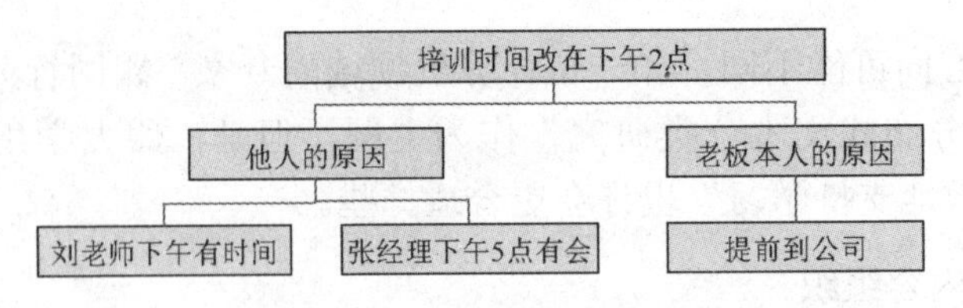

图 5-3 金字塔原理案例

(2) SWOT 分析法。

SWOT(Strengths-Weaknesses-Opportunities-Threats)分析法即态势分析法，就是通过调查研究，找出与研究对象相关的 4 个方面的因素——优势、劣势、机会和威胁，按照 4 个象限(维度)列举出来，如图 5-4 所示，加以组合、匹配分析，从中得出结论用于决策的问题分析方法。

SWOT 分析法是 20 世纪 80 年代初由美国旧金山大学的管理学教授韦里克提出，经常被用于企业战略制定、竞争对手分析等场合。而这类场合下的演示文稿素材组织方法也就常常使用 SWOT 了。

如一个准备去 T 公司应聘的毕业生，他对自己应聘 T 公司做了如图 5-5 所示的 SWOT 分析，他的个人简历的演示文稿就可以如此组织素材。

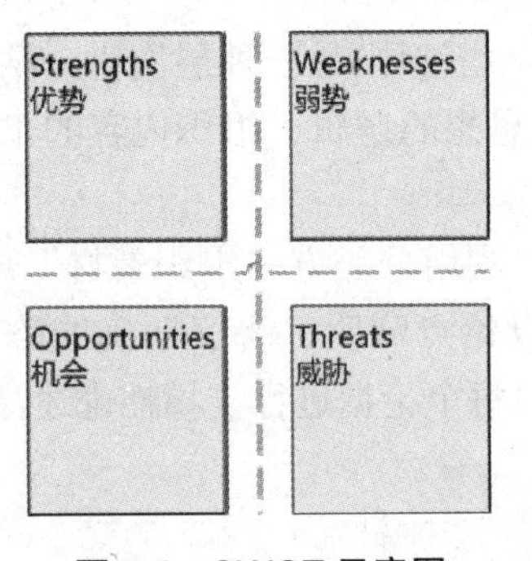

图 5-4 SWOT 示意图

图 5-5 SWOT 案例

3. 内容呈现

演示文稿是内容呈现的一种表现形式，制作演示文稿涉及的内容方方面面，通用的原则主要有如下 5 条。

(1) 技术是为演示目的服务、为内容服务；

(2) 不影响信息传递的前提下，多用图片、视频、图表和表格，少用文字；

(3) 统一演示文稿的风格，包括版式、图片、配色、字体等；将幻灯片中的各组成部分进行对齐(居中对齐、居左对齐、两端对齐、居右对齐等方式)；

(4) 认真分析幻灯片中的内容，把同一语义的内容放得近一些，把不同语义的内容放得远一些；

(5) 如果想强调幻灯片中的某些内容，可以使用加粗文字、调整字号、添加色块等方式作对比。

内容呈现需要技术手段的支持，本章将通过介绍 Microsoft PowerPoint 2016 演示文稿制作工具的使用，来详细描述演示文稿内容呈现技术。

4. 演示排练

演示文稿设计制作完成后，为了能够在模拟实际演讲的环境下进行预演示，可以设计、安排排练环节，模拟实战，目的是在排练过程中，发现问题及时补救。若对于排练结果不满意，查明原因和问题所在，可以返回到前面三个步骤，更正、补充和修改。所以，优秀的演示文稿的设计制作过程是个迭代的过程，需要反复修改、完善。

在排练过程中需要注意两个主要方面：时间和内容。

1)　时间

无论是答辩、招标或各种比赛都是严格控制时间的，时间一到立即停止，排练过程中练习能够在约定时间内完成。

2)　内容

熟悉文稿组织结构和内容，熟悉每张幻灯片，最好做到不看屏幕上的幻灯片，也可以顺利演讲。

5.1.2　演示文稿的常见类型

1. 按使用目的分类

按照演示文稿的使用目的可以分为两大类：阅读型和演说型。

1)　阅读型演示文稿

阅读型演示文稿基本上不需要演示者演讲，观众只需要阅读演示文稿中的内容就能够掌握演示者想要传递的绝大部分信息了(见图 5-6)。如：教学课件、读书笔记、操作手册等。这类演示文稿的文字量相比于演说型演示文稿要更多，更需要清晰的条理、清楚的文字。

2)　演说型演示文稿

演说型演示文稿的主要作用是辅助演示，一般只需呈现重要的信息，而大部分内容由演讲者口述(见图 5-7)。如：自我介绍、产品介绍、工作汇报等。这类演示文稿的文字量较少，需要使用更加强有力的视频、图片、图表等吸引观众的注意。

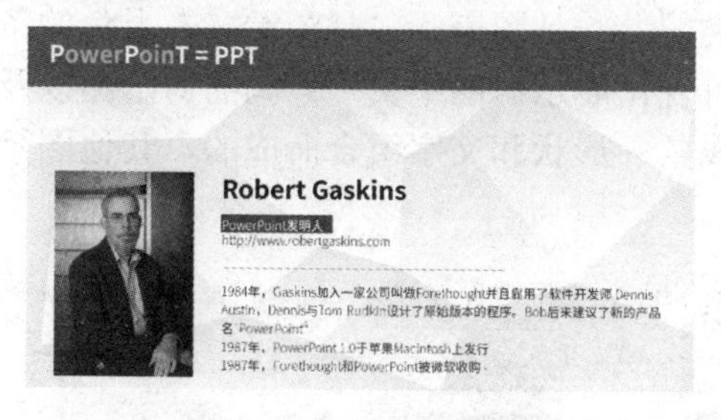

图 5-6　阅读型演示文稿

图 5-7　演说型演示文稿

2. 按呈现方式分类

演示文稿按照呈现方式可以分为半图型、全图型、全字型、信息图表型等。

1)　半图型演示文稿

半图型演示文稿是指一页幻灯片中半图半文，图片只占页面的局部，是最常见的幻灯片类型。多见于产品介绍、人物介绍等(见图 5-8)。

2) 全图型演示文稿

全图型演示文稿的每页幻灯片的背景完全覆盖着一张图片，在图片上通常放着简单的几个字作为强调和说明(见图 5-9)。这类演示文稿多见于产品发布会这样的面向大众、需要强烈视觉表现力和感染力的场合。设计制作全图型演示文稿需要注意两个主要问题：一是高清高分辨率的图片；二是高度精练的文字，可以是一句口号、一个短语，既能高度概括要表达的核心思想，又能让人记住并产生深刻印象。

图 5-8 半图型演示文稿

图 5-9 全图型演示文稿

3) 全字型演示文稿

全字型演示文稿最为典型的代表是高桥流演示文稿，是日本 Ruby 协会会长高桥征义发明的一种使用纯粹文字来表达的演示文稿，演示文稿中的每页幻灯片只有一个大的关键词作为演讲的引导，如图 5-10 所示。这类演示文稿的设计制作需要注意两个问题：一是表达演讲内容的关键词提炼，二是每页幻灯片中关键词之间的逻辑关系。尽管这类演示文稿的使用没有场合限制，但是由于演示文稿中只有关键词，没有图表和图片，所以，对演讲者的要求非常高。

平面
设计

图 5-10 高桥流演示文稿实例

4) 信息图表型演示文稿

信息图表型演示文稿用简洁形象的图表介绍复杂的流程或内容。如图 5-11 所示，这页幻灯片介绍了宠物被蛇咬的情况。图中有两大类图，一是图表，二是图示。右上角的条形图和右下角的折线图都是数据图表，是数据的可视化展示；图中央一只狗的剪影图以及其他的图等是图示。狗身上各部分的图示都是用线条、形状和文字组合而成的，其他图示同理，这类图是概念图，不是数据的可视化反映。

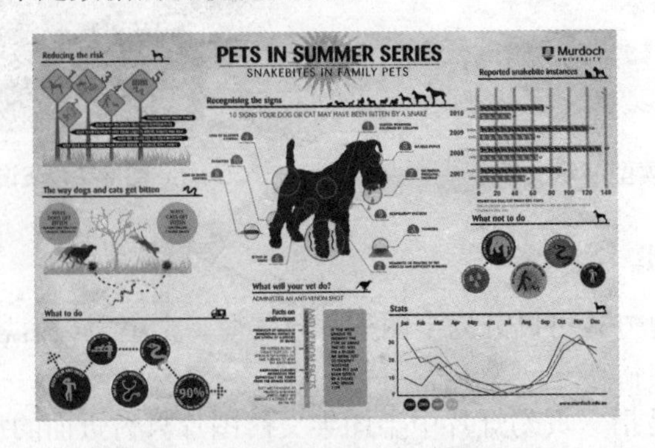

图 5-11 信息图表型演示文稿实例

5.1.3　演示文稿的组成部分

演示文稿的组成一般包括：封面、摘要、目录、过场页、内容页、总结、致谢等部分，如图 5-12 所示。

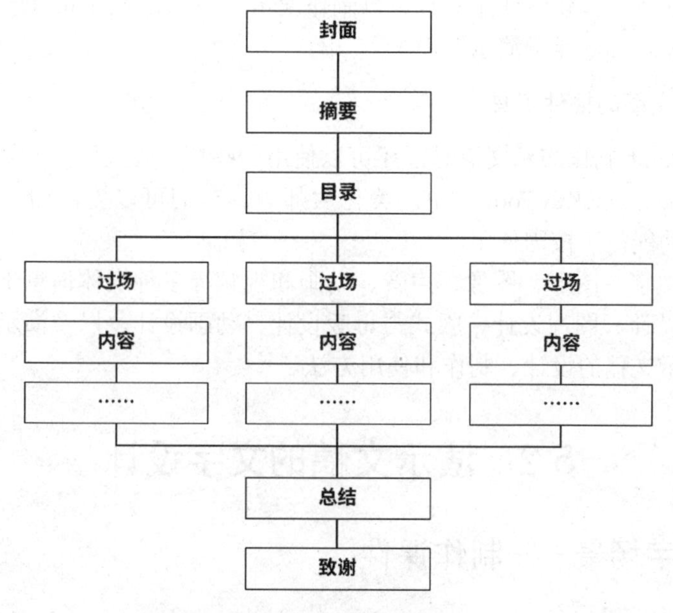

图 5-12　演示文稿组成

当然，并不是每一个演示文稿都要包含这些部分，结合特定场景和主题，可对不需要的部分进行删减。最常见的部分可以是封面、目录、过场页、内容页和致谢。

5.1.4　演示文稿的制作

1. 演示文稿的制作工具

目前，制作演示文稿的软件有很多，如 WPS Office 演示、Keynote、Prezi、Focusky、Microsoft PowerPoint 等。

其中，WPS(http://www.wps.cn/)被认为是替代 Microsoft Office 的国产办公软件，其 WPS 套件中的 Office 演示在功能和操作上与 Microsoft PowerPoint 有很多相同之处。Keynote(https://www.apple.com/cn/keynote/)是苹果公司 iWork 套件中演示文稿制作软件，于 2003 年推出，运行于 MacOS 操作系统下。Prezi(https://prezi.com)是一款 2009 年推出的在线编辑、缩放式放映文稿的演示文稿制作软件。Focusky(http://www.focusky.com.cn/)是一款著名的国产演示文稿制作工具。其发布于 2012 年，因其具有简单易学、个性化动画效果、动态 3D 缩放/旋转/移动切换幻灯片、展示内容的逻辑性清晰、免费等特点，在国内有一定的用户群。

Microsoft PowerPoint(以下简称为 PowerPoint)是微软公司 Office 套件中的一个组件，

是目前使用人数最多、操作简单、制作高效的演示文稿制作软件(https://products.office.com/zh-cn/powerpoint)。因微软在操作系统、办公软件领域的强大号召力，Microsoft Office 几乎成为办公软件的国际标准，其文件格式 PPT 也成为演示文稿的代名词(本章部分内容使用 PPT 代称“演示文稿”)，其他演示文稿制作软件几乎都与 Microsoft PowerPoint 兼容或部分兼容。本章使用的工具为 Microsoft PowerPoint 2016。

除此之外，还有一些软件或服务也可以制作演示文稿，如 Apache OpenOffice、Google Slides、Canva、AxeSlide 斧子演示等。

2. 制作演示文稿的插件工具

使用 PowerPoint 制作演示文稿时，还可以使用一些功能强大，提升效率的插件作为辅助工具，如 iSlide、OneKeyTool、PPT 美化大师等。它们可以提供如一键优化、设计排版、智能图表等功能，可按需使用。

演示文稿集文字、图形、图像、声音、动画和视频等多种媒体信息于一身，下面就从演示文稿的文字设计、图片设计、版式与母版设计、动画设计，以及演示文稿的常用操作几个方面介绍演示文稿的设计、制作和使用方法。

5.2 演示文稿的文字设计

5.2.1 多文字场景——制作课件

小型任务实训——任务 5-01 制作课件

我们经常面对的场景可能是：一份有大段文字的文档，为其制作一份阅读型演示文稿。

【任务目标】根据文档中的文字材料制作课件 PPT，要求一字不删，幻灯片比例 16∶9，横向，如图 5-13 所示。文字素材见“5-1 课件制作素材.docx”。

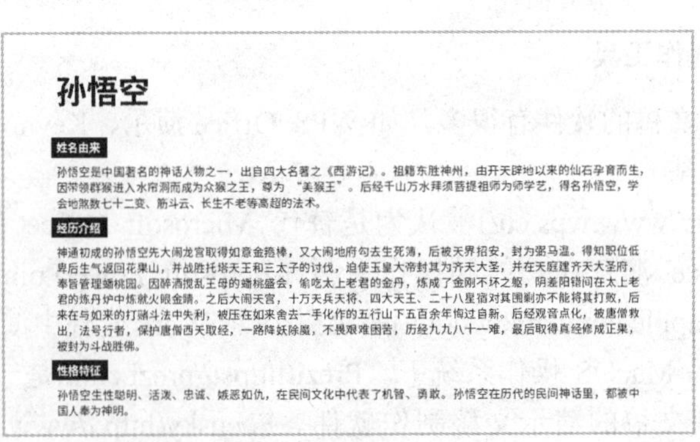

图 5-13 课件效果图

【解决方案】 任务需要解决两个主要问题：划分大意和强调内容。

(1) 划分大意，即组织素材。分析现有的文字及相关材料总结归纳，把意义相同或相

近的内容放在一起，将意义不同的内容分开。

(2) 强调内容，即呈现内容的形式设计。对标题或小标题的内容进行强调，以起到吸引读者或观众注意的目的，强调内容的方法包括对文字加粗、给文字加上色块等。

【实现步骤】

(1) 打开 PowerPoint 软件，新建空白演示文稿，如图 5-14 所示。

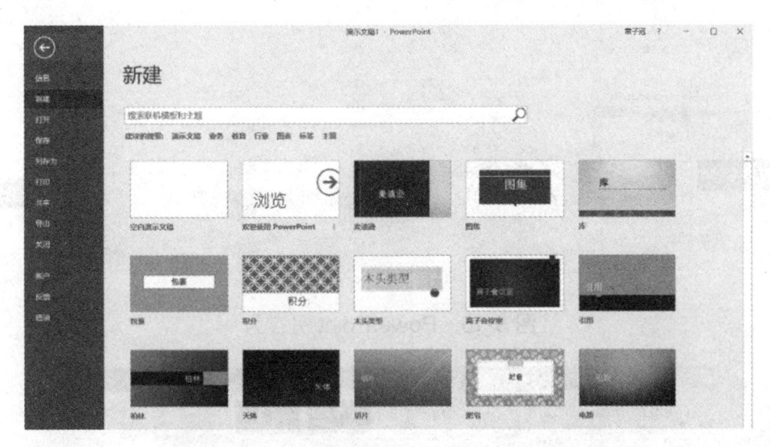

图 5-14　在 PowerPoint 中新建演示文稿

启动 PowerPoint，选择主菜单中的【新建】命令，打开【新建】窗口，可选择各种模板创建演示文稿，也可直接单击【空白演示文稿】，新建一个空白文稿。此时出现 PowerPoint 的编辑界面，如图 5-15 所示。

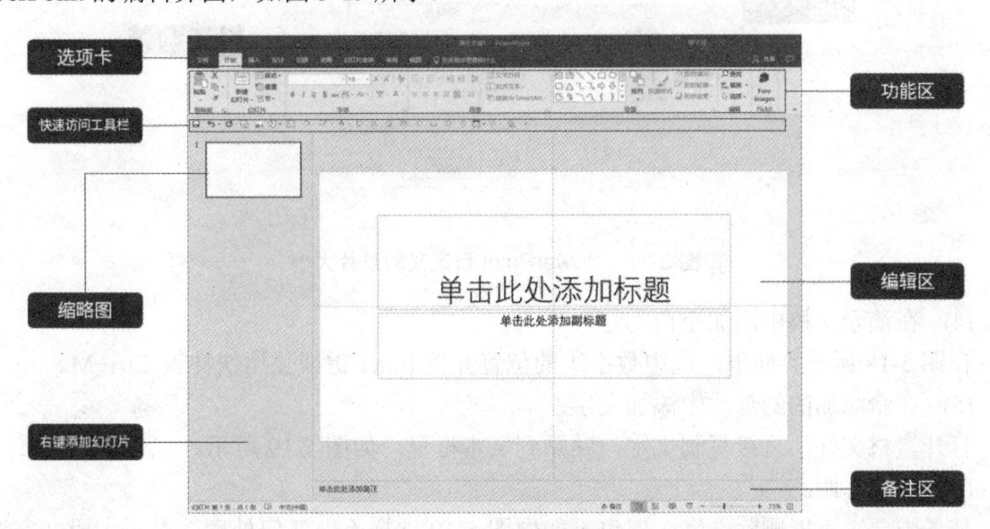

图 5-15　PowerPoint 的编辑界面

(2) 使用快捷键 Ctrl+S 或者主菜单中的【保存】或者【另存为】命令保存当前演示文稿为“孙悟空.pptx”，如图 5-16 所示。注意存储路径和文件类型。

(3) 设置幻灯片大小。

选择【设计】选项卡，单击【幻灯片大小】按钮，在下拉菜单中选择幻灯片大小为

【宽屏(16:9)】或单击【自定义幻灯片大小】打开【幻灯片大小】对话框，设置幻灯片大小为【宽屏】，方向为【横向】，如图 5-17 所示。

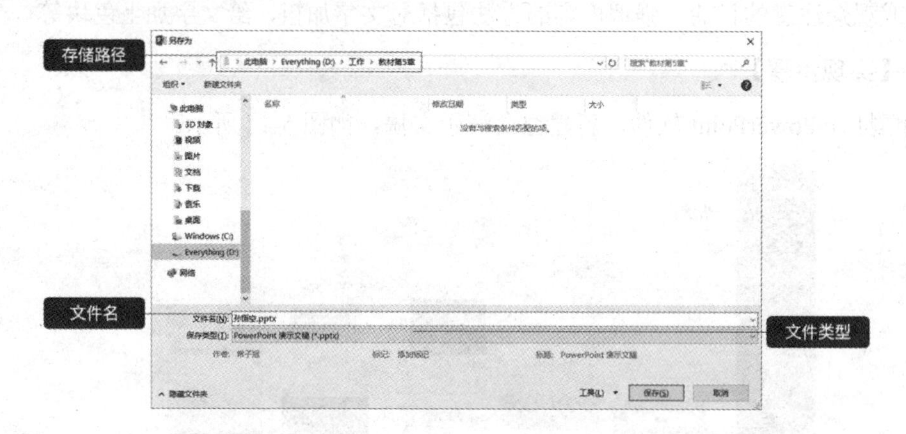

图 5-16　PowerPoint 另存为

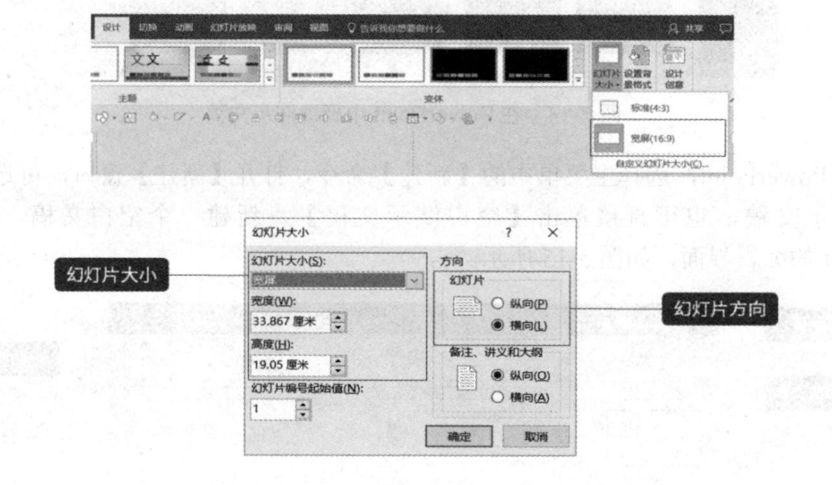

图 5-17　PowerPoint 自定义幻灯片大小

(4)　在演示文稿中添加空白幻灯片。

在图 5-18 所示界面中，选中数字①的位置并按 Enter 键或使用快捷键 Ctrl+M。

(5)　在新添加的幻灯片中添加文字。

打开素材文件，直接复制文字，粘贴到文本框里，如图 5-19 所示。

(6)　调整行距。

任务中要求不能删除一字，但也不能像图 5-19 这样不做任何处理。对于大段文字进行处理使阅读更加清晰的基本方法是调整行距。中文是象形文字，如果段落之间、行之间的距离太小，会大大影响观感，故增大行距是最有效的解决办法。一般来说，大段文字的行距介于 1.1～1.5 倍之间。

选中图 5-19 所示幻灯片中文本框(图中①的位置)，单击【开始】选项卡【段落】选项组中的对话框启动器(图中②的位置)，打开【段落】对话框，将行距设置为【多倍行

距】，设置值为 1.1，如图 5-20 所示。

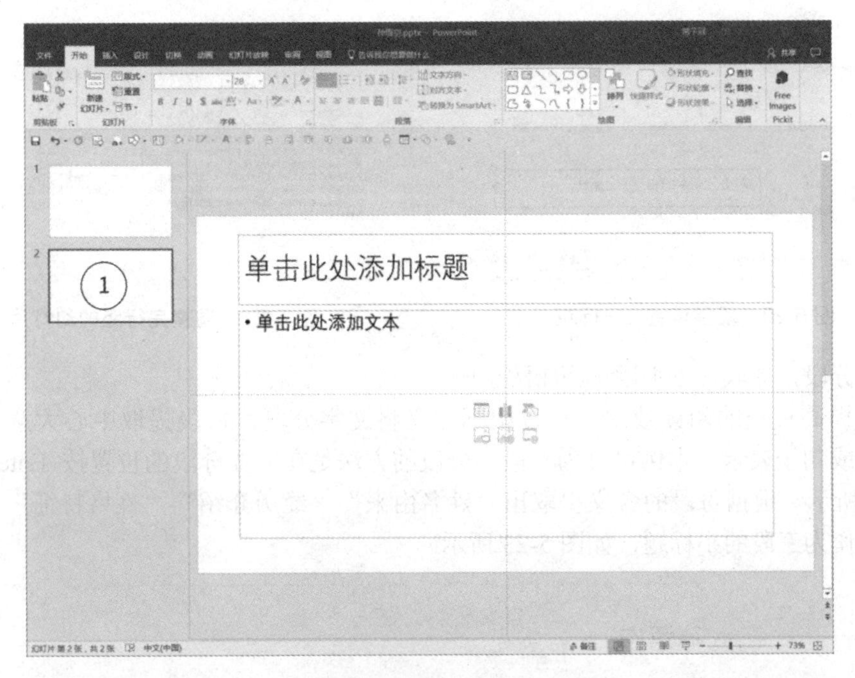

图 5-18　添加幻灯片

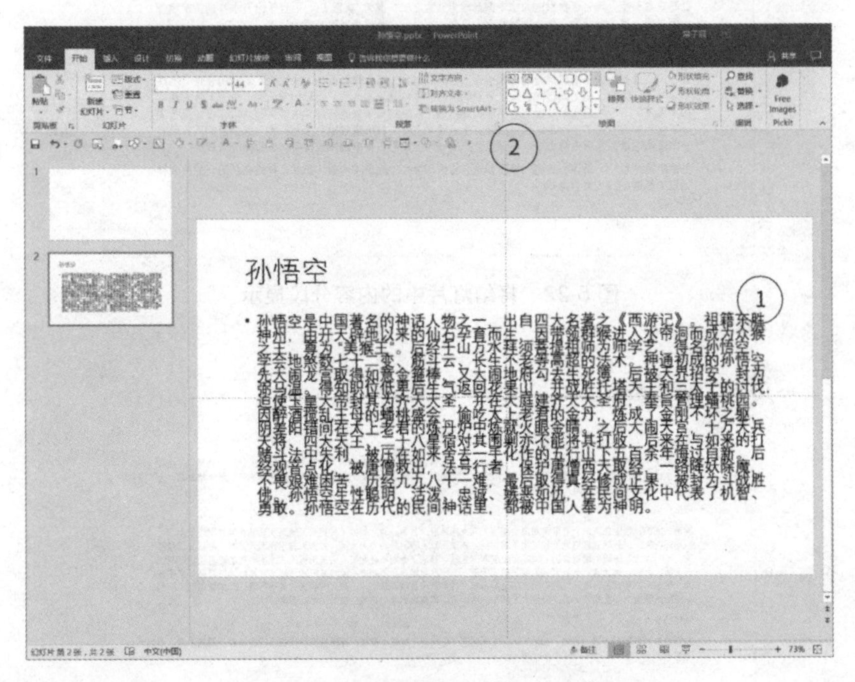

图 5-19　将文字复制粘贴到文本框中

PowerPoint 会自动调整字号，虽然文字变小了，但是，行距拉开了，整个页面看起来更清爽，如图 5-21 所示。

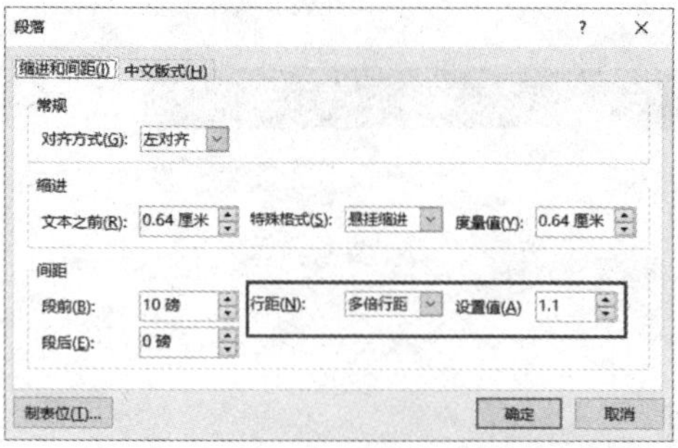

图 5-20　段落设置——行距

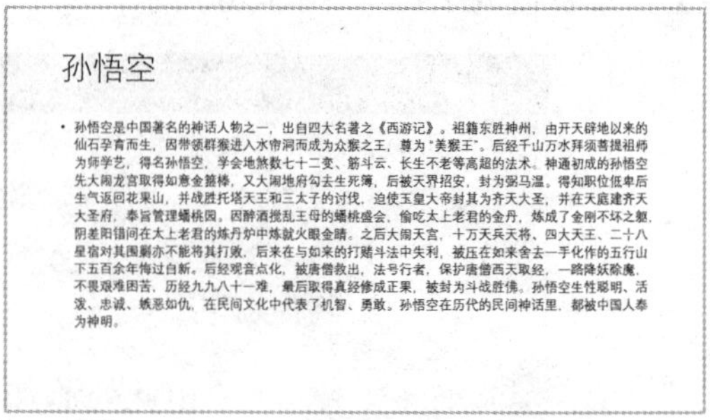

图 5-21　调整完行距的幻灯片

(7) 分段，提取各段主题词/短语/句子。

为了提高观众的阅读效率，可以根据含义将文字分段，每段提取中心大意，用主题词、短语或句子表示。本例可分为三段，分段的方法是在需要分段的位置按 Enter 键，如图 5-22 所示。根据每段的含义提取出“姓名由来”“经历介绍”“性格特征”三个主题词，分别作为三段的小标题，如图 5-23 所示。

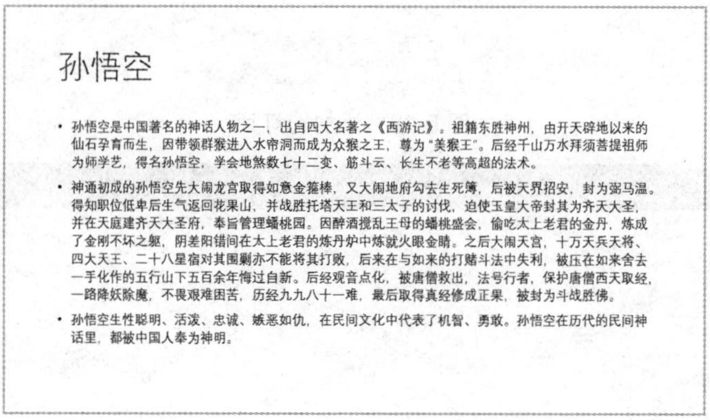

图 5-22　将幻灯片中的内容分段显示

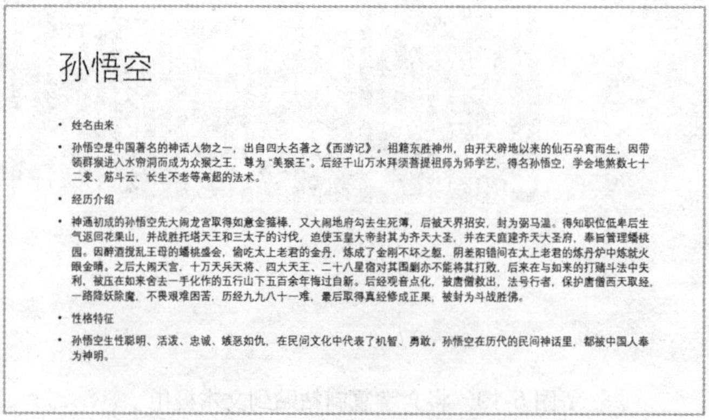

图 5-23　为段落添加小标题

(8) 强调标题。

现在段落前面的项目符号是系统自动加上去的，由于它们之间不是并列关系，故把项

目符号统一去掉。在图 5-24 所示界面中，选中文本框(①的位置)，单击【段落】组中的【项目符号】(②的位置)按钮，选择列表中【无】，效果如图 5-25 所示。

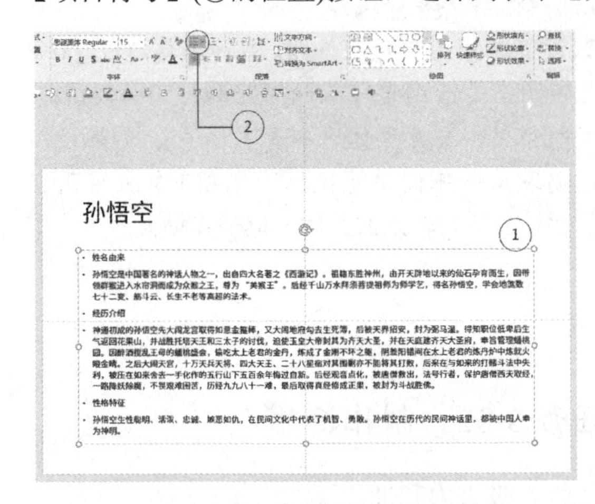

图 5-24　去除项目符号步骤图

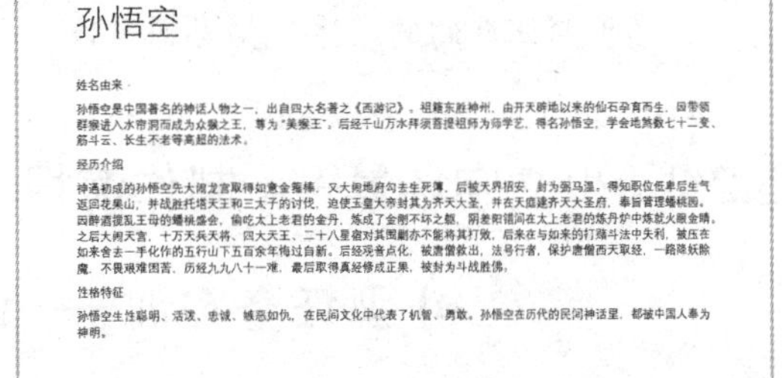

图 5-25　去除项目符号结果图

为表示标题、小标题和正文的层次结构，突出标题和小标题，通常将标题的文字进行加粗、更改颜色、更换字体或加色块，本例中使用更改字体、加粗和加色块的处理方式，如图 5-26 所示。

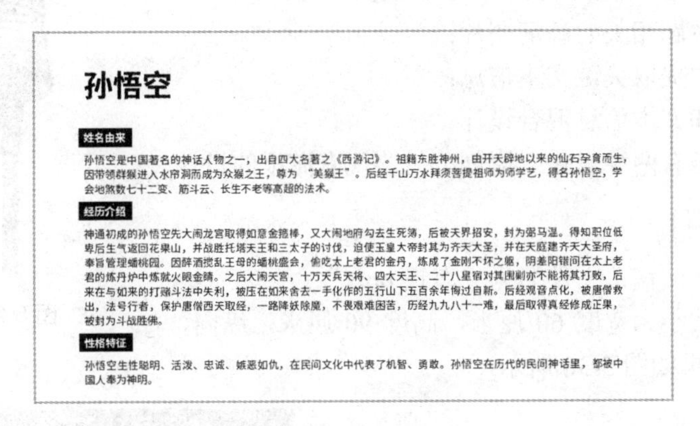

图 5-26　课件成品

结果文稿中的设计元素如图 5-27 所示。

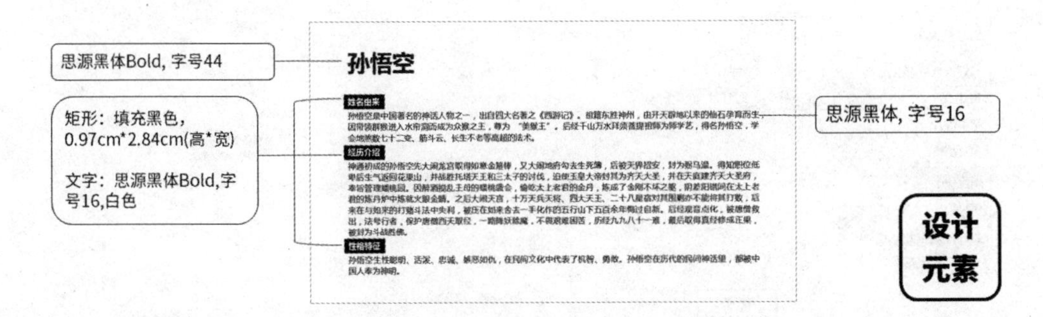

图 5-27　课件 PPT 设计元素

注：若需要在幻灯片中添加大量文字，建议如下。

(1) 根据文字表达的含义或内在逻辑，将文字分段。

(2) 调整段落的间距和行距，建议设置行距为 1.1～1.5 倍，最好不要超过 2.0 倍；设置段落间距 6～12 磅。(根据文字量来灵活调整段落的间距和行距的数值)

(3) 正文建议使用非衬线字体(微软雅黑、思源黑体、冬青黑体等)。如果使用字体创作的作品是商用性质，则需要联系字体提供商授权。免费下载并可用于商业目的的字体包括思源黑体、思源宋体、文泉驿正黑体、站酷高端黑等。

5.2.2 少文字场景——制作海报

小型任务实训——任务 5-02 制作海报

对于海报类演示文稿，其信息表达的精练性、吸引力和冲击感都是需要重点考虑的。

【任务目标】 用文档中的文字材料制作海报，如图 5-28 所示。文字材料见“5-2 海报制作素材.docx”。

图 5-28 海报效果图

【解决方案】 任务需要解决三个主要问题。

(1) 找到与主题相关的高清图片；

(2) 从需求中提取关键文本信息；

(3) 将图片和文本信息混合设计。

解决这类问题有两种思路：原创或借鉴现有海报的设计。

【实现步骤】

(1) 新建演示文稿，文件名为“海报.pptx”。

设置幻灯片大小为宽度 60 厘米，高度 90 厘米，纵向，如图 5-29 所示，结果如图 5-30 所示。

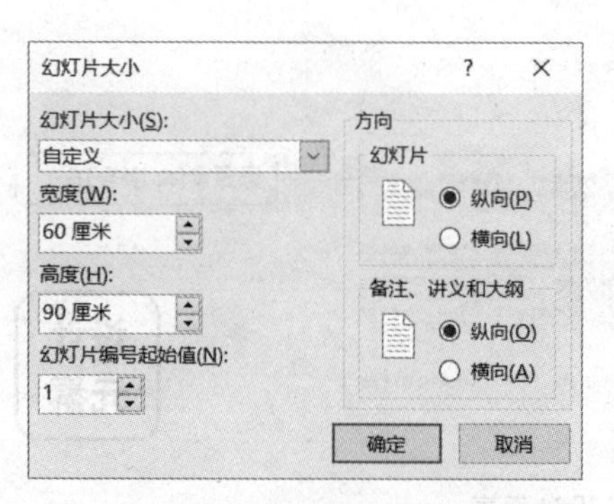

图 5-29 设定幻灯片大小

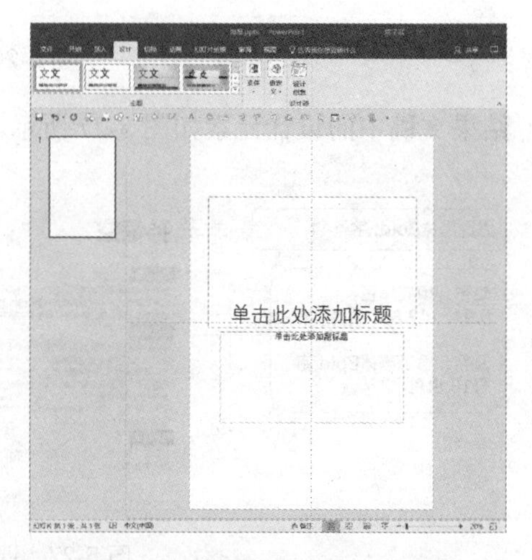

图 5-30 海报演示文稿编辑界面

(2) 找图。

在不使用演讲者本人照片的情况下，可以在搜索引擎中直接查找与演讲主题相关的人物或物品的图片。本例中搜索与演讲相关的物品，注意搜索关键词最好不要笼统为“演讲”，而应更为具体，如“话筒”“讲台”“礼堂”等。找到后下载保存在磁盘上待用。

(3) 插入图片。

在【插入】选项卡中，单击【图像】组中的【图片】按钮，如图 5-31 所示，选择待插入的图片文件，单击【确定】按钮。

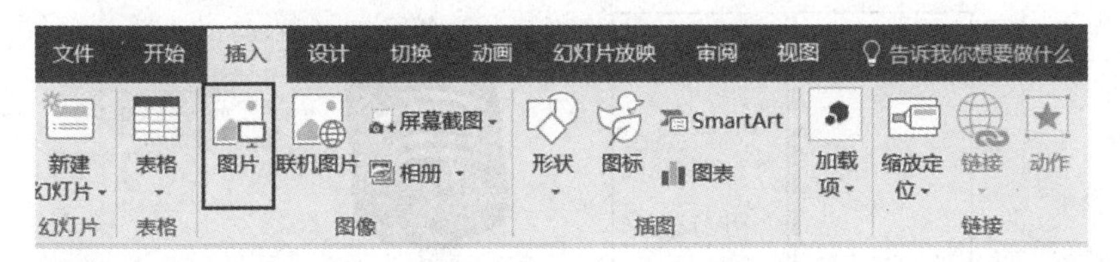

图 5-31　在 PPT 中插入图片

(4) 插入文字。

在【插入】选项卡的【文本框】下拉列表中，选择【横排文本框】选项，如图 5-32 所示，把文字复制粘贴到该文本框中，结果如图 5-33 所示。

图 5-32　在 PPT 中插入文本框

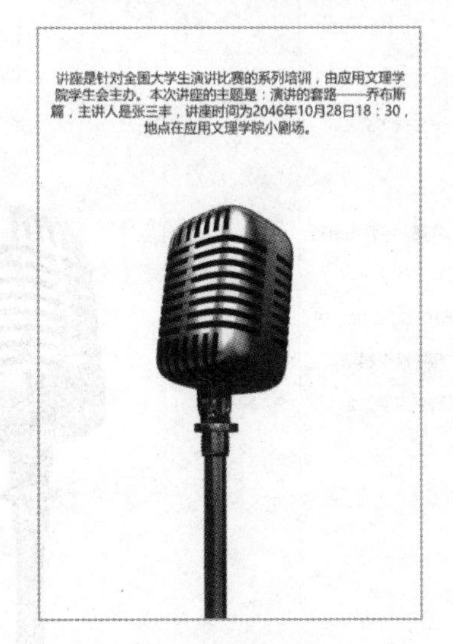

图 5-33　添加图片和文本

(5) 分段，提炼标题。

海报的特点是文字精练，通常情况是图多字少，故要对这大段文字进行提炼和分段。

首先，提取大标题为“全国大学生演讲比赛系列培训”，再根据文中内容划分出主办、主题、主讲人、时间和地点 5 个方面的内容，分别提取小标题和详细信息，结合这张海报的布局设计及结果如图 5-34 所示。提取小标题，如图 5-35 所示。

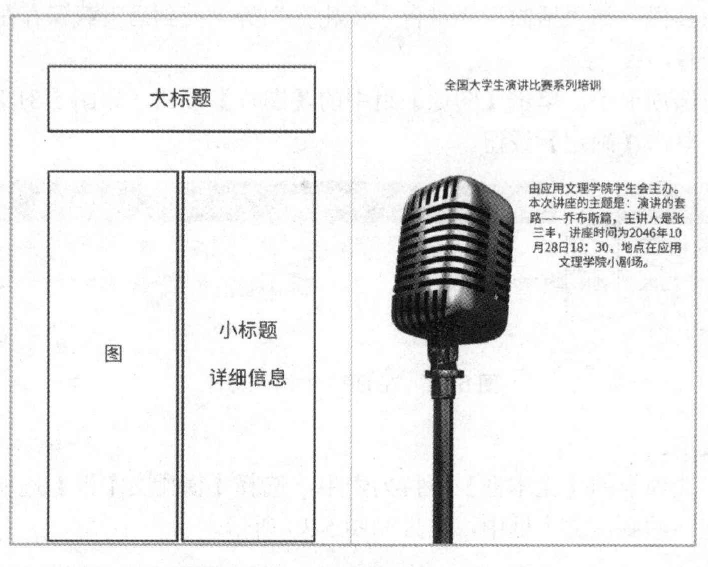

图 5-34　海报布局设计及结果

在幻灯片中，再插入三个文本框，分别将主题、主讲人、时间、地点、主办方信息分别放在不同文本框中，方便不同格式的设置。将所有文本框中文字对齐方式设置为右对齐，如图 5-36 所示。调整文字的字号大小，以撑起整个页面。

图 5-35　提取关键信息

图 5-36　添加三个文本框

(6) 插入线条作为强调和装饰。

在【插入】选项卡的【插图】组中单击【形状】下拉按钮，在弹出的下拉列表中单击【线条】选项组中的【直线】按钮，如图 5-37 所示，插入直线，最后效果如图 5-38 所示。

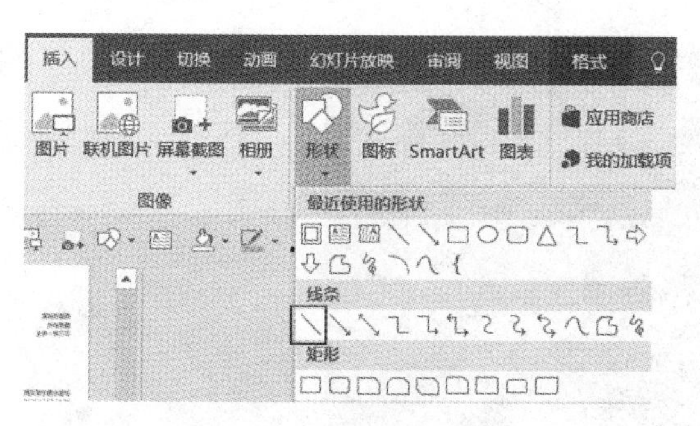

图 5-37　插入线条

图 5-38　强调标题文字

结果文稿中的设计元素如图 5-39 所示。

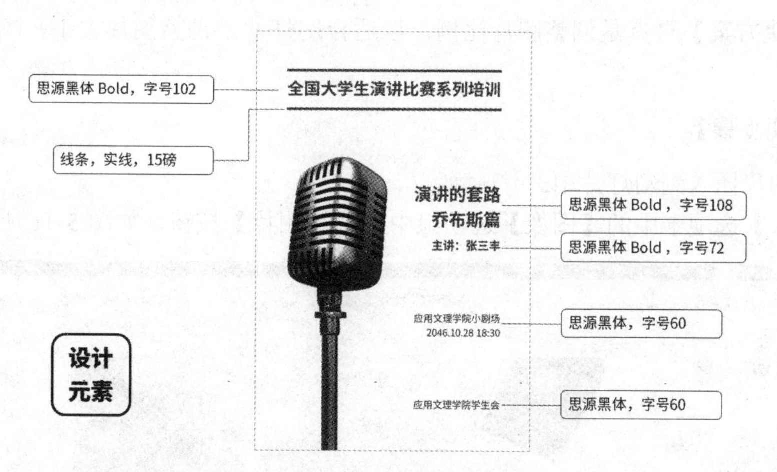

图 5-39　海报设计元素

注：制作海报主要有以下几个步骤。

(1) 根据现有的文字材料搜索与主题相关的图片；

(2) 设计海报的布局；

(3) 提炼文字，将图片、文字放在合适的位置上；

(4) 为文字添加适当的修饰。

5.3 演示文稿的图片设计

5.3.1 大图的处理——制作发布会幻灯片

小型任务实训——任务 5-03 制作发布会幻灯片

设计制作全图型演示文稿的重点是高清图片的搜集与文案的精练。

【任务目标】 制作发布会 PPT，当前页的文案是“以前我们这样输入文字”，如图 5-40 所示。图片素材见“5-3 发布会.jpeg”。

图 5-40 发布会幻灯片效果图

【解决方案】重点是调整图片比例，以适合幻灯片，调整图片大小、颜色、艺术效果等选项。

【实现步骤】

(1) 将图片插入到幻灯片中。

在【插入】选项卡中的【图像】选项组中单击【图片】按钮，如图 5-41 所示。

图 5-41 插入图片到幻灯片

(2) 处理图片。

双击图片，使用【格式】选项卡中的【裁剪】功能，将图片的纵横比设置为 16∶9(与幻灯片的比例保持一致)，如图 5-42 所示。拖曳图片控制点调整图片的大小为幻灯片大小。根据需求设置图片的【校正】、【颜色】、【艺术效果】等选项，如图 5-43 所示。调整【校正】选项为【亮度：-20%，对比度：0%】。

图 5-42　设置图片裁剪的纵横比

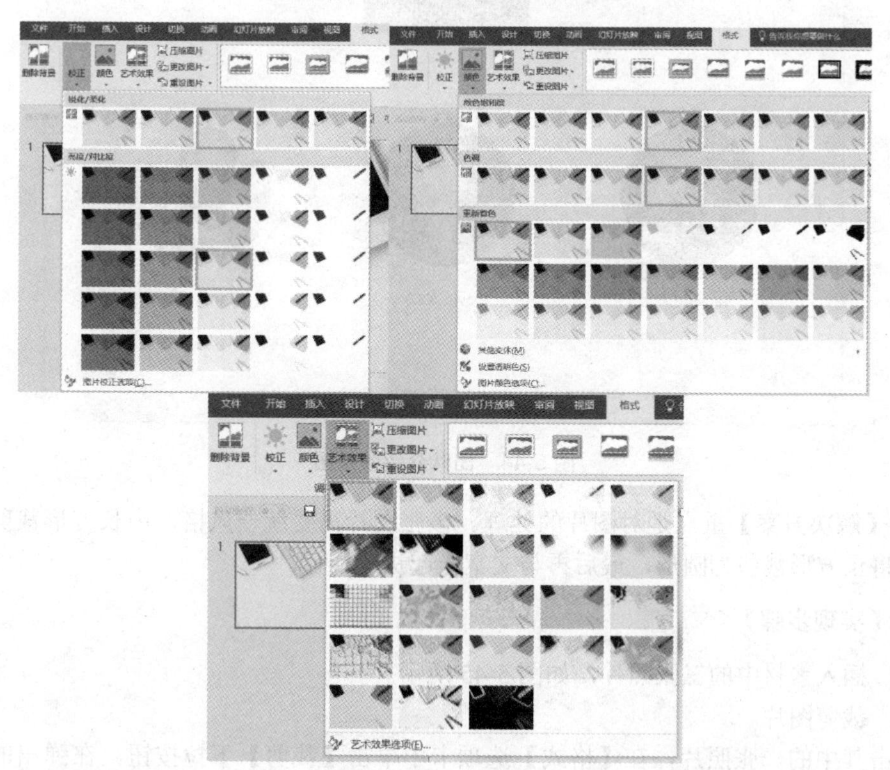

图 5-43　设置图片的【校正】选项、【颜色】选项、【艺术效果】选项

(3) 输入文案。

添加文本框，输入文字“以前我们这样输入文字”，文字颜色为白色，文字字体为【思源黑体 Light】(或其他 Light 字体)，效果如图 5-40 所示。

注：制作幻灯片时，图片的选择至关重要，优先选择那些分辨率高的良好排版的图片。推荐两个网站：http://www.pixabay.com 和 http://www.pexels.com，其中的图片以 CC0 协议分发，可以免费下载及可被用在各种场合。

如果想看到更多有创意和设计相关的图片，大型知名的设计论坛是更好的选择，如 Dribbble.com、Behance.com，这两个网站都有 App 可供移动端设备使用，如需要使用网站中的图片，请注意图片的知识产权信息。

5.3.2 小图的处理——制作团队介绍

小型任务实训——任务 5-04 制作团队介绍

设计制作多图的半图型演示文稿，需要关注图片的统一处理和排列。

【任务目标】制作团队介绍 PPT，如图 5-44 所示。文字和图片素材见“5-4 团队介绍素材.docx”。

图 5-44 团队介绍效果图

【解决方案】重点是对图片的处理。多张图片需要统一风格，由长方形裁剪为正方形，再将正方形裁剪为圆形，最后再与文案一起进行混排。

【实现步骤】

(1) 插入素材中的三张照片，如图 5-45 所示。

(2) 裁剪图片。

双击其中的一张照片，在【格式】选项卡中单击【裁剪】下拉按钮，在弹出的下拉列表中选择【纵横比】→【方形 1:1】选项，如图 5-46 所示，单击【裁剪】按钮，确认裁剪。另外两张照片同理处理。

(3) 添加文案，排版。

选中三张照片，在【格式】选项卡中设置照片的高度为 6 厘米，设置界面如图 5-47 所

示，效果如图 5-48 所示。将三张照片对齐，调整间距，如图 5-49 所示。

图 5-45　插入团队成员照片

图 5-46　设置每张照片的裁剪纵横比为 1:1

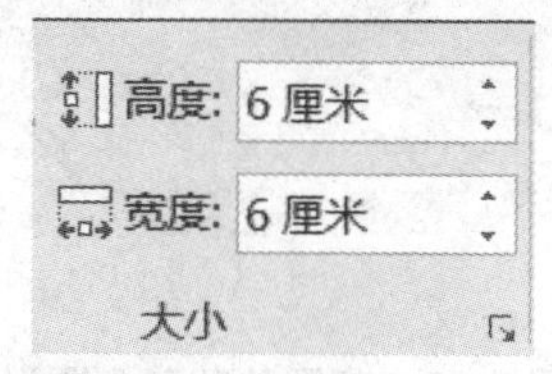

图 5-47　设置照片高度

图 5-48　调整三张照片高度

图 5-49　将三张照片对齐

在【格式】选项卡中单击【裁剪】下拉按钮，在弹出的下拉列表中选择【裁剪为形状】选项，选择基本形状中的圆形，设置界面如图 5-50 所示，效果如图 5-51 所示。

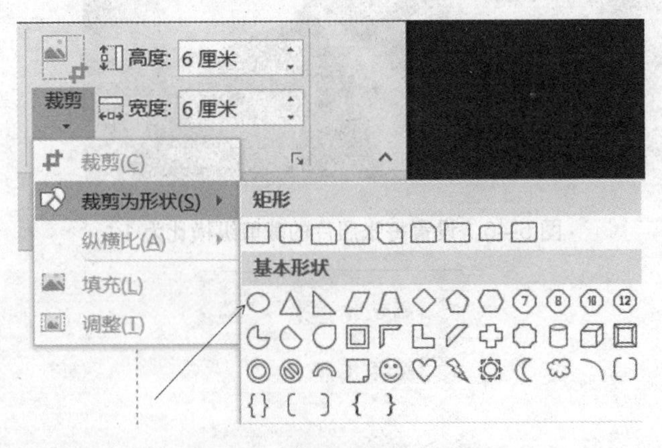

图 5-50　将图片裁剪为圆形

图 5-51　图片由正方形变成圆形

将团队名称、人员名字、电话、地址等文字信息，以文本框的形式添加到幻灯片中，效果如图 5-44 所示。

注：小图的处理更加灵活，处理方式也很多，需要注意的是小图不仅要保证在同一张幻灯片中的风格统一，也要保证在同一演示文稿中，不同幻灯片中的风格统一。

5.4　演示文稿的版式与母版设计

5.4.1　版式设计

1. 版式的定义

版式是一张幻灯片的框架，决定着幻灯片中包含的元素种类和布局。如任何一个空白的演示文稿中都包含若干个版式，如图 5-52 所示，用户可以根据需求选择合适的版式来设计幻灯片的框架。一般情况下，第一页为标题幻灯片，可以使用【标题幻灯片】版式。而正文部分幻灯片，可以使用【标题和内容】、【图片与标题】等版式。如果要比较两部分内容，可以使用【比较】版式。如果内容比较自由，可以选择【空白】版式。

2. 版式的组成

幻灯片版式由零到多个占位符构成。占位符是放置对象的容器，对象可以是文字、图片、图表、表格等。通常会根据实际的需求，在版式中添加特定的占位符。

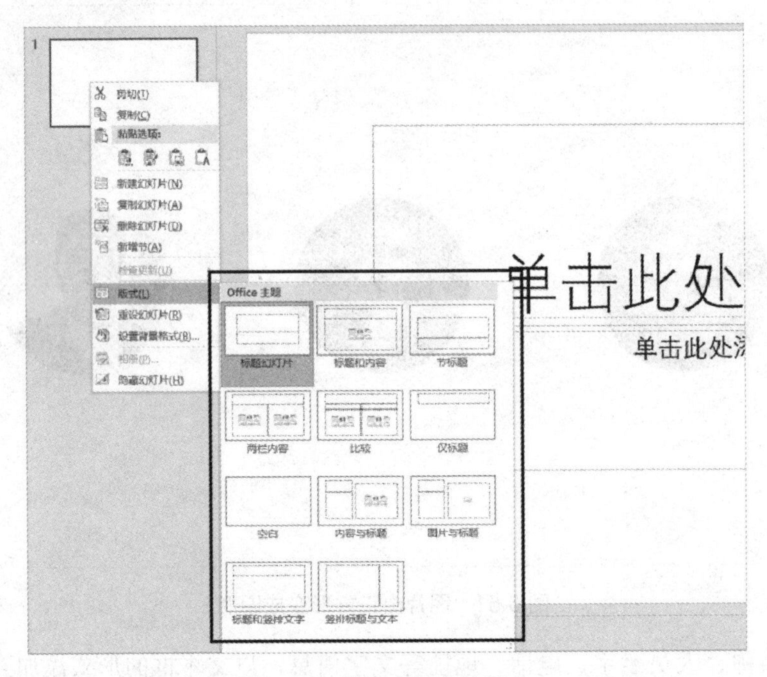

图 5-52　演示文稿中的版式

5.4.2　母版设计

1. 母版的定义

母版是主题和版式的集合。每一个演示文稿都至少包括一个母版，用户可以通过母版统一幻灯片的样式(字体、字号、页码等)，以达到各页版式一致的目的。

2. 母版的组成

如果想对幻灯片的版式进行添加、删除或修改等操作，则需要进入幻灯片的母版编辑视图。在【视图】选项卡的【母版视图】选项组中单击【幻灯片母版】图标按钮，进入母版的编辑视图，设置界面如图 5-53 所示；幻灯片母版编辑视图，如图 5-54 所示。

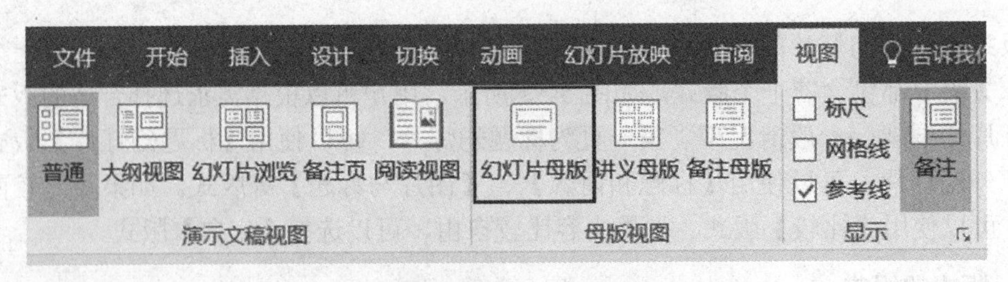

图 5-53　切换视图为【幻灯片母版】视图

如果需要修改幻灯片母版，可以在【幻灯片母版】上下文选项卡下使用相关的功能，如图 5-55 所示。

在版式中插入占位符的操作，如图 5-56 所示，可添加指定的占位符之后，再去调整各

占位符的位置。

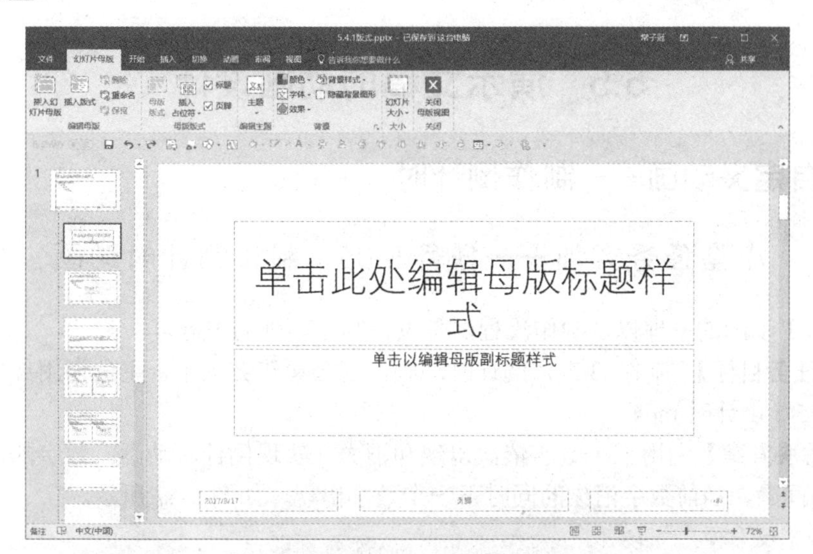

图 5-54　幻灯片母版编辑视图

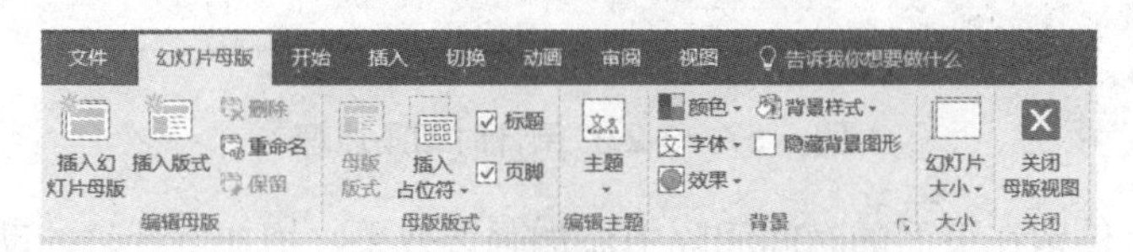

图 5-55　【幻灯片母版】上下文选项卡

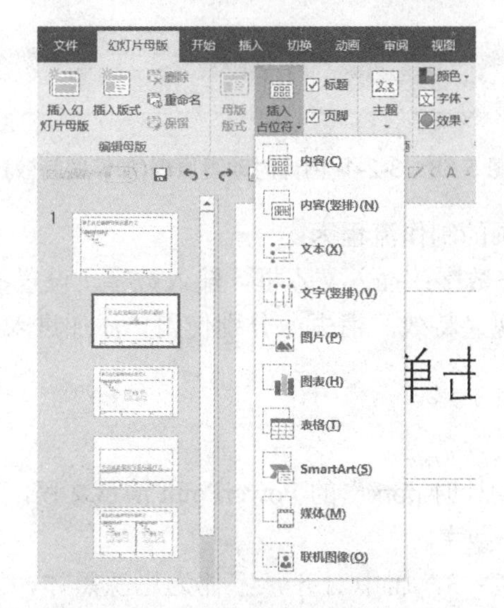

图 5-56　在幻灯片母版中插入占位符

母版编辑完毕之后，可在图 5-55 中单击【关闭母版视图】按钮，进入普通视图。

3. 母版的使用

一般情况下，当演示文稿的篇幅较大时，建议使用母版。通过设置现有版式或添加新版式，让幻灯片的制作更加规范化，制作效率更高。常见的使用场景有制作工作汇报

PPT、答辩 PPT、发布会 PPT、模板 PPT 等。

5.5 演示文稿的动画设计

5.5.1 自定义动画——制作倒计时

小型任务实训——任务 5-05 制作倒计时动画

掌握 PPT 动画的原理以及制作流程，是设计制作动画的关键。

【任务目标】 制作 3-2-1 倒计时动画，在公司年会上用，主色调用红色。效果见素材文件“5-5 倒计时.mp4”。

【解决方案】利用三个数字依次出现和消失，实现倒计时动画。数字的出现和消失之间有时间间隔，当前数字消失的同时下一个数字出现，如图 5-57 所示。

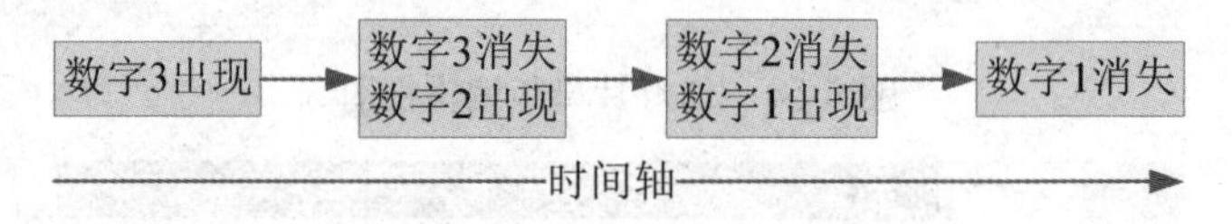

图 5-57　3-2-1 倒计时动画原理

还可以在数字停留在页面的时间间隔中添加强调效果，增加倒计时的动态感，如图 5-58 所示。

图 5-58　3-2-1 倒计时动画原理(加停留特效)

由此可知，倒计时动画的制作流程为：

(1) 添加动画元素——数字：插入文本框，输入数字，设置数字格式；

(2) 添加动画——出现，特效，消失：分别使用“添加进入效果”“添加强调效果”“添加退出效果”。

【实现步骤】

(1) 新建文件名为“倒计时.pptx”的 PowerPoint 演示文稿，其他设置默认。

(2) 添加动画元素——数字。

插入文本框，输入数字 3，居中对齐，字体为思源黑体，字号 300，颜色深红，如图 5-59 所示。

(3) 添加动画。

选中数字 3 的文本框，在【动画】选项卡中单击【添加动画】按钮，按照如图 5-60 所示的次序，依次单击①、②、③标示的图标按钮添加【进入】、【强调】和【退出】动画效果，并单击④【动画窗格】按钮，如图 5-61 所示。

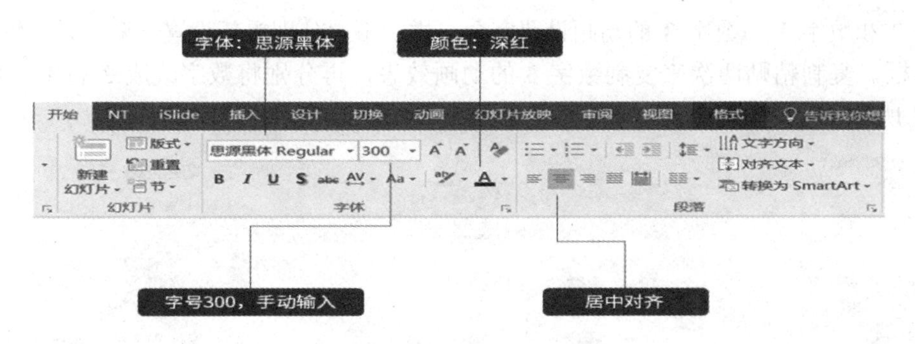

图 5-59　倒计时文本框设置

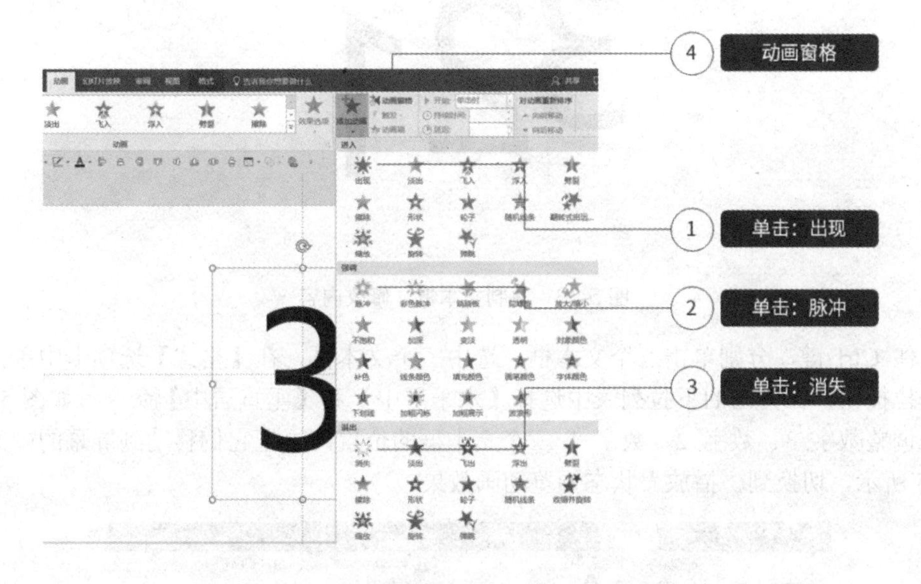

图 5-60　为文本框添加动画

单击【动画窗格】中的任意一个动画，按快捷键 Ctrl+A 全部选中三个动画效果，修改动画开始的时间为【上一动画之后】，如图 5-62 所示。

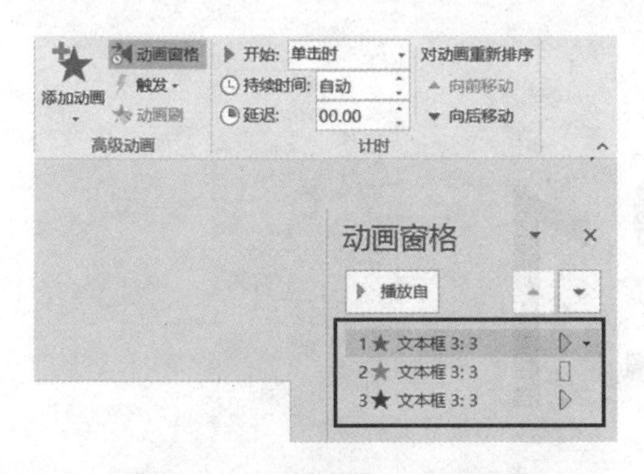

图 5-61　添加动画后的动画窗格

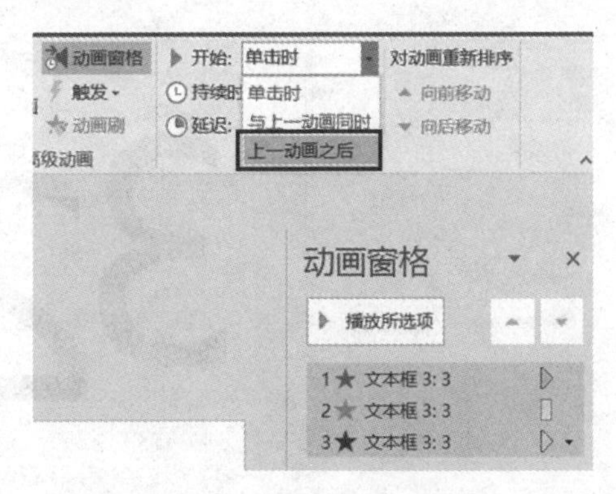

图 5-62　调整动画开始时间

至此，数字 3 的动画效果全部设置完毕，现在需要设置数字 2 和数字 1 的动画效果。

因数字 2 和数字 1 与数字 3 的动画设置完全一样，不用分别重新设置一遍，只需将数字 3 的文本框，复制粘贴两次来复制数字 3 的动画效果，再分别将数字改成 2 和 1 即可。如图 5-63 所示。

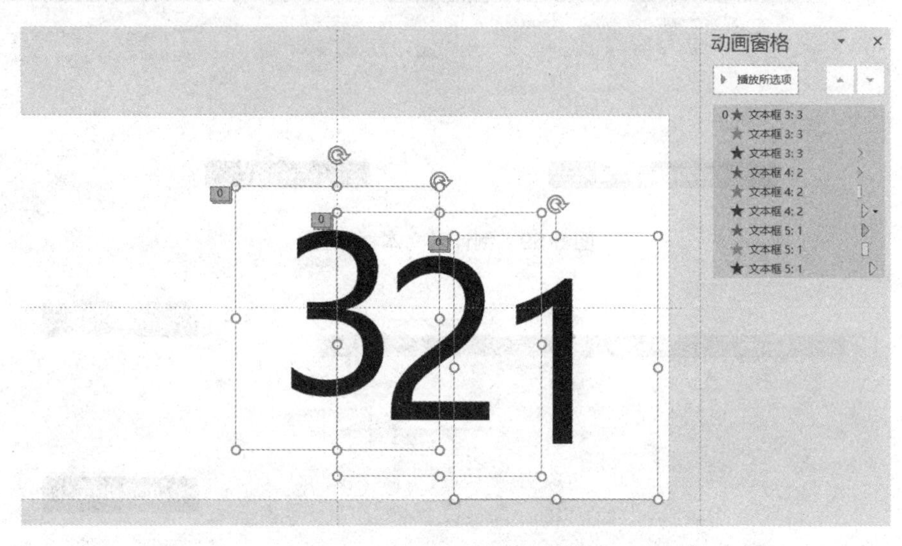

图 5-63　复制文本框，修改内容

按住 Ctrl 键，分别单击三个文本框，选中三个文本框，在【格式】选项卡中单击【对齐】下拉按钮，在弹出的下拉列表中选择【水平居中】和【垂直居中】命令，如图 5-64 所示，来调整数字 3、数字 2、数字 1 三个文本框的位置，再把它们移动到屏幕的中间，如图 5-65 所示，切换到“播放”状态预览动画效果。

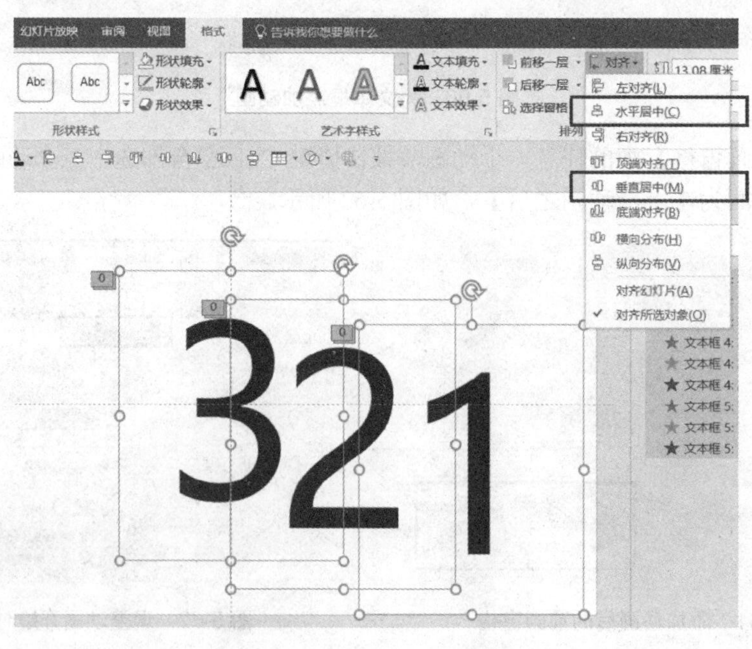

图 5-64　对齐三个文本框

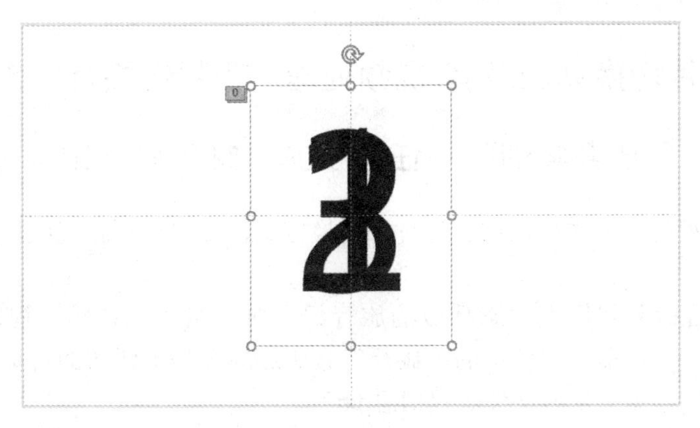

图 5-65　对齐三个文本框的效果

这样，3-2-1 倒计时动画就制作完成了。该动画仅限于在 PowerPoint 软件中播放，若需要脱离 PowerPoint 播放，可以将该演示文稿另存为视频文件。方法是：选择【文件】菜单中的【另存为】命令，选择【MPEG-4 视频(*.mp4)】或【Windows Media 视频(*.wmv)】格式，如图 5-66 所示。保存演示文稿为视频文件，该视频文件就可以在一般的视频播放器中播放。

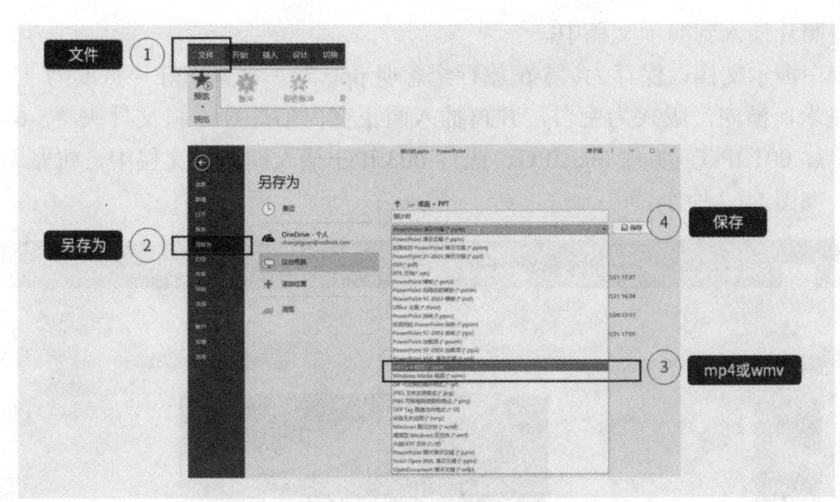

图 5-66　将幻灯片另存为视频

注：添加自定义动画的对象可以是文本、图片、表格、图表等元素。在 PowerPoint 中添加自定义动画有四种，分别是：进入效果、强调效果、退出效果和动作路径。

(1)　进入效果是指对象出现在幻灯片放映状态中的方式；

(2)　强调效果是指对象已经在幻灯片放映状态中，通过放大、缩小，更改颜色、脉冲等方式，让对象更醒目；

(3)　退出效果是指对象从幻灯片放映状态中消失的方式；

(4)　动作路径是指对象以什么路径在幻灯片放映状态中移动。

5.5.2　幻灯片切换动画及音/视频处理——制作旅行纪念册

小型任务实训——任务 5-06　制作旅行纪念册

对于特定类型的演示文稿，调整幻灯片切换方式，应用音频和视频，能够带来更佳的呈现效果。

【任务目标】制作可动态播放的旅行纪念册。照片、音频、视频素材见文件夹“5-6 旅行纪念册”，素材文件中的“旅行纪念册.mp4”为本任务的目标效果。音频、视频文件的版权信息详见“素材文件版权信息.txt”。

【解决方案】

(1)　将照片插入到演示文稿中，每张幻灯片只插入一张照片；

(2)　将音频、视频插入到演示文稿中，调整音频、视频的相关设置；

(3)　设置幻灯片切换时间及方式；

(4)　另存为视频。

【实现步骤】

(1)　将照片插入到演示文稿中。

新建空白演示文稿，保存为“5-6 旅行纪念册.pptx”。设置幻灯片宽度为 33 厘米、高度为 19 厘米，横向，版式为空白，并再插入两张空白幻灯片。将文件夹“5-6 旅行纪念册”中的照片 001.JPG、照片 002.JPG、照片 003.JPG 插入到演示文稿中，每张幻灯片插入一张照片，如图 5-67 所示。

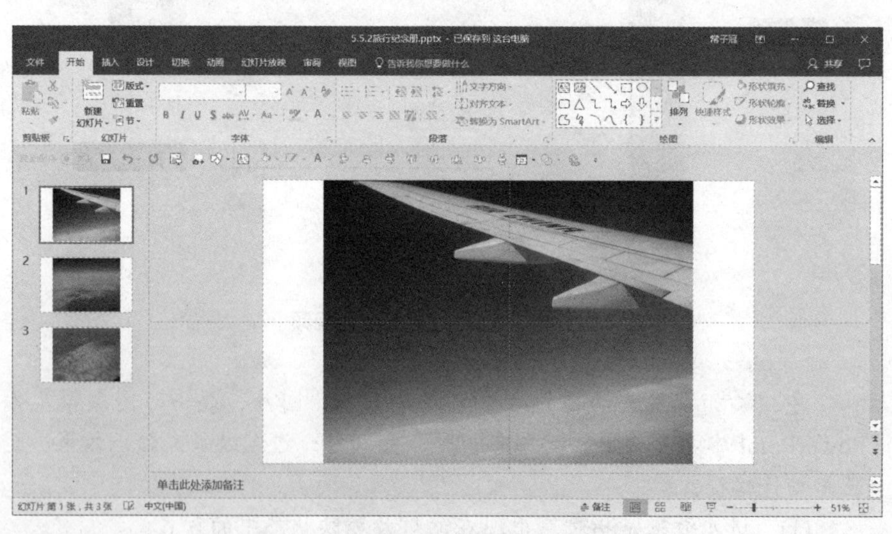

图 5-67　在演示文稿中插入三张照片

(2)　将音频、视频插入到演示文稿中。

选中第一张幻灯片，在【插入】选项卡中单击【音频】按钮，在弹出的下拉列表中选择【PC 上的音频】命令，如图 5-68 所示。选择音频文件 Noel.mp3，如图 5-69 所示。本任务中音频文件是演示文稿的背景音乐，播放范围应该是从第一页幻灯片开始到结束。所

以，在【播放】选项卡中单击【在后台播放】按钮，系统会自动选中【跨幻灯片播放】、【循环播放，直到停止】、【放映时隐藏】等复选框，并将音频开始时间设置为【自动】，如图 5-70 所示。

注：如果需要调整音频的淡化方式或对音频进行剪裁，可使用【播放】选项卡中的相应功能实现。

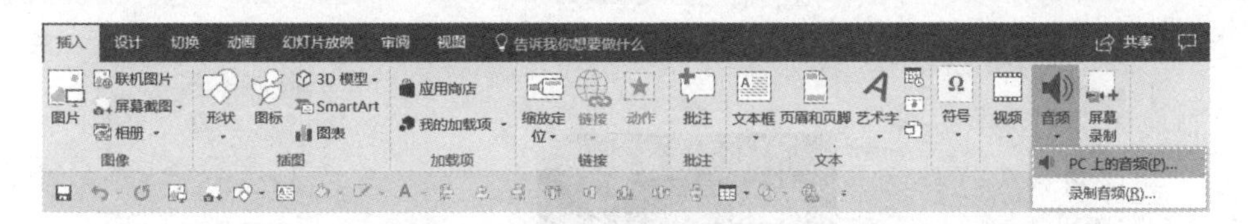

图 5-68　在演示文稿中插入音频的方法

图 5-69　在演示文稿中插入音频

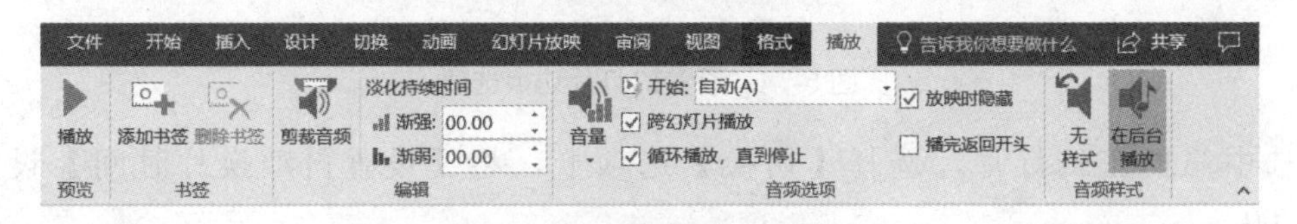

图 5-70　设置音频在后台播放

插入新幻灯片，在【插入】选项卡中单击【视频】按钮，在弹出的下拉列表中选择【PC 上的视频】命令，如图 5-71 所示。选择视频文件 Express.mp4，如图 5-72 所示。根据要求调整视频设置，将【开始】设置为【自动】，如图 5-73 所示。

注：如果需要调整视频的淡化方式、全屏播放、未播放时隐藏、播完返回开头等设置，或对视频进行剪裁，可使用【播放】选项卡中的相应功能实现。

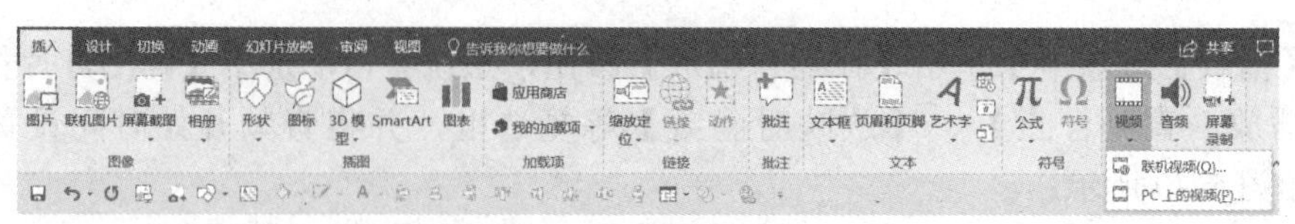

图 5-71　在演示文稿中插入视频的方法

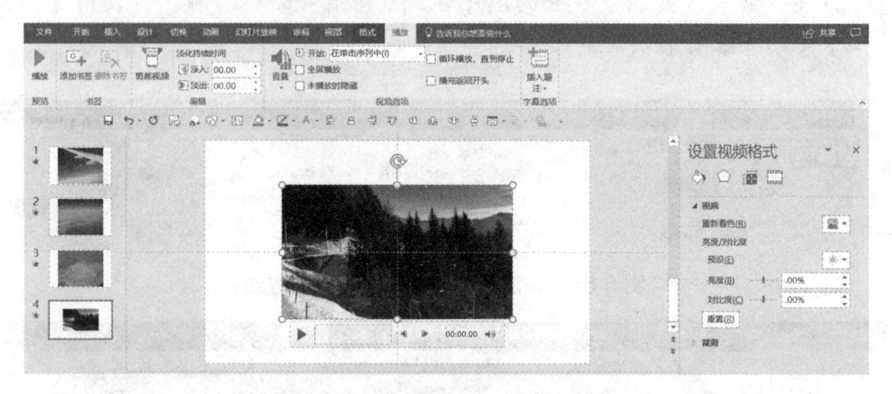

图 5-72　在演示文稿中插入视频

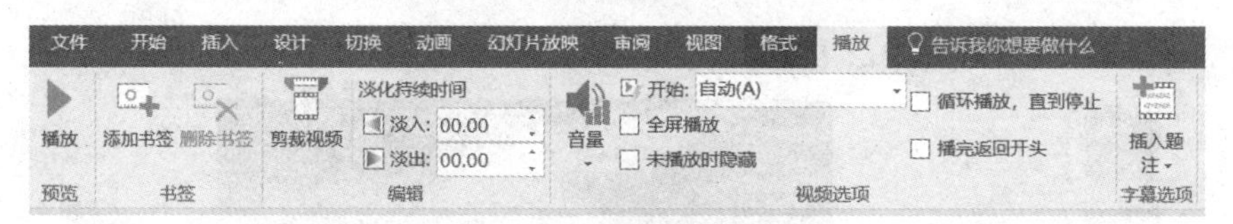

图 5-73　设置视频为自动播放

(3)　设置幻灯片的切换方式。

选中第一张幻灯片，按 Shift 键，选择第三张幻灯片，选中前三张幻灯片，在【切换】选项卡的【切换到此幻灯片】组中单击【淡出】，在【换片方式】中取消选中【单击鼠标时】复选框，将【设置自动换片时间】设置为 00:01.00，如图 5-74 所示。

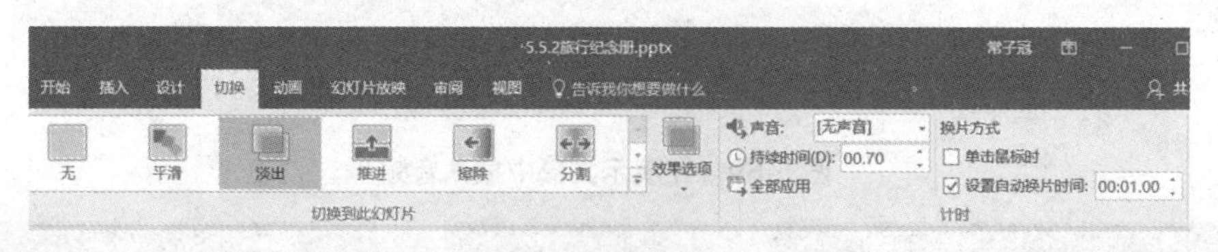

图 5-74　设置幻灯片切换选项

选中第四张幻灯片，选择【切换】选项卡，将【设置自动换片时间】设置为 00:27.00。

(4)　将演示文稿另存为视频格式。

注：幻灯片切换有三种类型：细微型、华丽型、动态内容。细微型可被用在正文页，华丽型、动态内容可被用在过场页。

在使用幻灯片切换动画和自定义动画的过程中，要注意以下两点：

(1)　不要滥用动画。太多动画会抢了内容的风头，大家的注意力就不会都在内容上。

(2) 要搞清楚是否允许使用。很多公司都要求在汇报过程中严禁使用动画。

在幻灯片中添加音频，主要设置如下:

(1) 开始——自动/单击时/跨幻灯片播放。

(2) 播放方式——循环播放。

(3) 淡化方式。

(4) 放映时隐藏图标。

(5) 裁剪音频。

在幻灯片中添加视频，主要设置如下:

(1) 开始——自动/单击时/跨幻灯片播放。

(2) 播放方式——循环播放。

(3) 淡化方式。

(4) 未播放时隐藏/全屏播放。

(5) 裁剪视频。

(6) 插入字幕。

5.6　演示文稿的常用操作

5.6.1　保存和另存为

新建演示文稿的默认格式为.pptx(PowerPoint 2007 之前版本的文件默认格式为.ppt)。选择【文件】菜单中的【另存为】命令，即可看到【另存为】的所有选项，如图 5-75。常用的文件类型及说明见表 5-1。

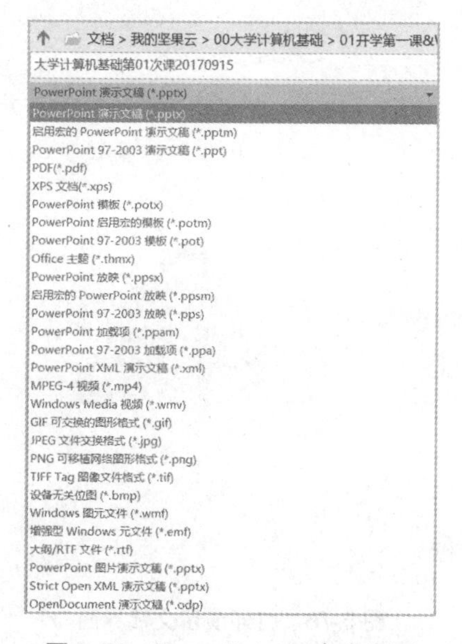

图 5-75　PowerPoint 另存为界面

表 5-1　PowerPoint 2016 常见文件保存类型及说明

文件类型	说　明
*.ppt	演示文稿(PowerPoint 2003 及以下版本)
*.pptx	演示文稿(PowerPoint 2007 及以上版本)
*.pdf	PDF 文件
*.jpg / *.png / *.gif / *.bmp / *.tiff	图片文件
*.rtf	大纲文件
*.wmv / *.mp4	视频文件(PowerPoint 2010 及以上版本)
*.pot	模板(PowerPoint 2003 及以下版本)
*.potx	模板(PowerPoint 2007 及以上版本)
*.pps	自动放映模式(PowerPoint 2003 及以下版本)
*.ppsx	自动放映模式(PowerPoint 2007 及以上版本)

当字体嵌入、版本、图片等较多时，.pptx 文件可能会较大，或不兼容其他软硬件系统而造成无法正常播放，此时将演示文稿保存为 PDF 文件兼容性会更好、文件所占磁盘空间会更小。但需注意 PDF 文件不能播放动画，若动画较多时，可以将演示文稿另存为视频文件，以保留原演示文稿的呈现方式。

5.6.2　打印

当演示文稿作为培训资料、学习材料、演讲稿时，往往需要将其打印出来。打印前一般需要进行相关选项的设置，如图 5-76 所示。

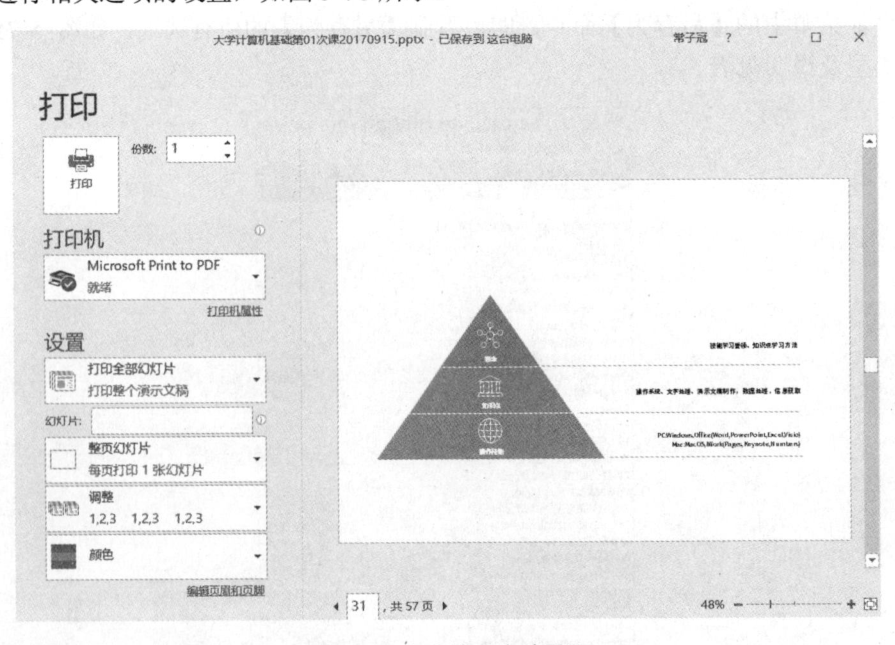

图 5-76　打印演示文稿界面

若需要在一张纸上打印多张幻灯片，可以单击【整页幻灯片】中的下拉按钮，在列表中选择【4 张水平放置的幻灯片】或【6 张水平放置的幻灯片】。更多选项如图 5-77 所示。

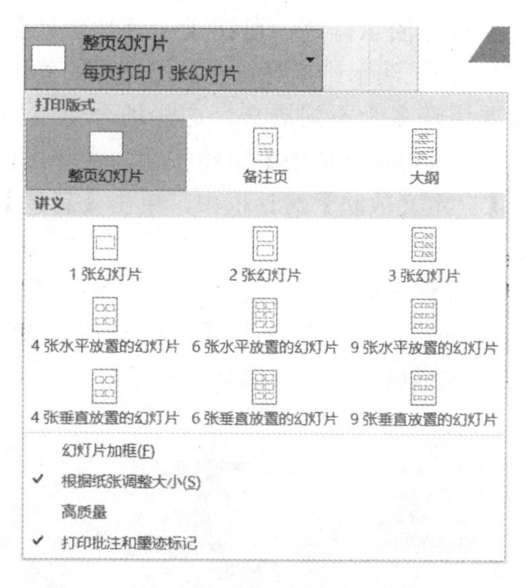

图 5-77　打印演示文稿设置——打印版式

若需要打印演示文稿中的部分幻灯片，可以单击【打印全部幻灯片】中的下拉按钮，在列表中选择【自定义范围】选项，再输入页码范围，如：10-20，表示仅打印第 10 页到第 20 页，如图 5-78 所示。

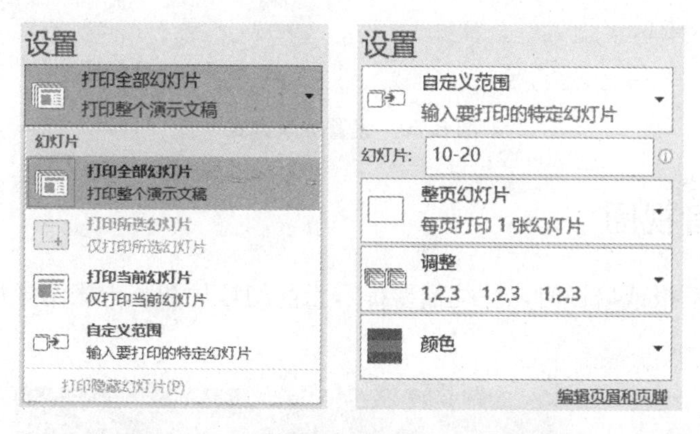

图 5-78　打印演示文稿设置——打印范围

注：打印演示文稿时，若使用默认选项直接打印，其结果是 1 页幻灯片打印 1 页，即 100 页演示文稿就会打印 100 页纸，打印时间长，且浪费纸张。

5.6.3　幻灯片放映

演示文稿的主要使用方式是放映。开始放映的位置为幻灯片第一页和当前幻灯片两

种。在【幻灯片放映】选项卡中单击【从头开始】按钮或使用快捷键 F5 都可从头开始播放幻灯片；而在【幻灯片放映】选项卡中单击【从当前幻灯片开始】按钮，或使用快捷键 Shift+F5，都可以从当前幻灯片开始播放。

若需要在正式演示之前进行演示排练，可在【幻灯片放映】选项卡中单击【排练计时】按钮，PowerPoint 会自动记录演示排练时每一页幻灯片的停留时间。

若同一个演示文稿需要用在多个不同场合，这些场合使用的幻灯片不完全一样，在【幻灯片放映】选项卡中单击【自定义放映】下拉按钮，在弹出的下拉列表中选择【自定义放映】命令，在打开的【自定义放映】对话框中，单击【新建】按钮，添加需要放映的幻灯片，并命名该自定义的放映方案。

若在展会等放映场合，需要演示文稿在没有人工干预的情况下自动播放，可以单击【设置放映方式】按钮，在弹出的对话框中将【放映类型】设置为【在展台浏览(全屏幕)】，如图 5-79 所示，演示文稿就可以自动循环放映了。

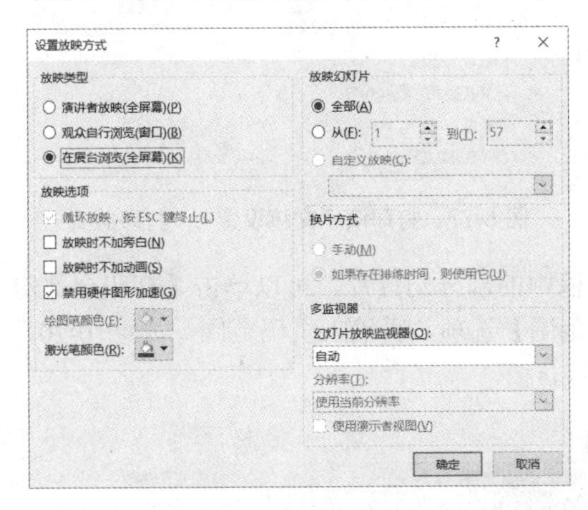

图 5-79　设置放映方式

5.6.4　演示者视图

在使用 PPT 汇报或培训时，往往需要提示当前幻灯片和下一张幻灯片备注，备注效果如图 5-80 所示。

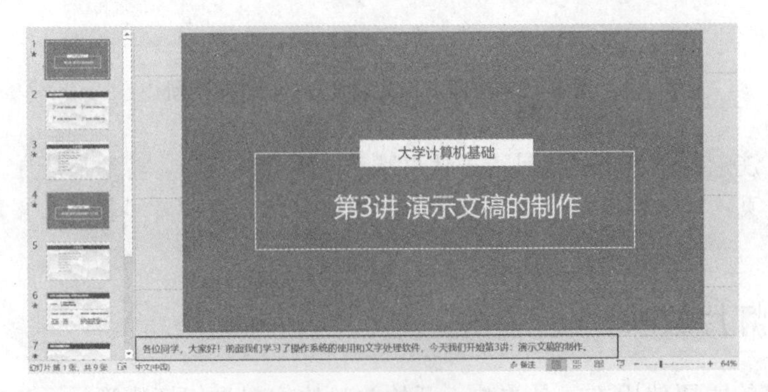

图 5-80　有备注的幻灯片

高等院校计算机教育系列教材

若使用笔记本电脑演示，在未连接其他设备时，可在放映状态下右击，在弹出的快捷菜单中选择【显示演示者视图】命令来切换到演示者视图，如图 5-81 所示。

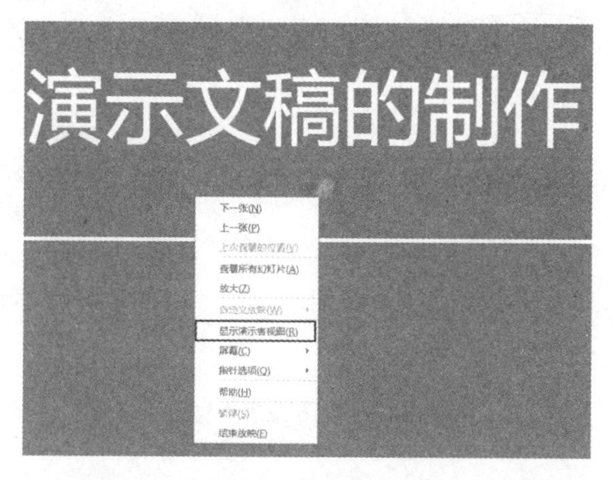

图 5-81　未连接设备时的放映状态——右击

若笔记本电脑连接了投影仪，则会自动进入演示者视图，如图 5-82 所示，此时可以同时看到当前幻灯片的备注和下一张幻灯片，方便演讲者参考。

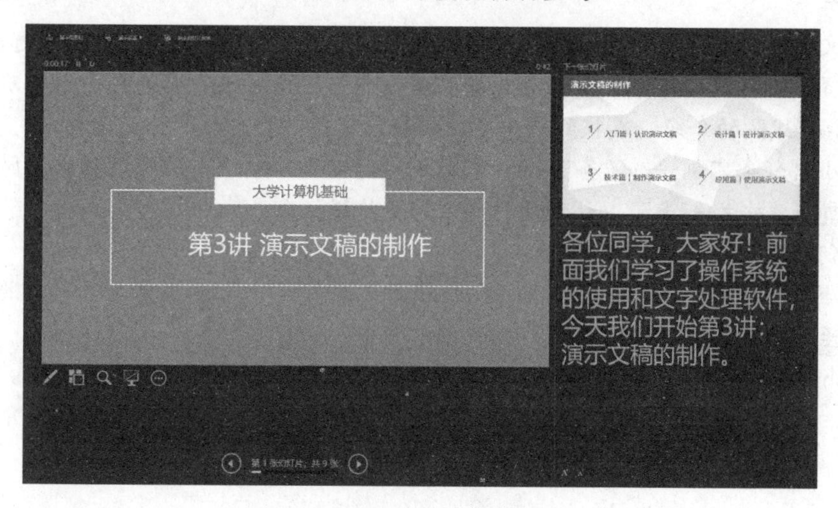

图 5-82　演示者视图

5.7　本 章 小 结

内容的逻辑性组织和可视化呈现是设计制作演示文稿的两个关键问题。内容的逻辑性设计需要从场合、观众、场地和主题四个方面开展的需求分析开始，依据分析结果确定主题后，围绕主题收集文字、图片等各类素材，并运用金字塔原理和 SWOT 分析法等整理素材、组织内容。内容的呈现借助技术手段，以精练的文字、极具吸引力的图片、适当动画效果等，突出演讲者思想和情感的可视化表达。本章以 PowerPoint 2016 为工具，结合常用场景，以任务形式，从文字设计、图片设计、动画设计、版式与母版设计、常用操作等多个方面对演示文稿的内容组织和呈现方法进行了详细介绍。本章主要内容如图 5-83 所示。

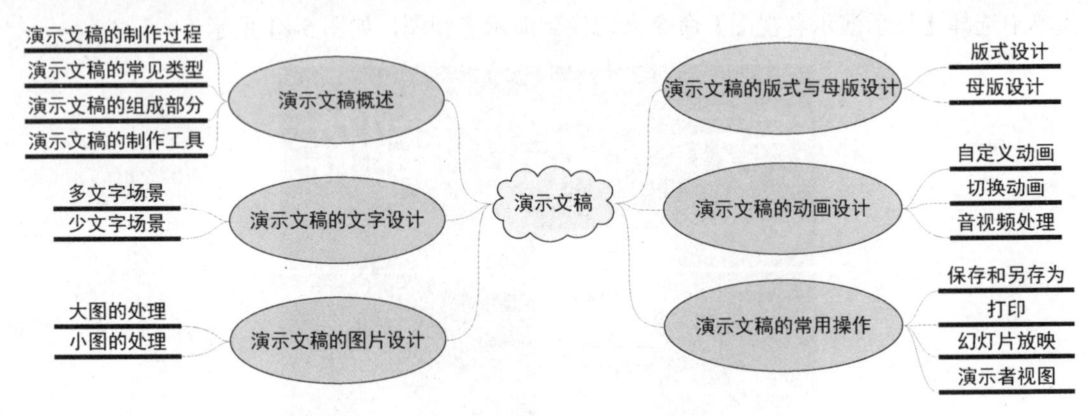

图 5-83　第 5 章思维导图

5.8　习　　题

实验题

1. 用文件中的文字素材制作讲稿，供教师上课使用。文字素材见“5-8 习题.docx”。

2. 选择一部喜欢的电影或一位喜欢的明星，制作宣传海报；或选择一个喜欢的游戏，制作一个游戏战队的介绍；或找到一个喜欢的公司岗位，为自己制作一份简历。

3. “小型任务实训——任务 5-05　制作倒计时动画”中使用的强调动画为脉冲，请尝试其他动画如“放大/缩小”，让倒计时的效果更抢眼。

4. 如何借助幻灯片的切换功能，制作“3-2-1 倒计时动画”。

5. “小型任务实训——任务 5-06　制作旅行纪念册”中只有 3 张照片，若照片数量为 30 张，甚至 300 张，如何快速将照片插入幻灯片中？

6. Robin Williams 在她的《写给大家看的设计书》中提到设计有四大原则，分别是亲密、对齐、重复、对比，请搜索相关文字和图片素材，用 5 张以内的幻灯片介绍这四个原则。

第6章

电 子 表 格

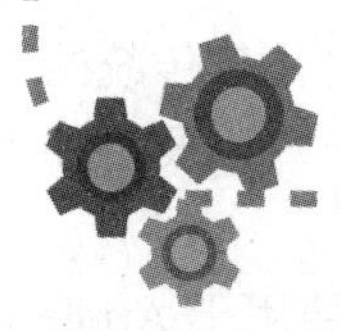

电子表格(Electronic Form)将电子数据表、数据管理和图表显示功能集于一体，能够对数据进行更加高效的利用。Microsoft Office Excel 是目前极具代表性的电子表格工具之一。通过使用 Excel，可以完成数据的编辑、计算、统计、分析、管理等工作，并能够运用各式图表直观表示数据处理结果，乃至辅助决策。

本章 6.1 节介绍了何为电子表格、电子表格软件的发展历程，并详细介绍了 Microsoft Excel 的工作环境；6.2～6.6 节围绕一个大主题——“我的店铺”商品数据管理与分析需求，以任务驱动的形式介绍了如何使用 Excel 电子表格功能进行数据存储、数据运算、数据图表可视化、数据分析、数据保护与数据输出，每个任务都有知识点提炼、总结和延伸；本章最后给出了内容导图和实践练习。

6.1 电子表格概述

6.1.1 认识电子表格

现代生活离不开数据，人们基于各种数据分析决策。使用电子表格可以代替传统的对各类数据的人工记录、统计和输出，同时也方便用户设计更加复杂的数据计算以及更加美观的结果呈现。

世界第一款商用电子表格软件是20世纪70年代末问世的VisiCalc，主要用于Apple II计算机。同期，Sorcim 公司开发的 SuperCalc 电子表格软件也吸引了众多的追随者。自1983年，Lotus 1-2-3电子表格程序由Lotus Development Corporation公司发布后迅速占领市场超越前两者，成为DOS时代最主流的电子表格软件。但是伴随Windows操作系统的大面积推广，Microsoft 公司适时推出Excel程序逐渐成为电子表格市场之后数十年的主导者。目前，常用的电子表格软件除了Microsoft Excel，还有应用于Mac操作系统的Numbers 软件、应用于 Windows 操作系统的金山 WPS 电子表格等。本章以 Microsoft Office Excel(以下简称Excel)为代表介绍使用电子表格软件进行数据处理的常用方法。

6.1.2 Excel 概述

Excel 是由微软公司出品的 Microsoft office 套装办公软件之一，广泛应用于众多领域的数据存储与数据管理。1985年，第一款 Microsoft Office Excel 软件诞生，经过30多年的发展，Excel 已经成为办公必备工具，方便人们快速创建、分析、共享数据信息，目前主流的Excel版本有2010、2013和2016。

与 Microsoft Office 的其他组件类似，Excel 2016 的工作界面由快速访问工具栏、浏览工具区、工作区等部分组成，如图6-1所示。

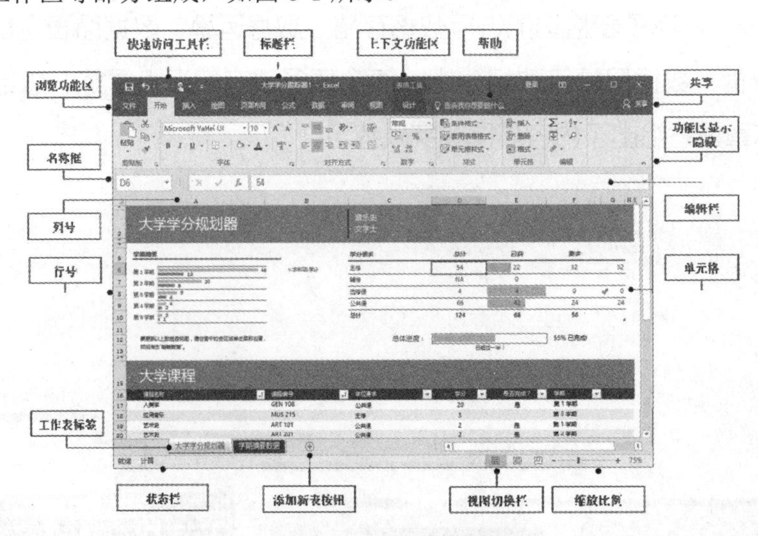

图6-1 Excel 工作界面

一个 Excel 文档称为一个工作簿(Workbook)，默认的扩展名为“.xlsx”。每个工作簿由若干张工作表(Worksheet)组成，工作表名称出现在屏幕底部的工作表标签上，默认情况下以 Sheet1、Sheet2 等命名，可添加的工作表数受可用内存的限制。每张工作表由 1048576 行、16384 列组合的单元格构成，行号使用 1、2、3……数字编号，列号使用 A、B、C……字母组合编号。每个单元格存放一个输入或者计算的数据。

每个单元格地址由列号行号组合表示，如 A6、DS5。每个单元格地址有 4 种表现形式，以 A6 单元格为例，4 种形式分别为：相对地址 A6、绝对地址$A$6、混合地址$A6 和 A$6。多个单元格的表示方法如下。

(1) 整行整列：用行号表示整行，如“3:5”表示第 3 行至第 5 行所有单元格，用列号表示整列，如“B:F”表示第 2 列至第 6 列所有单元格；

(2) 连续矩形单元格区域：用“左上角单元格地址:右下角单元格地址”表示，如图 6-2 所示的深色区域地址为“A1:E2”；

(3) 两块区域相交部分：用“区域 1 区域 2”表示，两块区域地址之间用空格连接，如图 6-2 所示的横条纹与竖条纹相交区域可表示为“B4:B9 B7:C9”；

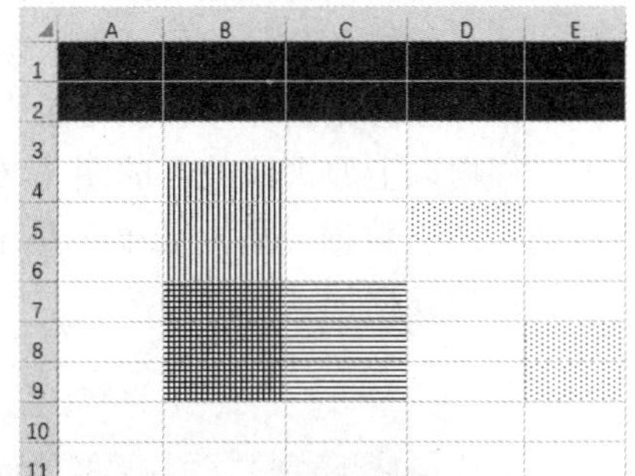

图 6-2　单元格地址

(4) 两块区域合成部分：用“区域 1, 区域 2”表示，两块区域地址之间用逗号连接，如图 6-2 所示的两块圆点区域可表示为“D5, E8: E9”。

6.2　数 据 存 储

6.2.1　数据记录表设计原则

Excel 的首要作用是数据存储，规范存储的数据能够为之后的数据处理带来极大便利。而数据存储是否合理有效则取决于数据原始记录表的组织形式是否规范。

如图 6-3 所示的数据区域组织形式常见于纸质表格，但是不适用于电子表格，会造成一些数据处理功能无法顺利实施，例如：

- A 列“学期”的数据有合并单元格，对该列实施筛选操作将无法得到正确结果；
- B 列至 E 列出现多行列标题，在做筛选、分类汇总等操作时会遇到麻烦；
- E 列“学分”的数据值数据类型不统

A1　大学课程

大学课程					
学期	课程信息				是否完成
	课程名称	课程编号	学位要求	学分	
第 1 学期	人类学	GEN 108	公共课	2学分	是
	艺术史	ART 101	公共课	2	是
	听力技巧 I	MUS 113	主修	2	是
	指挥 I	MUS 114	主修	. 2	是
	英语写作	ENG 101	公共课	3	是
	数学 101	MAT 101	公共课	3	是
	西方音乐史 I	MUS 101	主修	2学分	是
	西方音乐史 II	MUS 201	主修	2	是
	钢琴课	MUS 109	主修	2	是
	社会科学 101	SOC 101	公共课	3	是
	社会学科 101	SOC 201	公共课	三学分	是
	音乐天地 I	MUS 112	主修	2	是
第 2 学期	艺术史	ART 201	公共课	2	是
	听力技巧 II	MUS 213	主修	2	是
	英语写作	ENG 201	公共课	3	是
	曲式与分析	MUS 214	主修	2	是
	人类学导论	GEN 208	公共课	3	是
	音乐理论 I	MUS 110	主修	2	是
	爵士天地	MUS 105	选修课	4	是
	音乐天地 II	MUS 212	主修	2	是
第 3 学期	应用音乐	MUS 215	主修	3	
	听力技巧 III	MUS 313	主修	2	
	音乐理论 II	MUS 210	主修	2	是
	音乐天地 III	MUS 213	主修	2	
第 4 学期	听力技巧 IV	MUS 413	主修	2	
	音乐理论 III	MUS 310	主修	2	

图 6-3　不规范的数据区域设计

一，不便于实行统一的数据处理；

- E 列“学分”的部分数据与单位未能分开两列，将影响该列数据的自动计算与统计。

规范化的数据记录表在形式上具有如下共同特点：

- 数据区域连续，中间没有空行或空列；
- 只在数据区域顶部有一个标题行，每列都有标题，标题不重复；
- 主体数据区域不设置合并单元格；
- 同列数据类型一致，格式一致；
- 保持各列数据原子性，数值单独存放；
- 注意数据原始输入记录表与数据处理后输出呈现表的区别。

根据以上原则修改后的图 6-3 规范格式如图 6-4 所示，取消合并单元格、去掉多行列标题、统一数据类型，如果不是十分必要，也可以将“大学课程”标题移至数据表标签，保持原始数据记录表的简洁。

A1 大学课程

	A	B	C	D	E	F
1	大学课程					
2	学期	课程名称	课程编号	学位要求	学分	是否完成
3	第 1 学期	人类学	GEN 108	公共课	20	是
4	第 1 学期	艺术史	ART 101	公共课	2	是
5	第 1 学期	听力技巧 I	MUS 113	主修	2	是
6	第 1 学期	指挥 I	MUS 114	主修	2	是
7	第 1 学期	英语写作	ENG 101	公共课	3	是
8	第 1 学期	数学 101	MAT 101	公共课	3	是
9	第 1 学期	西方音乐史 I	MUS 101	主修	2	是
10	第 1 学期	西方音乐史 II	MUS 201	主修	2	是
11	第 1 学期	钢琴课	MUS 109	主修	2	是
12	第 1 学期	社会科学 101	SOC 101	公共课	3	是
13	第 1 学期	社会学科 101	SOC 201	公共课	3	是
14	第 1 学期	音乐天地 I	MUS 112	主修	2	是
15	第 2 学期	艺术史	ART 201	公共课	2	是
16	第 2 学期	听力技巧 II	MUS 213	主修	2	是
17	第 2 学期	英语写作	ENG 201	公共课	3	是
18	第 2 学期	曲式与分析	MUS 214	主修	2	是
19	第 2 学期	人类学导论	GEN 208	公共课	3	是
20	第 2 学期	音乐理论 I	MUS 110	主修	2	是
21	第 2 学期	爵士天地	MUS 105	选修课	4	是
22	第 2 学期	音乐天地 II	MUS 212	主修	2	是
23	第 3 学期	应用音乐	MUS 215	主修	3	
24	第 3 学期	听力技巧 III	MUS 313	主修	2	
25	第 3 学期	音乐理论 II	MUS 210	主修	2	是
26	第 3 学期	音乐天地 III	MUS 213	主修	2	
27	第 4 学期	听力技巧 IV	MUS 413	主修	2	
28	第 4 学期	音乐理论 III	MUS 310	主修	2	

(a)

A1 学期

	A	B	C	D	E	F
1	学期	课程名称	课程编号	学位要求	学分	是否完成
2	第 1 学期	人类学	GEN 108	公共课	20	是
3	第 1 学期	艺术史	ART 101	公共课	2	是
4	第 1 学期	听力技巧 I	MUS 113	主修	2	是
5	第 1 学期	指挥 I	MUS 114	主修	2	是
6	第 1 学期	英语写作	ENG 101	公共课	3	是
7	第 1 学期	数学 101	MAT 101	公共课	3	是
8	第 1 学期	西方音乐史 I	MUS 101	主修	2	是
9	第 1 学期	西方音乐史 II	MUS 201	主修	2	是
10	第 1 学期	钢琴课	MUS 109	主修	2	是
11	第 1 学期	社会科学 101	SOC 101	公共课	3	是
12	第 1 学期	社会学科 101	SOC 201	公共课	3	是
13	第 1 学期	音乐天地 I	MUS 112	主修	2	是
14	第 2 学期	艺术史	ART 201	公共课	2	是
15	第 2 学期	听力技巧 II	MUS 213	主修	2	是
16	第 2 学期	英语写作	ENG 201	公共课	3	是
17	第 2 学期	曲式与分析	MUS 214	主修	2	是
18	第 2 学期	人类学导论	GEN 208	公共课	3	是
19	第 2 学期	音乐理论 I	MUS 110	主修	2	是
20	第 2 学期	爵士天地	MUS 105	选修课	4	是
21	第 2 学期	音乐天地 II	MUS 212	主修	2	是
22	第 3 学期	应用音乐	MUS 215	主修	3	
23	第 3 学期	听力技巧 III	MUS 313	主修	2	
24	第 3 学期	音乐理论 II	MUS 210	主修	2	是
25	第 3 学期	音乐天地 III	MUS 213	主修	2	
26	第 4 学期	听力技巧 IV	MUS 413	主修	2	
27	第 4 学期	音乐理论 III	MUS 310	主修	2	

大学课程 学期 成绩 大学学分规划器 ...

(b)

图 6-4　规范的数据区域设计

6.2.2　数据输入

数据处理的前提是数据输入(Data Input)。一般输入到 Excel 的数据分为两类：新数据和旧数据，新数据需要一项一项录入，不同类型的数据输入的格式要求各不相同，而旧数据通常已经存放于文本文件、Word 表格、数据库表格或者网页上的表格中，Excel 提供了快捷方法快速批量导入已有数据。

小型任务实训——任务 6-01　录入数据

【任务目标】小 A 经营了一家淘宝店铺，希望使用 Excel 对所有的商品和销售数

据进行管理和分析，需要先将“我的店铺”商品基本信息录入 Excel 文件中，预期效果如图 6-5 所示。请根据文件“Excel 任务 6-01 录入数据.xlsx”所提供的素材及要求完成任务内容。

商品名称	品牌	单位	国家	产地	重量（克）	生产日期	保质期（天）	单价
泰国红心火龙果	小果农	箱	泰国	清迈	2500	2018/4/6	10	99.8
泰国金枕头榴莲	小果农	个	泰国	清迈	2500	2018/5/7	15	189
山东烟台栖霞苹果	牛顿果园	公斤	中国	山东栖霞	1000	2018/10/2	180	19.96
新疆和田大枣五星	宁静山庄	袋	中国	新疆和田	450	2018/11/1	180	35
日本松尾多彩缤纷巧克力	松尾	个	日本	东京	160	2018/2/15	360	52
韩国好丽友红豆夹心打糕鱼	好丽友	袋	韩国	首尔	522	2018/1/13	180	120
日本固力果米奇棒棒糖	固力果	袋	日本	东京	300	2018/10/8	360	76
江西赣南脐橙	好果	公斤	中国	江西赣州	1000	2018/11/4	90	16
福建琯溪蜜柚箱装	甜蜜	箱	中国	福建平和	12500	2018/11/4	20	100
北京稻香村沙琪玛	稻香村	袋	中国	北京	500	2018/10/9	60	15

图 6-5　Excel 任务 6-01 结果

【解决方案】 对文本、数值、日期等不种类型数据分别采用不同的输入方法。

【实现步骤】

(1) 文本类型数据输入：打开“商品”工作表，单击 A2 单元格，在单元格或者编辑栏输入数据“泰国红心火龙果”，同理输入其他文本类型数据。

(2) 数值类型数据输入：单击 I2 单元格，在单元格或者编辑栏输入数据“99.8”，同理输入其他数值类型数据。

(3) 日期类型数据输入：单击 G2 单元格，在单元格或者编辑栏输入数据“2018/4/6”或者“2018-4-6”，日期数据输入后默认用“/”连接年月日。同理输入其他日期数据。

(4) 打开工作表“更多练习”，根据任务要求输入数据，结果如图 6-6 所示。

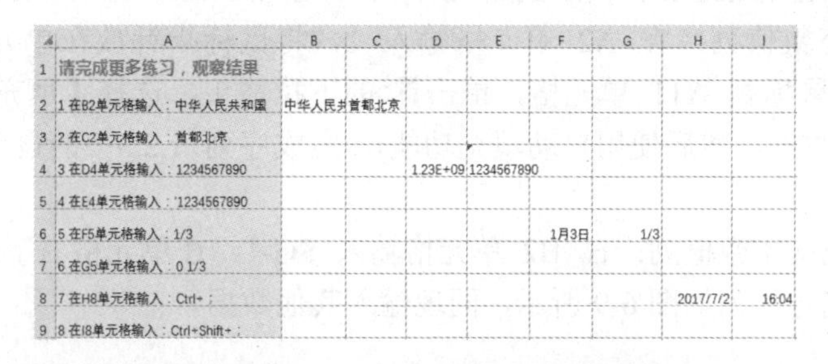

	A	B	C	D	E	F	G	H	I
1	请完成更多练习，观察结果								
2	1 在B2单元格输入：中华人民共和国	中华人民共	首都北京						
3	2 在C2单元格输入：首都北京								
4	3 在D4单元格输入：1234567890			1.23E+09	1234567890				
5	4 在E4单元格输入：'1234567890								
6	5 在F5单元格输入：1/3					1月3日	1/3		
7	6 在G5单元格输入：0 1/3								
8	7 在H8单元格输入：Ctrl+；							2017/7/2	16:04
9	8 在I8单元格输入：Ctrl+Shift+；								

图 6-6　录入“更多练习”工作表数据

注：Excel 中输入各类型数据时具有如下特点。

(1) 文本类型数据，默认左对齐，当文本内容较长时扩展至右侧空白单元格，若右侧单元格有数据则截断显示；

(2) 数值类型数据，默认右对齐，当数值较大且单元格宽度不够时用科学记数法显示。如果想将数值型数据转换为文本型，只需在数字前添加英文单引号“'”。输入分数时，需在分数前添加 0 和空格，否则系统认为输入的是日期数据；

(3) 日期类型数据，默认也是右对齐，Excel 将日期、时间数据视为数值数据处理。使用快捷键 Ctrl +; 、Ctrl+Shift+; 能够快速输入系统当前日期、当前时间。

小型任务实训——任务 6-02　自动填充数据序列

【任务目标】小 A 逐项录入数据感到费时费力，对于有规律排列的多项数据，希望能够找到快速自动填充的方法，数据预期效果如图 6-7 所示。请根据文件“Excel 任务 6-02 自动填充数据序列.xlsx”所提供的素材及要求完成任务内容。

序号	商品编号	商品名称	品牌	单位	国家	产地	重量（克）	生产日期	保质期（天）	单价
1	SG-1	泰国红心火龙果	小果农	箱	泰国	清迈	2500	2018/4/6	10	100
2	SG-2	泰国金枕头榴莲	小果农	个	泰国	清迈	2500	2018/5/7	15	189
3	SG-3	山东烟台栖霞苹果	牛顿果园	公斤	中国	山东栖霞	1000	2018/10/2	180	20
4	SG-4	新疆和田大枣五星	宁静山庄	袋	中国	新疆和田	450	2018/11/1	180	35
5	LS-1	日本松尾多彩缤纷巧克力	松尾	个	日本	东京	160	2018/2/15	360	52
6	LS-2	韩国好丽友红豆夹心打糕鱼	好丽友	袋	韩国	首尔	522	2018/1/13	180	120
7	LS-3	日本固力果米奇棒棒糖	固力果	袋	日本	东京	300	2018/10/8	360	76
8	SG-5	江西赣南脐橙	好果	公斤	中国	江西赣州	1000	2018/11/4	90	16
9	SG-6	福建琯溪蜜柚箱装	甜蜜	箱	中国	福建平和	12500	2018/11/4	20	100
10	LS-4	北京稻香村沙琪玛	稻香村	袋	中国	北京	500	2018/10/9	60	15

图 6-7　Excel 任务 6-02 的结果

【解决方案】使用数据序列的自动填充方法；使用自定义数列的定义与自动填充方法。

【实现步骤】

(1) 添加新列：打开“商品”工作表，在商品名称的列号上右击，在弹出的快捷菜单中选择【插入】命令，即可在该列前插入一列新列，另一列同理插入；也可以选中 A、B 两列，然后右击，选择快捷菜单中的【插入】命令，完成同时插入多个空白列，填写列名。

(2) 自动填充数值列：在 A2 单元格输入 1，将鼠标指针放在单元格右下角，出现“+”后向下拖动鼠标到 A11 单元格，单击的下拉箭头，选择【填充序列】(也可以输入 2 个以上初始数据，然后使用自动填充功能)，完成序列 1,2,3…的自动填充，“序号”列如图 6-8 所示。

(3) 自动填充文本数值列：在 B2 单元格输入 SG-1，在单元格右下角拖动鼠标到 A5 单元格，“商品编号”列如图 6-9 所示，同理输入其他数据。

序号	商品编号	商品名称	品牌
1		泰国红心火龙果	小果农
2		泰国金枕头榴莲	小果农
3		山东烟台栖霞苹果	牛顿果园
4		新疆和田大枣五星	宁静山庄
5		日本松尾多彩缤纷巧克力	松尾
6		韩国好丽友红豆夹心打糕鱼	好丽友
7		日本固力果米奇棒棒糖	固力果
8		江西赣南脐橙	好果
9		福建琯溪蜜柚箱装	甜蜜
10		北京稻香村沙琪玛	稻香村

图 6-8　自动填充“序号”列

序号	商品编号	商品名称	品牌
1	SG-1	泰国红心火龙果	小果农
2	SG-2	泰国金枕头榴莲	小果农
3	SG-3	山东烟台栖霞苹果	牛顿果园
4	SG-4	新疆和田大枣五星	宁静山庄
5		本松尾多彩缤纷巧克力	松尾
6		韩国好丽友红豆夹心打糕鱼	好丽友
7		日本固力果米奇棒棒糖	固力果
8		江西赣南脐橙	好果
9		福建琯溪蜜柚箱装	甜蜜
10		北京稻香村沙琪玛	稻香村

图 6-9　自动填充“商品编号”列

(4) 打开工作表“更多练习”，根据任务要求输入数据，结果如图 6-10 所示。

	A	B	C	D	E	F	G	H	I	J	K	L
1	请完成更多练习，观察结果											
2	1 在C2至L2单元格自动填充d=5的等差序列：5,10…50		5	10	15	20	25	30	35	40	45	50
3	2 在C3至L3单元格自动填充q=2的等比序列：2,4…1024		2	4	8	16	32	64	128	256	512	1024
4	3 在C4单元格输入：甲、自动填充后查看效果		甲	乙	丙	丁	戊	己	庚	辛	壬	癸
5	4 在C5至L5单元格重复自动填充自定义序列：春夏秋冬		春	夏	秋	冬	春	夏	秋	冬	春	夏

图 6-10　自动填充“更多练习”数据序列

注：Excel 中使用自动填充功能来提高输入效率。

(1)　对纯文本、纯数值数据自动填充后，各单元格内容完全相同；对文本和数值混合的数值自动填充后，文本部分复制，数值部分累加；

(2)　若需快速输入数值序列或日期序列，可使用【填充序列】功能，或者在【序列】对话框设置序列特征参数；

(3)　若需使用自定义序列，可在【Excel 选项】对话框中编辑序列内容后使用自动填充功能快速输入。

小型任务实训——任务 6-03　数据选项与数据验证

【任务目标】小 A 想设计一些选项完成数据的选取，同时需要对输入的数据做有效性约束，以防出现不合理数据，预期效果如图 6-11 所示。请根据文件“Excel 任务 6-03 数据选项与数据验证.xlsx”所提供的素材及要求完成任务内容。

	A	B	C	D	E	F	G	H	I	J	K	L	M	N
1	序号	商品编号	商品名称	品牌	单位	国家	产地	类别	进口/国产	包装方式	重量（克）	生产日期	保质期（天）	单价
2	1	SG-1	泰国红心火龙果	小果农	箱	泰国	清迈	水果	进口	包装	2500	2018/4/6	10	100
3	2	SG-2	泰国金枕头榴莲	小果农	个	泰国	清迈	水果	进口	包装	2500	2018/5/7	[illegible]	89
4	3	SG-3	山东烟台栖霞苹果	牛顿果园	公斤	中国	山东栖霞	水果	国产	散装	1000	2018/10/2	[illegible]	20
5	4	SG-4	新疆和田大枣五星	宁静山庄	袋	中国	新疆和田	干果	国产	包装	450	2018/11/1	[illegible]	35
6	5	LS-1	日本松尾多彩缤纷巧克力	松尾	个	日本	东京	零食	进口	包装	160	2018/2/15	360	52
7	6	LS-2	韩国好丽友红豆夹心打糕鱼	好丽友	袋	韩国	首尔	零食	进口	包装	522	2018/1/13	180	120
8	7	LS-3	日本固力果米奇棒棒糖	固力果	袋	日本	东京	零食	进口	包装	300	2018/10/8	360	76
9	8	SG-5	江西赣南脐橙	好果	公斤	中国	江西赣州	水果	国产	散装	1000	2018/11/4	90	16
10	9	SG-6	福建琯溪蜜柚箱装	甜蜜	箱	中国	福建平和	水果	国产	包装	12500	2018/11/4	20	100
11	10	LS-4	北京稻香村沙琪玛	稻香村	袋	中国	北京	零食	国产	包装	500	2018/10/9	60	15

图 6-11　Excel 任务 6-03 的结果

【解决方案】使用【数据验证】功能构造数据选项、设计输入范围、给出错误提示等。

【实现步骤】

(1)　设置数据选项：打开“商品”工作表，选中“类别”列数据区域 H2:H11，在功能区【数据】选项卡的【数据工具】选项组中单击【数据验证】按钮，在弹出的下拉列表中选择【数据验证】选项，在如图 6-12 所示对话框【允许】的下拉列表中选择【序列】，【来源】项中输入“水果，干果，零食”，单击【确定】按钮后，可在单元格的下拉选项中选择数据输入，如图 6-13 所示。同理设置“进口/国产”“包装方式”两列选项并选取数据。

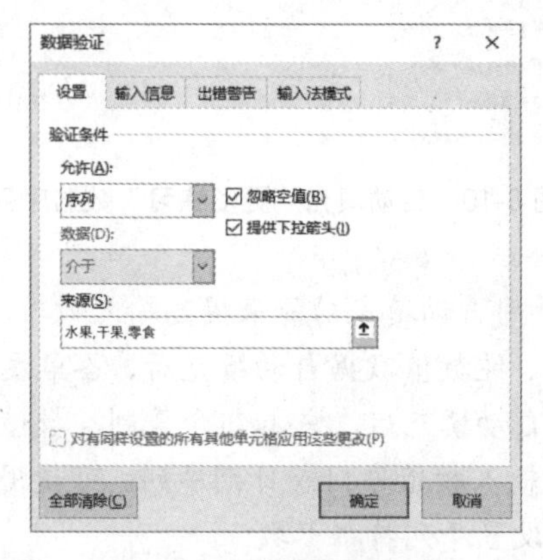

图 6-12　设置数据选项

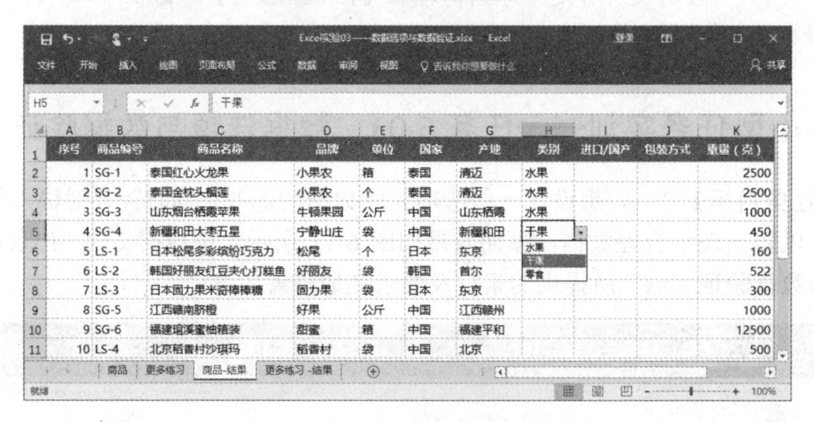

序号	商品编号	商品名称	品牌	单位	国家	产地	类别	进口/国产	包装方式	重量(克)
1	SG-1	泰国红心火龙果	小果农	箱	泰国	清迈	水果			2500
2	SG-2	泰国金枕头榴莲	小果农	个	泰国	清迈	水果			2500
3	SG-3	山东烟台栖霞苹果	牛顿果园	公斤	中国	山东栖霞	水果			1000
4	SG-4	新疆和田大枣五星	宁静山庄	袋	中国	新疆和田	干果			450
5	LS-1	日本松尾多彩缤纷巧克力	松尾	个	日本	东京				160
6	LS-2	韩国好丽友红豆夹心打糕鱼	好丽友	袋	韩国	首尔				522
7	LS-3	日本固力果米奇棒棒糖	固力果	袋	日本	东京				300
8	SG-5	江西赣南脐橙	好果	公斤	中国	江西赣州				1000
9	SG-6	福建琯溪蜜柚箱装	甜蜜	箱	中国	福建平和				12500
10	LS-4	北京稻香村沙琪玛	稻香村	袋	中国	北京				500

图 6-13　从选项列表中选取数据

(2) 数据有效性验证：选中“保质期(天)”的 M2:M11 单元格区域，在【数据】选项卡的【数据工具】选项组中单击【数据验证】按钮，在弹出的下拉列表中选择【数据验证】选项，在【数据验证】对话框的【设置】选项卡定义验证条件，在【输入信息】选项卡定义选定单元格时显示的输入信息，在【出错警告】选项卡定义输入无效数据时显示的警告内容，如图 6-14 所示。

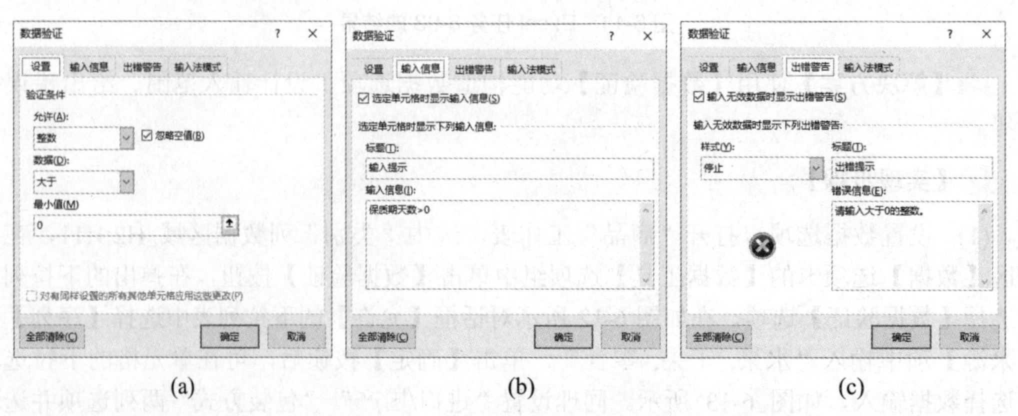

(a)　　(b)　　(c)

图 6-14　“保质期(天)”列数据验证

注：Excel中使用【数据验证】功能进行数据有效性约束。

(1) 若需设置数据选项，则在数据验证条件处选择序列，选项序列的内容可以输入，也可以引用某些单元格区域的数据；

(2) 若需限制数值范围，则在数据验证条件处选择整数、小数、日期、时间等，选取合适的关系运算及数据范围；

(3) 若需约束文本长度，则在数据验证条件处选择文本长度，并设置其有效范围。

小型任务实训——任务6-04　获取外部数据

【任务目标】小 A 店铺有一些客户和销售数据之前记录在文本文件或者数据库文件中，现在需要将这部分数据整合至 Excel 文件，预期结果如图 6-15 所示。请根据文件“Excel 任务 6-04 获取外部数据.xlsx”所提供的素材及要求完成任务内容。

	A	B	C	D	E	F
1	客户编号	性别	关注日期	首单日期	邮寄地址	市（区）
2	V10001	男	2018/1/1	2018/1/1	北京	海淀
3	V10002	女	2018/10/2	2018/12/1	北京	西城
4	V10003	女	2018/7/26	2018/7/26	天津	南开
5	V20001	女	2017/5/5	2017/10/5	浙江	杭州
6	V20002	男	2017/6/12	2017/6/12	陕西	西安

(a)

	A	B	C	D	E	F
1	流水号	商品编号	销售日期	数量	折扣	客户编号
2	201812010001	SG-1	2018/12/1 0:00	2	100	V10001
3	201812010002	SG-3	2018/12/1 0:00	10	100	V10001
4	201812010003	SG-6	2018/12/1 0:00	3	90	V20001
5	201812010004	SG-5	2018/12/1 0:00	5	90	V20001
6	201812010005	LS-1	2018/12/1 0:00	2	100	V10002
7	201812020001	LS-4	2018/12/2 0:00	6	80	V20002
8	201812020002	SG-4	2018/12/2 0:00	2	80	V20002
9	201812020003	SG-6	2018/12/2 0:00	20	85	V10003
10	201812020004	SG-5	2018/12/2 0:00	1	85	V10003
11	201812020005	SG-2	2018/12/2 0:00	2	85	V10003

(b)

图 6-15　Excel 任务 6-04 的结果

【解决方案】使用获取外部数据的方法，将其他文件的数据复制或导入到 Excel 工作表中。

【实现步骤】

(1) 文本文件数据导入：打开“客户”工作表，选中 A1 单元格，在【数据】选项卡的【获取转换数据】选项组中，单击【从文本/CSV】按钮，确定外部数据所在文件类型，如图 6-16 所示。在图 6-17 所示的【导入数据】对话框中选取数据文件“客户信息.txt”，单击【导入】按钮，在如图 6-18 所示的对话框中确定原始格式、分隔符等信息，然后单击【加载】按钮，在弹出的下拉列表中选择【加载到】选项，最后在如图 6-19 所示的【导入数据】对话框中确定数据放置位置为“现有工作表=$A$1”，导入效果如图 6-20 所示。

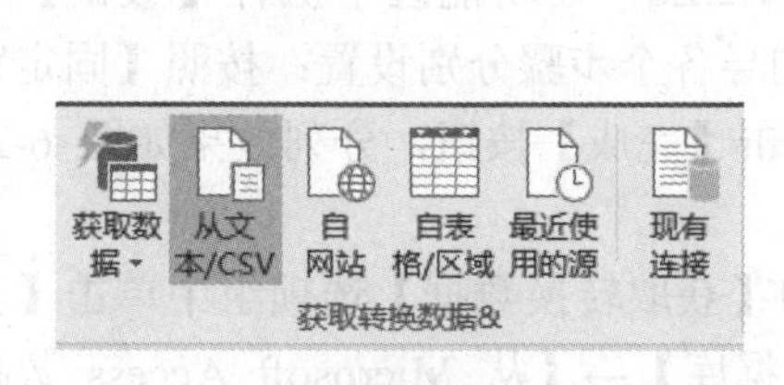

图 6-16　选取外部数据文件类型

图 6-17　选取外部数据所在文件

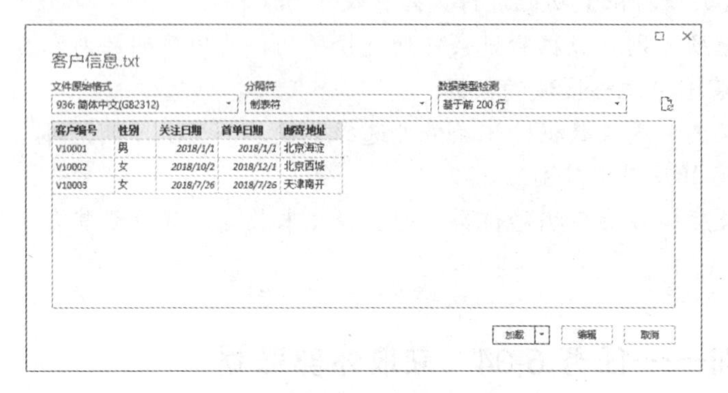

图 6-18　确定文件原始格式、分隔符

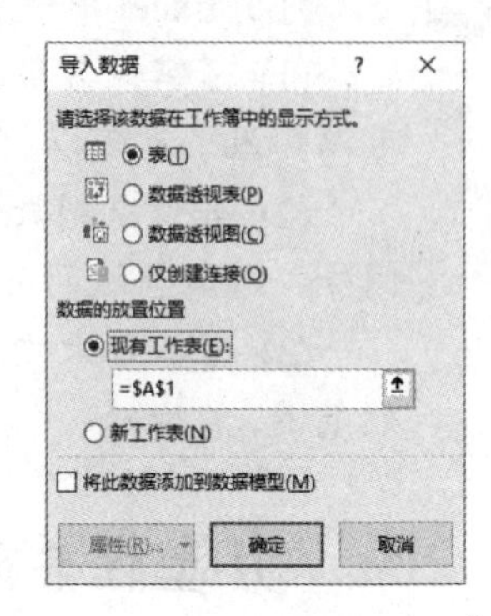

图 6-19　确定数据放置位置

	A	B	C	D	E
1	客户编号	性别	关注日期	首单日期	邮寄地址
2	V10001	男	2018/1/1	2018/1/1	北京海淀
3	V10002	女	2018/10/2	2018/12/1	北京西城
4	V10003	女	2018/7/26	2018/7/26	天津南开

图 6-20　客户信息导入结果

(2) 数据复制：打开“老客户”工作表，选择数据区域 A2：E3，右击，在弹出的快捷菜单中选择【复制】命令，打开“客户”工作表，在 A4 单元格中选择快捷菜单的【选择性粘贴】命令，修改【粘贴】选项为【数值】，如图 6-21 所示，单击【确定】按钮，效果如图 6-22 所示。

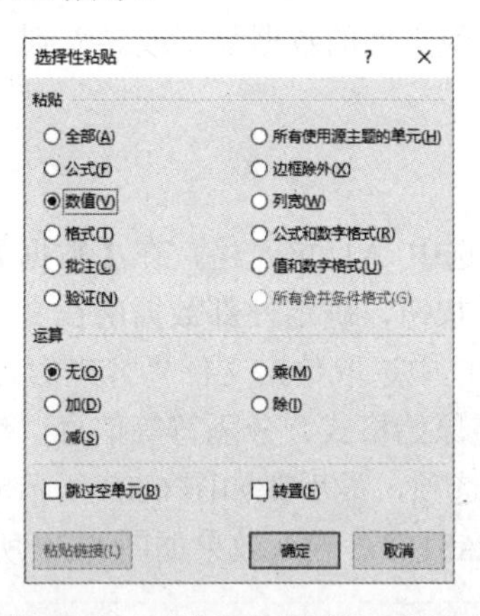

图 6-21　【选择性粘贴】对话框

	A	B	C	D	E
1	客户编号	性别	关注日期	首单日期	邮寄地址
2	V10001	男	2018/1/1	2018/1/1	北京海淀
3	V10002	女	2018/10/2	2018/12/1	北京西城
4	V10003	女	2018/7/26	2018/7/26	天津南开
5	V20001	女	2017/5/5	2017/10/5	浙江杭州
6	V20002	男	2017/6/12	2017/6/12	陕西西安

图 6-22　选择性粘贴结果

(3) 数据分列：选中“邮寄地址”的数据区域 E2:E6，在功能区中执行【数据】→【数据工具】→【分列】命令，按照图 6-23 所示的向导各个步骤分别设置：按照【固定宽度】拆分、设置拆分点分隔线、修改列数据格式，单击【完成】按钮，分列效果如图 6-24 所示，修改新列列名为“市(区)”。

(4) 数据库文件数据导入：在【数据】选项卡的【获取转换数据】选项组中单击【获取数据】下拉按钮，在弹出的下拉列表中选择【自数据库】→【从 Microsoft Access 数据

库】命令，确定外部数据所在文件类型，如图 6-25 所示。在【导入数据】对话框中选取数据文件“销售信息.accdb”，单击【导入】按钮，在如图 6-26 所示的【导航器】对话框中选取“销售”表，然后单击【加载】按钮，可见将数据导入到新的工作表，效果如图 6-27 所示，双击工作表标签，修改工作表名为“销售”。

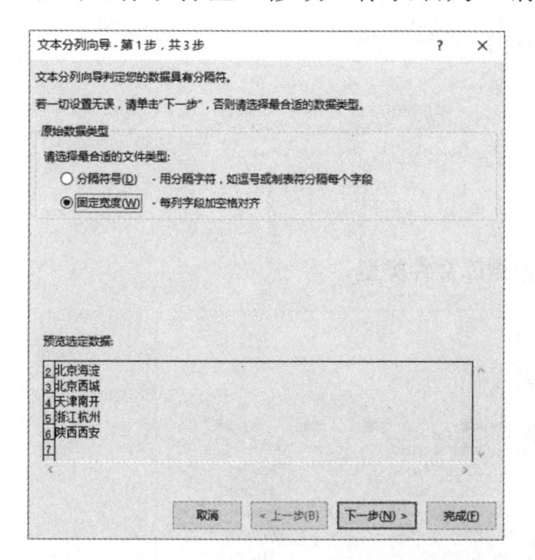

(a)

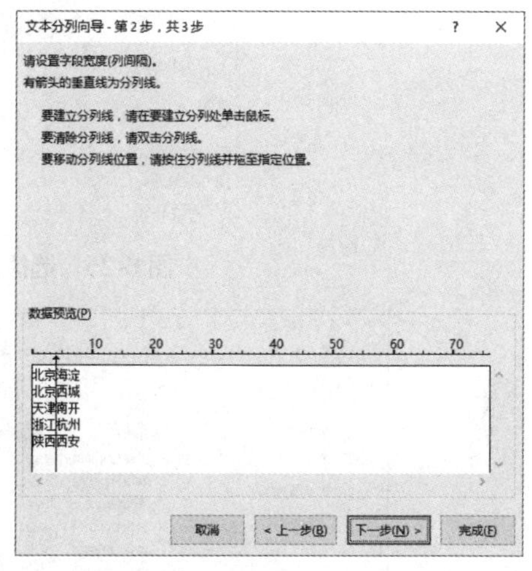

(b)

(c)

图 6-23　分列功能向导步骤

	A	B	C	D	E	F
1	客户编号	性别	关注日期	首单日期	邮寄地址	列1
2	V10001	男	2018/1/1	2018/1/1	北京	海淀
3	V10002	女	2018/10/2	2018/12/1	北京	西城
4	V10003	女	2018/7/26	2018/7/26	天津	南开
5	V20001	女	2017/5/5	2017/10/5	浙江	杭州
6	V20002	男	2017/6/12	2017/6/12	陕西	西安

图 6-24　“邮寄地址”列分列效果

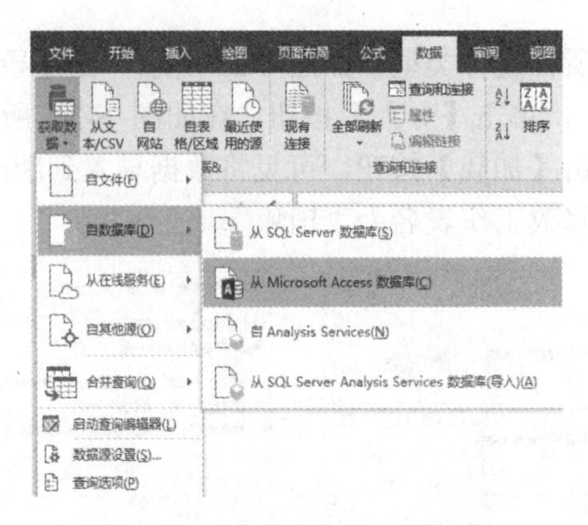

图 6-25　选择数据库文件类型

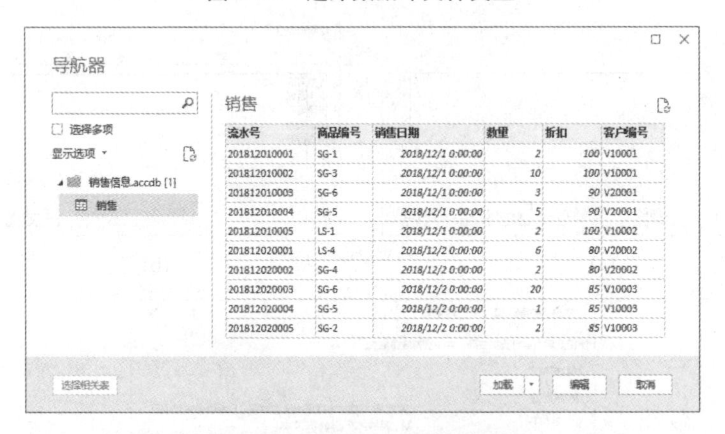

销售

流水号	商品编号	销售日期	数量	折扣	客户编号
201812010001	SG-1	2018/12/1 0:00:00	2	100	V10001
201812010002	SG-3	2018/12/1 0:00:00	10	100	V10001
201812010003	SG-6	2018/12/1 0:00:00	3	90	V20001
201812010004	SG-5	2018/12/1 0:00:00	5	90	V20001
201812010005	LS-1	2018/12/1 0:00:00	2	100	V10002
201812020001	LS-4	2018/12/2 0:00:00	6	80	V20002
201812020002	SG-4	2018/12/2 0:00:00	2	80	V20002
201812020003	SG-6	2018/12/2 0:00:00	20	85	V10003
201812020004	SG-5	2018/12/2 0:00:00	1	85	V10003
201812020005	SG-2	2018/12/2 0:00:00	2	85	V10003

图 6-26　选择导入的外部数据

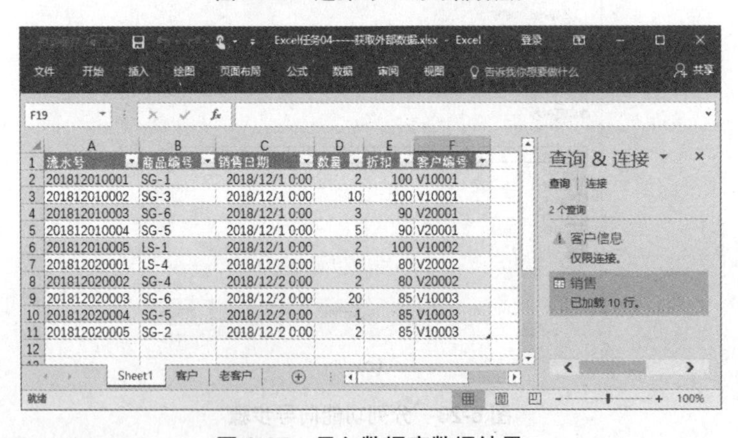

	A	B	C	D	E	F
1	流水号	商品编号	销售日期	数量	折扣	客户编号
2	201812010001	SG-1	2018/12/1 0:00	2	100	V10001
3	201812010002	SG-3	2018/12/1 0:00	10	100	V10001
4	201812010003	SG-6	2018/12/1 0:00	3	90	V20001
5	201812010004	SG-5	2018/12/1 0:00	5	90	V20001
6	201812010005	LS-1	2018/12/1 0:00	2	100	V10002
7	201812020001	LS-4	2018/12/2 0:00	6	80	V20002
8	201812020002	SG-4	2018/12/2 0:00	2	80	V20002
9	201812020003	SG-6	2018/12/2 0:00	20	85	V10003
10	201812020004	SG-5	2018/12/2 0:00	1	85	V10003
11	201812020005	SG-2	2018/12/2 0:00	2	85	V10003
12						

图 6-27　导入数据库数据结果

注：(1) Excel 中使用【获取数据】功能导入现有的外部文件数据，如文本文件、数据库文件、网页文件等，导入的数据可以放置于新建工作表中，也可以存放于现有工作表中，导入数据的前提条件是数据按照规律分隔或排列；

(2) Excel 中使用【分列】命令拆分具有统一规律的数据，可以将 1 列数据拆分为若干列，注意拆分前要为分离出的新列留出空间。

6.2.3　数据格式

数据输入完成后，可以进一步编辑数据格式(Data Format)。通过设置单元格格式、条件格式和工作表格式，能够将数据以更加美观、突出的效果呈现。

小型任务实训——任务 6-05　单元格格式设置

【任务目标】原始数据输入后，小 A 对现有的数据区域外观不满意，希望改变日期、单价等数据的格式以及边框、底纹等元素，预期效果如图 6-28 所示。请根据文件“Excel 任务 6-05 单元格格式.xlsx”所提供的素材及要求完成任务内容。

序号	商品编号	商品名称	品牌	单位	国家	产地	类别	进口/国产	包装方式	重量（克）	生产日期	保质期（天）	单价
1	SG-1	泰国红心火龙果	小果农	箱	泰国	清迈	水果	进口	包装	2500	2018年4月6日	10	¥ 100.00
2	SG-2	泰国金枕头榴莲	小果农	个	泰国	清迈	水果	进口	包装	2500	2018年5月7日	15	¥ 189.00
3	SG-3	山东烟台栖霞苹果	牛顿果园	公斤	中国	山东栖霞	水果	国产	散装	1000	2018年10月2日	180	¥ 20.00
4	SG-4	新疆和田大枣五星	宁静山庄	袋	中国	新疆和田	干果	国产	包装	450	2018年11月1日	180	¥ 35.00
5	LS-1	日本松尾多彩缤纷巧克力	松尾	个	日本	东京	零食	进口	包装	160	2018年2月15日	360	¥ 52.00
6	LS-2	韩国好丽友红豆夹心打糕鱼	好丽友	袋	韩国	首尔	零食	进口	包装	522	2018年1月13日	180	¥ 120.00
7	LS-3	日本固力果米奇棒棒糖	固力果	袋	日本	东京	零食	进口	包装	300	2018年10月8日	360	¥ 76.00
8	SG-5	江西赣南脐橙	好果	公斤	中国	江西赣州	水果	国产	散装	1000	2018年11月4日	90	¥ 16.00
9	SG-6	福建琯溪蜜柚箱装	甜蜜	箱	中国	福建平和	水果	国产	包装	12500	2018年11月4日	20	¥ 100.00
10	LS-4	北京稻香村沙琪玛	稻香村	袋	中国	北京	零食	国产	包装	500	2018年10月9日	60	¥ 15.00

图 6-28　Excel 任务 6-05 的结果

【解决方案】

先将现有的格式清除，可以套用模板设置所选数据的格式，也可以使用【设置单元格格式】功能单独编辑数字、对齐、字体、边框、底纹等格式。

【实现步骤】

(1) 清除现有格式：打开“商品”工作表，选中全部数据区域 A1:N11，在功能区【开始】选项卡的【编辑】选项组中单击【清除】按钮，在弹出的下拉列表中选择【清除格式】选项，如图 6-29 所示，所有数据恢复初始状态。

序号	商品编号	商品名称	品牌	单位	国家	产地	类别	进口/国产	包装方式	重量（克）	生产日期	保质期（天）	单价
1	SG-1	泰国红心火龙果	小果农	箱	泰国	清迈	水果	进口	包装	2500	43196	10	100
2	SG-2	泰国金枕头榴莲	小果农	个	泰国	清迈	水果	进口	包装	2500	43227	15	189
3	SG-3	山东烟台栖霞苹果	牛顿果园	公斤	中国	山东栖霞	水果	国产	散装	1000	43375	180	20
4	SG-4	新疆和田大枣五星	宁静山庄	袋	中国	新疆和田	干果	国产	包装	450	43405	180	35
5	LS-1	日本松尾多彩缤纷巧克力	松尾	个	日本	东京	零食	进口	包装	160	43146	360	52
6	LS-2	韩国好丽友红豆夹心打糕鱼	好丽友	袋	韩国	首尔	零食	进口	包装	522	43113	180	120
7	LS-3	日本固力果米奇棒棒糖	固力果	袋	日本	东京	零食	进口	包装	300	43381	360	76
8	SG-5	江西赣南脐橙	好果	公斤	中国	江西赣州	水果	国产	散装	1000	43408	90	16
9	SG-6	福建琯溪蜜柚箱装	甜蜜	箱	中国	福建平和	水果	国产	包装	12500	43408	20	100
10	LS-4	北京稻香村沙琪玛	稻香村	袋	中国	北京	零食	国产	包装	500	43382	60	15

图 6-29　清除格式

(2) 自动套用格式：选中全部数据区域 A1:N11，在功能区【开始】选项卡的【样式】选项组中单击【套用表格格式】按钮，在如图 6-30 所示的列表中选择【浅色】栏第 2 行第 7 列的样式，在图 6-31 所示的【套用表格式】对话框中选中【表包含标题】复选框，在图 6-32 所示的【表格工具】|【设计】选项卡的【表格样式选项】选项组中取消选中【筛选按钮】复选框，单元格效果如图 6-33 所示。

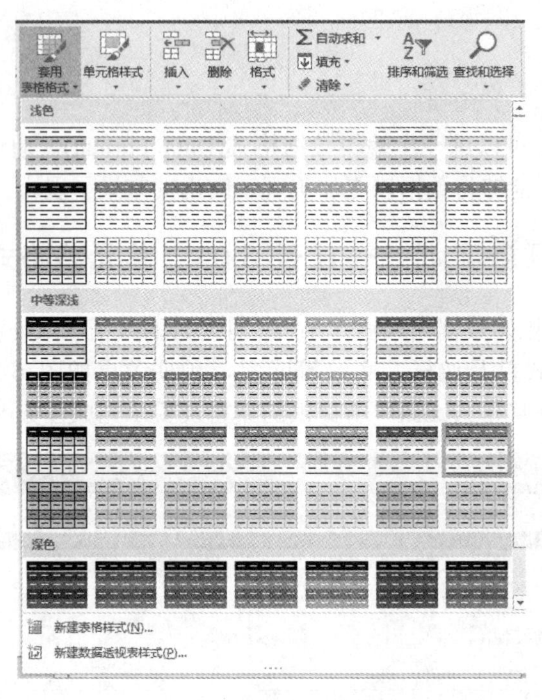

图 6-30　可供套用的表格样式

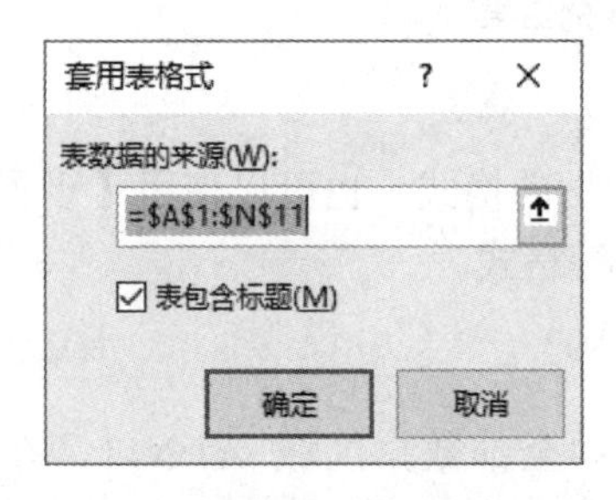

图 6-31　确定数据源及表是否包含标题

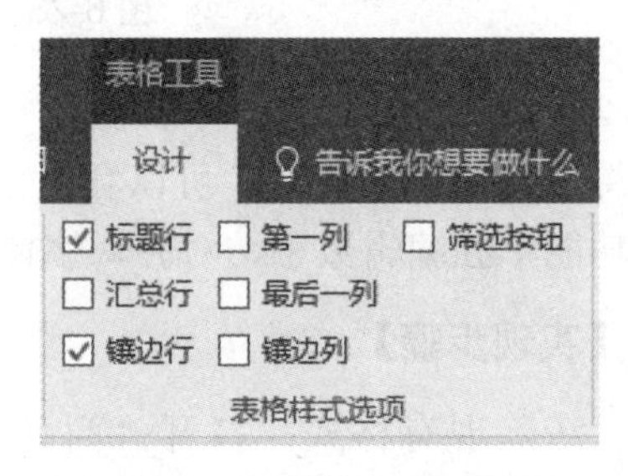

图 6-32　表格样式选项

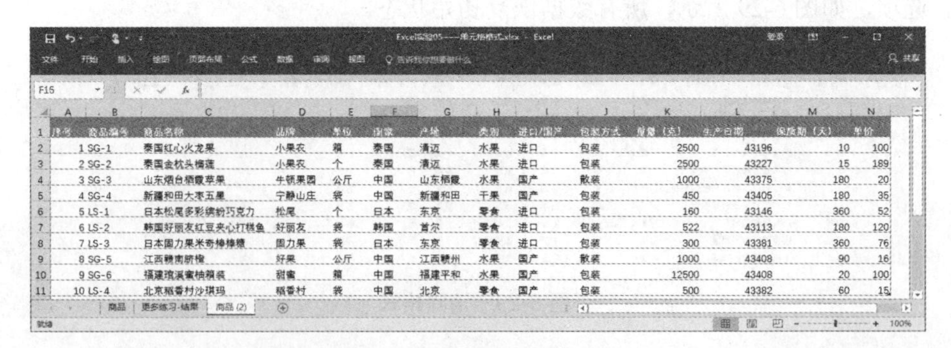

图 6-33　套用表格式效果

(3) 编辑【数字】格式：选中“生产日期”列 L2:L11 单元格区域，在功能区【开始】选项卡【数字】选项组的【常规】下拉列表中选择【长日期】，如图 6-34 所示，选中“单价”列 N2:N11 单元格区域并右击，在弹出的快捷菜单中选择【设置单元格格式】命

令，在图 6-35 所示的【数字】选项卡中选择【会计专用】，单击【确定】按钮。

图 6-34　设置【长日期】数字格式

图 6-35　设置【会计专用】数字格式

(4)　编辑【对齐】格式：选中所有数据区域单元格，在图 6-36 所示的【设置单元格格式】对话框的【对齐】选项卡中修改【水平对齐】为【居中】、【垂直对齐】为【居中】，选中【自动换行】复选框。

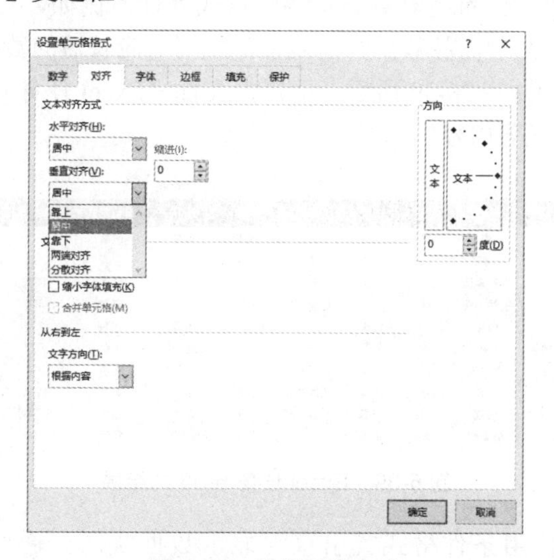

图 6-36　设置对齐方式

(5)　编辑【字体】格式：选中标题行 A1:N1，在【设置单元格格式】对话框【字体】选项卡中修改文字大小为 12 号，单击【确定】按钮。

(6)　编辑【边框】格式：选中 A2:N11 数据区域，在图 6-37 所示【设置单元格格式】对话框【边框】选项卡中选取粗实线、黑色，然后在右侧的预览图上分别单击上、下边框线，单击【确定】按钮。

(7)　编辑【填充】格式：选中标题行 A1:N1 单元格区域，在图 6-38 所示的【设置单元格格式】对话框【填充】选项卡中背景色选取黑色，单击【确定】按钮。

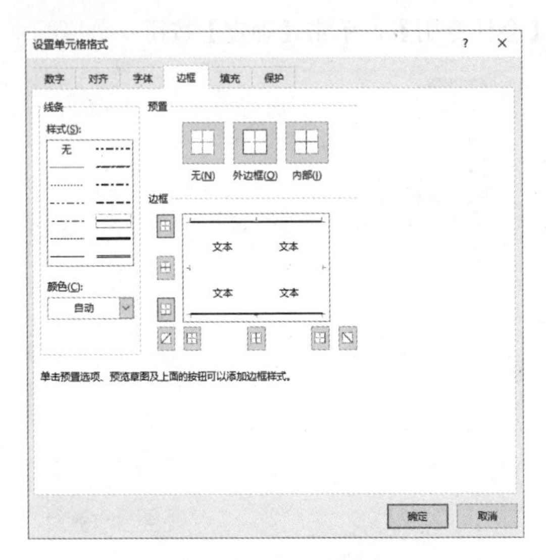

图 6-37　设置边框格式

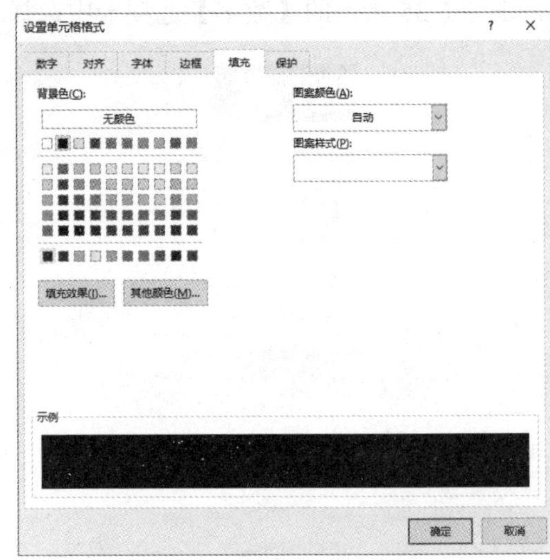

图 6-38　设置填充格式

小型任务实训——任务 6-06　条件格式设置

【任务目标】小 A 希望对数据做特殊格式处理，例如，对超过 100 元的单价数据、生产日期最早的前 3 种商品数据突出显示，使用对应长短的数据条填充直观表示保质期时间长短等，预期效果如图 6-39 所示。请根据文件“Excel 任务 6-06 条件格式.xlsx”所提供的素材及要求完成任务内容。

	A	B	C	D	E	F	G	H	I	J	K	L	M	N
1	序号	商品编号	商品名称	品牌	单位	国家	产地	类别	进口/国产	包装方式	重量（克）	生产日期	保质期（天）	单价
2	1	SG-1	泰国红心火龙果	小果农	箱	泰国	清迈	水果	进口	包装	2500	2018年4月6日	10	¥ 100.00
3	2	SG-2	泰国金枕头榴莲	小果农	个	泰国	清迈	水果	进口	包装	2500	2018年5月7日	15	¥ 189.00
4	3	SG-3	山东烟台栖霞苹果	牛顿果园	公斤	中国	山东栖霞	水果	国产	散装	1000	2018年10月2日	180	¥ 20.00
5	4	SG-4	新疆和田大枣五星	宁静山庄	袋	中国	新疆和田	干果	国产	包装	450	2018年11月1日	180	¥ 35.00
6	5	LS-1	日本松尾多彩缤纷巧克力	松尾	个	日本	东京	零食	进口	包装	160	2018年2月15日	360	¥ 52.00
7	6	LS-2	韩国好丽友红豆夹心打糕鱼	好丽友	袋	韩国	首尔	零食	进口	包装	522	2018年1月13日	180	¥ 120.00
8	7	LS-3	日本固力果米奇棒棒糖	固力果	袋	日本	东京	零食	进口	包装	300	2018年10月8日	360	¥ 76.00
9	8	SG-5	江西赣南脐橙	好果	公斤	中国	江西赣州	水果	国产	散装	1000	2018年11月4日	90	¥ 16.00
10	9	SG-6	福建琯溪蜜柚箱装	甜蜜	箱	中国	福建平和	水果	国产	包装	12500	2018年11月4日	20	¥ 100.00
11	10	LS-4	北京稻香村沙琪玛	稻香村	袋	中国	北京	零食	国产	包装	500	2018年10月9日	60	¥ 15.00

图 6-39　Excel 任务 6-06 的结果

【解决方案】使用条件格式突出直观显示数据状态。通过【突出显示单元格规则】，设置条件范围和特殊格式，对满足条件的部分数据单元格实施特殊格式；通过【最前/最后规则】，将全部数据单元格中排名前/后 N 项数据、前/后百分比的部分单元格设置为特殊格式；通过【数据条】、【色阶】和【图标集】来标注个体数据相对整体数据的大小或区域范围，所有单元格都将设置特殊格式，但彼此之间有差异。

【实现步骤】

(1) 突出显示单元格：打开“商品-条件格式”工作表，选中“单价”列区域 N2:N11，在功能区的【开始】选项卡的【样式】选项组中单击【条件格式】按钮，在弹出的下拉列表中选择【突出显示单元格规则】→【大于】选项，如图 6-40 所示，在图 6-41

所示的【大于】对话框中左栏输入 100，右栏采用默认格式，单击【确定】按钮，即可将超过 100 元的单价单元格突出显示。

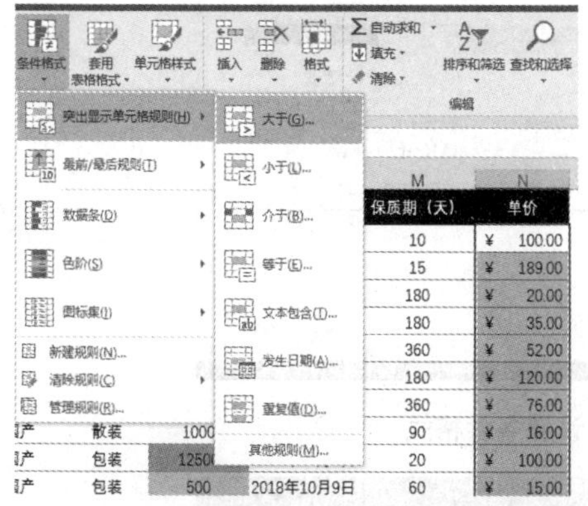

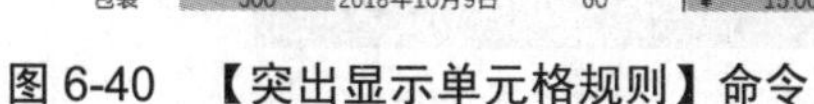

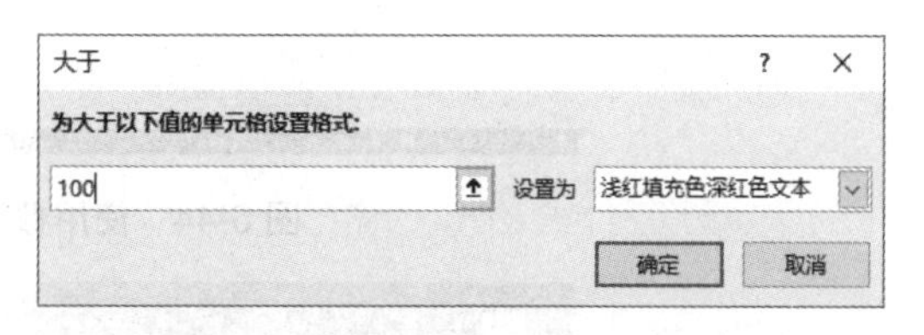

图 6-40　【突出显示单元格规则】命令　　图 6-41　设置突出显示的条件和格式

(2) 显示最小的 N 项：选中“生产日期”列区域 L2:L11，在功能区的【开始】选项卡的【样式】选项组中单击【条件格式】按钮，在弹出的下拉列表中选择【最前/最后规则】→【最后 10 项】选项，如图 6-42 所示，在图 6-43 所示的【最后 10 项】对话框中左栏输入 3，右栏选择【黄填充色深黄色文本】格式，单击【确定】按钮，即可将生产日期最早的 3 项数据单元格突出显示。

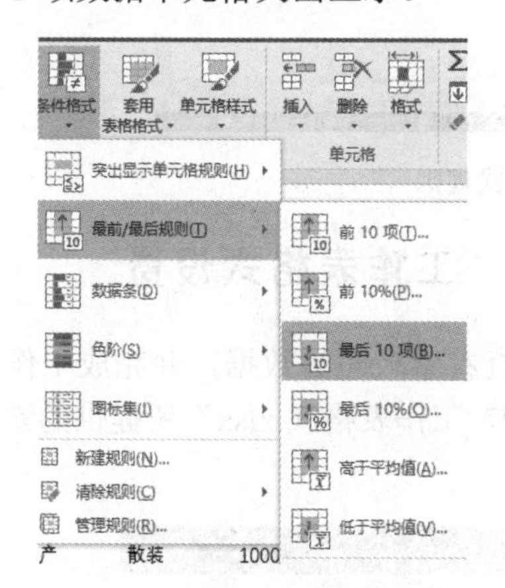

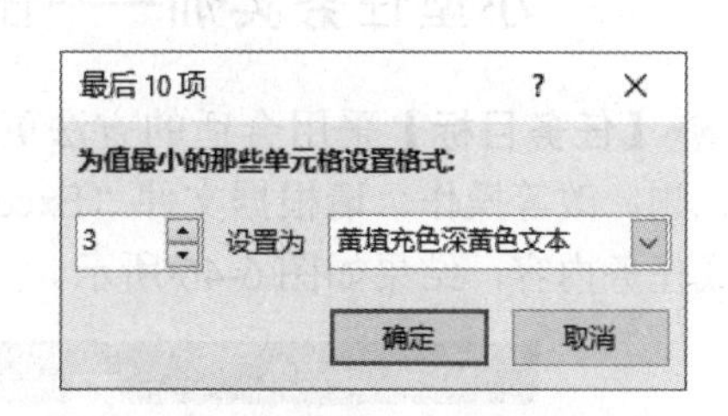

图 6-42　【最前/最后规则】命令　　图 6-43　设置最小 3 项条件和格式

(3) 设置数据条格式：选中“保质期(天)”列 M2:M11 单元格区域，在功能区的【开始】选项卡的【样式】选项组中单击【条件格式】按钮，在弹出的下拉列表中选择【数据条】→【渐变填充】→【绿色数据条】选项，如图 6-44 所示，即可看到所有选中的单元格依据数值大小显示不同长短的绿色数据条填充。

(4) 清除条件格式：选中“重量(克)”列 K2:K11 单元格区域，单击功能区【开始】选项卡【样式】选项组中的【条件格式】按钮，在弹出的下拉列表中选择【清除规则】→【清除所选单元格的规则】选项，如图 6-45 所示，即可看到该列的特殊条件格式清除，不影响数据和其他格式。

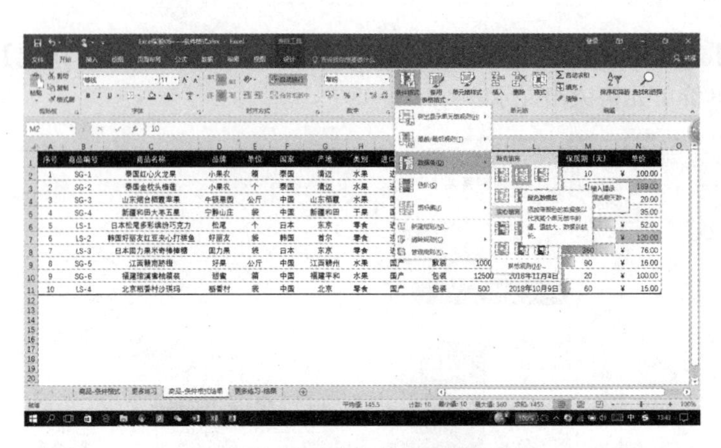

图 6-44　使用数据条设置条件格式

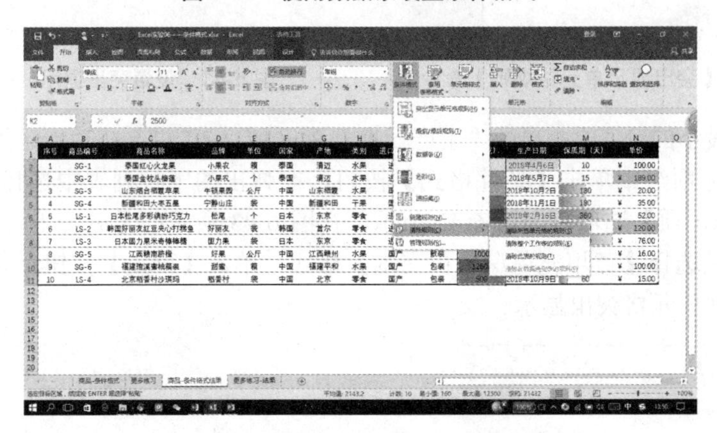

图 6-45　清除条件格式规则

小型任务实训——任务 6-07　工作表格式设置

【任务目标】采用合适的方法更加灵活地查看感兴趣的数据，并完成工作表级别的增、删、改等操作。请根据文件“Excel 任务 6-07 工作表格式.xlsx”所提供的素材及要求完成任务内容，结果如图 6-46 所示。

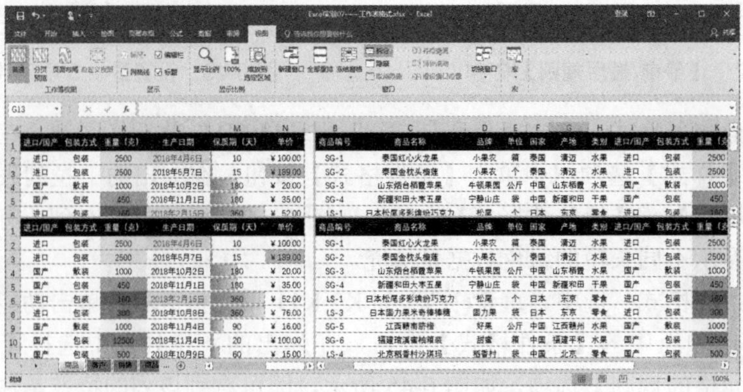

商品编号	商品名称	品牌	单位	国家	产地	类别	进口/国产	包装方式	重量（克）	生产日期	保质期（天）	单价
SG-1	泰国红心火龙果	小果农	箱	泰国	清迈	水果	进口	包装	2500	2018年4月6日	10	¥100.00
SG-2	泰国金枕头榴莲	小果农	个	泰国	清迈	水果	进口	包装	2500	2018年5月7日	15	¥189.00
SG-3	山东烟台栖霞苹果	牛顿果园	公斤	中国	山东栖霞	水果	国产	散装	1000	2018年10月2日	180	¥20.00
SG-4	新疆和田大枣五星	宁静山庄	袋	中国	新疆和田	干果	国产	包装	450	2018年11月1日	180	¥35.00
LS-1	日本松尾多彩缤纷巧克力	松尾	个	日本	东京	零食	进口	包装	160	2018年2月15日	360	¥52.00
LS-3	日本固力果米奇棒棒糖	固力果	袋	日本	东京	零食	进口	包装	300	2018年10月8日	360	¥76.00
SG-5	江西赣南脐橙	好果	公斤	中国	江西赣州	水果	国产	散装	1000	2018年11月4日	90	¥16.00
SG-6	福建琯溪蜜柚箱装	甜蜜	箱	中国	福建平和	水果	国产	包装	12500	2018年11月4日	20	¥100.00
LS-4	北京稻香村沙琪玛	稻香村	袋	中国	北京	零食	国产	包装	500	2018年10月9日	60	¥15.00

图 6-46　Excel 任务 6-07 的结果

【解决方案】 通过使用工作表的行高、列宽、冻结、拆分、隐藏等功能实现数据的灵活查看，通过使用工作表添加、删除、移动、复制、重命名的方法实现工作表的维护与编辑。

【实现步骤】

(1) 设置行高：打开“商品”工作表，选中所有数据行，右击行号，选择快捷菜单【行高】命令，在图 6-47 所示的【行高】对话框输入行高值 19，单击【确定】按钮。

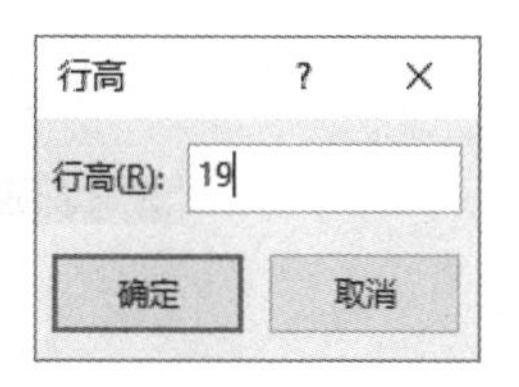

图 6-47　设置行高

(2) 调整列宽：选中全部列，在功能区【开始】选项卡的【单元格】选项组中单击【格式】按钮，在弹出的下拉列表中选择【自动调整列宽】选项，如图 6-48 所示。

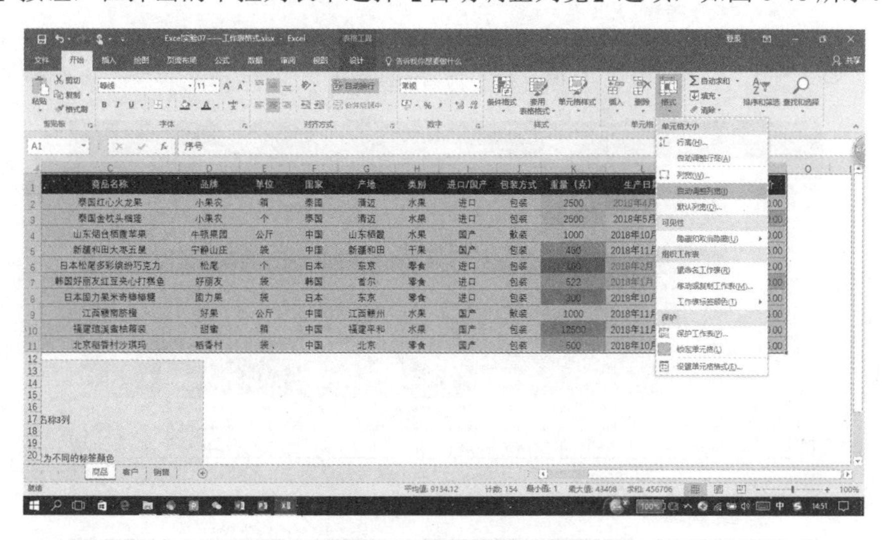

图 6-48　自动调整列宽

(3) 冻结/取消冻结：在功能区【视图】选项卡的【窗口】选项组中单击【冻结窗格】按钮，在弹出的下拉列表中选择【冻结首行】选项，如图 6-49 所示，拖曳右侧的垂直滚动条可以看到首行会固定于屏幕上；在功能区【视图】选项卡的【窗口】选项组中单击【冻结窗格】按钮，在弹出的下拉列表中选择【取消冻结窗格】选项即可将冻结的行恢复，如图 6-50 所示。

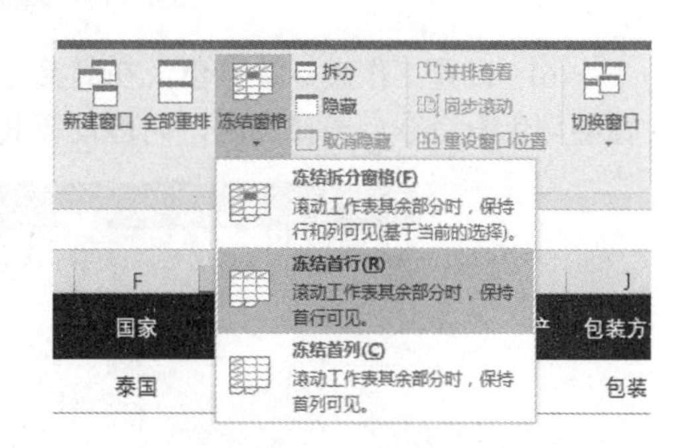

图 6-49　冻结窗格

(4) 隐藏：选中商品 LS-2 所在的行，右击行号，在弹出的快捷菜单中选择【隐藏】命令，则该行数据暂时消失，选择快捷菜单中的【取消隐藏】命令可恢复数据，如图 6-51 所示。

(5) 拆分窗口：选中 H6 单元格，在功能区【视图】选项卡的【窗口】选项组中单击【拆分】按钮，即可看到单元格的上方和左侧都出现一条拆分线，拖曳水平滚动条和垂直滚动条能够分别调整各个子窗口显示的内容。

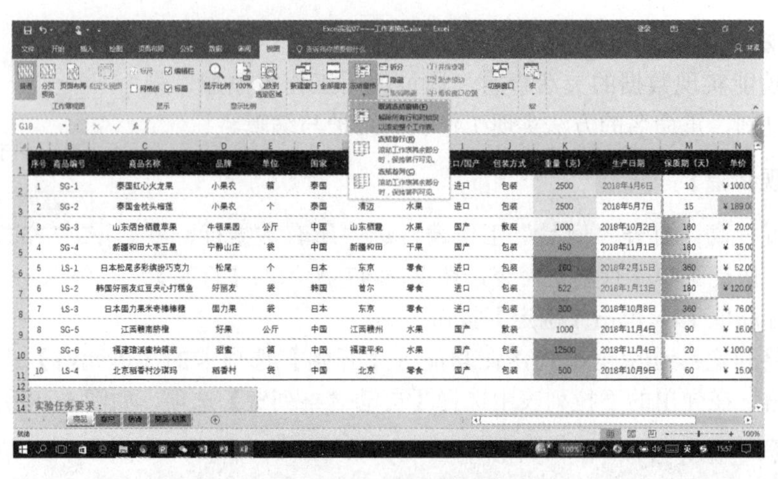

图 6-50　取消冻结窗格

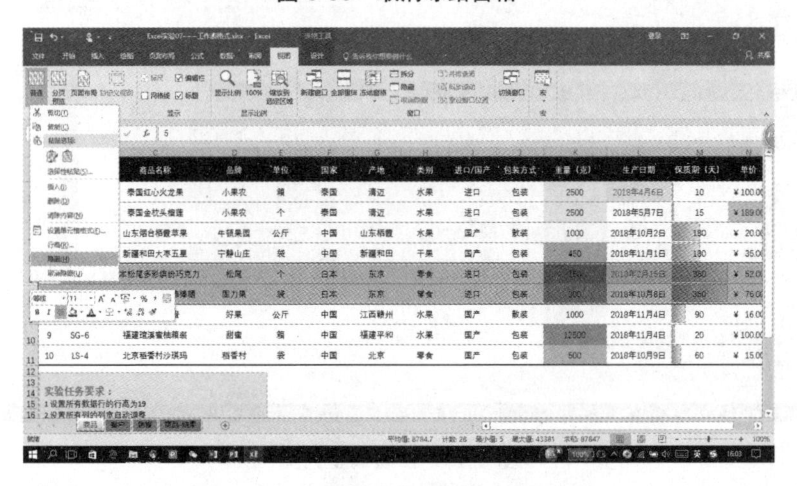

图 6-51　【隐藏】与【取消隐藏】命令

(6)　设置工作表标签颜色：在商品工作表标签上右击，选择如图 6-52 所示的【工作表标签颜色】命令，选择颜色，同理设置其他两表的标签颜色。

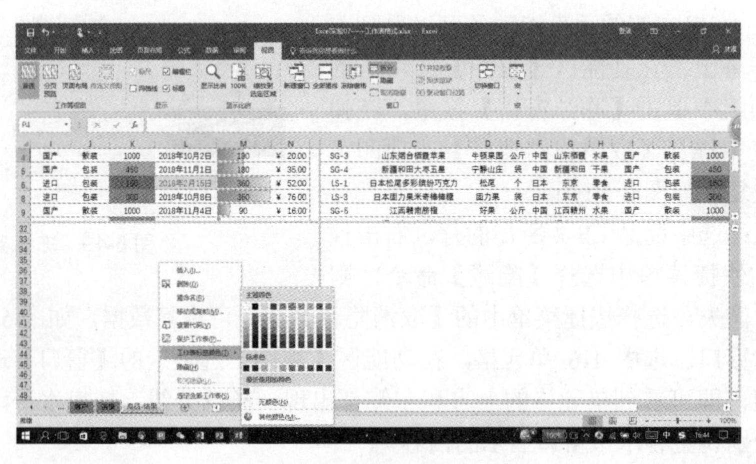

图 6-52　设置工作表标签颜色

(7) 工作表编辑：单击“客户”表标签，按住鼠标左键拖动，移至“销售”表之后松开左键，在“商品”表标签上单击右键，选择【移动或复制】命令，在如图 6-53 所示的【移动或复制工作表】对话框内选择【(移至最后)】，并选中【建立副本】复选框，单击【确定】按钮，即可看到列表最后出现新表“商品(2)”，右击其标签，选择【重命名】命令，改名为“商品备份”，效果如图 6-46 所示。

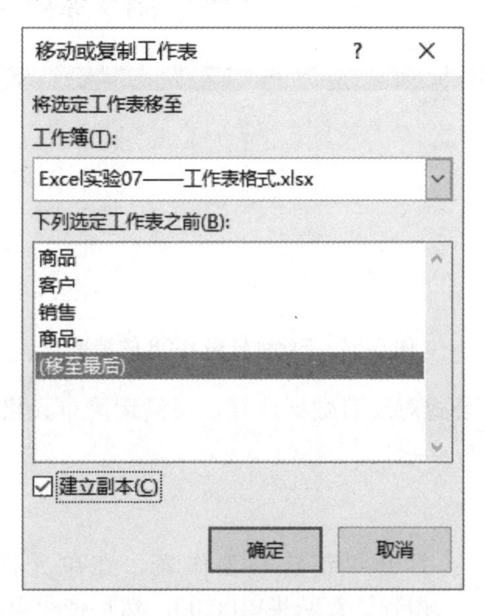

图 6-53　复制工作表

注：(1) 工作表视图编辑：工作表的外观除了之前介绍的对单元格的格式设置，还能通过调整行高、列宽、隐藏、冻结、窗口拆分等操作调整界面，具体命令集中在【开始】和【视图】选项卡。

(2) 工作表标签编辑：通过在工作表标签处调出快捷菜单，可以完成对整张工作表的插入、删除、重命名、复制、移动、设置标签颜色等操作。

6.3 数据运算

完成了数据存储与界面设计等基础工作之后，我们来领略 Excel 数据运算功能的强大之处，在纸质记账阶段各种复杂的手工计算，通过 Excel 提供的公式与函数可以高效替代，省时省力且准确。

6.3.1 公式

公式(Formula)是指能够计算出结果的数学表达式。Excel 中的公式用等号“=”开头，后面用各种运算符号连接常量、单元格地址或者函数等。

小型任务实训——任务 6-08　公式计算

【任务目标】小 A 店铺做活动，商品有不同程度折扣，现在需要根据商品原价及折扣情况计算每个订单记录的折后价、应付金额和手续费，预期效果如图 6-54 所示。请根据文件“Excel 任务 6-08 公式计算.xlsx”所提供的素材及要求完成任务内容。

流水号	客户编号	商品编号	销售日期	数量	折扣	单价	折后价	金额	手续费
201812010001	V10001	SG-1	2018/12/1	2	100	¥ 100.00	¥ 100.00	¥ 200.00	¥ 2.20
201812010002	V10001	SG-3	2018/12/1	10	100	¥ 20.00	¥ 20.00	¥ 200.00	¥ 2.20
201812010003	V20001	SG-6	2018/12/1	3	90	¥ 20.00	¥ 18.00	¥ 54.00	¥ 0.59
201812010004	V20001	SG-5	2018/12/1	5	90	¥ 90.00	¥ 81.00	¥ 405.00	¥ 4.46
201812010005	V10002	LS-1	2018/12/1	2	100	¥ 52.00	¥ 52.00	¥ 104.00	¥ 1.14
201812020001	V20002	LS-4	2018/12/2	6	80	¥ 15.00	¥ 12.00	¥ 72.00	¥ 0.79
201812020002	V20002	SG-4	2018/12/2	2	80	¥ 35.00	¥ 28.00	¥ 56.00	¥ 0.62
201812020003	V10003	SG-6	2018/12/2	20	85	¥ 20.00	¥ 17.00	¥ 340.00	¥ 3.74
201812020004	V10003	SG-5	2018/12/2	1	85	¥ 90.00	¥ 76.50	¥ 76.50	¥ 0.84
201812020005	V10003	SG-2	2018/12/2	2	85	¥ 189.00	¥ 160.65	¥ 321.30	¥ 3.53

图 6-54　Excel 任务 6-08 的结果

【解决方案】使用公式对现有数据计算，灵活运用单元格相对地址、绝对地址和混合地址的特性。

【实现步骤】

(1) 计算“折后价”：打开“销售”工作表，在单元格 H2 中输入计算公式=G2*F2/100，如图 6-55 所示，得到计算结果¥100.00，然后使用自动填充功能拖曳至 H11 单元格，得到所有单元格计算结果。

图 6-55　计算“折后价”

(2) 计算“金额”：在单元格 I2 中输入计算公式=H2*E2，如图 6-56 所示，得到计算结果¥200.00，然后使用自动填充功能拖曳至 I11 单元格，得到所有单元格计算结果。

(3) 计算“手续费”：如果用之前的方法在单元格 J2 中输入计算公式=I2*L2，能够得到正确结果¥2.20，但是使用自动填充功能拖曳至 J11 单元格后，会发现如图 6-57 所示出现错误，如果修改计算公式为=I2*$L$2，则自动填充后能够得到正确结果，如图 6-58 所示。

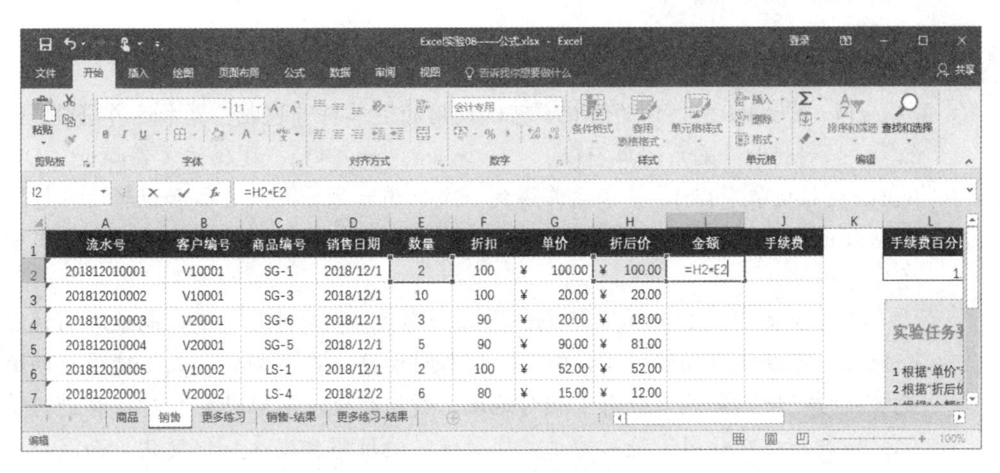

I2　=H2*E2

	A	B	C	D	E	F	G	H	I	J
1	流水号	客户编号	商品编号	销售日期	数量	折扣	单价	折后价	金额	手续费
2	201812010001	V10001	SG-1	2018/12/1	2	100	¥ 100.00	¥ 100.00	=H2*E2	
3	201812010002	V10001	SG-3	2018/12/1	10	100	¥ 20.00	¥ 20.00		
4	201812010003	V20001	SG-6	2018/12/1	3	90	¥ 20.00	¥ 18.00		
5	201812010004	V20001	SG-5	2018/12/1	5	90	¥ 90.00	¥ 81.00		
6	201812010005	V10002	LS-1	2018/12/1	2	100	¥ 52.00	¥ 52.00		
7	201812020001	V20002	LS-4	2018/12/2	6	80	¥ 15.00	¥ 12.00		

图 6-56　计算“金额”

J2　=I2*L2

	A	B	C	D	E	F	G	H	I	J
1	流水号	客户编号	商品编号	销售日期	数量	折扣	单价	折后价	金额	手续费
2	201812010001	V10001	SG-1	2018/12/1	2	100	¥ 100.00	¥ 100.00	¥ 200.00	¥ 2.20
3	201812010002	V10001	SG-3	2018/12/1	10	100	¥ 20.00	¥ 20.00	¥ 200.00	¥ -
4	201812010003	V20001	SG-6	2018/12/1	3	90	¥ 20.00	¥ 18.00	¥ 54.00	¥ -
5	201812010004	V20001	SG-5	2018/12/1	5	90	¥ 90.00	¥ 81.00	¥ 405.00	¥ -
6	201812010005	V10002	LS-1	2018/12/1	2	100	¥ 52.00	¥ 52.00	¥ 104.00	¥ -
7	201812020001	V20002	LS-4	2018/12/2	6	80	¥ 15.00	¥ 12.00	¥ 72.00	¥ -
8	201812020002	V20002	SG-4	2018/12/2	2	80	¥ 35.00	¥ 28.00	¥ 56.00	¥ -
9	201812020003	V10003	SG-6	2018/12/2	20	85	¥ 20.00	¥ 17.00	¥ 340.00	¥ -
10	201812020004	V10003	SG-5	2018/12/2	1	85	¥ 90.00	¥ 76.50	¥ 76.50	¥ -
11	201812020005	V10003	SG-2	2018/12/2	2	85	¥ 189.00	¥ 160.65	¥ 321.30	¥ -

图 6-57　出错的“手续费”计算结果

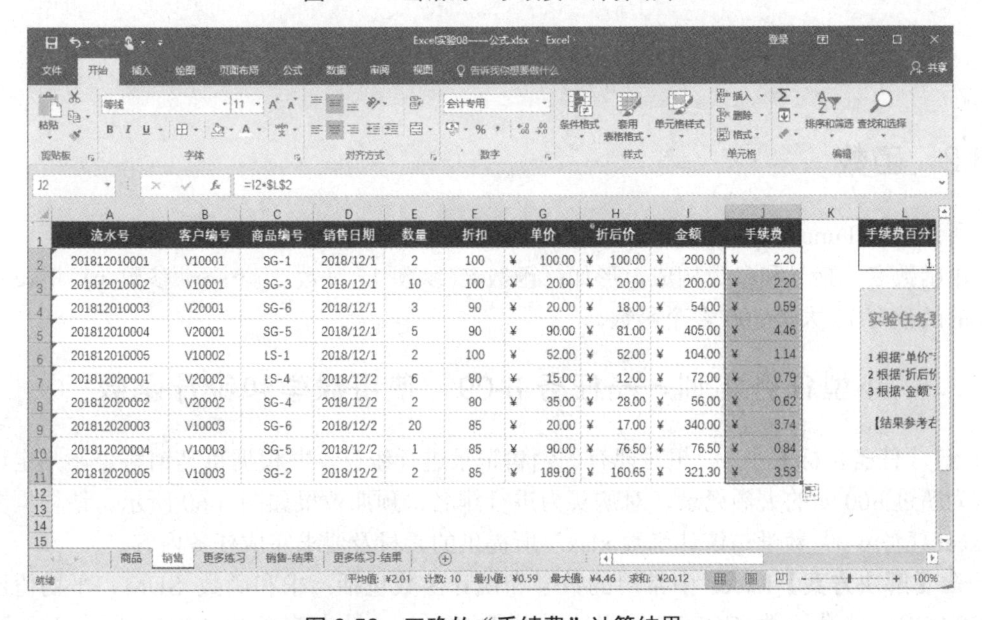

J2　=I2*$L$2

	A	B	C	D	E	F	G	H	I	J
1	流水号	客户编号	商品编号	销售日期	数量	折扣	单价	折后价	金额	手续费
2	201812010001	V10001	SG-1	2018/12/1	2	100	¥ 100.00	¥ 100.00	¥ 200.00	¥ 2.20
3	201812010002	V10001	SG-3	2018/12/1	10	100	¥ 20.00	¥ 20.00	¥ 200.00	¥ 2.20
4	201812010003	V20001	SG-6	2018/12/1	3	90	¥ 20.00	¥ 18.00	¥ 54.00	¥ 0.59
5	201812010004	V20001	SG-5	2018/12/1	5	90	¥ 90.00	¥ 81.00	¥ 405.00	¥ 4.46
6	201812010005	V10002	LS-1	2018/12/1	2	100	¥ 52.00	¥ 52.00	¥ 104.00	¥ 1.14
7	201812020001	V20002	LS-4	2018/12/2	6	80	¥ 15.00	¥ 12.00	¥ 72.00	¥ 0.79
8	201812020002	V20002	SG-4	2018/12/2	2	80	¥ 35.00	¥ 28.00	¥ 56.00	¥ 0.62
9	201812020003	V10003	SG-6	2018/12/2	20	85	¥ 20.00	¥ 17.00	¥ 340.00	¥ 3.74
10	201812020004	V10003	SG-5	2018/12/2	1	85	¥ 90.00	¥ 76.50	¥ 76.50	¥ 0.84
11	201812020005	V10003	SG-2	2018/12/2	2	85	¥ 189.00	¥ 160.65	¥ 321.30	¥ 3.53

图 6-58　正确的“手续费”计算结果

注：Excel 中使用公式能够实现快速的自动计算。

(1) 公式以“=”作为标记，可以使用的运算符号包括：算术运算符(+、−、*、/、^、Mod)、关系运算符(>、<、<>、=、>=、<=)、逻辑运算符(And、Or、Not)、连接运算符(&)，算术运算得到一个数值结果，关系运算和逻辑运算得到的结果是一个逻辑值(TRUE 或者 FALSE)，连接运算得到的结果是一个文本型的字符串；

(2) 公式中用到的单元格地址有 4 种形式：相对地址、绝对地址和两种混合地址，可以使用功能键 F4 在 4 种状态间切换，在复制公式或者使用自动填充功能时，如果公式中引用了相对地址，则相对地址能够产生相对位移进行变化，如果公式中引用了绝对地址，那么绝对地址不会发生任何变化，而混合地址内用$固定的列号或者行号也不会产生任何变化，应用时需注意区分；

(3) 公式中如需引用非本工作表的单元格地址，需注明工作表名，如果引自其他工作簿则还需注明工作簿的名字，格式如下：

=[工作簿名.扩展名] 工作表名 ！单元格地址

(4) 单元格中的公式和计算结果的切换，可以使用功能区【公式】选项卡【公式审核】选项组中的【显示公式】命令实现，如图 6-59 所示。

	F	G	H	I	J
1	折扣	单价	折后价	金额	手续费
2	100	100	=G2*F2/100	=H2*E2	=I2*$L$2
3	100	20	=G3*F3/100	=H3*E3	=I3*$L$2
4	90	20	=G4*F4/100	=H4*E4	=I4*$L$2
5	90	90	=G5*F5/100	=H5*E5	=I5*$L$2
6	100	52	=G6*F6/100	=H6*E6	=I6*$L$2
7	80	15	=G7*F7/100	=H7*E7	=I7*$L$2
8	80	35	=G8*F8/100	=H8*E8	=I8*$L$2
9	85	20	=G9*F9/100	=H9*E9	=I9*$L$2
10	85	90	=G10*F10/100	=H10*E10	=I10*$L$2
11	85	189	=G11*F11/100	=H11*E11	=I11*$L$2

图 6-59 显示公式

6.3.2 函数

所谓函数(Function)，是指预先定义好的运算处理程序，可以直接在公式中调用。函数通常由函数名、括号和参数构成，形如：函数名(参数 1, 参数 2, ……, 参数 n)。Excel 中提供的函数有 13 大类 300 多个函数。

小型任务实训——任务 6-09 使用数学和统计函数

【任务目标】小 A 想对现有的销售记录进行统计，并根据每笔销售金额判定该笔是否为超过 300 元的大额记录，对购买力进行排名，预期效果如图 6-60 所示。请根据文件“Excel 任务 6-09 数学与统计函数.xlsx”所提供的素材及要求完成任务内容。

【解决方案】Excel 中常用的数学和统计函数包括：求和函数 SUM、平均值函数 AVERAGE、计数函数 COUNT、最大值函数 MAX、最小值函数 MIN、四舍五入函数 ROUND、条件函数 IF 和排名函数 RANK.EQ。

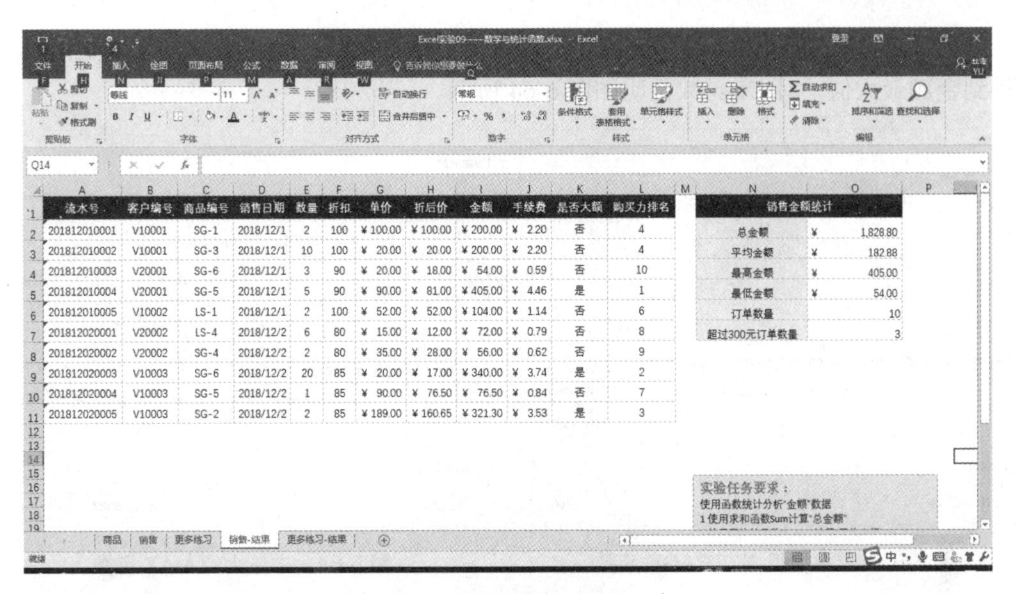

图 6-60　Excel 任务 6-09 的结果

【实现步骤】

(1) 计算“总金额：打开“销售”工作表，在单元格 O2 中输入带有求和函数的公式=SUM(I2:I11)，或者在功能区的【公式】选项卡中单击【插入函数】按钮，在如图 6-61 所示的【插入函数】对话框中设置【选择类别】为“常用函数”、【选择函数】为 SUM，单击【确定】按钮，在图 6-62 所示的【函数参数】对话框中单击 Number1 参数框，选取工作表中 I2:I11 数据区域，单击【函数参数】对话框的【确定】按钮，即可在单元格中看到插入的公式及结果。

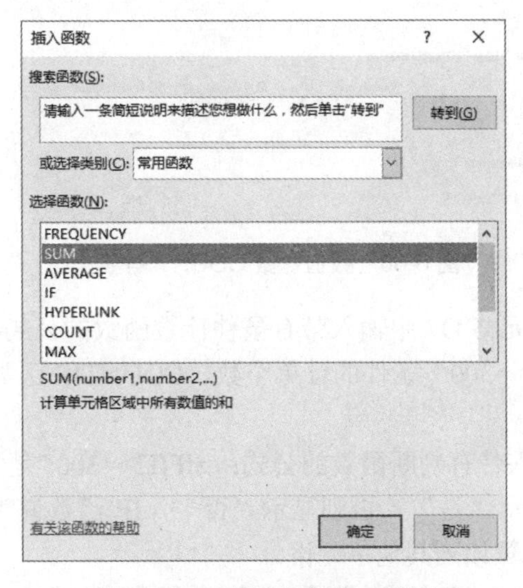

图 6-61　【插入函数】对话框

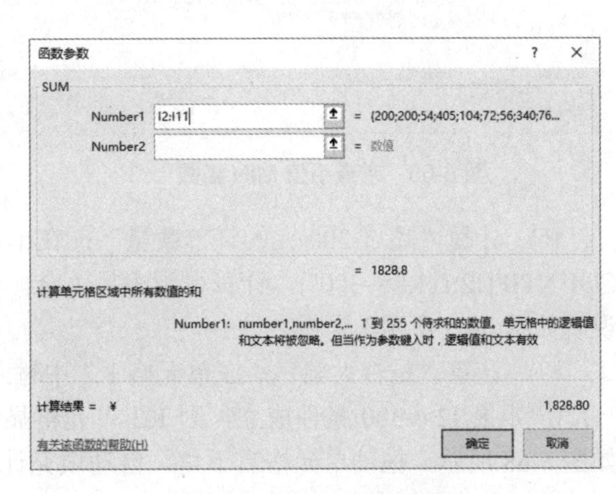

图 6-62　求和 SUM 函数

(2) 计算“平均金额”：在单元格 O3 中输入带有求平均值函数的公式=AVERAGE(I2:I11)，计算得到平均金额，AVERAGE 函数说明如图 6-63 所示。

(3) 计算“最高金额”：在单元格 O4 中输入带有求最大值函数的公式=MAX(I2:I11)，计算得到金额最大值，MAX 函数说明如图 6-64 所示。

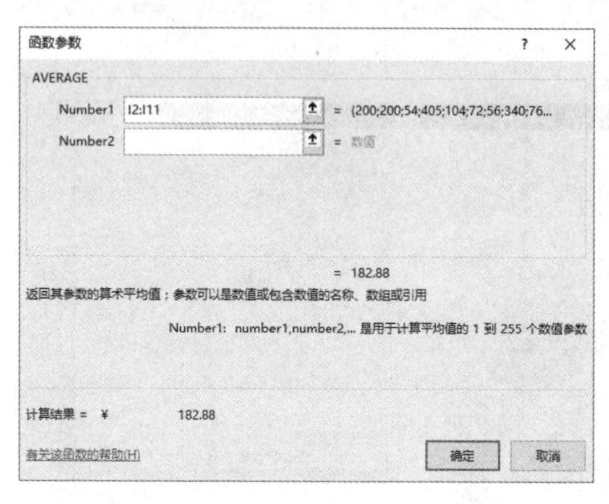

图 6-63 求平均值 AVERAGE 函数

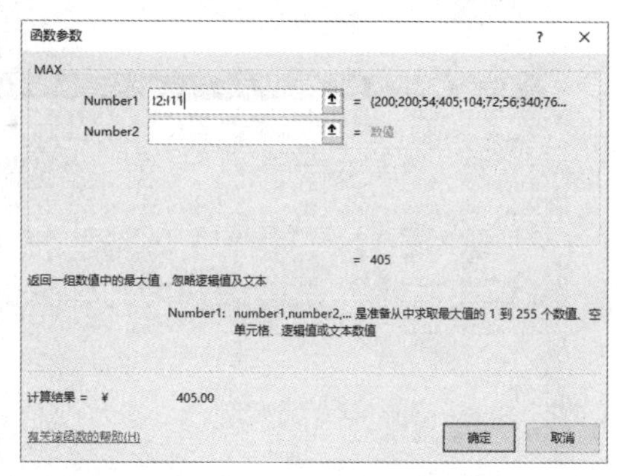

图 6-64 求最大值 MAX 函数

(4) 计算“最低金额”：在单元格 O5 中输入带有求最小值函数的公式=MIN(I2:I11)，计算得到金额最小值，MIN 函数说明如图 6-65 所示。

(5) 计算“订单数量”：在单元格 O6 中输入带有计数函数的公式=COUNT(I2:I11)，计算得到订单个数，COUNT 函数说明如图 6-66 所示。

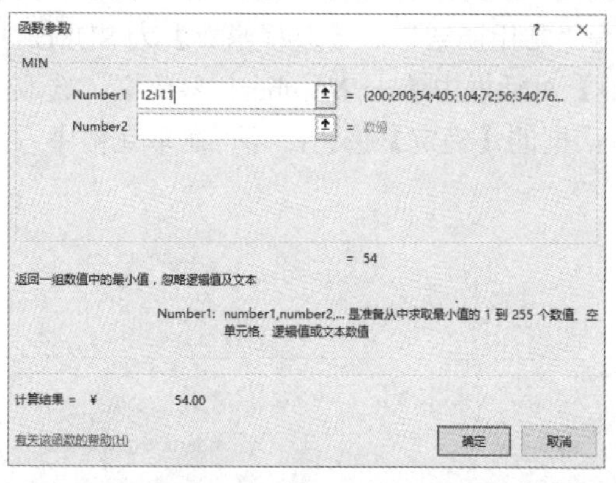

图 6-65 求最小值 MIN 函数

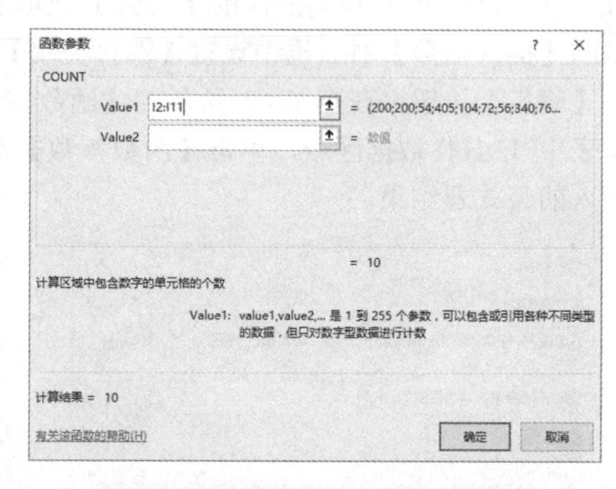

图 6-66 数值计数 COUNT 函数

(6) 计算“超过 300 元的订单数量”：在单元格 O7 中输入带有条件计数函数的公式=COUNTIF(I2:I11,">=300")，计算得到满足“金额>=300”条件的订单个数，COUNTIF 函数说明如图 6-67 所示。

(7) 计算“是否大额”：在单元格 K2 中输入带有判断函数的公式：=IF(I2>=300,"是","否")，如果 I2>=300 条件成立，则 K2 单元格显示“是”，否则显示“否”，IF 函数说明如图 6-68 所示，拖动单元格右下角，自动填充计算该列其他单元格。

(8) 计算“购买力排名”：在单元格 L2 中输入带有排名函数的公式：=RANK.EQ(I2,$I$2:$I$11,0)，RANK.EQ 函数说明如图 6-69 所示，拖动单元格右下角，自动填充计算该列其他单元格，以上各步所有函数如图 6-70 所示。

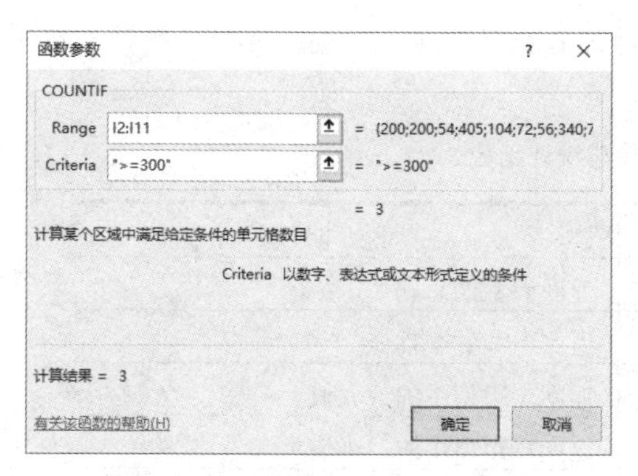

图 6-67　条件计数 COUNTIF 函数

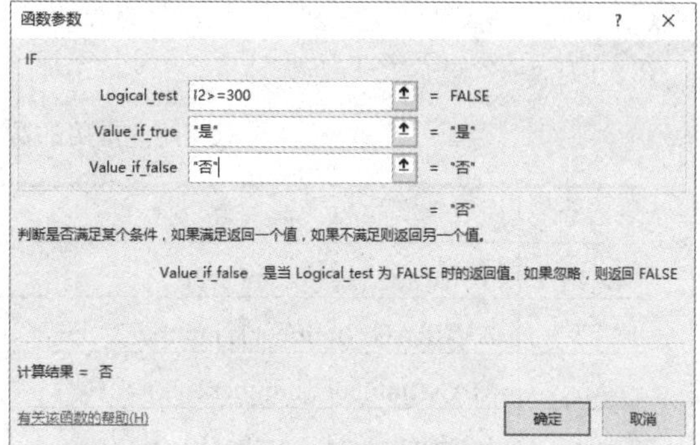

图 6-68　条件判断 IF 函数

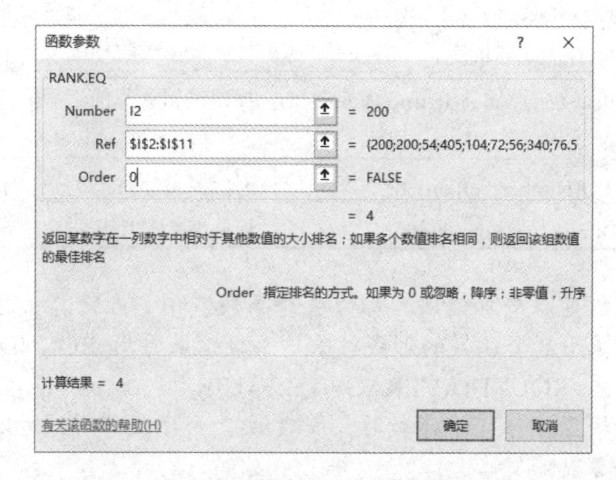

图 6-69　排名 RANK.EQ 函数

图 6-70　输入的数学和统计函数

注：(1) Excel 中的函数为自动数据计算提供了极大便利，常用的数学和统计函数如表 6-1 所示。

表 6-1　常用的数学与统计函数

序号	函　数	说　明
1	SUM(number1, number2, ...)	返回参数的总和
2	AVERAGE(number1, number2, ...)	返回参数的平均值
3	MAX(number1,number2, ...)	返回一组值中的最大值
4	MIN(number1, number2, ...)	返回一组值中的最小值
5	COUNT(value1, value2, ...)	返回参数列表中数值的单元格个数
6	COUNTA(value1, value2, ...)	返回参数列表中非空值的单元格个数
7	COUNTIF(range, criteria)	计算区域中满足给定条件的单元格的个数
8	IF (Logical test, Value if true, Value if false)	根据逻辑计算的真假值，返回不同结果
9	RANK.EQ(number, ref, order)	返回某数字在一列数字中的相对排名
10	ROUND(number, num digits)	返回某个数字按指定位数取整后的数字

(2) 函数可以叠加使用，称为嵌套函数，例如在计算平时成绩时需要取整计算，可以采用嵌套函数的形式对平均函数结果再用 ROUND 函数四舍五入取整，公式为：=ROUND(AVERAGE(D3:F3),0)。

(3) 使用 RANK.EQ 函数时，一般第 2 个参数使用绝对地址形式，降序排序时第 3 个参数可省略。

小型任务实训——任务 6-10　使用文本与时间日期函数

【任务目标】小 A 拟对客户数据进一步分析，根据客户编号的部分数据确定客户来源平台，根据客户的身份证号提取客户的生日信息，根据客户关注日期提取关注年份信息，预想结果如图 6-71 所示。请根据文件“Excel 任务 6-10 文本与日期时间函数.xlsx”所提供的素材及要求完成任务内容。

	A	B	C	D	E	F	G	H	I	J	K	L	M	N	O
1	客户编号	平台代码	平台	客户名称	身份证号	出生年	出生月	出生日	出生日期	性别	关注日期	关注年份	首单日期	邮寄地址	市（区）
2	V10001	V1	第三方	jdHan	110108200012118977	2000	12	11	2000/12/11	男	2018/1/1	2018	2018/1/1	北京	海淀
3	V10002	V1	第三方	tbJing	110103199703095762	1997	03	09	1997/3/9	女	2018/10/2	2018	2018/12/1	北京	西城
4	V10003	V1	第三方	snZhang	120104197209012841	1972	09	01	1972/9/1	女	2018/7/26	2018	2018/7/26	天津	南开
5	V20001	V2	APP	yjLu	330110198406079860	1984	06	07	1984/6/7	女	2017/5/5	2017	2017/10/5	浙江	杭州
6	V20002	V2	APP	yjMeng	610101199811230752	1998	11	23	1998/11/23	男	2017/6/12	2017	2017/6/12	陕西	西安

图 6-71　Excel 任务 6-10 的结果

【解决方案】提取文本数据的部分内容常用函数包括：左截取函数 LEFT、右截取函数 RIGHT、中间截取函数 MID。常用的日期函数包括：年、月、日分量函数 YEAR、MONTH、DAY，日期组合函数 DATE，系统日期函数 TODAY、NOW 等。

【实现步骤】

(1) 截取“客户编号”：打开“客户”工作表，在单元格 B2 中输入带有左截取函数的公式=LEFT(A2,2)，计算得到 2 位平台代码，LEFT 函数说明如图 6-72 所示，其他单元格自动填充。

(2) 截取“身份证号”：在单元格 F2 中输入带有中间截取函数的公式=MID(E2,7,4)，计算得到客户出生年份，MID 函数说明如图 6-73 所示，同理，在 G2 单元格输入公式=MID(E2,11,2)，在 H2 单元格输入公式=MID(E2,13,2)，其他单元格自动填充。

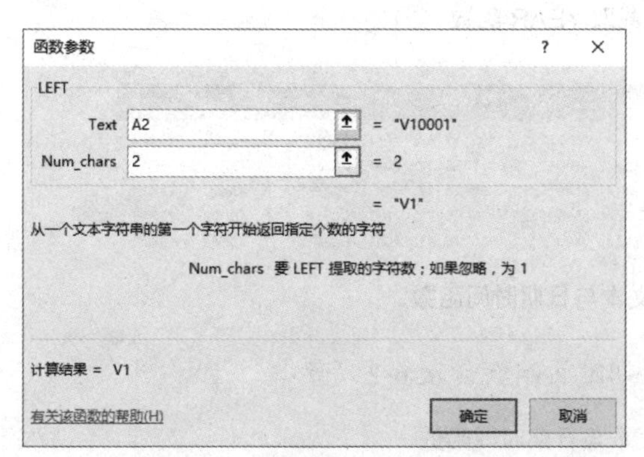

图 6-72　文本左截取 LEFT 函数

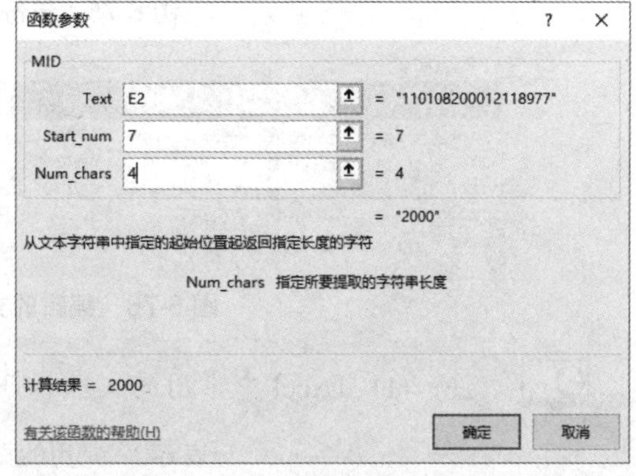

图 6-73　文本中间截取 MID 函数

(3) 组合“出生日期”：在单元格 I2 中输入带有日期函数的公式=DATE(F2,G2,H2)，计算得到客户出生日期，DATE 函数说明如图 6-74 所示，其他单元格自动填充。

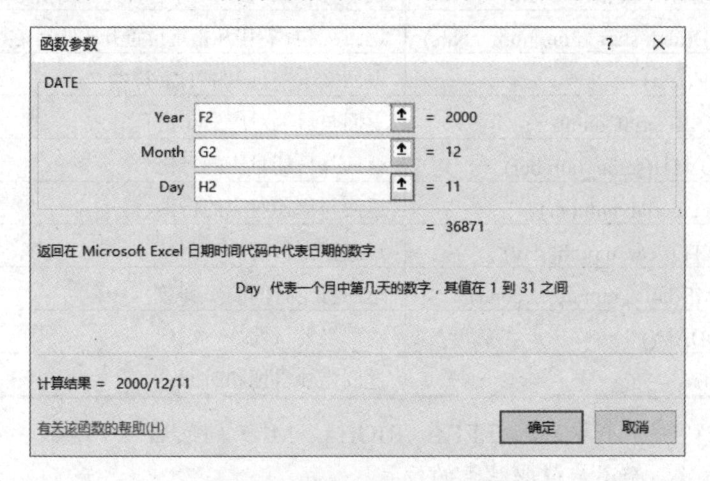

图 6-74　日期组合 DATE 函数

(4) 截取“关注日期”年份：在单元格 L2 中输入带有年份函数的公式=YEAR(K2)，计算得到客户关注年份，YEAR 函数说明如图 6-75 所示，其他单元格自动填充，以上各步所有函数如图 6-76 所示。

图 6-75　年份截取 YEAR 函数

	A	B	C	D	E	F	G	H	I	J	K	L
1	客户编号	平台代码	平台	客户名称	身份证号	出生年	出生月	出生日	出生日期	性别	关注日期	关注年份
2	V10001	=LEFT(A2,2)	=IF(B2="v1","第三方","APP")	jdHan	0820001211	=MID(E2,7,4)	=MID(E2,11,2)	=MID(E2,13,2)	=DATE(F2,G2,H2)	男	43101	=YEAR(K2)
3	V10002	=LEFT(A3,2)	=IF(B3="v1","第三方","APP")	tbJing	0319970309	=MID(E3,7,4)	=MID(E3,11,2)	=MID(E3,13,2)	=DATE(F3,G3,H3)	女	43375	=YEAR(K3)
4	V10003	=LEFT(A4,2)	=IF(B4="v1","第三方","APP")	snZhang	0419720901	=MID(E4,7,4)	=MID(E4,11,2)	=MID(E4,13,2)	=DATE(F4,G4,H4)	女	43307	=YEAR(K4)
5	V20001	=LEFT(A5,2)	=IF(B5="v1","第三方","APP")	yjLu	1019840607	=MID(E5,7,4)	=MID(E5,11,2)	=MID(E5,13,2)	=DATE(F5,G5,H5)	女	42860	=YEAR(K5)
6	V20002	=LEFT(A6,2)	=IF(B6="v1","第三方","APP")	yjMeng	0119981123	=MID(E6,7,4)	=MID(E6,11,2)	=MID(E6,13,2)	=DATE(F6,G6,H6)	男	42898	=YEAR(K6)

图 6-76　编辑的文本与日期时间函数

注：(1) Excel 中常用的文本和日期时间函数如表 6-2 所示。

表 6-2　常用的文本与日期时间函数

序号	函　数	说　明
1	LEFT(text, num_chars)	从字符串中第一个字符开始返回指定个数的字符
2	RIGHT(text, num_chars)	从字符串中最后一个字符开始返回指定个数的字符
3	MID(text, start_num, num_chars)	返回文本字符串从指定位置开始的指定数目的字符
4	LEN(text)	返回文本字符串中的字符数
5	YEAR(serial_number)	返回与日期对应的年份
6	MONTH(serial_number)	返回与日期对应的月份
7	DAY(serial_number)	返回与日期对应的日期
8	DATE(year, month, day)	返回特定日期的序列数
9	TIME(hour, minute, second)	返回特定时间的序列数
10	TODAY()	返回当前日期
11	NOW()	返回当前日期和时间

(2) 3 个截取函数 LEFT、RIGHT、MID 的最后一个参数，都表示截取的字符位数，而不是截取结束的位置。

(3) 能够返回系统当前日期或者时间的 2 个函数——TODAY()、NOW()，虽然函数没有参数，但是左右括号是必需的。

小型任务实训——任务 6-11　使用查找函数

【任务目标】为了方便快速查找所需订单信息，请帮助小 A 设计这项检索订单服

务，输入流水号即可显示客户编号及订单详细内容，预想结果如图 6-77 所示。请根据文件“Excel 任务 6-11　查找函数.xlsx”所提供的素材及要求完成任务内容。

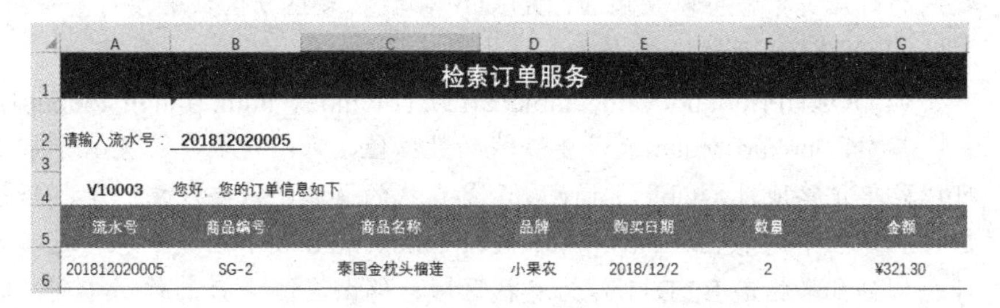

检索订单服务						
请输入流水号：	201812020005					
V10003	您好，您的订单信息如下					
流水号	商品编号	商品名称	品牌	购买日期	数量	金额
201812020005	SG-2	泰国金枕头榴莲	小果农	2018/12/2	2	¥321.30

图 6-77　Excel 任务 6-11 的结果

【解决方案】使用 Excel 中查找函数 VLOOKUP 实现。

【实现步骤】

(1) 查找“客户编号”：打开“订单检索”工作表，在单元格 A4 中输入带有查找函数的公式“=VLOOKUP(B2,销售!A1:B11,2,0)”，从“销售”工作表查找 B2 单元格输入的订单号对应的客户编号，VLOOKUP 函数参数如图 6-78 所示。

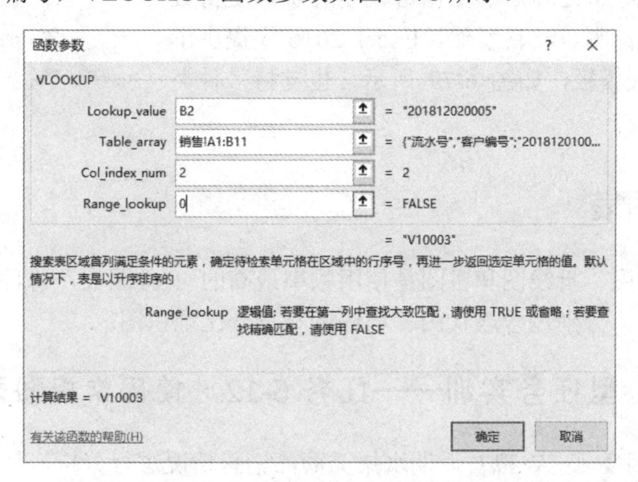

图 6-78　查找 VLOOKUP 函数

(2) 依据输入的“流水号”从“销售”工作表查找数据：在单元格 A6 输入公式“=VLOOKUP(B2,销售!A1:J11,1,0)”查找订单流水号，在单元格 B6 输入公式“=VLOOKUP(B2,销售!A1:J11,3,0)”查找商品编号，在单元格 E6 中输入公式“=VLOOKUP(B2,销售!A1:J11,4,0)”查找购买日期，在单元格 F6 中输入公式“=VLOOKUP(B2,销售!A1:J11,5,0)”查找商品数量，在单元格 G6 中输入公式“=VLOOKUP(B2,销售!A1:J11,9,0)”查找订单金额。

(3) 依据查找出的“商品编号”再从“商品”工作表查找数据：在单元格 C6 输入公式“=VLOOKUP(B6,商品!B1:K11,2,0)”查找商品名称，在单元格 D6 中输入公式“=VLOOKUP(B6,商品!B1:K11,3,0)”查找商品品牌。

注：Excel 的数据一般会分散存储于多个工作表，为了快速找到相关数据之间的对应关系，可以使用 VLOOKUP 函数在表格或区域中按行查找数据。

VLOOKUP 函数格式为：

VLOOKUP(lookup_value, table_array, col_index_num, [range_lookup])

其中，lookup_value 表示要查找的数据值，可以是数字、文本等常量，也可以是单元格地址；table_array 表示要查找的区域，需要注意的是，查找的值应该始终位于这个区域的第一列； col_index_num 表示区域中包含返回值的列号，例如如果指定 B2:D11 作为查找区域，那么应该将 B 算作第 1 列，C 算作第 2 列，以此类推；range_lookup 表示查找匹配方式，TRUE 或者 1 或者缺省表示近似匹配，FALSE 或者 0 表示精确匹配。

6.4 数据可视化

图表(Chart)能够将处理后的数据可视化展示，使得数据的表现更加直观清晰、一目了然。Excel 2016 中提供了 16 种不同类型图表模板，如图 6-79 所示，也支持多种类型图表的叠加。

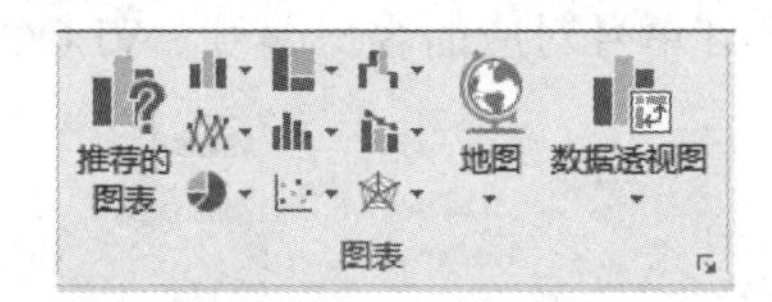

图 6-79 图表模板

6.4.1 常规图表

柱形图、条形图、折线图和饼图是使用频率最高的 4 种图表，每种类型又进一步细分为平面与三维两类，分别包含簇状图、堆积图和百分比堆积图。

小型任务实训——任务 6-12 使用常规图表

【任务目标】小 A 拟对近期水果类商品销售情况进行分析，使用图表显示销售数据的对比、趋势及占比等情况，预期效果如图 6-80 所示。请根据文件“Excel 任务 6-12 常规图表.xlsx”所提供的素材及要求完成任务内容。

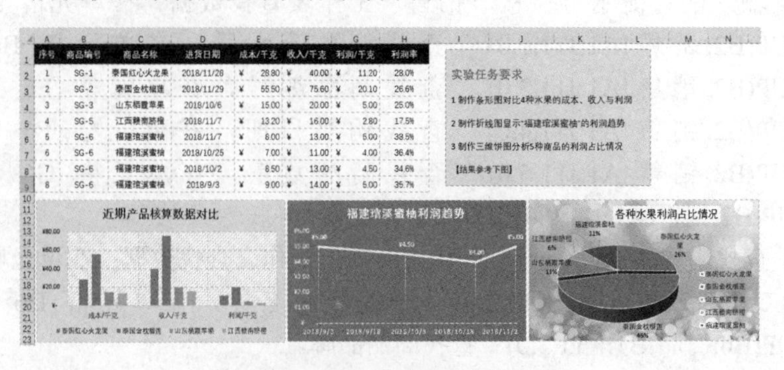

序号	商品编号	商品名称	进货日期	成本/千克	收入/千克	利润/千克	利润率
1	SG-1	泰国红心火龙果	2018/11/28	¥ 28.80	¥ 40.00	¥ 11.20	28.0%
2	SG-2	泰国金枕榴莲	2018/11/29	¥ 55.50	¥ 75.60	¥ 20.10	26.6%
3	SG-3	山东栖霞苹果	2018/10/6	¥ 15.00	¥ 20.00	¥ 5.00	25.0%
4	SG-5	江西赣南脐橙	2018/11/7	¥ 13.20	¥ 16.00	¥ 2.80	17.5%
5	SG-6	福建琯溪蜜柚	2018/11/7	¥ 8.00	¥ 13.00	¥ 5.00	38.5%
6	SG-6	福建琯溪蜜柚	2018/10/25	¥ 7.00	¥ 11.00	¥ 4.00	36.4%
7	SG-6	福建琯溪蜜柚	2018/10/2	¥ 8.50	¥ 13.00	¥ 4.50	34.6%
8	SG-6	福建琯溪蜜柚	2018/9/3	¥ 9.00	¥ 14.00	¥ 5.00	35.7%

图 6-80 Excel 任务 6-12 的结果

【解决方案】使用 Excel 中的柱形图、折线图、饼图等常规图表实现。

【实现步骤】

(1) 制作“柱形图”：① 打开“核算”工作表，选择数据区域 C1:C5, E1:G5，在功能区【插入】选项卡的【图表】选项组中单击【插入柱形图或条形图】按钮，在弹出的下拉列表中选择【簇状柱形图】选项，添加初始图表，如图 6-81 所示；②选中图表，在功能区【图表工具】|【设计】选项卡的【数据】选项组中单击【切换行/列】按钮，调整后的图表如图 6-82 所示；③选择【图表样式】栏的【样式 7】，修改图表标题为“近期产品核算数据对比”；④ 双击图表空白背景区域，在屏幕右侧出现的【设置图表区格式】对话框中设置【填充】选项为【纯色填充】、【蓝色，个性色 1，淡色 80%】，如图 6-83 所示；⑤ 双击纵向坐标轴，在【设置坐标轴格式】对话框中设置【坐标轴选项】的主要单位为 20，如图 6-84 所示，编辑后的柱形图如图 6-85 所示。

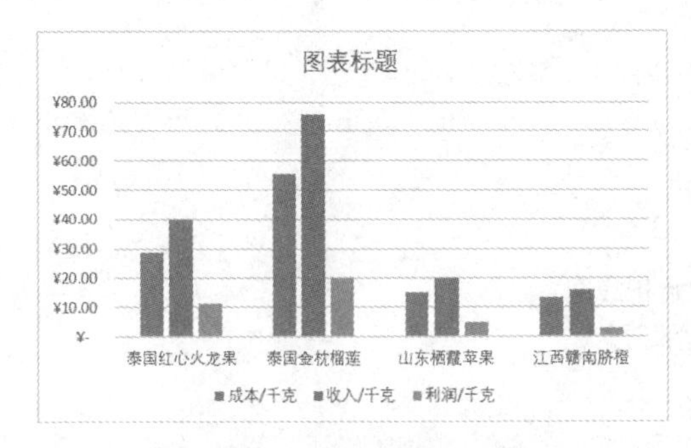

图 6-81　添加初始柱形图

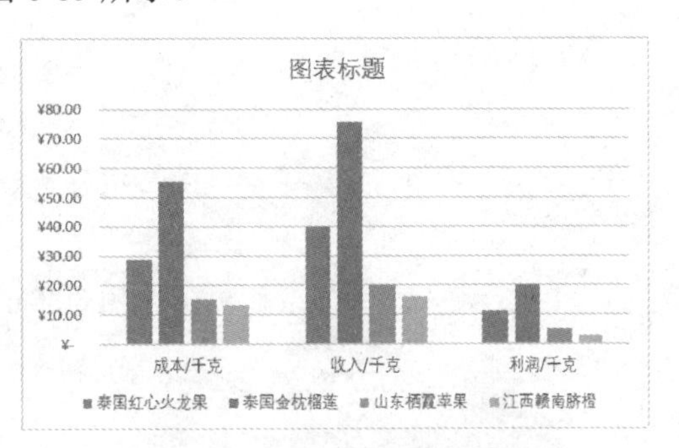

图 6-82　切换行/列后的柱形图

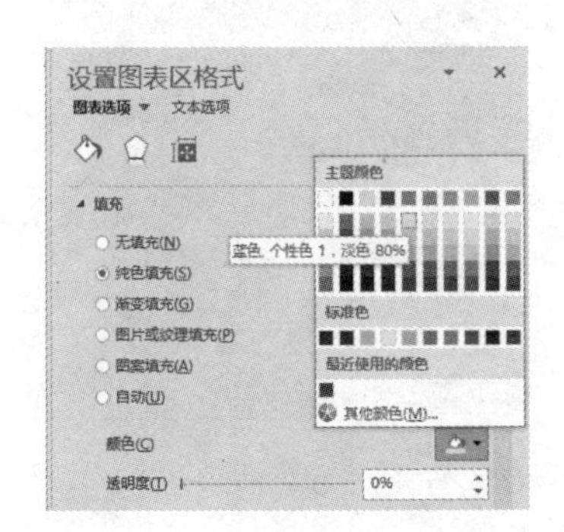

图 6-83　设置图表区填充颜色

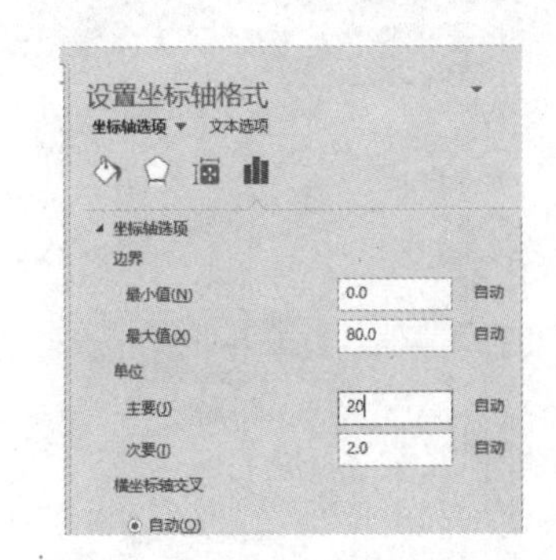

图 6-84　设置图表坐标轴选项

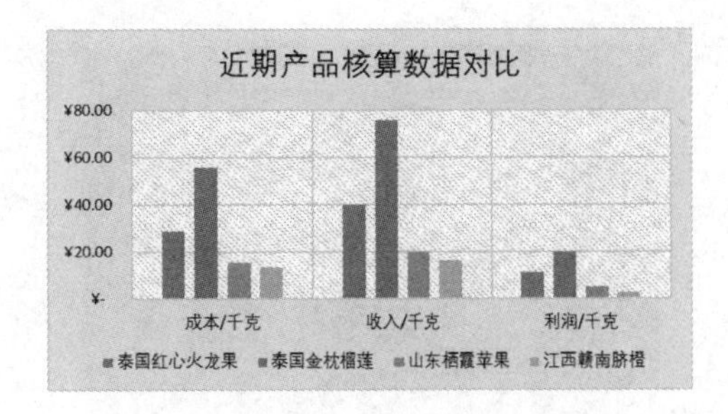

图 6-85　编辑后的柱形图

(2) 制作“折线图”：① 在“核算”工作表中选择数据区域 D1, D6:D9, G1, G6:G9，在功能区【插入】选项卡的【图表】选项组中单击【插入折线图或面积图】按钮，在弹出的下拉列表中选择【二维折线图】→【折线图】选项，添加初始图表，如图 6-86 所示；②选中图表，在功能区【图表工具】|【设计】选项卡的【图表样式】选项组中选择【样式 3】选项；③修改图表标题为“福建琯溪蜜柚利润趋势”；④在功能区【图表工具】|【设计】选项卡的【图表布局】选项组中选择【添加图表元素】→【数据标签】→【上方】选项，如图 6-87 所示；⑤双击横向坐标轴，在【设置坐标轴格式】对话框中设置【坐标轴选项】的主要单位为 15 天，如图 6-88 所示，编辑后的折线图如图 6-89 所示。

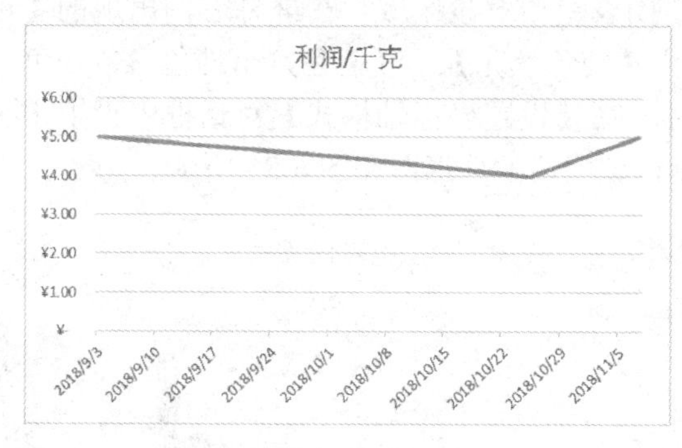

图 6-86 初始折线图

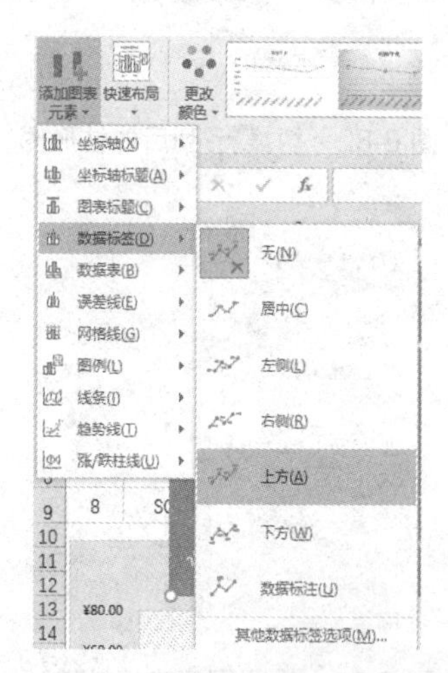

图 6-87 添加数据标签

图 6-88 设置折线图坐标轴格式

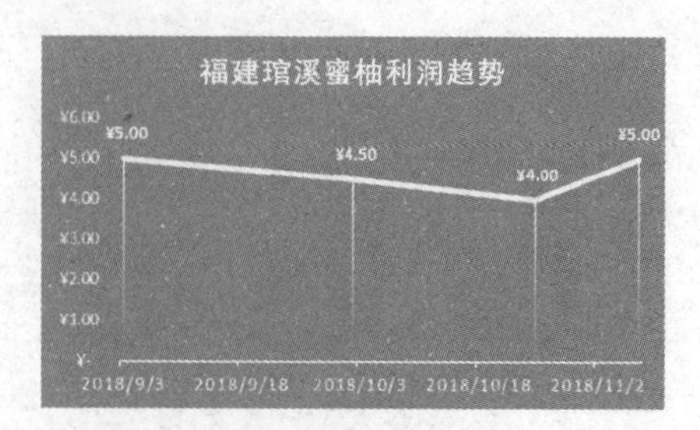

图 6-89 编辑后的折线图

(3) 制作“饼图”：①在“核算”工作表中选择数据区域 C1:C6, G1:G6，在功能区的【插入】选项卡的【图表】选项组中单击【插入饼图或圆环图】按钮，在弹出的下拉列表中选择【三维饼图】选项，添加初始图表，如图 6-90 所示；②选中图表，修改图表标题为“各种水果利润占比情况”，设置标题部分填充颜色为白色；③在功能区的【图表工具】|【设计】选项卡的【图表布局】选项组中单击【添加图表元素】按钮，在弹出的下拉列表中选择【图例】→【右侧】选项；④在功能区的【图表工具】|【设计】选项卡的【图表布局】选项组中单击【添加图表元素】按钮，在弹出的下拉列表中选择【数据标签】→【其他数据标签选项】选项，在如图 6-91 所示的【设置数据标签格式】对话框中选中【类别名称】、【百分比】、【显示引导线】复选框，取消选中【值】复选框；⑤双击图表空白背景区域，在屏幕右侧出现的【设置图表区格式】对话框中设置【填充】选项为【图片或纹理填充】、【文件】，选择素材文件“饼图背景.jpg”，编辑后的饼图如图 6-92 所示。

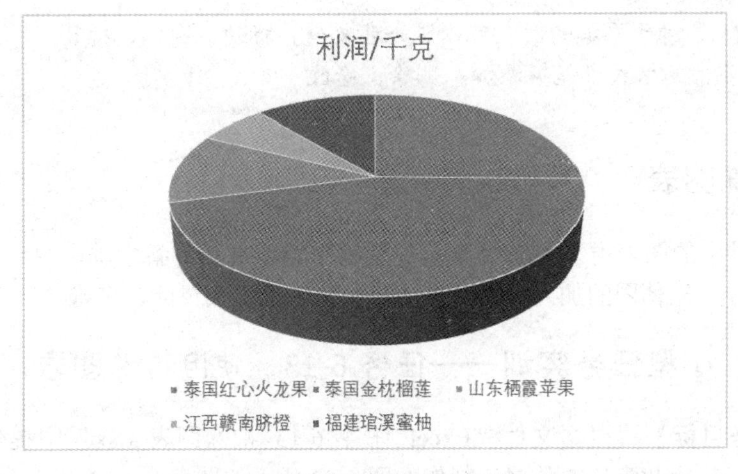

图 6-90　添加的初始饼图

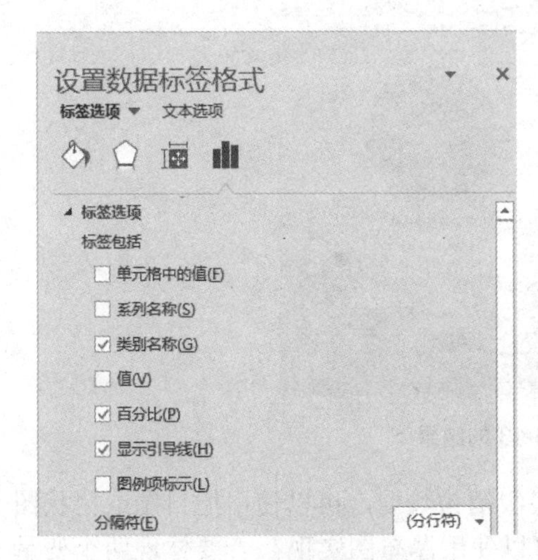

图 6-91　设置数据标签格式

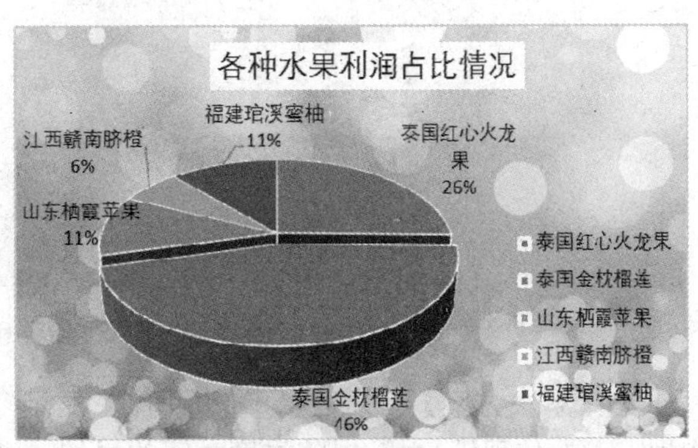

图 6-92　编辑后的饼图

注：(1) 柱形图和条形图近似，一般用来反映不同系列、不同类别数据的对比，在一定程度上也可以反映数据在均匀时间间隔节点的变化趋势。簇状图显示数据自身值的对比，堆积图能够表示多个部分在总体中的占比，突出强调总体数据值的累积增长情况。百分比堆积图将百分比数据堆叠，不同分类的柱形图总高度一致，重点显示内部各部分数据的组成占比变化。

(2) 折线图通常用于反映数据随时间的变化趋势，例如股价的涨跌变化、产品的价格走向等。

(3) 饼图，包括圆环图，适合体现整体数据的构成情况以及各部分的占比情况。圆环图相对饼图还有个优势，能够展现多个数据系列的内部组成。

(4) 制作图表时，选择数据一定同时选取行标题、列标题这些能够显示分类的数据。

(5) 对于添加的图表可以进一步编辑，标题、图例、标签、网格线、坐标轴等元素的格式都能够添加、删除、修改。

6.4.2 特殊图表

Excel 软件中的图表类型不断更新，类型越来越丰富，最新版本中树状图、旭日图、直方图、瀑布图、箱体图的加入，令数据的可视化表达更加灵活、多维。

小型任务实训——任务 6-13 使用特殊图表

【任务目标】请根据文件“Excel 任务 6-13 特殊图表.xlsx”中提供的“季度销售”和“百岁山广告故事”的数据，制作如图 6-93 所示的图表。

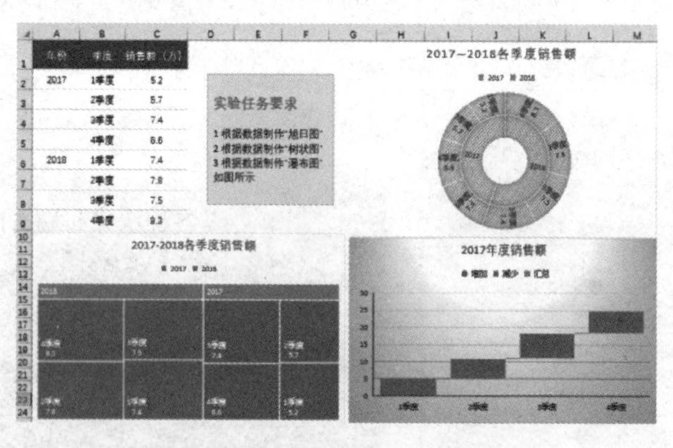

图 6-93 Excel 任务 6-13 的结果

【解决方案】若要按“年份+季度”显示多级销售数据，可以使用旭日图或树状图实现；若要体现销+售数据随季度时间的累加，可以使用瀑布图实现；若要体现两个变量之间的函数关系，可以使用散点图实现；若要在地图上直观表示各国 GDP 的对比，可以使用地图图表实现。

【实现步骤】

(1) 制作“旭日图”：①打开“季度销售”工作表，选择数据区域 A1:C9，在功能区的【插入】选项卡的【图表】选项组中单击【插入层次结构图表】按钮，在弹出的下拉列表中选择【旭日图】选项，添加初始图表；②选中图表，在功能区【图表工具】|【设计】选项卡中的【图表样式】选项组中，选取第 2 种样式；③修改图表标题为“2017—2018 各季度销售额”；④在功能区【图表工具】|【设计】选项卡的【图表布局】选项组中单击【添加图表元素】按钮，在弹出的下拉列表中选择【数据标签】→【其他数据标签选项】选项，在【设置数据标签格式】对话框中选中【值】复选框，编辑后的旭日图如图 6-94 所示。

(2) 制作“树状图”：①在“季度销售”工作表中选择数据区域 A1:C9，在功能区的【插入】选项卡的【图表】选项组中单击【插入层次结构图表】按钮，在弹出的下拉列表中选择【树状图】选项，添加初始图表；②选中图表，修改图表标题为“2017—2018 各季度销售额”；③双击图表的绘图区，在如图 6-95 所示的【设置数据系列格式】对话框中选中【横幅】单选按钮，编辑后的树状图如图 6-96 所示。

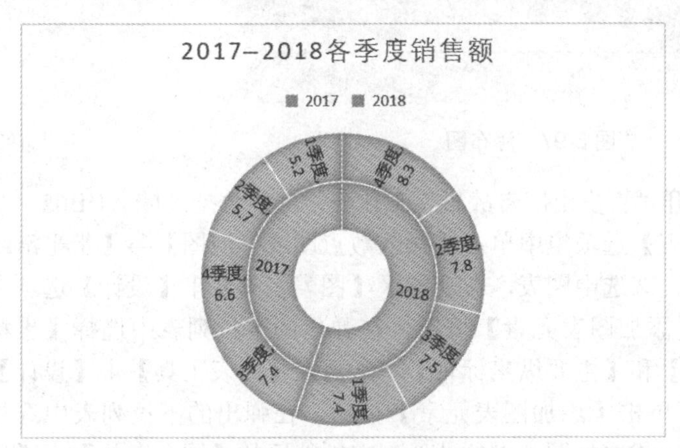

图 6-94 旭日图

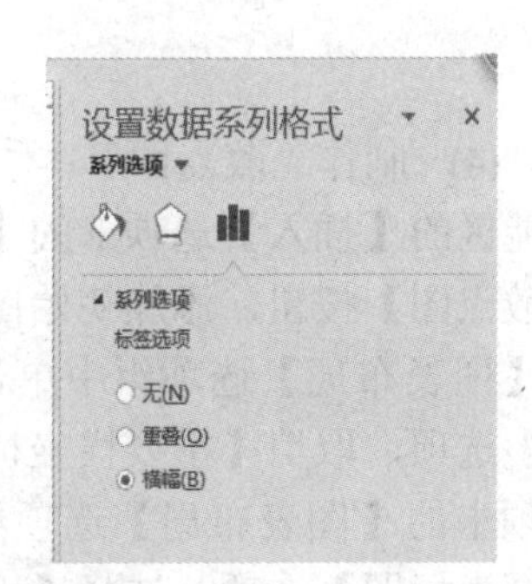

图 6-95 设置数据系列格式

图 6-96 树状图

(3) 制作“瀑布图”：①在“季度销售”工作表中选择数据区域 A1:C5，在功能区的【插入】选项卡的【图表】选项组中单击【插入瀑布图或股价图】按钮，在弹出的下拉列表中选择【瀑布图】选项，添加初始图表；②选中图表，在功能区的【图表工具】|【设计】选项卡的【图表样式】选项组中，选取第 3 种样式；③修改图表标题为“2017 年度销售额”；④在功能区【图表工具】|【设计】选项卡的【图表布局】选项组中单击【添加图表元素】按钮，在弹出的下拉列表中选择【坐标轴】→【主要纵坐标轴】选项，编辑后的瀑布图如图 6-97 所示。

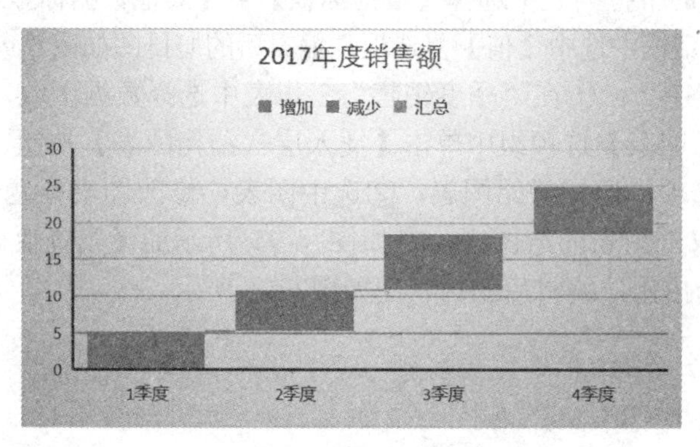

图 6-97 瀑布图

(4) 制作“散点图”：①打开“百岁山广告故事”工作表，选择数据区域 A1:B65，在功能区的【插入】选项卡的【图表】选项组中单击【插入散点图或气泡图】→【带平滑线的散点图】按钮，添加初始图表；②选中图表，在功能区【图表工具】|【设计】选项卡的【图表布局】选项组中单击【添加图表元素】按钮，在弹出的下拉列表中选择【坐标轴】选项，取消【主要横坐标轴】和【主要纵坐标轴】；③再在【图表工具】|【设计】选项卡的【图表布局】选项组中单击【添加图表元素】按钮，在弹出的下拉列表中选择【图表标题】选项，选择【无】；④选择图表中的曲线，在功能区的【图表工具】|【格式】选项卡的【形状样式】选项组中选择【形状轮廓】选项，选择红色，编辑后的散点图如图 6-98 所示。

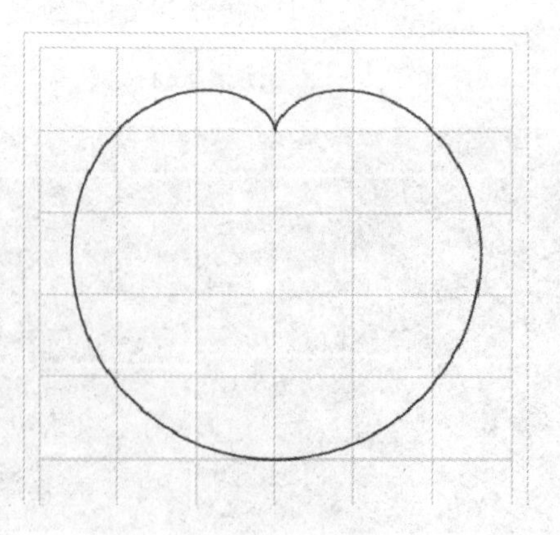

图 6-98 心形散点图

注：(1)　旭日图和树状图都是用于显示分层数据的图表。旭日图通过一个环或圆形表示层次结构的每个级别，最内层的圆表示层次结构的顶级，只有一个分类级别的旭日图与圆环图类似。树状图用一个个矩形块描述层次，按颜色和距离显示类别。树状图适合比较层次结构内的比例，而旭日图则更适合显示层次结构级别。

(2)　瀑布图，也称为桥梁图，用来显示数据增加或减少的过程及累计汇总。在理解一系列正值和负值对初始值(例如，净收入)的影响时，这种图表非常有用。初始值和最终值列通常从水平轴开始，而中间值则为浮动列。

(3)　散点图，主要用来显示一列值(因变量)随另一列值(自变量)的变化曲线，探索因变量随自变量而变化的大致趋势，据此可以选择合适的函数对数据点进行拟合，是一种重要的图形化数据分析手段。

6.5　数据分析

通过对数据进行处理分析，能够挖掘出数据存在的含义，为决策提供强有力的数据支撑。Excel 中提供了排序(Sort)、筛选(Filter)、分类汇总(Subtotal)、数据透视表(PivotTable Report)等相关工具。

6.5.1　数据排序

小型任务实训——任务 6-14　排序

【任务目标】小 A 在查看商品及销售信息时，常常需要按一定顺序排列数据，如将各个国家的产品按照生产日期的先后顺序排列、有效期由长到短排列等。请根据文件“Excel 任务 6-14　排序.xlsx”所提供的素材及要求完成任务内容，结果如图 6-99 所示。

序号	商品编号	商品名称	品牌	单位	国家	产地	类别	进口/国产	包装方式	重量(克)	生产日期	保质期(天)	单价
6	LS-2	韩国好丽友红豆夹心打糕鱼	好丽友	袋	韩国	首尔	零食	进口	包装	522	2018年1月13日	180	¥ 120.00
7	LS-3	日本固力果米奇棒棒糖	固力果	袋	日本	东京	零食	进口	包装	300	2018年10月8日	360	¥ 76.00
5	LS-1	日本松尾多彩缤纷巧克力	松尾	个	日本	东京	零食	进口	包装	160	2018年2月15日	360	¥ 52.00
2	SG-2	泰国金枕头榴莲	小果农	个	泰国	清迈	水果	进口	包装	2500	2018年11月27日	15	¥ 189.00
1	SG-1	泰国红心火龙果	小果农	箱	泰国	清迈	水果	进口	包装	2500	2018年11月26日	10	¥ 100.00
9	SG-6	福建琯溪蜜柚箱装	甜蜜	箱	中国	福建平和	水果	国产	包装	12500	2018年11月14日	20	¥ 100.00
8	SG-5	江西赣南脐橙	好果	公斤	中国	江西赣州	水果	国产	散装	1000	2018年11月4日	90	¥ 16.00
4	SG-4	新疆和田大枣五星	宁静山庄	袋	中国	新疆和田	干果	国产	包装	450	2018年11月1日	180	¥ 35.00
10	LS-4	北京稻香村沙琪玛	稻香村	袋	中国	北京	零食	国产	包装	500	2018年10月19日	60	¥ 15.00
3	SG-3	山东烟台栖霞苹果	牛顿果园	公斤	中国	山东栖霞	水果	国产	散装	1000	2018年10月2日	180	¥ 20.00

图 6-99　Excel 任务 6-14 的结果

【解决方案】使用 Excel 中的简单排序、高级排序方法将数据按照升序或者降序排列。

【实现步骤】

图 6-100　排序和筛选工具

(1) 按“保质期”升序排序：打开“商品”工作表，单击“保质期(天)”列的任一数据单元格，在功能区的【数据】选项卡的【排序和筛选】选项组中单击【升序】按钮，如图 6-100 所示，数据会以行为单位调整位置，排序结果如图 6-101 所示。

序号	商品编号	商品名称	品牌	单位	国家	产地	类别	进口/国产	包装方式	重量(克)	生产日期	保质期(天)	单价
1	SG-1	泰国红心火龙果	小果农	箱	泰国	清迈	水果	进口	包装	2500	2018年11月6日	10	¥100.00
2	SG-2	泰国金枕头榴莲	小果农	个	泰国	清迈	水果	进口	包装	2500	2018年11月7日	15	¥189.00
9	SG-6	福建琯溪蜜柚箱装	甜蜜	箱	中国	福建平和	水果	国产	包装	12500	2018年11月4日	20	¥100.00
10	LS-4	北京稻香村沙琪玛	稻香村	袋	中国	北京	零食	国产	包装	500	2018年10月9日	60	¥ 15.00
8	SG-5	江西赣南脐橙	好果	公斤	中国	江西赣州	水果	国产	散装	1000	2018年11月4日	90	¥ 16.00
3	SG-3	山东烟台栖霞苹果	牛顿果园	公斤	中国	山东栖霞	水果	国产	散装	1000	2018年10月2日	180	¥ 20.00
4	SG-4	新疆和田大枣五星	宁静山庄	袋	中国	新疆和田	干果	国产	包装	450	2018年11月1日	180	¥ 35.00
6	LS-2	韩国好丽友红豆夹心打糕鱼	好丽友	袋	韩国	首尔	零食	进口	包装	522	2018年1月13日	180	¥120.00
5	LS-1	日本松尾多彩缤纷巧克力	松尾	个	日本	东京	零食	进口	包装	160	2018年2月15日	360	¥ 52.00
7	LS-3	日本固力果米奇棒棒糖	固力果	袋	日本	东京	零食	进口	包装	300	2018年10月8日	360	¥ 76.00

图 6-101　按保质期升序排序的结果

(2) 按“商品名称”降序排序：在“商品”工作表中单击“商品名称”列的任一数据单元格，在功能区的【数据】选项卡的【排序和筛选】选项组中单击【降序】按钮，排序结果如图 6-102 所示。

序号	商品编号	商品名称	品牌	单位	国家	产地	类别	进口/国产	包装方式	重量(克)	生产日期	保质期(天)	单价
4	SG-4	新疆和田大枣五星	宁静山庄	袋	中国	新疆和田	干果	国产	包装	450	2018年11月1日	180	¥ 35.00
2	SG-2	泰国金枕头榴莲	小果农	个	泰国	清迈	水果	进口	包装	2500	2018年11月7日	15	¥189.00
1	SG-1	泰国红心火龙果	小果农	箱	泰国	清迈	水果	进口	包装	2500	2018年11月6日	10	¥100.00
3	SG-3	山东烟台栖霞苹果	牛顿果园	公斤	中国	山东栖霞	水果	国产	散装	1000	2018年10月2日	180	¥ 20.00
5	LS-1	日本松尾多彩缤纷巧克力	松尾	个	日本	东京	零食	进口	包装	160	2018年2月15日	360	¥ 52.00
7	LS-3	日本固力果米奇棒棒糖	固力果	袋	日本	东京	零食	进口	包装	300	2018年10月8日	360	¥ 76.00
8	SG-5	江西赣南脐橙	好果	公斤	中国	江西赣州	水果	国产	散装	1000	2018年11月4日	90	¥ 16.00
6	LS-2	韩国好丽友红豆夹心打糕鱼	好丽友	袋	韩国	首尔	零食	进口	包装	522	2018年1月13日	180	¥120.00
9	SG-6	福建琯溪蜜柚箱装	甜蜜	箱	中国	福建平和	水果	国产	包装	12500	2018年11月4日	20	¥100.00
10	LS-4	北京稻香村沙琪玛	稻香村	袋	中国	北京	零食	国产	包装	500	2018年10月9日	60	¥ 15.00

图 6-102　按商品名称降序排序的结果

(3) 按“国家”升序、“生产日期”降序排序：选中数据区域 A1:N11，在功能区的【数据】选项卡的【排序和筛选】选项组中单击【排序】按钮，在如图 6-103 所示的【排序】对话框中选中【数据包含标题】复选框，选择【主要关键字】为“国家”、【次序】为“升序”，然后单击【选项】按钮，在【排序选项】对话框中更改排序方法为【笔画排序】，单击【确定】按钮后，单击【添加条件】按钮，在【次要关键字】处选择“生产日期”、【降序】次序，如图 6-104 所示，排序结果如图 6-105 所示。

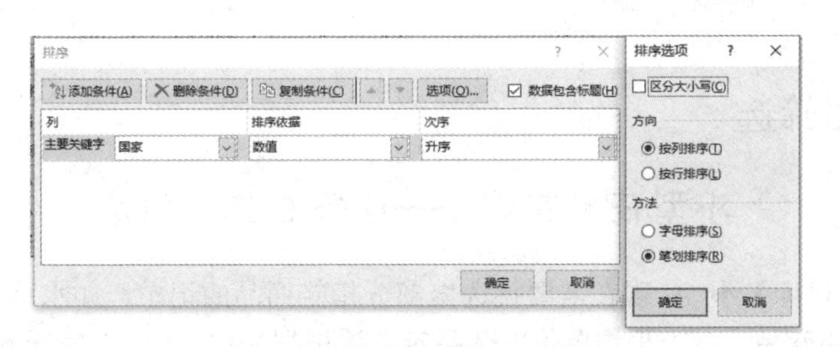

图 6-103 设置排序条件及选项

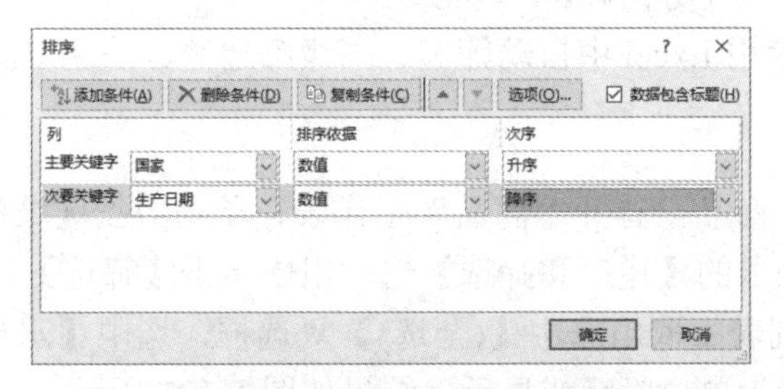

图 6-104 设置多个高级排序条件

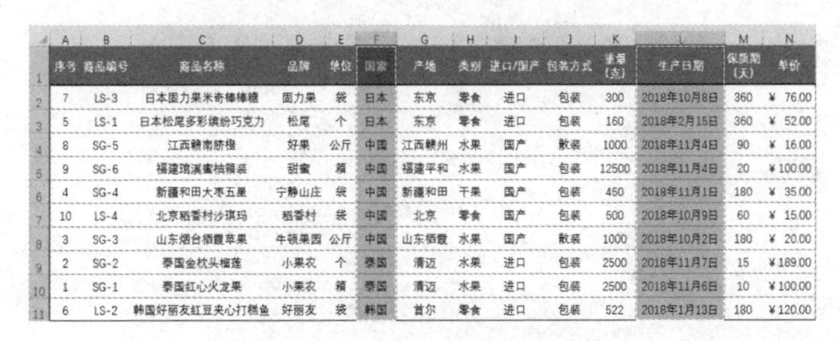

序号	商品编号	商品名称	品牌	单位	国家	产地	类别	进口/国产	包装方式	重量(克)	生产日期	保质期(天)	单价
7	LS-3	日本固力果米奇棒棒糖	固力果	袋	日本	东京	零食	进口	包装	300	2018年10月8日	360	¥ 76.00
5	LS-1	日本松尾多彩缤纷巧克力	松尾	个	日本	东京	零食	进口	包装	160	2018年2月15日	360	¥ 52.00
8	SG-5	江西赣南脐橙	好果	公斤	中国	江西赣州	水果	国产	散装	1000	2018年11月4日	90	¥ 16.00
9	SG-6	福建琯溪蜜柚箱装	甜蜜	箱	中国	福建平和	水果	国产	包装	12500	2018年11月4日	20	¥ 100.00
4	SG-4	新疆和田大枣五星	宁静山庄	袋	中国	新疆和田	干果	国产	包装	450	2018年11月1日	180	¥ 35.00
10	LS-4	北京稻香村沙琪玛	稻香村	袋	中国	北京	零食	国产	包装	500	2018年10月9日	60	¥ 15.00
3	SG-3	山东烟台栖霞苹果	牛顿果园	公斤	中国	山东栖霞	水果	国产	散装	1000	2018年10月2日	180	¥ 20.00
2	SG-2	泰国金枕头榴莲	小果农	个	泰国	清迈	水果	进口	包装	2500	2018年11月7日	15	¥ 189.00
1	SG-1	泰国红心火龙果	小果农	箱	泰国	清迈	水果	进口	包装	2500	2018年11月6日	10	¥ 100.00
6	LS-2	韩国好丽友红豆夹心打糕鱼	好丽友	袋	韩国	首尔	零食	进口	包装	522	2018年1月13日	180	¥ 120.00

图 6-105 按多列排序的结果

注：排序能够将数据有序排列，更易于理解和掌握数据的内在规律。Excel中对各种类型的数据排序规则有不同的定义，根据列数多少可分为简单排序和高级排序。

(1) 排序规则：数值数据，升序表示从小到大，降序表示从大到小；英文文本数据，升序表示按照字母表从A到Z，降序表示从Z到A；中文文本数据，字母顺序升序表示按照拼音字母表从前往后顺序排列，反之从后往前排列；而笔画顺序升序则表示按照笔画数目从少到多排列，反之从多到少排列；日期时间数据，升序表示从先发生的时间到后发生的时间，反之则为降序。

(2) 排序分类：Excel中如果仅对单列数据排序，则只需直接使用升序或降序命令(或按钮)，如果用到多列同时参与排序，则需使用【排序】对话框设置多个排序条件及其他选项。

(3) 排序技巧：有时数据区域顶部有表格标题，底部有统计行，注意排序时不能将这些内容选入待排序数据区域，否则将造成混乱；如果现有的排序规则不能满足要求，可以先将排序规则制作为“自定义序列”，然后在【排序】对话框中选择【次序】为“自定义序列”。

6.5.2　数据筛选

小型任务实训——任务 6-15　筛选

【任务目标】小 A 现在需要挑选出部分指定商品的记录，如水果类商品、保质期在 90～180 天的商品、高于平均单价的商品等，请根据文件“Excel 任务 6-15 筛选.xlsx”所提供的素材及要求完成任务内容。

【解决方案】使用 Excel 中自动筛选、高级筛选等方法选取满足指定条件的数据。

【实现步骤】

(1) 筛选“水果”商品：打开“商品”工作表，单击数据区域的任一单元格，然后在功能区的【数据】选项卡的【排序和筛选】选项组中单击【筛选】按钮，在如图 6-106 所示的“类别”列下拉列表中取消选中【(全选)】复选框，选中【水果】复选框，单击【确定】按钮，数据会以行为单位隐藏或显示，结果如图 6-107 所示。

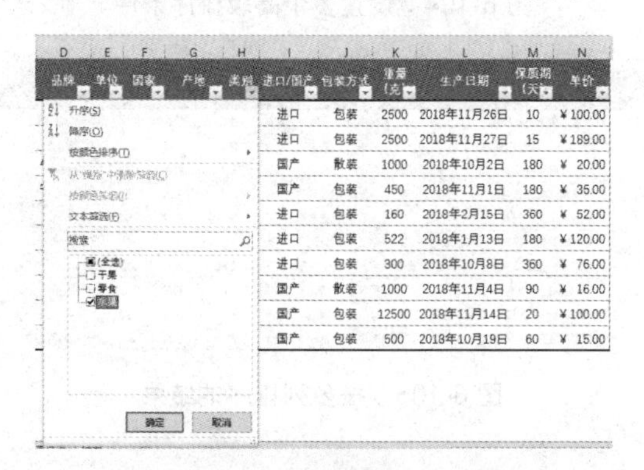

图 6-106　设置筛选条件“水果”

	A	B	C	D	E	F	G	H	I	J	K	L	M	N
1	序号	商品编号	商品名称	品牌	单位	国家	产地	类别	进口/国产	包装方式	重量(克)	生产日期	保质期(天)	单价
2	1	SG-1	泰国红心火龙果	小果农	箱	泰国	清迈	水果	进口	包装	2500	2018年11月26日	10	¥100.00
3	2	SG-2	泰国金枕头榴莲	小果农	个	泰国	清迈	水果	进口	包装	2500	2018年11月27日	15	¥189.00
4	3	SG-3	山东烟台栖霞苹果	牛顿果园	公斤	中国	山东栖霞	水果	国产	散装	1000	2018年10月2日	180	¥ 20.00
9	8	SG-5	江西赣南脐橙	好果	公斤	中国	江西赣州	水果	国产	散装	1000	2018年11月4日	90	¥ 16.00
10	9	SG-6	福建琯溪蜜柚箱装	甜蜜	箱	中国	福建平和	水果	国产	包装	12500	2018年11月14日	20	¥100.00

图 6-107　筛选“水果”的结果

实施了筛选的列标题旁会出现筛选标记，数据区域行号不连续且变为蓝色，恢复数据有两种方法：一种是在“水果”列标题下拉列表中选择【(全部)】，另一种是再次在功能区的【数据】选项卡的【排序和筛选】选项组中单击【筛选】按钮取消筛选。

(2) 筛选“保质期”在 90～180 天(含)的商品：恢复全部数据后在功能区的【数据】选项卡的【排序和筛选】选项组中单击【筛选】按钮，在“保质期(天)”列下拉列表中选择【数字筛选】→【介于】选项，在如图 6-108 所示的【自定义自动筛选方式】对话框中设置条件【大于或等于】、90、【与】、【小于或等于】、180，单击【确定】按钮，筛选结果如图 6-109 所示。

(3) 筛选高于平均单价的商品：恢复全部数据后在功能区的【数据】选项卡的【排序和筛选】选项组中单击【筛选】按钮，在“单价”列下拉列表中选择【数字筛选】→【高于平均值】选项，筛选结果如图 6-110 所示。

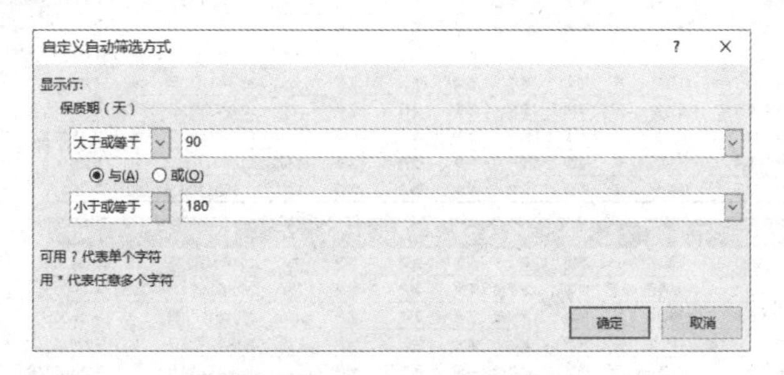

图 6-108　自定义自动筛选条件

	A	B	C	D	E	F	G	H	I	J	K	L	M	N
1	序号	商品编号	商品名称	品牌	单位	国家	产地	类别	进口/国产	包装方式	重量(克	生产日期	保质期(天	单价
4	3	SG-3	山东烟台栖霞苹果	牛顿果园	公斤	中国	山东栖霞	水果	国产	散装	1000	2018年10月2日	180	¥ 20.00
5	4	SG-4	新疆和田大枣五星	宁静山庄	袋	中国	新疆和田	干果	国产	包装	450	2018年11月1日	180	¥ 35.00
7	6	LS-2	韩国好丽友红豆夹心打糕鱼	好丽友	袋	韩国	首尔	零食	进口	包装	522	2018年1月13日	180	¥ 120.00
9	8	SG-5	江西赣南脐橙	好果	公斤	中国	江西赣州	水果	国产	散装	1000	2018年11月4日	90	¥ 16.00

图 6-109　保质期范围为 90～180 天商品筛选

	A	B	C	D	E	F	G	H	I	J	K	L	M	N
1	序号	商品编号	商品名称	品牌	单位	国家	产地	类别	进口/国产	包装方式	重量(克	生产日期	保质期(天	单价
2	1	SG-1	泰国红心火龙果	小果农	箱	泰国	清迈	水果	进口	包装	2500	2018年11月26日	10	¥ 100.00
3	2	SG-2	泰国金枕头榴莲	小果农	个	泰国	清迈	水果	进口	包装	2500	2018年11月27日	15	¥ 189.00
7	6	LS-2	韩国好丽友红豆夹心打糕鱼	好丽友	袋	韩国	首尔	零食	进口	包装	522	2018年1月13日	180	¥ 120.00
8	7	LS-3	日本固力果米奇棒棒糖	固力果	袋	日本	东京	零食	进口	包装	300	2018年10月8日	360	¥ 76.00
10	9	SG-6	福建琯溪蜜柚箱装	甜蜜	箱	中国	福建平和	水果	国产	包装	12500	2018年11月14日	20	¥ 100.00

图 6-110　高于平均单价商品筛选

(4) 多条件复杂筛选：恢复全部数据后首先设置高级筛选条件区域，选取条件涉及的“进口/国产”“单价”列的列标题单元格，复制后全部粘贴到 P8:Q8 单元格区域，在 P9:Q10 单元格区域输入筛选条件，如图 6-111 所示；选取数据区域 A1:N11，在功能区的【数据】选项卡的【排序和筛选】选项组中单击【高级】按钮，在如图 6-112 所示的【高级筛选】对话框中选中【将筛选结果复制到其他位置】单选按钮，设置【列表区域】为$A$1:$N$11，【条件区域】为$P$8:$Q$10，【复制到】为“商品!$A$13”，单击【确定】按钮，筛选结果如图 6-113 所示。

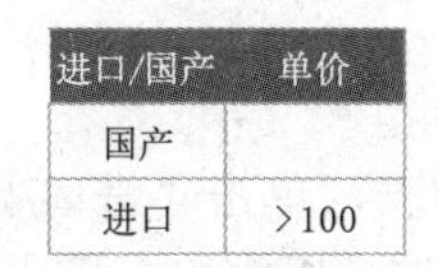

进口/国产	单价
国产	
进口	>100

图 6-111　高级筛选的条件

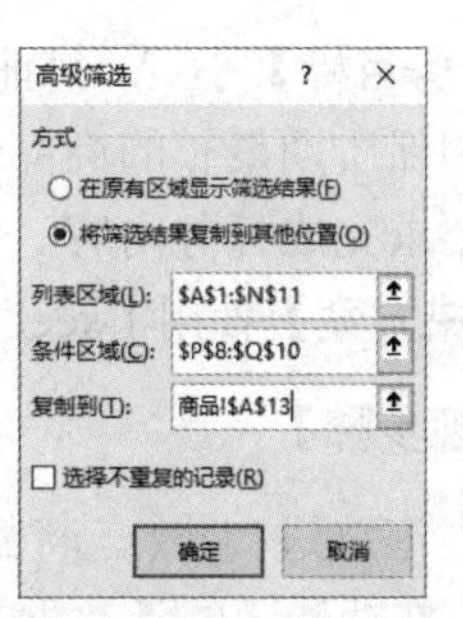

图 6-112　高级筛选的设置

序号	商品编号	商品名称	品牌	单位	国家	产地	类别	进口/国产	包装方式	重量（克）	生产日期	保质期（天）	单价
1	SG-1	泰国红心火龙果	小果农	箱	泰国	清迈	水果	进口	包装	2500	2018年11月26日	10	¥100.00
2	SG-2	泰国金枕头榴莲	小果农	个	泰国	清迈	水果	进口	包装	2500	2018年11月27日	15	¥189.00
3	SG-3	山东烟台栖霞苹果	牛顿果园	公斤	中国	山东栖霞	水果	国产	散装	1000	2018年10月2日	180	¥ 20.00
4	SG-4	新疆和田大枣五星	宁静山庄	袋	中国	新疆和田	干果	国产	包装	450	2018年11月1日	180	¥ 35.00
5	LS-1	日本松尾多彩缤纷巧克力	松尾	个	日本	东京	零食	进口	包装	160	2018年2月15日	360	¥ 52.00
6	LS-2	韩国好丽友红豆夹心打糕鱼	好丽友	袋	韩国	首尔	零食	进口	包装	522	2018年1月13日	180	¥120.00
7	LS-3	日本固力果米奇棒棒糖	固力果	袋	日本	东京	零食	进口	包装	300	2018年10月8日	360	¥ 76.00
8	SG-5	江西赣南脐橙	好果	公斤	中国	江西赣州	水果	国产	散装	1000	2018年11月4日	90	¥ 16.00
9	SG-6	福建琯溪蜜柚箱装	甜蜜	箱	中国	福建平和	水果	国产	包装	12500	2018年11月14日	20	¥100.00
10	LS-4	北京稻香村沙琪玛	稻香村	袋	中国	北京	零食	国产	包装	500	2018年10月19日	60	¥ 15.00

实验任务要求
1 筛选"水果"商品
2 筛选"保质期"在90天-180天（含）的商品
3 筛选高于平均单价的商品
4 筛选国产商品或者超过100元（不含）的进口商品，结果显示在A13开

进口/国产	单价
国产	
进口	>100

序号	商品编号	商品名称	品牌	单位	国家	产地	类别	进口/国产	包装方式	重量（克）	生产日期	保质期（天）	单价
2	SG-2	泰国金枕头榴莲	小果农	个	泰国	清迈	水果	进口	包装	2500	2018年11月27日	15	¥189.00
3	SG-3	山东烟台栖霞苹果	牛顿果园	公斤	中国	山东栖霞	水果	国产	散装	1000	2018年10月2日	180	¥ 20.00
4	SG-4	新疆和田大枣五星	宁静山庄	袋	中国	新疆和田	干果	国产	包装	450	2018年11月1日	180	¥ 35.00
6	LS-2	韩国好丽友红豆夹心打糕鱼	好丽友	袋	韩国	首尔	零食	进口	包装	522	2018年1月13日	180	¥120.00
8	SG-5	江西赣南脐橙	好果	公斤	中国	江西赣州	水果	国产	散装	1000	2018年11月4日	90	¥ 16.00
9	SG-6	福建琯溪蜜柚箱装	甜蜜	箱	中国	福建平和	水果	国产	包装	12500	2018年11月14日	20	¥100.00
10	LS-4	北京稻香村沙琪玛	稻香村	袋	中国	北京	零食	国产	包装	500	2018年10月19日	60	¥ 15.00

图 6-113　高级筛选的结果

注：Excel 中的筛选用来在大量数据中快速挑选满足条件的记录行，不满足筛选条件的行会被隐藏。

(1)　筛选分类：筛选可分为自动筛选和高级筛选两类，自动筛选就是应用列标题的下拉列表命令完成的简单筛选，而高级筛选是面向多列复杂筛选条件设计的。

(2)　筛选技巧：高级筛选时必须首先设计条件区域，一定是将涉及的列的列标题复制粘贴，如果条件区域的标题格式与原表格式有出入，那么一定得不到正确结果。书写筛选条件时，要求同时满足的条件写在同一行的对应单元格中，不要求同时满足的条件写在不同行。

(3)　筛选扩展：筛选还能够以单元格的格式作为条件，如按单元格颜色、按字体颜色等格式筛选。

6.5.3　数据分类汇总

小型任务实训——任务 6-16　分类汇总

【任务目标】小 A 目前需要分别统计国产商品和进口商品的数量、各个国家商品的最高单价和保质期最长的商品情况。请根据文件“Excel 任务 6-16 分类汇总.xlsx”所提供的素材及要求完成任务内容。

【解决方案】使用 Excel 中分类汇总的方法对数据按指定内容分类并统计。

【实现步骤】

(1)　分类汇总进口/国产商品数量：打开“商品”工作表，单击“进口/国产”数据列任一单元格，在功能区的【数据】选项卡的【排序和筛选】选项组中单击【升序】按钮，对商品进行分类项排序，然后选取数据区域 A1:N11，在功能区的【数据】选项卡的【分级

显示】选项组中单击【分类汇总】按钮，在如图 6-114 所示的【分类汇总】对话框中设置【分类字段】为“进口/国产”，选择【汇总方式】为“计数”，设置【选定汇总项】为“商品名称”，单击【确定】按钮，结果如图 6-115 所示。

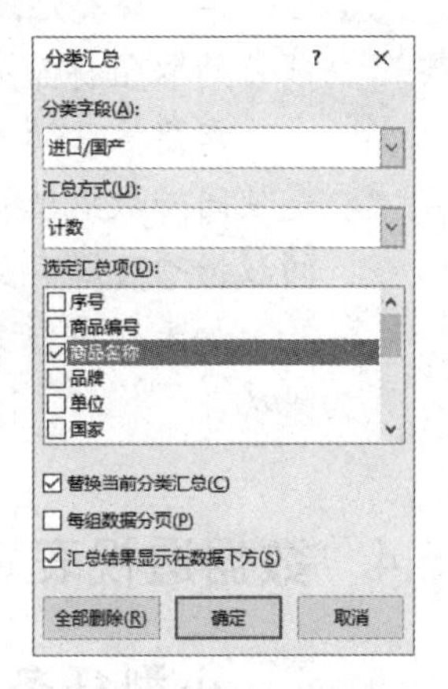

图 6-114　设置分类汇总选项

从图 6-115 可以看出，商品数据按照“国产”“进口”两个数据划分为两部分显示，每个数据区域都有对商品名称计数计算得到的结果；同时数据的显示也分了 3 个层次，单击左上角的 1、2、3 三个按钮分别显示全部数据汇总、各级数据汇总、明细，通过左侧的+/−按钮可以控制本层的折叠或展开。

(2) 删除分类汇总：想要恢复数据到初始状态，可以使用删除功能，仍然选择数据区域 A1:N11，在功能区的【数据】选项卡的【分级显示】选项组中单击【分类汇总】按钮，在如图 6-114 所示的【分类汇总】对话框中单击左下角【全部删除】按钮即可。

(3) 分类统计各国商品最高单价和最长保质期：在“商品”工作表中单击“国家”数据列任一单元格，在功能区的【数据】选项卡的【排序和筛选】选项组中单击【升序】按钮对该列排序，然后选取数据区域 A1:N11，在功能区的【数据】选项卡的【分级显示】选项组中单击【分类汇总】按钮，在如图 6-116 所示的【分类汇总】对话框中设置【分类字段】为“国家”，选择【汇总方式】为“最大值”，设置【选定汇总项】为“保质期(天)”和“单价”两项，单击【确定】按钮，结果如图 6-117 所示。

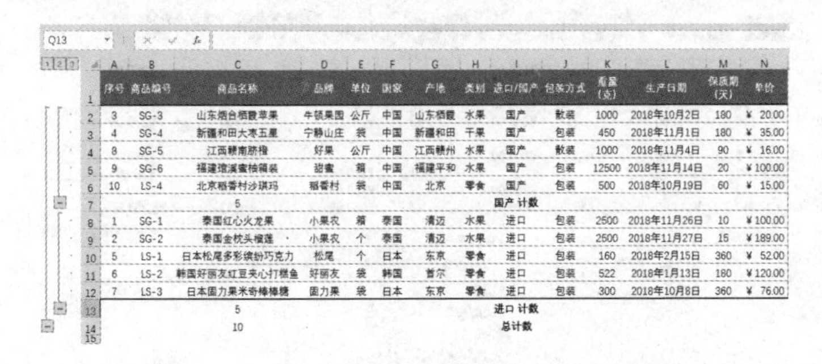

序号	商品编号	商品名称	品牌	单位	国家	产地	类别	进口/国产	包装方式	重量(克)	生产日期	保质期(天)	单价
3	SG-3	山东烟台栖霞苹果	牛顿果园	公斤	中国	山东栖霞	水果	国产	散装	1000	2018年10月2日	180	¥ 20.00
4	SG-4	新疆和田大枣五星	宁静山庄	袋	中国	新疆和田	干果	国产	包装	450	2018年11月1日	180	¥ 35.00
8	SG-5	江西赣南脐橙	好果	公斤	中国	江西赣州	水果	国产	散装	1000	2018年11月4日	90	¥ 16.00
9	SG-6	福建琯溪蜜柚箱装	甜蜜	箱	中国	福建平和	水果	国产	包装	12500	2018年11月14日	20	¥ 100.00
10	LS-4	北京稻香村沙琪玛	稻香村	袋	中国	北京	零食	国产	包装	500	2018年10月19日	60	¥ 15.00
		5						国产 计数					
1	SG-1	泰国红心火龙果	小果农	箱	泰国	清迈	水果	进口	包装	2500	2018年11月26日	10	¥ 100.00
2	SG-2	泰国金枕头榴莲	小果农	个	泰国	清迈	水果	进口	包装	2500	2018年11月27日	15	¥ 189.00
5	LS-1	日本松尾多彩缤纷巧克力	松尾	个	日本	东京	零食	进口	包装	160	2018年2月15日	360	¥ 52.00
6	LS-2	韩国好丽友红豆夹心打糕鱼	好丽友	袋	韩国	首尔	零食	进口	包装	522	2018年1月13日	180	¥ 120.00
7	LS-3	日本固力果米奇棒棒糖	固力果	袋	日本	东京	零食	进口	包装	300	2018年10月8日	360	¥ 76.00
		5						进口 计数					
		10						总计数					

图 6-115　进口与国产商品数量分类汇总结果

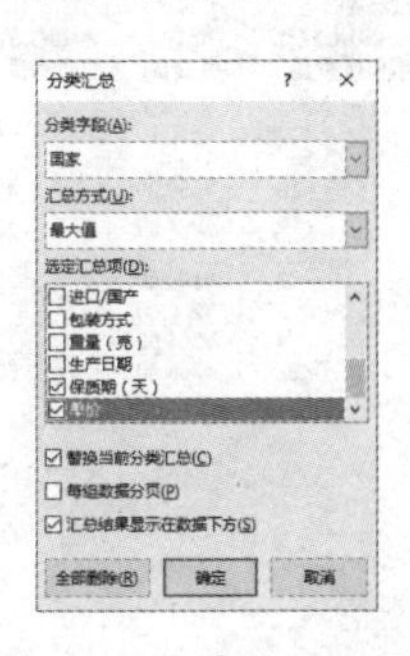

图 6-116　分类汇总设计

序号	商品编号	商品名称	品牌	单位	国家	产地	类别	进口/国产	包装方式	重量(克)	生产日期	保质期(天)	单价
6	LS-2	韩国好丽友红豆夹心打糕鱼	好丽友	袋	韩国	首尔	零食	进口	包装	522	2018年1月13日	180	¥ 120.00
					韩国 最大值							180	¥ 120.00
5	LS-1	日本松尾多彩缤纷巧克力	松尾	个	日本	东京	零食	进口	包装	160	2018年2月15日	360	¥ 52.00
7	LS-3	日本固力果米奇棒棒糖	固力果	袋	日本	东京	零食	进口	包装	300	2018年10月8日	360	¥ 76.00
					日本 最大值							360	¥ 76.00
1	SG-1	泰国红心火龙果	小果农	箱	泰国	清迈	水果	进口	包装	2500	2018年11月26日	10	¥ 100.00
2	SG-2	泰国金枕头榴莲	小果农	个	泰国	清迈	水果	进口	包装	2500	2018年11月27日	15	¥ 189.00
					泰国 最大值							15	¥ 189.00
3	SG-3	山东烟台栖霞苹果	牛顿果园	公斤	中国	山东栖霞	水果	国产	散装	1000	2018年10月2日	180	¥ 20.00
4	SG-4	新疆和田大枣五星	宁静山庄	袋	中国	新疆和田	干果	国产	包装	450	2018年11月1日	180	¥ 35.00
8	SG-5	江西赣南脐橙	好果	公斤	中国	江西赣州	水果	国产	散装	1000	2018年11月4日	90	¥ 16.00
9	SG-6	福建琯溪蜜柚箱装	甜蜜	箱	中国	福建平和	水果	国产	包装	12500	2018年11月14日	20	¥ 100.00
10	LS-4	北京稻香村沙琪玛	稻香村	袋	中国	北京	零食	国产	包装	500	2018年10月19日	60	¥ 15.00
					中国 最大值							180	¥ 100.00
					总计最大值							360	¥ 189.00

图 6-117　各国商品单价、保质期最大值分类汇总结果

注：分类汇总是对数据按类进行汇总分析处理的方式，按照某个指定分类项目的取值将数据整体划分为若干子集，对每个子集进行汇总计算。

需要注意的是，分类汇总前必须对分类项数据进行升序或降序排序，目的是使同一数据值的数据临近排列。分类项和汇总方式有且只能有一项，而汇总的数据项可以有多个。

如果想要对数据进行多维度的分类汇总，可使用下面的数据透视表功能实现。

6.5.4 数据透视表

小型任务实训——任务 6-17 使用数据透视表

【任务目标】小 A 需要对近期商品的销售情况做一个综合性统计，从产地、类别、销售日期等不同角度分析商品销售总量及总收入，并方便筛选与查看某个分类的部分数据。请根据文件“Excel 任务 6-17 数据透视表.xlsx”所提供的素材及要求完成任务内容，结果如图 6-118 所示。

列标签	2018/12/1		2018/12/2		2018/12/3		2018/12/4		2018/12/5		求和项:数量汇总	求和项:金额汇总
行标签	求和项:数量	求和项:金额	求和项:数量	求和项:金额	求和项:数量	求和项:金额	求和项:数量	求和项:金额	求和项:数量	求和项:金额		
国产												
干果			2	¥56.00			4	¥112.00			6	¥168.00
零食			6	¥72.00			2	¥24.00			8	¥96.00
水果	18	¥659.00	40	¥1,870.00	10	¥200.00	6	¥486.00	12	¥799.00	86	¥4,014.00
国产 汇总	18	¥659.00	48	¥1,998.00	10	¥200.00	12	¥622.00	12	¥799.00	100	¥4,278.00
进口												
零食	2	¥104.00	2	¥321.30	1	¥18.00	3	¥156.00			8	¥599.30
水果	2	¥200.00			2	¥200.00			1	¥160.65	5	¥560.65
进口 汇总	4	¥304.00	2	¥321.30	3	¥218.00	3	¥156.00	1	¥160.65	13	¥1,159.95
总计	22	¥963.00	50	¥2,319.30	13	¥418.00	15	¥778.00	13	¥959.65	113	¥5,437.95

图 6-118 销售数据透视表结果

【解决方案】使用 Excel 中的数据透视表进行数据分析，并设置切片器。

【实现步骤】

(1) 新建数据透视表：①打开“销售”工作表，选择数据区域 A1:M21，在功能区的【插入】选项卡的【表格】选项组中单击【数据透视表】按钮，在如图 6-119 所示的【创建数据透视表】对话框中选择放置位置为“新建工作表”，单击【确定】按钮；②在新建工作表的右侧出现【数据透视表字段】对话框，从上方的字段列表中拖动字段添加到下面的 4 个区域，如图 6-120 所示，将“进口/国产”“类别”“商品名称”3 列添加到【行】，将“销售日期”添加到【列】，将“数量”和“金额”添加到【值】，得到初始数据透视表，如图 6-121 所示。

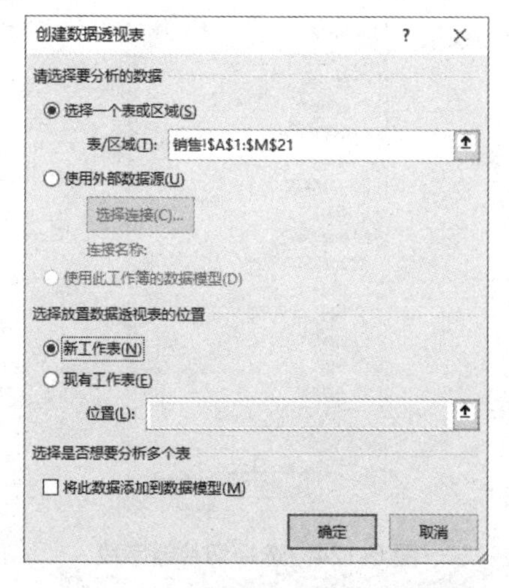

图 6-119　选择数据透视表放置位置

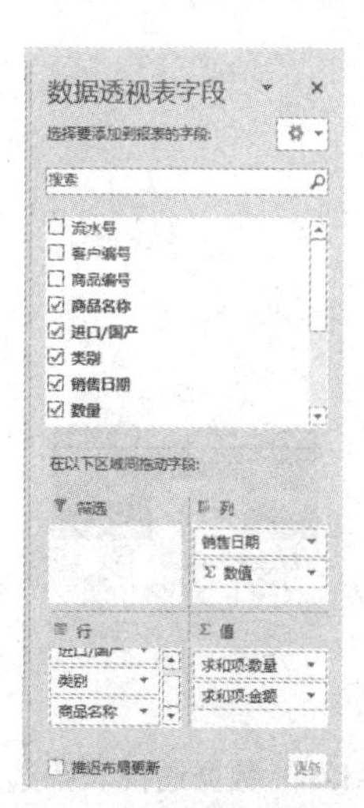

图 6-120　布局数据透视表字段

列标签	2018/12/1		2018/12/2		2018/12/3		2018/12/4		2018/12/5	
行标签	求和项:数量	求和项:金额	求和项:数量	求和项:金额	求和项:数量	求和项:金额	求和项:数量	求和项:金额	求和项:数量	求和项:金额
⊟国产										
⊞干果			2	56			4	112		
⊞零食			6	72			2	24		
⊞水果	18	659	40	1870	10	200	6	486	12	799
国产 汇总	18	659	48	1998	10	200	12	622	12	799
⊟进口										
⊞零食	2	104	2	321.3	1	18	3	156		
⊞水果	2	200			2	200			1	160.65
进口 汇总	4	304	2	321.3	3	218	3	156	1	160.65
总计	22	963	50	2319.3	13	418	15	778	13	959.65

图 6-121　初始数据透视表

(2) 编辑数据透视表：在数据透视表的任意“求和项：金额”单元格上右击，在弹出的快捷菜单中选择【数字格式】命令，在【单元格格式】对话框中设置【数字】栏的“货币”格式，数据透视表如图 6-122 所示。

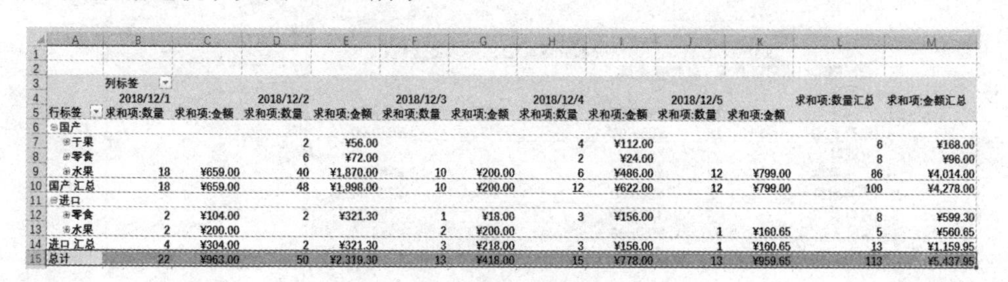

列标签	2018/12/1		2018/12/2		2018/12/3		2018/12/4		2018/12/5		求和项:数量汇总	求和项:金额汇总
行标签	求和项:数量	求和项:金额	求和项:数量	求和项:金额	求和项:数量	求和项:金额	求和项:数量	求和项:金额	求和项:数量	求和项:金额		
⊟国产												
⊞干果			2	¥56.00			4	¥112.00			6	¥168.00
⊞零食			6	¥72.00			2	¥24.00			8	¥96.00
⊞水果	18	¥659.00	40	¥1,870.00	10	¥200.00	6	¥486.00	12	¥799.00	86	¥4,014.00
国产 汇总	18	¥659.00	48	¥1,998.00	10	¥200.00	12	¥622.00	12	¥799.00	100	¥4,278.00
⊟进口												
⊞零食	2	¥104.00	2	¥321.30	1	¥18.00	3	¥156.00			8	¥599.30
⊞水果	2	¥200.00			2	¥200.00			1	¥160.65	5	¥560.65
进口 汇总	4	¥304.00	2	¥321.30	3	¥218.00	3	¥156.00	1	¥160.65	13	¥1,159.95
总计	22	¥963.00	50	¥2,319.30	13	¥418.00	15	¥778.00	13	¥959.65	113	¥5,437.95

图 6-122　编辑后的数据透视表

(3) 添加切片器：在如图 6-123 所示的功能区的【数据透视表工具】|【分析】选项卡的【筛选】选项组中单击【插入切片器】按钮，在如图 6-124 所示的【插入切片器】对话框中选择“类别”“销售日期”和“数量”，单击【确定】按钮，切片器如图 6-125 所示；单击【切片器】上的每个数据项，可对数据透视表进行相应的筛选操作，例如在“销售日期”切片器上单击“2018 年 12 月 1 日”，数据透视表筛选为如图 6-126 所示效果。

图 6-123　数据透视表筛选工具

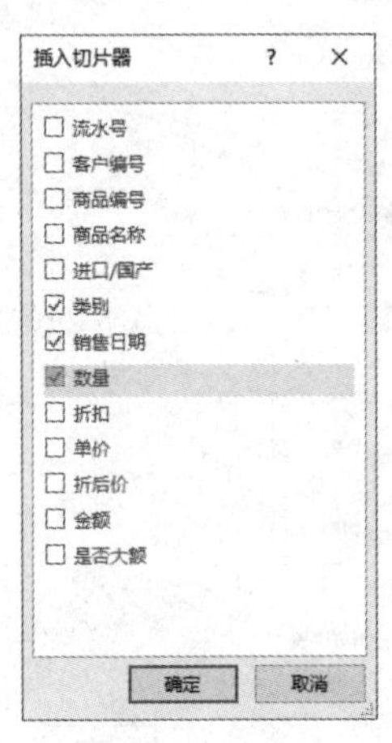

图 6-124　选择切片器字段

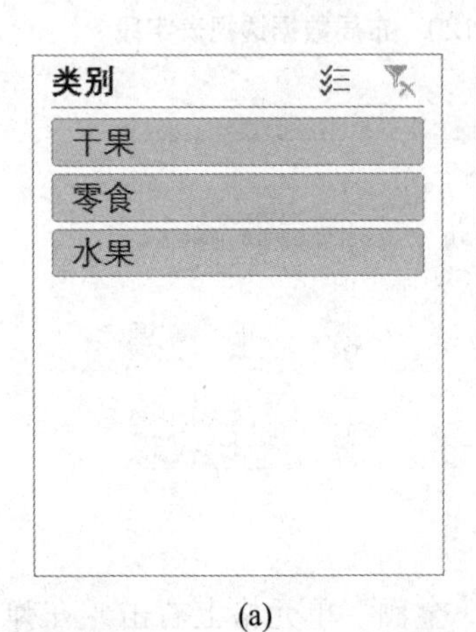

(a)

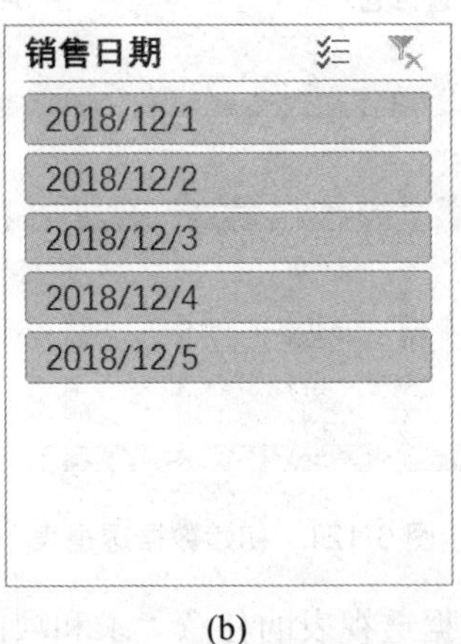

(b)

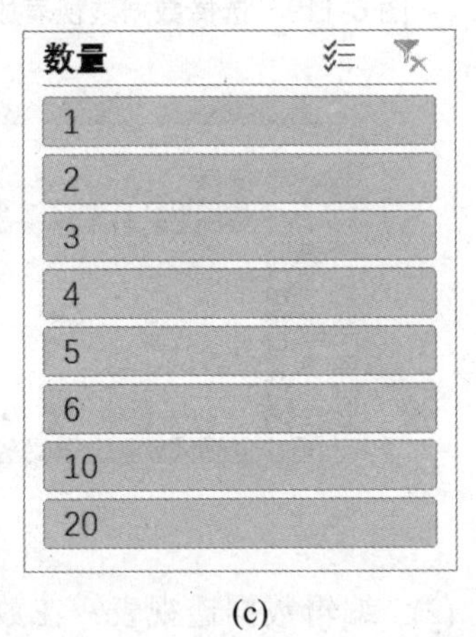

(c)

图 6-125　切片器

	A	B	C	D	E
3		列标签			
4		2018/12/1		求和项:数量汇总	求和项:金额汇总
5	行标签	求和项:数量	求和项:金额		
6	⊟国产				
7	⊞水果	18	¥659.00	18	¥659.00
8	国产 汇总	18	¥659.00	18	¥659.00
9	⊟进口				
10	⊞零食	2	¥104.00	2	¥104.00
11	⊞水果	2	¥200.00	2	¥200.00
12	进口 汇总	4	¥304.00	4	¥304.00
13	总计	22	¥963.00	22	¥963.00
14					

销售日期
2018/12/1
2018/12/2
2018/12/3
2018/12/4
2018/12/5

图 6-126　使用切片器筛选示例

注：数据透视表可以看作加强版分类汇总，能够使用交叉表格的形式对数据进行多维度分类，进一步对分类后的数据进行汇总计算。数据透视表的强大功能在于能够动态地改变版面布局，以便按照不同方式分析数据。如果原始数据发生改变，数据透视表也能随之更新。

6.6　数据的链接、保护与输出

设计好各个工作表的内容之后，可以应用链接(Links)功能在数据表之间实现交互。如果不想让其他人随意更改数据，可以运用 Excel 的数据保护(Protect)功能。通过页面设置和打印功能可将编辑后的数据按照指定格式输出(Output)。

6.6.1　数据的链接

小型任务实训——任务 6-18　建立链接

【任务目标】小 A 已经将商品、客户、销售、订单检索、销售统计、利润核算、数据透视表分析等内容分放于不同的工作表，现在需要制作封面链接到各个数据页。请根据文件“Excel 任务 6-18 链接.xlsx”所提供的素材及要求完成任务内容。

【解决方案】使用 Excel 中数据链接的编辑方法。

【实现步骤】

(1) 打开“封面”工作表，选中第一个图形组合“商品”，在功能区的【插入】选项卡的【链接】选项组中单击【链接】按钮，在如图 6-127 所示的【插入超链接】对话框的【链接到】栏中选择【本文档中的位置】，选择“商品”工作表名，单击【确定】按钮，当单击图形时能够跳转到“商品”工作表。

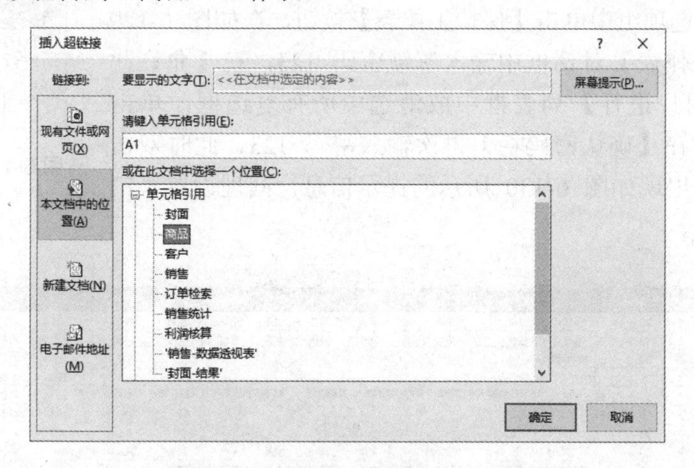

图 6-127　【插入超链接】对话框

(2) 其他图形超链接同理操作，完成后的封面如图 6-128 所示。

图 6-128　封面结果

注：超链接除了能够链接到其他文件、网页，也可以提供工作簿内部链接，完成工作表之间、单元格之间的任意跳转，实现类似于 Word 中的目录功能。为了更好体现交互性，除封面外的其他工作表也可以设置"返回"图形(可用图形、图标、文本框等)，使得单击此图形转回"封面"。

6.6.2　数据的保护

小型任务实训——任务 6-19　保护工作表与工作簿

【任务目标】为了防止数据被不必要地添加、修改或删除，小 A 决定将部分工作表的数据保护起来，禁止选取。请根据文件"Excel 任务 6-19 工作表与工作簿保护.xlsx"所提供的素材及要求完成任务内容。

【解决方案】使用 Excel 中数据保护的方法。

【实现步骤】

(1) 全部保护：打开"商品"工作表，在功能区【审阅】选项卡的【更改】选项组中单击【保护工作表】按钮，在如图 6-129 所示的【保护工作表】对话框中输入解锁密码 123，在【允许此工作表的所有用户进行】列表框中取消选中所有复选框，单击【确定】按钮，在【确认密码栏】再次输入密码 123，此时双击任意单元格都会出现如图 6-130 所示的提示信息，同理设置"销售"工作表保护。

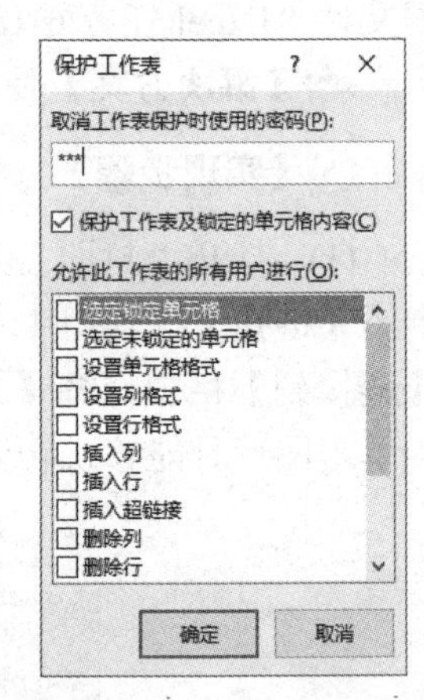

图 6-129　工作表保护

序号	商品编号	商品名称	品牌	单位	国家	产地	类别	进口/国产	包装方式	重量（克）	保质期（天）	单价
1	SG-1	泰国红心火龙果	小果农	箱	泰国	清迈	水果	进口	包装	2500	10	¥100.00
2	SG-2	泰国金枕头榴莲	小果农	个	泰国	清迈	水果	进口	包装	2500	15	¥189.00
3	SG-3										180	¥ 20.00
4	SG-4										180	¥ 35.00
5	LS-1	日									360	¥ 52.00
6	LS-2	韩									180	¥120.00
7	LS-3	日									360	¥ 76.00
8	SG-5	江西赣南脐橙	好果	公斤	中国	江西赣州	水果	国产	散装	1000	90	¥ 16.00
9	SG-6	福建琯溪蜜柚箱装	甜蜜	箱	中国	福建平和	水果	国产	包装	12500	20	¥100.00
10	LS-4	北京稻香村沙琪玛	稻香村	袋	中国	北京	零食	国产	包装	500	60	¥ 15.00

Microsoft Excel

您试图更改的单元格或图表位于受保护的工作表中。若要进行更改，请取消工作表保护。您可能需要输入密码。

确定

图 6-130　工作表全部保护

高等院校计算机教育系列教材

(2) 部分保护：打开“订单检索”工作表，在 B2 单元格右击，在弹出的快捷菜单中选择【设置单元格格式】命令，在如图 6-131 所示的【保护】选项卡中取消选中【锁定】复选框，单击【确定】按钮，在功能区的【审阅】选项卡的【更改】选项组中单击【允许用户编辑区域】按钮，在如图 6-132 所示的对话框中单击【新建】按钮，在如图 6-133 所示的【新区域】对话框中确定区域标题和范围，单击【确定】按钮，回到【允许用户编辑区域】对话框，单击左下角的【保护工作表】按钮，在打开的【保护工作表】对话框的允许操作列表中仅保留第 2 项【选定未锁定的单元格】，如图 6-134 所示，设置的结果是工作表中仅 B2 单元格可选择、可输入数据，其他单元格全部受到保护。

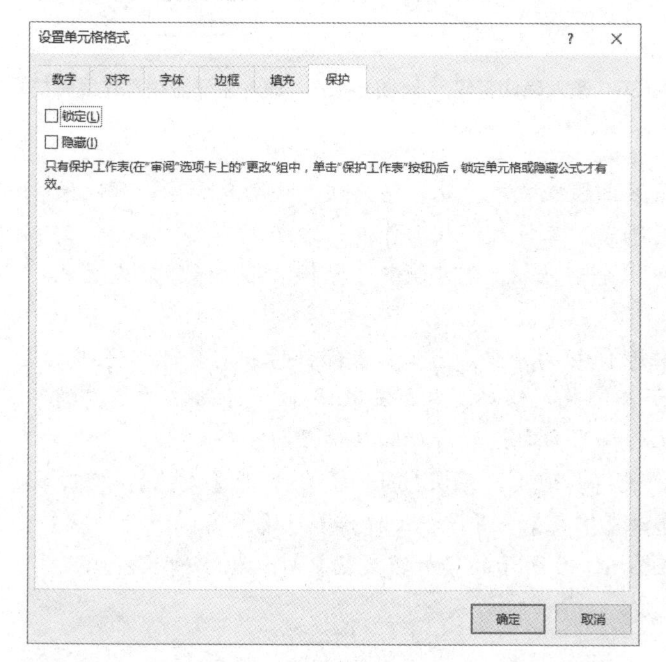

图 6-131　取消单元格锁定

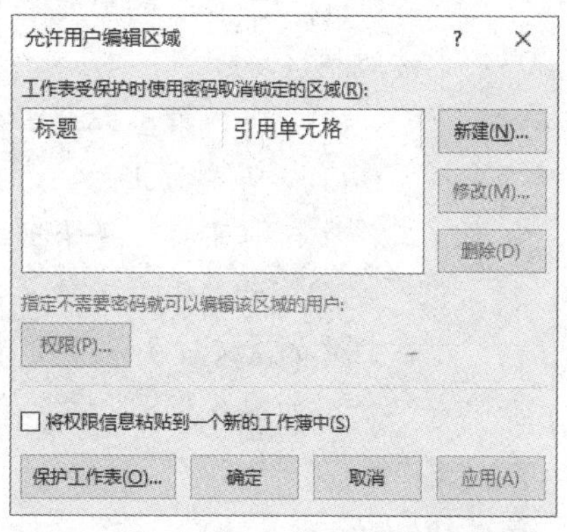

图 6-132　【允许用户编辑区域】对话框

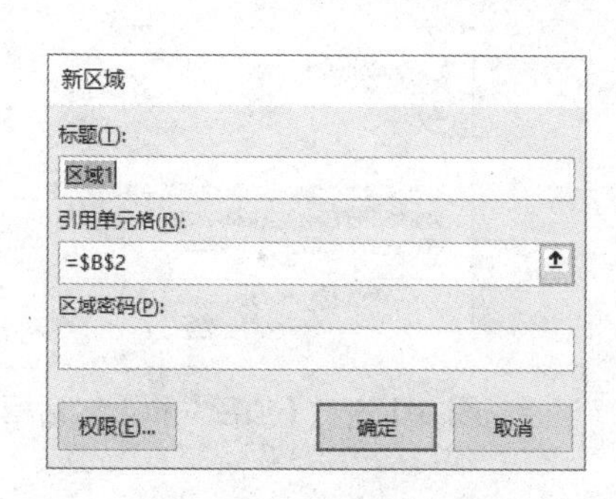

图 6-133　定义新区域

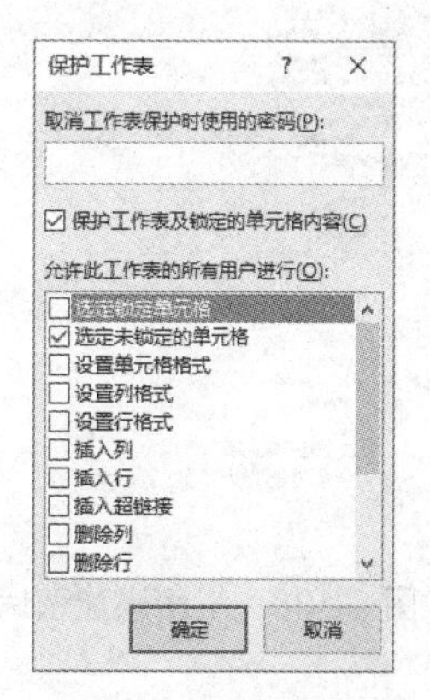

图 6-134　设置保护工作表选项

(3) 保护工作簿：在功能区的【审阅】选项卡的【更改】选项组中单击【保护工作簿】按钮，在如图 6-135 所示的【保护结构和窗口】对话框中输入密码 321，单击【确

定】按钮，确认密码，如图 6-136 所示，当添加、删除工作表时必须再次单击【保护工作簿】命令，在如图 6-137 所示的对话框中输入正确的密码才能操作。

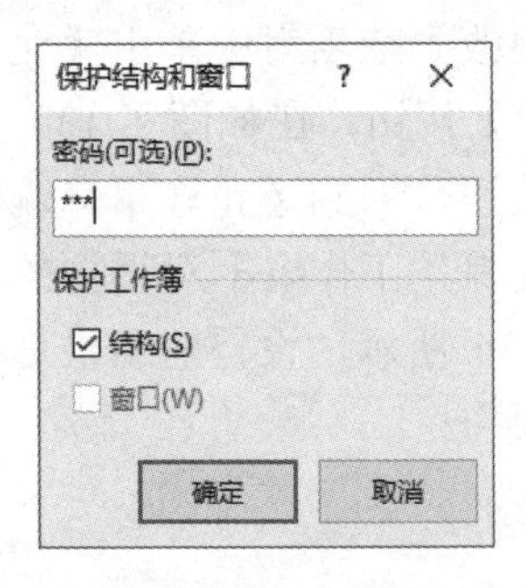

图 6-135　设置工作簿保护密码

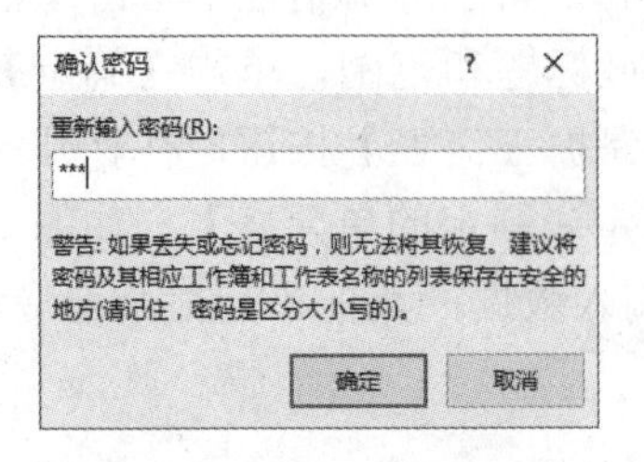

图 6-136　输入确认密码

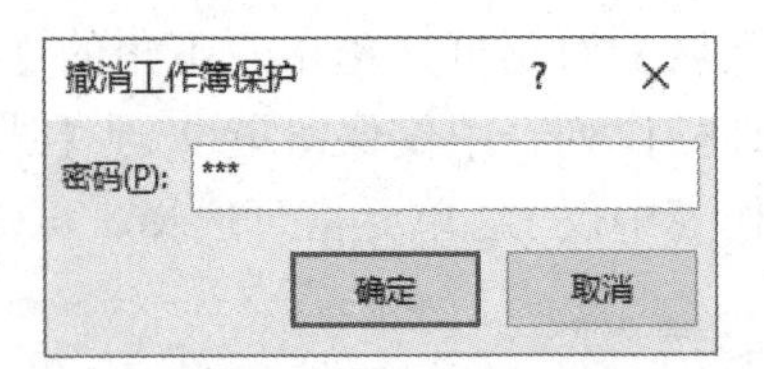

图 6-137　输入密码撤销工作簿保护

注：如果需要保护数据防止数据被意外或有意更改、移动或删除，可以采用锁定单元格，然后使用密码保护工作表以及工作簿的方法。

(1)　工作表的单元格可以全部保护，也可以部分保护，部分保护需设置允许编辑区域；

(2)　可以设置取消工作表保护的密码，当工作表撤销保护时输入该密码；

(3)　若要防止用户添加、修改、移动、复制或隐藏/取消隐藏工作簿内的工作表，则可使用【保护工作簿】命令设置窗口和结构保护密码；

(4)　若要锁定工作簿，使得其他用户无法打开，需要单击【文件】按钮，在打开的【文件】菜单中选择【信息】→【保护工作簿】→【用密码进行加密】命令，如图 6-138 所示，在图 6-139 所示的【加密文档】对话框中输入密码。

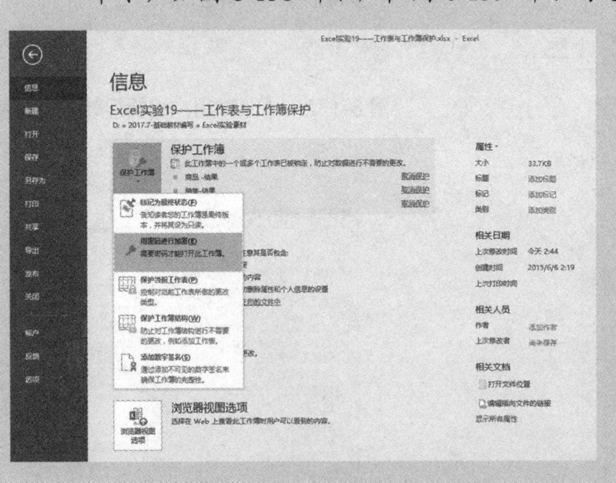

图 6-138　用密码加密保护工作簿

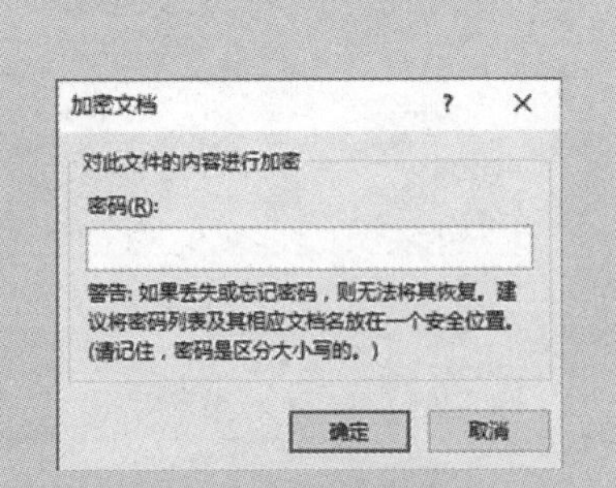

图 6-139　【加密文档】对话框

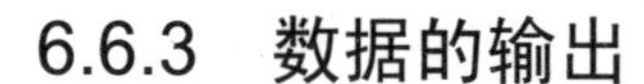

6.6.3　数据的输出

小型任务实训——任务 6-20　页面设置与打印

【任务目标】小 A 随时需要将编辑好的数据打印输出，请根据文件“Excel 任务 6-20 数据打印.xlsx”所提供的素材及要求完成任务内容，结果如图 6-140 所示。

【我的店铺】每周销售清单　　　　打印时间：2017/7/24

2018年12月第一周销售明细

流水号	客户编号	商品编号	商品名称	品牌	单位	国家	进口/国产	类别	销售日期	数量	折扣	单价	折后价	金额
201812010001	V10001	SG-1	泰国红心火龙果	小果农	箱	泰国	进口	水果	2018/12/1	2	100	¥ 100.00	####	¥ 200.00
201812010002	V10001	SG-3	山东烟台栖霞苹果	牛顿果园	公斤	中国	国产	水果	2018/12/1	10	100	¥ 20.00	¥20.00	¥ 200.00
201812010003	V20001	SG-6	福建琯溪蜜柚箱装	甜蜜	箱	中国	国产	水果	2018/12/1	3	90	¥ 20.00	¥18.00	¥ 54.00
201812010004	V20001	SG-5	江西赣南脐橙	好果	公斤	中国	国产	水果	2018/12/1	5	90	¥ 90.00	¥81.00	¥ 405.00
201812010005	V10002	LS-1	日本松尾多彩缤纷巧克力	松尾	个	日本	进口	零食	2018/12/1	2	100	¥ 52.00	¥52.00	¥ 104.00
201812020001	V20002	LS-4	北京稻香村沙琪玛	稻香村	袋	中国	国产	零食	2018/12/2	6	80	¥ 15.00	¥12.00	¥ 72.00
201812020002	V20002	SG-4	新疆和田大枣五星	宁静山庄	袋	中国	国产	干果	2018/12/2	2	80	¥ 35.00	¥28.00	¥ 56.00
201812020003	V10003	SG-6	福建琯溪蜜柚箱装	甜蜜	箱	中国	国产	水果	2018/12/2	20	85	¥ 20.00	¥17.00	¥ 340.00
201812020004	V10003	SG-5	江西赣南脐橙	好果	公斤	中国	国产	水果	2018/12/2	20	85	¥ 90.00	¥76.50	¥1,530.00
201812020005	V10003	LS-2	韩国好丽友红豆夹心打糕鱼	好丽友	袋	韩国	进口	零食	2018/12/2	2	85	¥ 189.00	####	¥ 321.30
201812030001	V20004	SG-2	泰国金枕头榴莲	小果农	个	泰国	进口	水果	2018/12/3	2	100	¥ 100.00	####	¥ 200.00
201812030002	V20001	SG-6	福建琯溪蜜柚箱装	甜蜜	箱	中国	国产	水果	2018/12/3	10	100	¥ 20.00	¥20.00	¥ 200.00
201812030003	V20005	LS-2	韩国好丽友红豆夹心打糕鱼	好丽友	袋	韩国	进口	零食	2018/12/3	1	90	¥ 20.00	¥18.00	¥ 18.00
201812040001	V20006	SG-5	江西赣南脐橙	好果	公斤	中国	国产	水果	2018/12/4	6	90	¥ 90.00	¥81.00	¥ 486.00
201812040002	V10004	LS-1	日本松尾多彩缤纷巧克力	松尾	个	日本	进口	零食	2018/12/4	3	100	¥ 52.00	¥52.00	¥ 156.00
201812040003	V10005	LS-4	北京稻香村沙琪玛	稻香村	袋	中国	国产	零食	2018/12/4	2	80	¥ 15.00	¥12.00	¥ 24.00

1/2

图 6-140　Excel 任务 6-20 的结果

【解决方案】使用 Excel 中页面设置与数据打印实现数据输出。

【实现步骤】

(1) 页面设置：打开“销售”工作表，在功能区的【页面布局】选项卡的【页面设置】选项组中单击右下角的对话框启动器，出现如图 6-141 所示的【页面设置】对话框，在【页面】选项卡中修改【纸张方向】为“横向”，在【页边距】选项卡中修改上、下、左、右页边距分别为 2.5、2.5、1、1，【居中方式】选中【水平】复选框。

(2) 页眉页脚：在【页面设置】的【页眉/页脚】选项卡中单击【自定义页眉】按钮，在如图 6-142 所示的【页眉】对话框的【左】栏输入“【我的店铺】每周销售清单”，【右】栏输入“打印时间：”，然后在中间的命令按钮栏单击【插入日期】按钮添加“&[日期]”内容，单击【确定】按钮；再单击【自定义页脚】按钮，在如图 6-143 所示的【页脚】对话框的【中】栏输入“/”，分别在其左右单击【插入页码】和【插入页数】按钮添加“&[页码]”和“&[总页数]”内容，单击【确定】按钮。

(3) 打印区域和打印标题：在【页面设置】对话框的【工作表】选项卡中，设置【打印区域】为 A1:O22 确定打印的范围，设置【打印标题】的【顶端标题行】为$1:$2，确定每个打印页顶部都显示的打印标题，如图 6-144 所示，单击【打印预览】按钮，预览效果如图 6-140 所示。

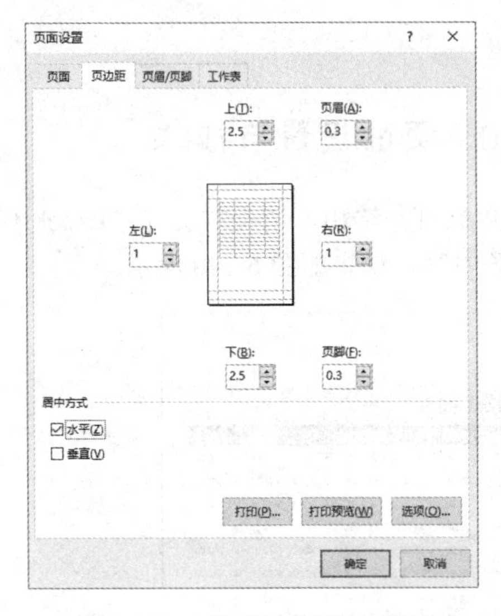

图 6-141　【页面设置】对话框

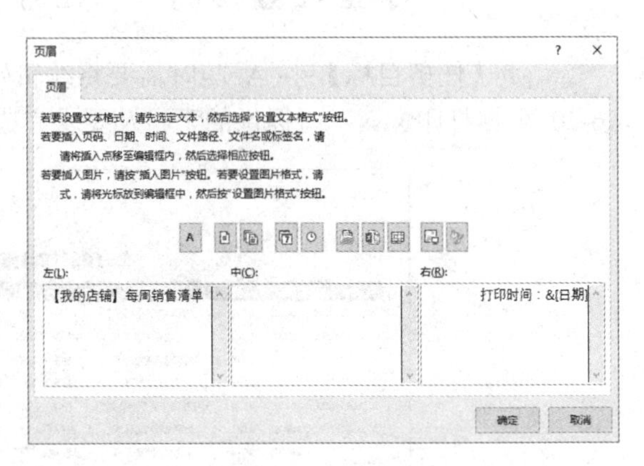

图 6-142　编辑页眉

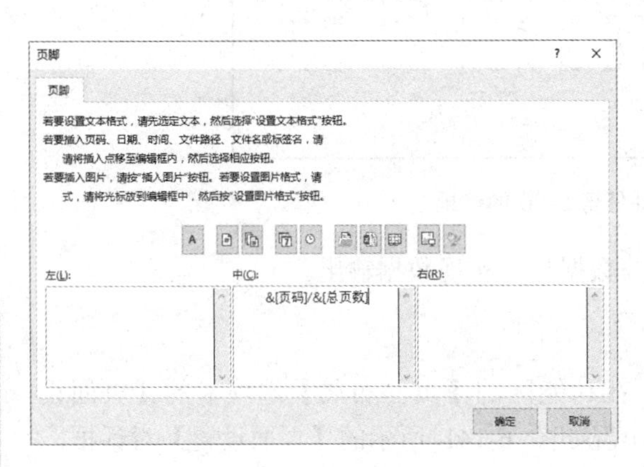

图 6-143　编辑页脚

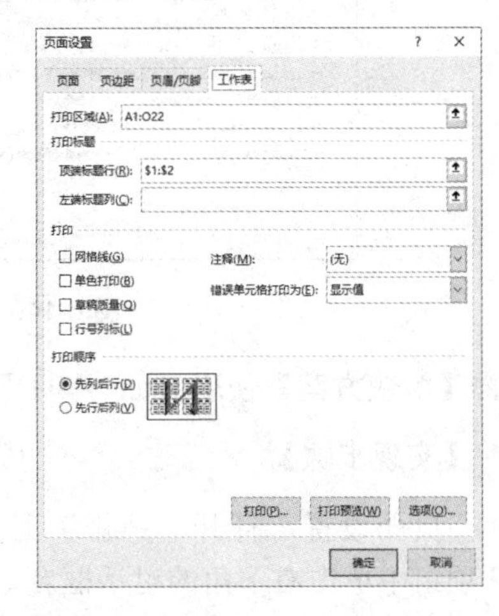

图 6-144　设置打印区域和打印标题

(4) 输出 PDF 格式：选择【文件】菜单中的【另存为】命令，在打开【另存为】对话框中选择【文件类型】为 PDF(*.pdf)，如图 6-145 所示，单击【保存】按钮，则可以在存储路径下看到 PDF 文档，如图 6-146 所示。

注：将编辑处理好的数据打印输出是实际应用 Excel 的重要组成部分，与其他 Office 组件类似，Excel 中也要先通过页面设置调整页面、页边距、页眉页脚和工作表等内容，预览无误后再交付打印机打印。

Excel 工作表内容还可以保存为其他格式，如常见的 PDF、TXT 格式等，只需选取【另存为】命令，选择对应的文件类型保存即可。

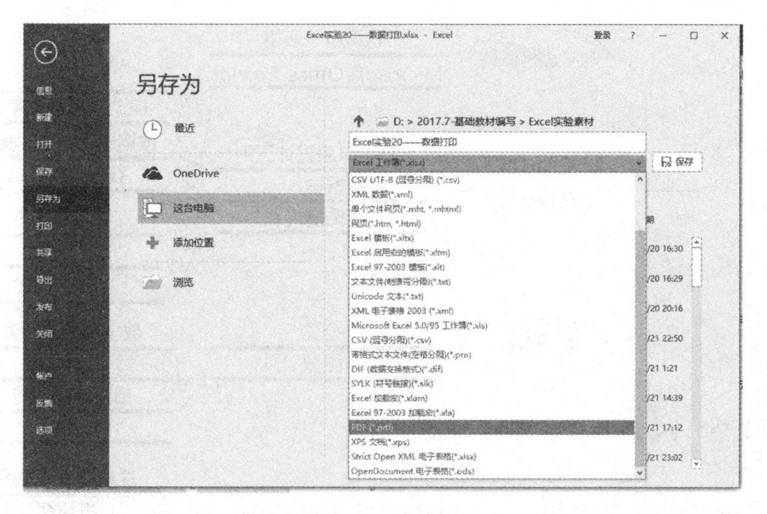

图 6-145　另存为 PDF 文档

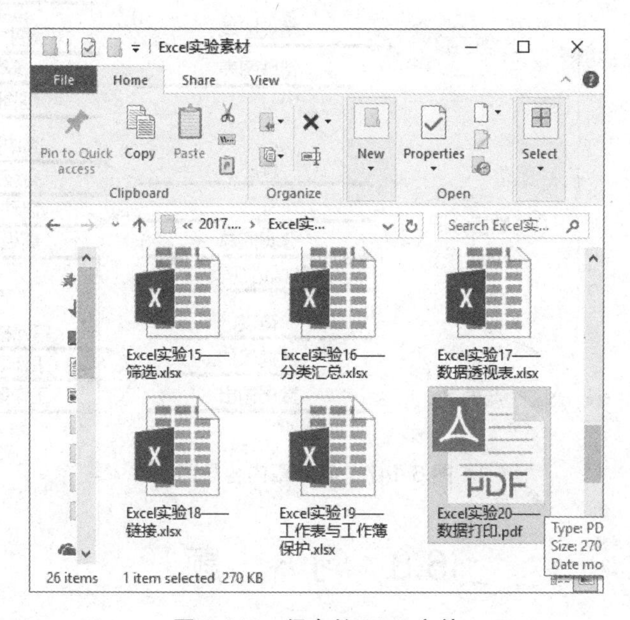

图 6-146　保存的 PDF 文件

6.7　本 章 小 结

“谁掌握了数据，谁就掌握了主动权”，习近平总书记在 2013 年指出了抓住数据的重要性。现代社会，数据正在影响着人类的发展，改变着每个普通人的生活。本章围绕着数据的存储、计算、分析、可视化、输出等主题，介绍了如何使用 Excel 电子表格这一简单易用但又功能强大的工具，从大量繁杂的数据中抽取并推导出有价值的信息的过程。本章的内容导图如图 6-147 所示。

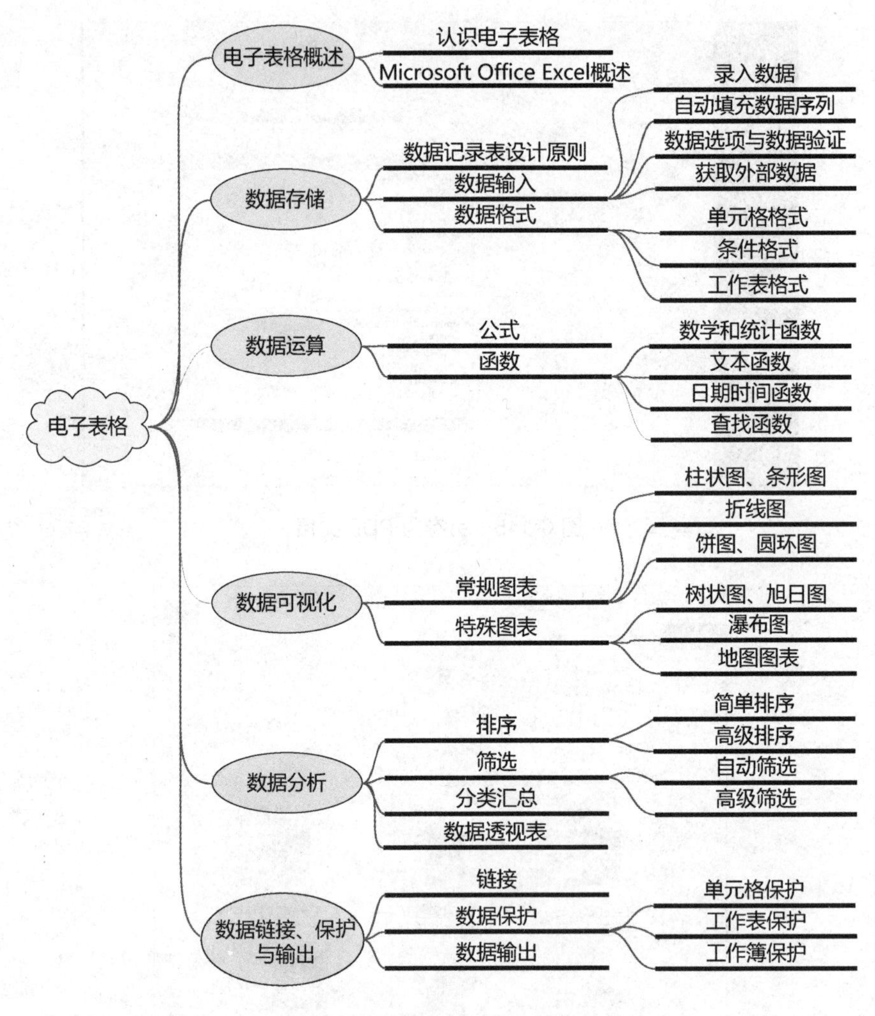

图 6-147　第 6 章内容导图

6.8　习　　题

实验题

1. 请在“Excel 实验 1.xlsx”文件的“员工联系信息”和“项目进展记录”工作表中完成相关数据内容输入及格式设置，效果如图 6-148 所示，格式具体要求见素材文件。

2. 请在“Excel 实验 2.xlsx”文件的各个工作表中完成数据的计算，综合使用所学公式与函数，效果如图 6-149～图 6-152 所示，具体要求见素材文件。

3. 请在“Excel 实验 3.xlsx”文件的各个工作表中完成数据的可视化呈现，效果如图 6-153 所示，具体要求见素材文件。

员工联系信息

工号	姓名	手机	座机	邮箱
2017010330330	金溪	186-1001-1001		jinxi@163.com
2017010330331	赵杨	192-2055-9090	010-98012345	zhaoyang@sohu.com
2017010330332	魏宁	189-0143-2349	021-78242622	weining@sina.com

(a)

项目进展记录表

项目编号	负责人	开始日期	记录日期	完成情况	经费情况
L101	金溪	2018/3/1	2018/3/1	0	0
L101	金溪	2018/3/1	2018/5/1	30	50
L102	魏宁	2018/5/10	2018/5/10	0	0
L101	金溪	2018/3/1	2018/7/1	60	80
L102	魏宁	2018/5/10	2018/8/10	70	80
L101	金溪	2018/3/1	2018/10/1	100	100
L102	魏宁	2018/5/10	2018/10/10	100	100

(b)

图 6-148　实验 1 的结果

九九乘法表

×	1	2	3	4	5	6	7	8	9
1	1								
2	2	4							
3	3	6	9						
4	4	8	12	16					
5	5	10	15	20	25				
6	6	12	18	24	30	36			
7	7	14	21	28	35	42	49		
8	8	16	24	32	40	48	56	64	
9	9	18	27	36	45	54	63	72	81

图 6-149　九九乘法表结果

总评成绩计算

序号	学号	姓名	测验1	测验2	测验3	平时成绩	期末成绩	总评成绩	学分	名次
1	2018001	宋仲宣	98	87	92	92	90	91	3	2
2	2018002	沙朗	86	88	90	88	85	86	3	4
3	2018003	程力	63	72	91	75	80	78	3	6
4	2018004	宗萌萌	86	89	89	88	87	87	3	3
5	2018005	万连婉	65	67	75	69	48	56	0	8
6	2018006	谢宏儒	49	62	70	60	61	61	3	7
7	2018007	郑哈奇	77	84	81	81	79	80	3	5
8	2018008	乔恩	96	98	93	96	95	95	3	1

图 6-150　总评成绩计算结果

花开旅行社出团

序号	景点	名称	地区	星级	出团日期	年	月	日
1	圆明园北京4A	圆明园	北京	4A	2018/10/1	2018	10	1
2	颐和园北京5A	颐和园	北京	5A	2018/10/1	2018	10	1
3	恭王府北京5A	恭王府	北京	5A	2018/10/2	2018	10	2
4	大观园北京3A	大观园	北京	3A	2018/10/2	2018	10	2
5	朱家角上海4A	朱家角	上海	4A	2018/10/6	2018	10	6
6	古猗园上海4A	古猗园	上海	4A	2018/10/5	2018	10	5
7	兵马俑西安5A	兵马俑	西安	5A	2018/10/3	2018	10	3
8	大雁塔西安5A	大雁塔	西安	5A	2018/10/4	2018	10	4

图 6-151　花开旅行社出团计算结果

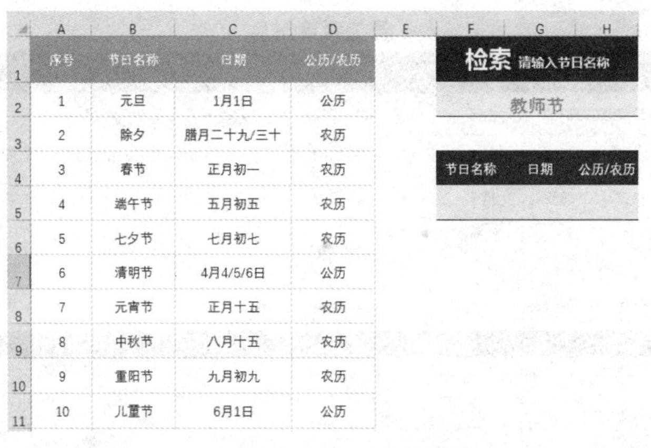

序号	节日名称	日期	公历/农历
1	元旦	1月1日	公历
2	除夕	腊月二十九/三十	农历
3	春节	正月初一	农历
4	端午节	五月初五	农历
5	七夕节	七月初七	农历
6	清明节	4月4/5/6日	公历
7	元宵节	正月十五	农历
8	中秋节	八月十五	农历
9	重阳节	九月初九	农历
10	儿童节	6月1日	公历

图 6-152　节日检索结果

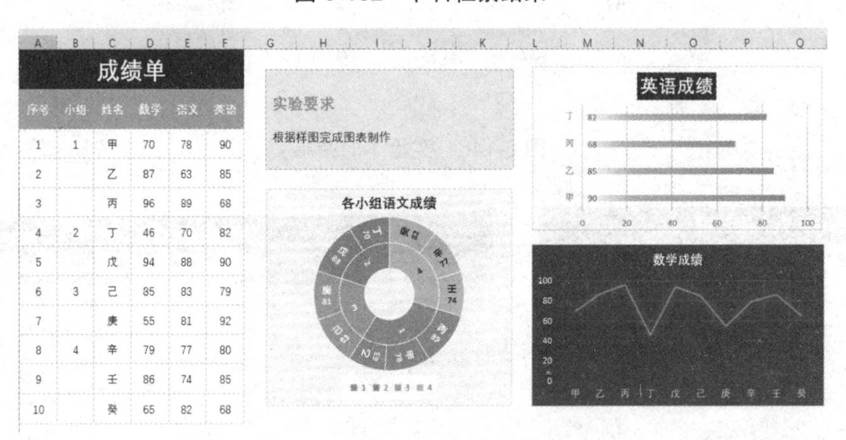

成绩单

序号	小组	姓名	数学	语文	英语
1	1	甲	70	78	90
2		乙	87	63	85
3		丙	96	89	68
4	2	丁	46	70	82
5		戊	94	88	90
6	3	己	85	83	79
7		庚	55	81	92
8	4	辛	79	77	80
9		壬	86	74	85
10		癸	65	82	68

图 6-153　成绩图表

4. 请在“Excel 实验 4.xlsx”文件的各个工作表中完成数据的分析处理，效果如图 6-154～图 6-157 所示，具体要求见素材文件。

排名	国家	GDP总量（万亿美	地区
1	美国	18.04	美洲
2	中国	11.00	亚洲
3	日本	4.38	亚洲
4	德国	3.36	欧洲
5	英国	2.85	欧洲
6	法国	2.42	欧洲
7	印度	2.09	亚洲
8	意大利	1.82	欧洲
9	巴西	1.77	美洲
10	加拿大	1.55	美洲
11	韩国	1.38	亚洲

图 6-154　2016 全球 GDP 数据筛选结果

行	工资记录ID	年月	雇员编号	基本工资	其它应发金额	基本扣除金额	其他应扣金额	发放日期
1	工资发放表							
3	30001	2018年4月	10001	¥10,000.00	¥ 5,000.00	¥ 2,500.00	¥ -	2018/4/30
4	30025	2018年5月	10001	¥10,000.00	¥ 6,000.00	¥ 3,000.00	¥ -	2018/5/31
5			10001 汇总	¥20,000.00	¥ 11,000.00	¥ 5,500.00	¥ -	
6	30002	2018年4月	10002	¥10,000.00	¥ 4,500.00	¥ 2,400.00	¥ -	2018/4/30
7	30026	2018年5月	10002	¥10,000.00	¥ 5,500.00	¥ 2,750.00	¥ 200.00	2018/5/31
8			10002 汇总	¥20,000.00	¥ 10,000.00	¥ 5,150.00	¥ 200.00	
9	30003	2018年4月	10003	¥10,000.00	¥ 4,500.00	¥ 2,400.00	¥ -	2018/4/30
10	30027	2018年5月	10003	¥10,000.00	¥ 5,500.00	¥ 2,750.00	¥ -	2018/5/31
11			10003 汇总	¥20,000.00	¥ 10,000.00	¥ 5,150.00	¥ -	
12	30004	2018年4月	10005	¥ 8,000.00	¥ 4,000.00	¥ 2,000.00	¥ 200.00	2018/4/30
13	30028	2018年5月	10005	¥ 8,000.00	¥ 5,000.00	¥ 2,500.00	¥ -	2018/5/31
14			10005 汇总	¥16,000.00	¥ 9,000.00	¥ 4,500.00	¥ 200.00	

图 6-155　每位员工工资总数汇总结果

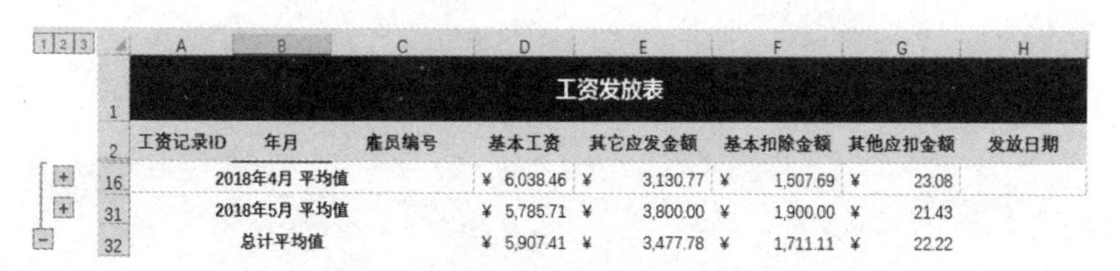

行	工资记录ID	年月	雇员编号	基本工资	其它应发金额	基本扣除金额	其他应扣金额	发放日期
1	工资发放表							
16		2018年4月 平均值		¥ 6,038.46	¥ 3,130.77	¥ 1,507.69	¥ 23.08	
31		2018年5月 平均值		¥ 5,785.71	¥ 3,800.00	¥ 1,900.00	¥ 21.43	
32		总计平均值		¥ 5,907.41	¥ 3,477.78	¥ 1,711.11	¥ 22.22	

图 6-156　每月各项工资平均值汇总结果

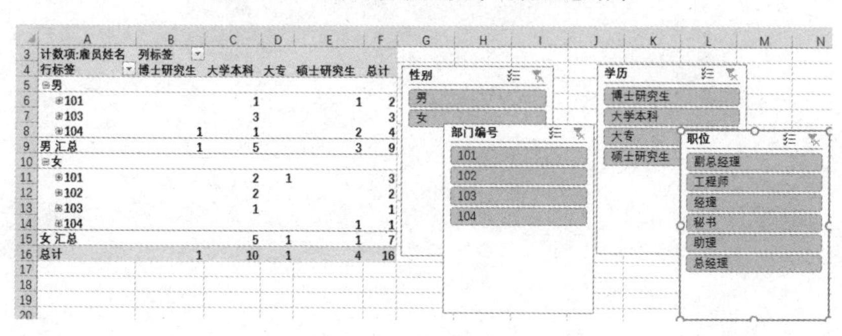

计数项:雇员姓名	列标签				
行标签	博士研究生	大学本科	大专	硕士研究生	总计
⊟男					
⊞101		1		1	2
⊞103		3			3
⊞104	1	1		2	4
男 汇总	1	5		3	9
⊟女					
⊞101		2	1		3
⊞102		2			2
⊞103		1			1
⊞104				1	1
女 汇总		5	1	1	7
总计	1	10	1	4	16

图 6-157　人员结构综合分析结果

第 7 章
多媒体技术基础

多媒体技术的应用带来了计算机技术的又一次革命，它从根本上改变了人们的时空观念以及学习、工作和生活方式。多媒体技术涉及计算机硬件、计算机软件、计算机网络、人工智能、电子出版等多种综合技术，其产业则涉及电子工业、计算机工业、广播电视、出版业和通信业等。它的用途广泛，发展迅速，是计算机技术的产物。

本章 7.1 节主要介绍了多媒体技术的相关概念，从什么是媒体出发，引出多媒体、多媒体技术、多媒体计算机与多媒体系统等多个概念。7.2 节介绍了多媒体技术的发展历程及发展趋势，把握多媒体技术的发展方向。7.3 节对声音、图像、动画及视频等多媒体信息的数字化原理及过程进行了简要介绍，构建基本的理论基础。7.4 节则通过主流的多媒体软件工具，从实例出发介绍利用计算机进行多种媒体的数字化采集、获取、压缩、解压缩、编辑、存储等工作的基本方法，在多种媒体信息之间建立逻辑连接。

7.1 多媒体技术的相关概念

7.1.1 媒体

提到“多媒体”，就要从“媒体”这个概念谈起。

媒体(Media)，即信息的载体。承载信息、储存信息、呈现信息、处理信息、传递信息时，都需要媒体。在多媒体技术领域，媒体是指直接作用于人的感觉器官，使人产生直接感觉的媒体，比如引起听觉反应的声音，引起视觉反应的图像等。

人类通过感觉器官感知信息。感知信息的途径包括视觉、听觉、嗅觉、味觉、触觉、第六感官等。其中，视觉感官是人类感知信息的最重要的途径，人类从外部世界获取信息的 70%～80%是从视觉获得的。其次是听觉器官，人类从外部世界获取信息的 10%是从听觉获得的。另外，人类还通过嗅觉、味觉、触觉获得约占 10%的信息量。

7.1.2 多媒体

多媒体(Multimedia)，它由 multi(多)和 media(媒体)两部分组成，字面理解即为多种媒体的综合。在多媒体技术领域，它是指融合两种或者两种以上感觉媒体的一种人机交互式信息交流和传播媒体。

当计算机能够像人类一样拥有多种感知信息的途径，并可以把两种或两种以上感觉媒体融合到一起，形成多种感觉媒体综合的表现形式时，就可以称其为“多媒体”了。

例如“多媒体教学系统”，不仅提供视觉信息，又融合了听觉信息，能够声像并茂地展示教学内容，这就是典型的“视觉”和“听觉”两种感觉媒体的综合。

当然，基于目前科技发展的状态，计算机的“触觉”“嗅觉”和“味觉”等其他感官还没有那么发达，把这些感觉媒体都结合到一起，形成更加复杂的多媒体产品是未来的发展方向。现在，主要还是“视觉”和“听觉”两种感觉媒体结合的多媒体产品更为普遍。其中，文本、图形、静态图像、声音、动画、视频剪辑等都是多媒体产品的基本要素。

7.1.3 多媒体技术

多媒体技术(Multimedia Technology)，就是将文本、图形、图像、动画、音频和视频等多种媒体信息通过计算机进行数字化采集、获取、压缩或者解压缩、编辑、存储等加工处理，使多种媒体信息建立逻辑连接，集成为一个系统并具有交互性。简而言之，就是利用计算机综合处理图、文、声、像信息的技术。

多媒体技术是 20 世纪 90 年代发展起来的新技术。它实质上综合了计算机、图形学、图像处理、影视艺术、音乐、美术、教育学、心理学、人工智能、信息学、电子技术等众多学科与技术。

1. 多媒体技术的处理对象

目前多媒体技术主要处理的对象包括以下几类。

(1)　文字：采用文字编辑软件生成文本文件，或者使用图像处理软件形成图形方式的文字。

(2)　图像：主要指 GIF、BMP、TGA、TIF、JPG 等格式的静态图像。图像采用位图方式，并可对其压缩，实现图像的存储和传输。

(3)　图形：图形是采用算法语言或某些应用软件生成的矢量化图形，具有体积小、线条圆滑变化的特点。

(4)　音频：音频通常采用 WAV 或 MID 格式，是数字化音频文件。采用不同的压缩格式可以得到不同的音频文件。

(5)　动画：动画有矢量动画和位图动画之分，矢量动画在单画面中展示动作的全过程，如 Flash 动画文件；而位图动画则使用画多个位图画面来描述动作。位图动画与传统动画的原理一致。

(6)　视频：视频是动态的图像。具有代表性的有 AVI 格式的电影文件和压缩格式的 MPG 视频文件。

真正的多媒体技术所涉及的对象是计算机技术的产物，其他领域的单纯事物，例如电影、音响等，均不属于多媒体技术的范畴。多媒体技术处理的对象均采用数据形式存储，形成相应的数字化文件。

2. 多媒体技术的关键技术

多媒体技术领域的关键技术包括以下几种。

(1)　数据压缩与编码技术。

由于数据化的多媒体信息的数据量特别庞大，如果不对其进行压缩就难以得到实际的应用，因此，数据压缩与编码技术已成为多媒体应用过程中的一项关键技术。

(2)　数字音频技术。

数字音频技术包括声音采集及回放、声音识别技术、声音合成技术、声音剪辑技术等技术内容。

(3)　数字图像技术。

数字图像技术包括图像的采集和数字化，对图像进行滤波、锐化、复原、矫正等操作，对图像进行显示、打印等技术内容。

(4)　数字视频技术。

数字视频技术包括视频采集及回放、视频编辑、三维动画视频制作等技术内容。

(5)　多媒体通信技术。

多媒体通信技术包括多媒体同步技术、多媒体传输技术等技术内容。

(6)　多媒体数据库技术。

多媒体数据库是数据库技术与多媒体技术结合的产物。它不是对现有数据进行界面上的包装，而是从多媒体数据与信息本身的特征出发，考虑将其引入到数据库中之后带来的有关问题。

(7)　超文本和超媒体技术。

超文本是指文本中遇到的一些相关内容通过链接组织在一起，用户可以很方便地浏览这些相关内容。而超媒体不仅可以包含文本，而且还可以包含图形、图像、动画、声音和

视频等，这些媒体之间也是用超级链接组织的。

(8) 虚拟现实技术。

虚拟现实技术是一种多源信息融合的、交互式的三维动态视景和实体行为的系统仿真，使用户能够沉浸到该环境中。理想的虚拟现实应该具有一切人所具有的感知功能，是多媒体技术的高端阶段。

7.1.4 多媒体计算机与多媒体系统

多媒体计算机(Multimedia Personal Computer，缩写为 MPC)就是在普通个人计算机的基础上配加相应的媒体外设而构成的。

多媒体计算机能够播放视频片段、声音、录像、图像、动画或文本，也能够控制诸如录像机、放像机、光驱、合成器和摄像机之类的外延设备。

一个完整的多媒体系统主要由如下四个部分的内容组成：多媒体操作系统、多媒体硬件系统、多媒体处理工具软件和用户应用软件。

(1) 多媒体操作系统：也称为多媒体核心系统(Multimedia kernel system)，具有实时任务调度、多媒体数据转换和同步控制对多媒体设备的驱动和控制，以及图形用户界面管理等。

(2) 多媒体硬件系统：包括计算机硬件、声音/视频处理器、多种媒体输入/输出设备及信号转换装置、通信传输设备及接口装置等。其中，最重要的是根据多媒体技术标准而研制生成的多媒体信息处理芯片、光盘驱动器等。

一般来说，多媒体个人计算机(MPC)的基本硬件结构可以归纳为以下七个部分：

① 至少一个功能强大、速度快的中央处理器(CPU)；

② 可管理、控制各种接口与设备的配置；

③ 具有一定容量(尽可能大)的存储空间；

④ 高分辨率显示接口与设备；

⑤ 可处理音响的接口与设备；

⑥ 可处理图像的接口设备；

⑦ 可存放大量数据的配置等。

这样提供的配置是最基本 MPC 的硬件基础，它们构成 MPC 的主机。除此以外，还可以增加多种扩充配置。

(3) 多媒体处理工具软件：或称为多媒体系统开发工具软件，是多媒体系统重要组成部分。

(4) 用户应用软件：根据多媒体系统终端用户要求而定制的应用软件或面向某一领域的用户应用软件系统，它是面向大规模用户的系统产品。

7.2 多媒体技术的发展

目前，多媒体的应用已经遍及社会生活的各个领域，如教育应用(教学模拟和演示、视

听教材、少儿故事、自然科学、音乐、语文等)、电子出版(多媒体百科全书、电子图书、字典类等)、旅游与地图、家庭应用(家用游戏机、交互式电视、医药娱乐等)、商业(员工培训、商品介绍、查询服务等)、新闻出版、电视会议、广告宣传等。随着社会信息化步伐的加快，多媒体的发展和应用前景将更加广阔。

多媒体的引进对计算机硬件和软件的发展有着深远的影响，多媒体专用芯片、多媒体操作系统、多媒体数据库管理系统、多媒体通信系统等都得到很大的发展。

7.2.1　多媒体技术的发展历程

多媒体技术初露端倪肯定是 X86 时代的事情，如果真的要从硬件上来印证多媒体技术全面发展的时间的话，准确地说应该是在 PC 上第一块声卡出现后。早在没有声卡之前，显卡就已经出现了，至少显示芯片已经出现了。显示芯片的出现自然标志着电脑已经初具处理图像的能力，但是这不能说明当时的电脑可以发展多媒体技术，20 世纪 80 年代声卡的出现，不仅标志着电脑具备了音频处理能力，也标志着电脑的发展终于开始进入了一个崭新的阶段：多媒体技术发展阶段。1988 年 MPEG(Moving Picture Expert Group，运动图像专家小组)的建立又对多媒体技术的发展起到了推波助澜的作用。进入 90 年代，随着硬件技术的提高，自 80486 以后，多媒体时代终于到来。

自 20 世纪 80 年代之后，多媒体技术发展之速可谓是让人惊叹不已。不过，无论在技术上多么复杂，在发展上多么混乱，似乎有两条主线可循：一条是视频技术的发展，一条是音频技术的发展。从 AVI 出现开始，视频技术进入蓬勃发展时期。这个时期内的三次高潮主导者分别是 AVI、Stream(流格式)以及 MPEG。AVI 的出现无异于为计算机视频存储奠定了一个标准，而 Stream 使得网络传播视频成了非常轻松的事情，那么 MPEG 则是将计算机视频应用进行了最大化的普及。而音频技术的发展大致经历了两个阶段，一个是以单机为主的 WAV 和 MIDI，一个就是随后出现的形形色色的网络音乐压缩技术的发展。

从 PC 喇叭到创新声卡，再到目前丰富的多媒体应用，多媒体正改变我们生活的方方面面。

7.2.2　多媒体技术的发展方向

总体来说，多媒体技术正在向两个方向发展。

(1)　网络化发展趋势。与宽带网络通信等技术相互结合，使多媒体技术进入科研设计、企业管理、办公自动化、远程教育、远程医疗、检索咨询，文化娱乐、自动测控等领域。技术的创新和发展将使诸如服务器、路由器、转换器等网络设备的性能越来越高，包括用户端 CPU、内存、图形卡等在内的硬件能力空前扩展，人们将受益于无限的计算和充裕的带宽，它使网络应用者改变以往被动地接受处理信息的状态，并以更加积极主动的姿态去参与眼前的网络虚拟世界。

多媒体技术的发展使多媒体计算机将形成更完善的计算机支撑的协同工作环境，消除了空间距离的障碍，也消除了时间距离的障碍，为人类提供更完善的信息服务。交互的、动态的多媒体技术能够在网络环境创建出更加生动逼真的二维与三维场景，人们还可以借

助摄像等设备把办公室和娱乐工具集合在终端多媒体计算机上，可在世界任一角落与千里之外的同行在实时视频会议上进行市场讨论、产品设计，欣赏高质量的图像画面。新一代用户界面与智能人工等网络化、人性化、个性化的多媒体软件的应用还可使不同国籍、不同文化背景和不同文化程度的人们通过“人机对话”，消除他们之间的隔阂，自由地沟通了解。世界正迈进数字化、网络化、全球一体化的信息时代。信息技术将渗透到人类社会的方方面面，其中网络技术和多媒体技术是促进信息社会全面实现的关键技术。MPE 曾成功 地发起并制定 MPEG-1、MPEG-2 标准，现在 MPEG 组织也已完成了 MPEG-4 标准的1、2、3、4 版本的标准，2001 年 9 月完成 MPEG-7 标准的制定工作，同时在 2001 年 12 月完成 MPEG-2 制工作。

(2) 多媒体终端的部件化、智能化和嵌入化。提高计算机系统本身的多媒体性能，开发智能化家电。目前多媒体计算机硬件体系结构、多媒体计算机的视频音频接口软件不断改进，尤其是采用了硬件体系结构设计和软件、算法相结合的方案，使多媒体计算机的性能指标进一步提高，但要满足多媒体网络化环境的要求，还需对软件作进一步的开发和研究，使多媒体终端设备具有更高的部件化和智能化，对多媒体终端增加如文字的识别和输入、汉语语音的识别和输入、自然语言理解和机器翻译、图形的识别和理解、机器人视觉和计算机视觉等智能。

过去 CPU 芯片设计较多地考虑计算功能，主要用于数学运算及数值处理，随着多媒体技术和网络通信技术的发展，需要 CPU 芯片本身其具有更高的综合处理声、文、图信息及通信的功能，因此我们可以将媒体信息实时处理和压缩编码算法做到 CPU 芯片中。

嵌入式多媒体系统可应用在人们生活与工作的各个方面，在工业控制和商业 管理领域，如智能工控设备、POS/ATM 机、IC 卡等；在家庭领域，如数字机顶 盒、数字式电视、WebTV、网络冰箱、网络空调等消费类电子产品，此外，嵌入式多媒体系统还在医疗类电子设备、多媒体手机、掌上电脑、车载导航器、娱乐、 军事方面等领域有着巨大的应用前景。

7.3 多媒体信息的数字化

多媒体信息的数字化就是通过采样和量化，对模拟量表示的信息进行编码后转换成由许多二进制数 1 和 0 组成的数字化文件的过程。可简略表示为如图 7-1 所示。

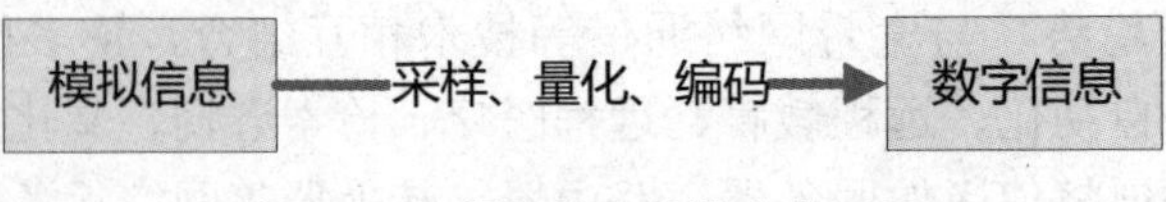

图 7-1 多媒体信息的数字化过程

7.3.1 声音的数字化

1. 声音信号的基本特征

从本质上来说，声音来自于机械振动，并通过弹性介质以波的形式向周围传播，引起耳膜的振动，由人耳感知。最简单的声音表现为正弦波的形式，如图 7-2 所示。图中，一

次振动所用的时间为振动周期 T，单位是秒；1 秒内振动的次数则是频率(用 f 表示)，单位是赫兹(Hz)，$f=\frac{1}{T}$。人的听觉器官能感知的频率是 20～20000Hz；而人的发音器官能发出的声音频率为 80～3400Hz。

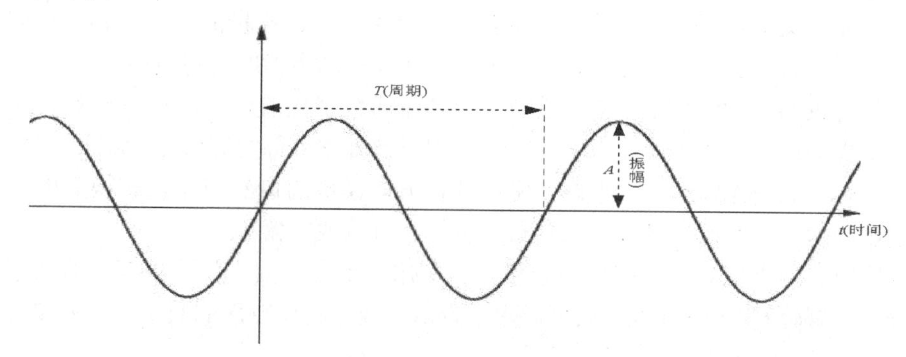

图 7-2　最简单声音的正弦波形式

现实中的声音却是复杂的，它可以被划分为两类。一类是不规则声音。这类声音不携带信息，我们也称其为噪音。另一类是规则声音，包括语音、音乐和音效。

- 语音是具有语言内涵和人类约定俗成的特殊媒体；
- 音乐是规范化的符号化了的声音；
- 音效是人类熟悉的其他声音，如动物发声、机器产生的声音、自然界的风雨雷电等。

这些规则声音，是一系列正弦波的线性叠加。叠加后的声音波形不再是正弦波的形式。如图 7-3 所示是两条正弦波叠加的示意图。无数个不同振动频率，不同振幅的正弦波叠加在一起，再叠加上不规则的声音，就构成了大千世界丰富多彩的声音。

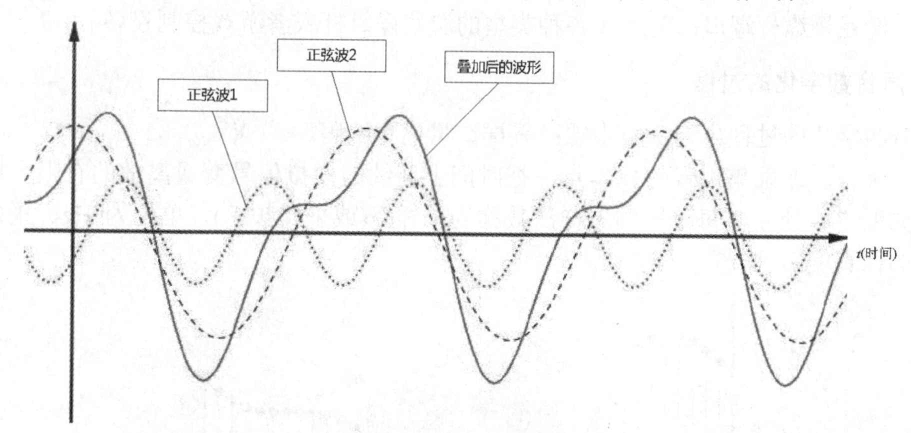

图 7-3　两个正弦波的叠加

声音有三要素，它们分别是音调、音强和音色。

- 音调(频率)：人对声音频率的感觉表现为音调的高低。振动得越快，音调就越高。
- 音强(振幅)：振幅越大，声音越强，传播距离越远。单位为 dB，即分贝。

- 音色(谐波)：音色是由混入基音的泛音所决定的，高次谐波越丰富，音色就越有明亮感和穿透力。

2. 声音数字化的硬件基础

声音适配器又称声卡，主要用于处理声音，是多媒体计算机的基本配置。目前多数主板上集成了声卡的功能，也可能以独立声卡的形式存在。声卡的功能包括以下几项。

(1) 进行 A/D(模数)转换。将模拟的声音转化成数字化的声音。经过模数转换的数字化声音以文件的形式保存在计算机中，可以利用声音处理软件对其进行加工和处理。

(2) 进行 D/A(数模)转换。把数字化声音转换成模拟的自然声音。转换后的声音通过声卡的输出端送到声音还原设备，如耳机、音箱、音响放大器等。

(3) 实时、动态地处理数字化声音信号。利用声卡上的数字信号处理器对数字化声音进行处理，可减轻 CPU 的负担。还可以用于音乐合成、制作特殊的数字音响效果等。

(4) 提供输入、输出端口。

① 声卡的主要输入端口有以下 3 个。

- MIC：用于从话筒录音。
- LINE IN：用于从其他声音播放设备输入，可连接收音机、电视机、VCD 机。
- CD-ROM：此端口与 CD-ROM 的音频输出端相连，CD-ROM 在播放 CD 音乐时，就能通过声卡发出声音。

② 声卡的主要输出端口有以下 4 个。

- LINE OUT：音频信号通过此端口传送到音频放大器或有源音箱输入端。
- SPEAKER：输出的音频信号经过声卡上的功率放大器放大，能够直接带动耳机或功率较小的音箱。
- MIDI：可连接支持 MIDI 的键盘乐器。
- 游戏操纵杆端口：可连接各种类型的游戏操纵杆或者游戏控制设备。

3. 声音数字化的过程

声音数字化的过程分为三个步骤：采样、量化和编码。

(1) 采样。即采集声音的样本点，把时间上连续的模拟信号变成离散的有限个样值的信号。如图 7-4 所示，每秒钟的采样次数称为采样率(或采样频率)，单位为 Hz。采样率决定声音的保真度。

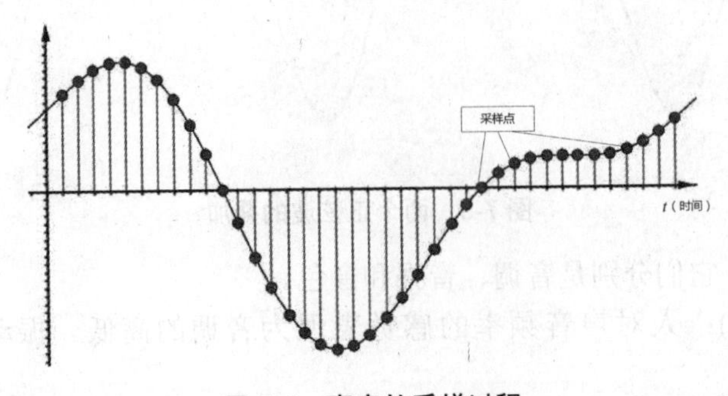

图 7-4 声音的采样过程

采样率为 8000Hz，相当于固定电话的音质效果；采样率为 22000Hz 相当于 FM 电台效果；采样率为 44100Hz，就达到了 CD 音质；专业声卡的采样率达到 96000Hz 甚至更高。

(2) 量化。即为每一个样本点确定一定的二进制存储位数，用位深度来表示量化时使用的二进制位数。位深度主要有 8 位和 16 位两种。位深度 8 位的声音从最低到最高只有 256(即 2^8)个级别；位深度为 16 位的声音有 65536(即 2^{16})个级别。位深度越高，信号的动态范围越大，数字化后的音频信号就越可能接近原始信号，音质越细腻，但所需要的存储空间也就越大。

(3) 编码。即编写具体的二进制信息来储存文件。编码的作用有两个：一是采用一定的格式来记录数字数据；二是采用一定的算法来压缩数字数据以减少存储空间并提高传输效率。与文件格式对应。例如：WAV、MP3、WMA、RAM、ASF、APE、FLAC 等。

(4) 声道。对一条声音波形信息的数字化使用上述三个步骤来完成，如果要数字化的声音需要记录多个波形信息，则需要确定声道数。声道数越多，音质和音色越好，但数字化后所占用的空间也越多。单声道生成一个声波数据。立体声(双声道)每次生成两个声波数据，并在录制过程中分别分配到两个独立的左声道和右声道中输出，从而达到很好的声音定位效果。四声道环绕则需要记录四个声道的信息。从而得到更好的空间感。一个立体声的声音文件可以在工具软件中可视化地看到它的两条波形信息，如图 7-5 所示。

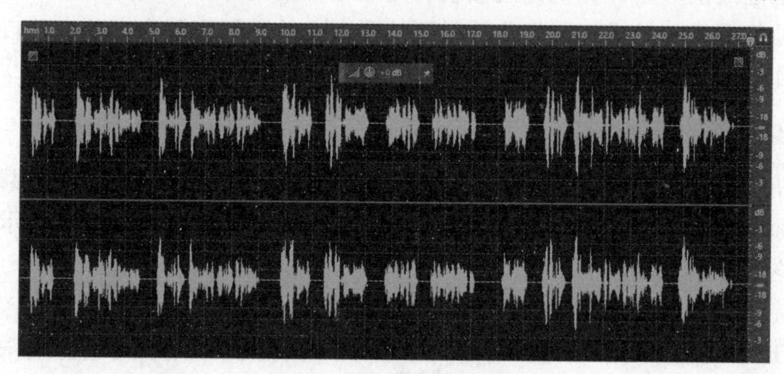

图 7-5　立体声的波形图

如何比较一个声音的音质呢？比特率(也称数据率、位速、码率)，即数字化音频文件每秒钟产生的比特数(单位为 bps，即 bit per second)，未经压缩的数字音频比特率可以按照下式计算：

比特率=采样率(Hz)×位深度×声道个数

数字音频文件的比特率越高，意味着在单位时间(1 秒)内需要处理的数据量越多，也就表明音乐文件的音质越好。但是，比特率高时文件大小变大，会占据很多的存储容量，我们熟悉的 MP3 文件比特率一般是 8～320kb/s。

当比特率确定后，不同时长的数字音频文件的文件大小就可以计算了。文件大小是用字节(Byte)表示的，因此，计算公式如下：

文件大小(B)=比特率(bps)×时长(s)/8

声音数据化以后存储在计算机中，可以存储为不同的格式。所谓格式，可以理解为数码信息的组织方式。一段声音经过数字化处理以后，所产生的数码信息可以用各种方式编

排起来，形成一个个文件。这些文件依据编码方式的差别，形成不同的格式。

在音频压缩领域，有两种压缩方式，分别是有损压缩和无损压缩。

我们常见到的 MP3、WMA、OGG 被称为有损压缩，有损压缩顾名思义就是在压缩过程中会让原始音频信息受损和失真，意义在于输出的音频文件可以比原文件小很多。另一种音频压缩被称为无损压缩，无损压缩能够在 100%保存原文件的音频数据的前提下，将音频文件的体积压缩得更小，而将压缩后的音频文件还原后，能够得到与源文件完全相同的 WAV 原始编码。目前无损压缩格式有 APE、FLAC、WavPack、TAK、TTA、WMA Lossless、Apple Lossless 等。

7.3.2 图像的数字化

1. 图像的信号特征

图像是各种图形和影像的总称，是自然界中多姿多彩的景物和生物，通过视觉器官在人的大脑中留下的印记。

如同声音信号是基于时间的连续函数，在现实空间，图像的灰度和颜色等信号都是基于二维空间的连续函数。计算机无法接收和处理这种空间分布、灰度、颜色取值均连续分布的图像。要把图像信号进行数字化，就要按照一定的空间间隔自左到右、自上而下提取画面信息，并按照一定的精度对样本的亮度和颜色进行量化。

2. 数字化图像的硬件基础

在计算机上处理数字化图像，就需要显示在显示器上。显示卡(又称为显示适配器)是多媒体硬件系统的必备组成部分，它负责将 CPU 送来的影像资料处理成显示器可以了解的格式，再送到显示屏上显示出来。

显卡在完成工作的时候主要靠四个部件协调来完成工作，主板连接设备，用于传输数据和供电，GPU 处理器用于决定如何处理屏幕上的每像素，内存用于存放有关每像素的信息以及暂时存储已完成的图像，监视器连接设备便于我们查看最终结果。其中的 GPU(Graphic Processing Unit，图形处理器)是一种专门在计算上进行图像运算工作的微处理器。它减少了显示卡对 CPU 的依赖，进行部分原本 CPU 的工作。

GPU 是显示卡的“大脑”，它的性能决定了显示卡的档次和大部分性能，同时 GPU 也是 2D 显示卡和 3D 显示卡的区别依据。2D 显示芯片在处理 3D 图像与特效时主要依赖 CPU 的处理能力，称为“软加速”。3D 显示芯片是把三维图像和特效处理功能集中在显示芯片内，也就是所说的“硬件加速”功能。GPU 芯片一般是显示卡上最大的芯片(也是引脚最多的)。

3. 图像数字化的过程

数字化图像就是把真实的图像转变成计算机所能接受的，由许多二进制数 0 和 1 组成的数字图像文件。

在数字化图像的过程中，需要解决以下三个问题。

(1) 采样数量：一幅图像采集多少个图像样本，即像素点。

(2) 量化精度：每像素点的亮度与颜色取值的比特数应该是多少。

(3) 编码方式：采用什么格式记录数字数据，以及采用什么算法压缩数字数据。

其中，采样是对图像函数 $f(x,y)$ 的空间坐标进行离散化处理；量化是对每一个离散的图像样本，即像素的亮度或颜色样本进行数字化处理；编码是采用一定的格式来记录数字数据，并采用一定的算法来压缩数字数据以减少存储空间和提高传输效率。

图像信号的指标包括分辨率、图像深度、显示深度、颜色类型和 Alpha 通道。

其中，图像分辨率(数字图像的尺寸)，即该图像的水平和垂直方向上的像素数，如 4000 像素×3000 像素(即 1200 万像素)；另外，还经常用每英寸像素数 dpi 来表示图像像素密度(这是在图像输入/输出时起作用的)。

图像深度也称位深度，颜色深度或像素深度是描述图像中每像素值所占二进制位数。它决定了彩色图像中可以出现的最多颜色数，或灰度图像中的最大灰度等级数。数据量与图像质量的关系运算可以表现为以下公式：

数字化图像数据量(B)=分辨率(像素)×图像深度(bit)÷8

例：一幅分辨率为 640 像素×480 像素，图像深度为 24 的图像，计算其文件的大小。

640×480×24÷8=921 600B=900KB

从表 7-1 可以看出，图像分辨率越高、图像深度越深，则数字化后的图像效果就越逼真，但图像数据量也越大。

表 7-1　分辨率与图像深度及数据量之间的关系

分 辨 率	图像深度(bit)	数 据 量
640 像素×480 像素	8	300KB
	16	600KB
	24	900KB
1024 像素×768 像素	8	768KB
	16	1.5MB
	24	2.3MB

通过以上数字化过程得到的图像也称为位图图像(或称帧图像)。但是，对于数字化图像来说，并不只有一种形式。如果不通过采样、量化和编码的数字化过程，直接在计算机中绘制和存储的图像，被称为矢量图。位图和矢量图放大后的区别如图 7-6 所示。

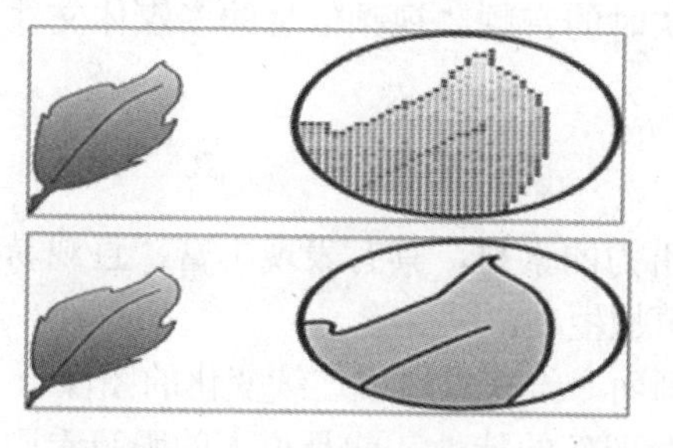

图 7-6　位图与矢量图

矢量图，它是以由数学公式所定义的直线和曲线组成的，内容以线条和色块为主。不

宜制作色调丰富或色彩变化太多的图形，并且绘出来的图不是很逼真。编辑矢量图的软件通常有 CorelDRAW、Illustrator、PageMaker、AutoCAD 等。

4. 数字图像文件的格式

数字图像文件有很多种不同类型的格式，主要是在文件编码的过程中，定义了不同的识别信息和压缩方法。

(1) BMP 位图格式：最典型的应用 BMP 格式的程序就是 Windows 的画笔。文件不压缩，占用的磁盘空间较大，图像深度只有 1 位、4 位、8 位及 24 位。BMP 文件格式是当今应用比较广泛的一种格式，但缺点是该格式文件比较大，所以只能应用在单机上，不适合在网络上应用。

(2) GIF 格式：该图像格式是基于颜色列表的，图像深度从 1 位到 8 位，即 GIF 最多支持 256 种颜色的图像。GIF 文件内部分成许多存储块。用来存储多幅图像或是决定图像表现行为的控制块，用于实现动画和交互式应用。GIF 文件的数据是经过压缩的，该图像格式在 Internet 上广泛应用，其主要原因是 256 种颜色能满足主页图像需要，而且文件较小。

(3) JPEG 格式：该图像格式是采用 JPEG 压缩技术压缩生成的，可以使用不同的压缩比例对这种文件压缩，其压缩技术十分先进，对图像质量影响不大，因此，可以用最少的磁盘空间得到较好的图像质量。在 Internet 上，它是主流图像格式。

(4) PSD 格式：该图像格式是 Adobe 公司开发的图像处理软件 Photoshop 自建的标准文件格式。在该软件所支持的各种格式中，PSD 格式存取速度比其他格式快得多，功能也很强大。由于 Photoshop 的广泛使用，这个格式也逐步流行起来。它是 Photoshop 的专用格式，里面可以存放图层、通道等多种设计草稿。

(5) PNG 格式：该图像格式是一种新兴的网络图像格式，结合了 GIF 和 JPEG 的优点，具有存储形式丰富的特点。PNG 使用无损数据压缩算法，Fireworks 的默认格式就是 PNG。

7.3.3 视频的数字化

广义的视频文件细分起来，可以分为两类：即动画文件和影像文件。

动画文件指由相互关联的若干帧静止图像所组成的图像序列，这些静止图像连续播放便形成一组动画，通常用来完成简单的动态过程演示。

影像文件主要指那些包含了实时的音频、视频信息的多媒体文件，其多媒体信息通常来源于视频输入设置。

1. 动画的原理及信号特征

动画是多媒体产品中极具吸引力的素材，具有表现丰富、直观易解、吸引注意、风趣幽默等特点，它使得多媒体信息更加生动。

动画是通过连续播放一系列画面，给视觉造成连续变化的图像。

医学证明，人类具有“视觉暂留”的特性，就是说人的眼睛看到一幅画或者一个物体后，在 1/24 秒内不会消失。如果在一幅画还没有消失前播放出下一幅画，就会给人造成一

种流畅的视觉变化效果。电影每秒24幅画面，PAL制式的电视每秒25幅画面，NSTC制式的电视每秒30幅画面。它们都小于视觉暂留的1/24秒，因此，人们会感觉它是流畅的、运动的。

动画可以区分为位图动画和矢量动画两种不同的形式。

位图动画，是指构成动画的基本单位是位图图像(即帧图像)，每帧的内容不同，当连续播放时，形成动画视觉效果。

矢量动画即在计算机中使用数学方程来描述屏幕上复杂的曲线，利用图形的抽象运动特征来记录变化的画面信息的动画。

2. 视频的信号特征

视频(Video)是连续变化的影像，是多媒体技术最复杂的处理对象。数字视频结合了图形和音频的特征，为数字媒体产品创建了动态的内容。

数字视频的内容是被计算机捕捉并数字化了的摄像机或电影的胶片。通过把图形图像放在一起创建动画也可以获得数字视频。

3. 视频数字化的硬件基础

一般来说，将模拟视频数字化有以下几种方法。

方法1：视频采集卡。将模拟电视信号从模拟输入接口输入，在视频编辑软件中数字化后存入计算机。

方法2：TV-PC卡。接收电视信号在计算机上播出，也可以将电视节目数字化后录制在计算机中。

方法3：使用1394接口将摄像机中的数据传输到计算机中。

方法4：数码相机的短片拍摄已经将视频数字化了。

其中，对于第一种方法来说，模拟视频数字化需要经过一系列的技术处理：包括颜色空间的转换、扫描方式的转换、分辨率的转换等过程。

模拟电视数字化的基本方法：采用一个高速的模/数转换器对全彩色电视信号进行数字化，然后在数字域中分离亮度和色度，最后再转换成RGB分量。

一般把视频数字化的过程称为捕捉或采集。

将模拟视频信号数字化并转换为计算机图形信号的多媒体卡称为视频捕捉卡或视频采集卡，典型的视频采集卡物理外观如图7-7所示。

图7-7　视频采集卡

4. 视频数字化的过程

1)　制式

实现电视的特定方式，称为电视的制式。制式定义了对视频信号的解码方式。

不同制式对色彩的处理方式、屏幕扫描频率等有不同的规定。因此，如果计算机系统处理视频信号的制式与其相连的视频设备的制式不同，则会明显降低视频图像的效果，有的甚至根本没有图像。

在黑白和彩色电视的发展过程中，分别出现过许多种不同的制式。目前各国的电视制式不尽相同，制式的区分主要在于帧频、分辨率、信号带宽以及色彩空间的转换关系不同等。国际上视频制式标准有三种：NTSC 制式、PAL 制式、SECAM 制式。不同制式的差异如表 7-2 所示。

表 7-2　不同制式的差异

TV 制式	NTSC	PAL	SECAM
帧频	30	25	25
行/帧	525	625	625

NTSC 制式：美国、加拿大、日本、中国台湾地区等使用此制式。

PAL 制式：中国、德国、英国、朝鲜等国家使用这种制式。

SECAM 制式：法国、俄罗斯以及东欧和非洲等国家使用这种制式。

另外，HDTV 即高清晰度电视是正在蓬勃发展的电视标准，目前尚未完全统一。

2)　扫描

传送电脑图像时，将每幅图像分解成很多像素，按一个一个像素，一行一行的方式顺序传送或接收，就称为扫描。

i 和 p 表示扫描方式，i 为隔行扫描(Interlace Scan)，p 为逐行扫描(Progressive Scan)

(1)　隔行扫描：将一帧图像分成两场(从上至下为一场)进行扫描的方式称为隔行扫描，第一场先扫描 1、3、5 等奇数行，第二场再扫描 2、4、6 等偶数行，普通的电视机一般都采用隔行扫描。

(2)　逐行扫描：将各扫描行按照次序扫描的方式称为逐行扫描，即一行紧跟一行的扫描方式，计算机显示器都采用逐行扫描。

3)　分辨率

视频的分辨率也就是清晰度。包括垂直和水平两个方向。在相同尺寸范围内，水平和垂直方向上能够分辨出的点数越多，就说明图像越清晰。所谓高清晰度电视(High Definition Television)，指的是图像质量等于或者超过 35mm 电影片质量的电视，它传送的视频信号量为普通电视的四至五倍。

4)　宽高比

宽高比就是扫描行的长度与垂直方向上所有扫描行跨过的距离之比，一般电视显示器为 4∶3，高清晰电视的宽高比为 16∶9。

5)　数字电视的常见参数

数字电视广播制式总共有五种。其中，标准清晰度电机广播有 480i 和 480p 两种，高清晰度电视广播有 720i、720p、1080i、1080p。

7.4　多媒体信息的处理及应用

7.4.1　数字音频处理的应用实例：伴奏诗朗诵的制作

【任务目标】亲身录制一首诗朗诵(44100Hz、立体声、16 位)，并为诗朗诵配上恰

当的背景音乐，制作一个配乐诗朗诵作品。完成后的作品保存为 mp3 格式的文件。

【解决方案】使用工具软件 Adobe Audition 录音并进行音频处理。

工具软件 Adobe Audition 是一款功能强大、效果出色的多轨录音和音频处理软件，可在普通声卡上同时处理多达 64 轨的音频信号，并且最多支持混合 128 个声道，使用几十种的数字信号处理效果，具有极其丰富的音频处理效果。它还支持进行实时预览和多轨音频的混缩合成，在 AIF、AU、MP3、Raw PCM、SAM、VOC、VOX、WAV 等多种音频文件格式之间进行转换。

Adobe Audition CC 2017 的多音轨声音编辑界面如图 7-8 所示。

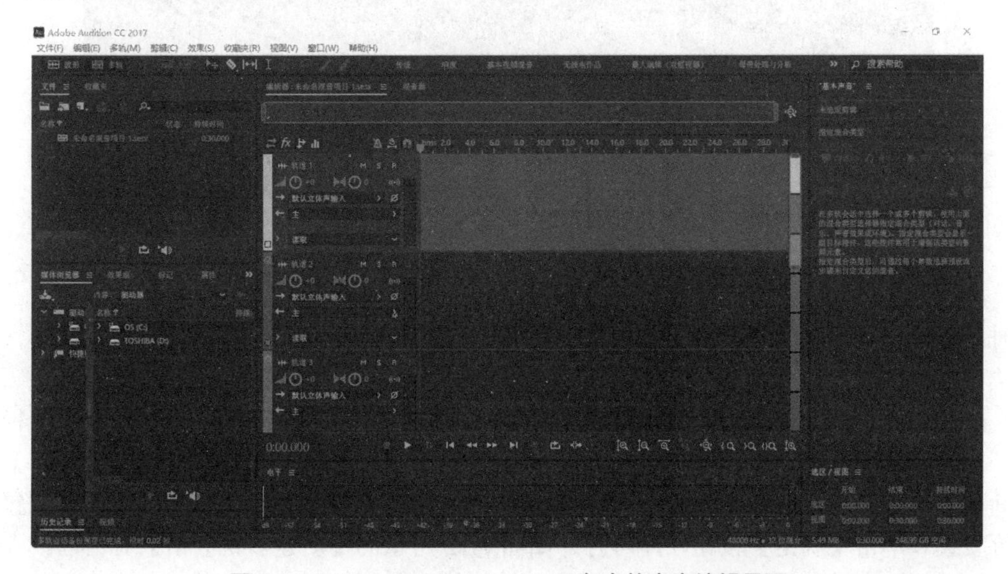

图 7-8　Adobe Audition CC 2017 多音轨声音编辑界面

【实现步骤】

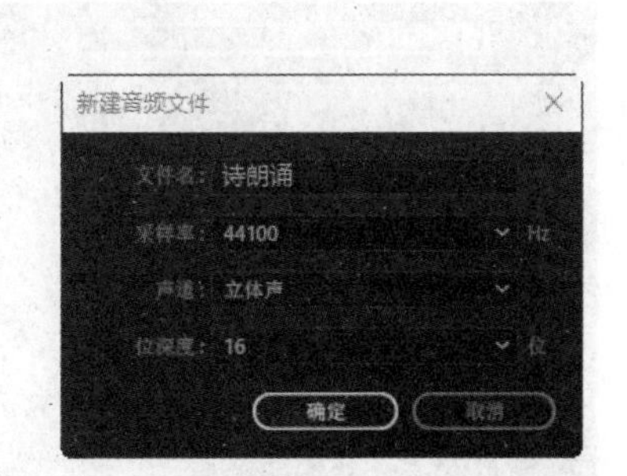

图 7-9　【新建音频文件】参数设置窗口

(1) 准备好录制音频文件所需的设备。进入 Adobe Audition，在菜单栏中选择【文件】→【新建】→【音频文件】命令，打开【新建音频文件】的参数设置窗口，如图 7-9 所示，设置需要录制的声音文件的文件名，采样率设置为 44100Hz(注：相当于 CD 音质)，声道设置为“立体声”(注：左右两条声道)，位深度设置为 16 位(注 ：每个采样点量化为 16 个二进制位)。单击【确定】按钮，即可打开波形编辑器界面。

(2) 在波形编辑器界面上(如图 7-10 所示)，可以对单声道、立体声或 5.1 声道的单个声音文件进行录制与编辑工作。单击编辑器下方的【录制】按钮，开始声音波形的可视化录制，可以看到声音波形随时间刻度线向右进行记录，对于立体声文件，记录了左声道和右声道两条波形。录制结束时，单击【停止】按钮停止录制。然后，可以通过编辑器右下方的【波形缩放工具】按需要进行波形的水平、垂直放大或缩小，以方便确定所需的

波形区域。

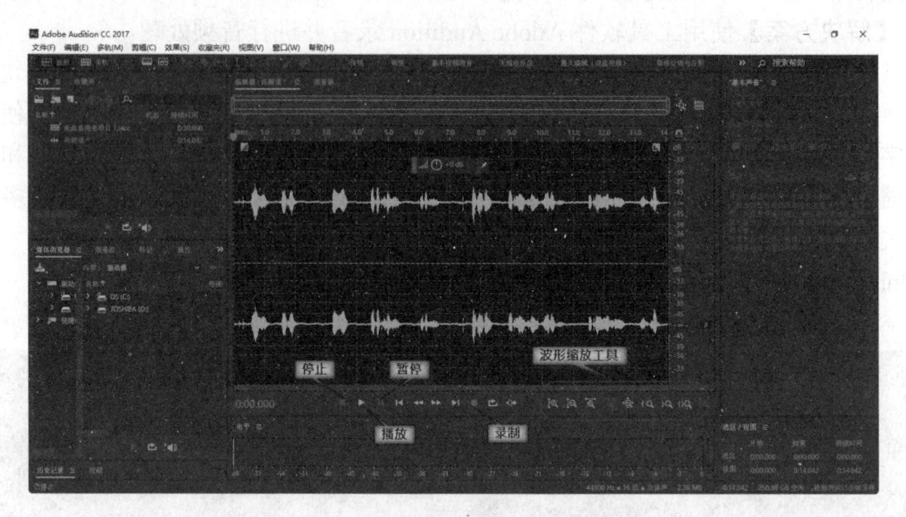

图 7-10　录制诗朗诵的波形编辑器界面

(3)　在菜单栏中选择【文件】→【保存】命令，可以将录制的声音文件保存下来。保存时，可以设置保存的文件名、位置、文件格式，如图 7-11 所示。单击【确定】按钮，完成“诗朗诵.wav”文件的保存。

(4)　想要完成伴奏诗朗诵的制作，需要将录制的诗朗诵声音文件与伴奏音乐进行合成。此时，需要开启一个“多轨会话”工程来完成相应的工作。在菜单栏选择【文件】→【新建】→【多轨会话】命令，打开新建多轨会话设置界面，对会话名称、文件夹位置等进行设置。单击【确定】按钮，即可打开如图 7-12 所示的【新建多轨会话】对话框。

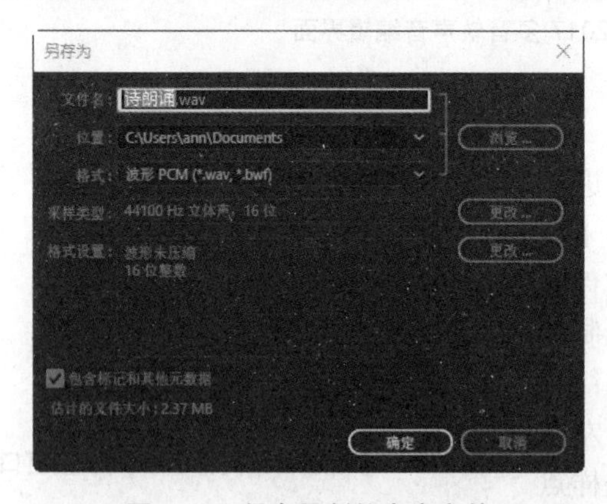

图 7-11　保存录制的声音文件

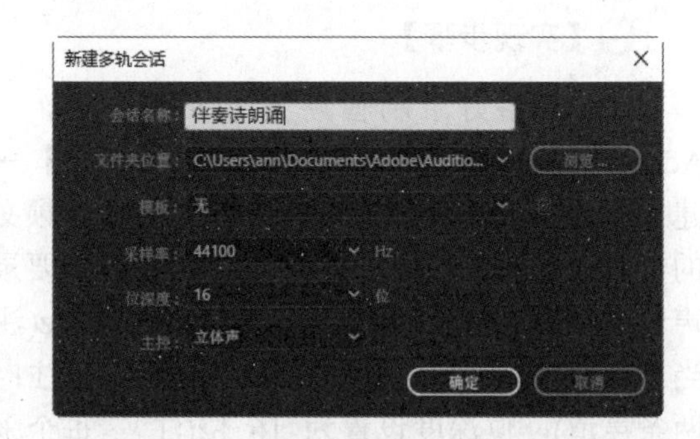

图 7-12　【新建多轨会话】对话框

(5)　在【轨道 1】上右击，在弹出的快捷菜单中选择【插入】→【文件】命令，将录制的“诗朗诵.wav”文件插入，再使用同样的方法，将伴奏音乐插入到【轨道 2】。选择轨道 1 上的音块，可以向右拖动它到合适的位置，伴奏播放一会儿以后，诗朗诵开始，如图 7-13 所示。

(6)　单击【播放】按钮查看效果。如果伴奏声音过大，遮盖了人声，可以通过适当降低轨道 2 的音量来突出轨道 1 的人声。具体方法是在轨道 2 处右击，在弹出的快捷菜单中

选择【剪辑增益】命令，适当调整分贝值，修改音量大小。对于诗朗诵结束后轨道 2 中多余的伴奏音乐部分，可以使用工具栏中的切断所选剪辑工具，如图 7-14 所示；在需要断开的位置单击，而后右击不需要的音块，选择【删除】命令将音块删除。

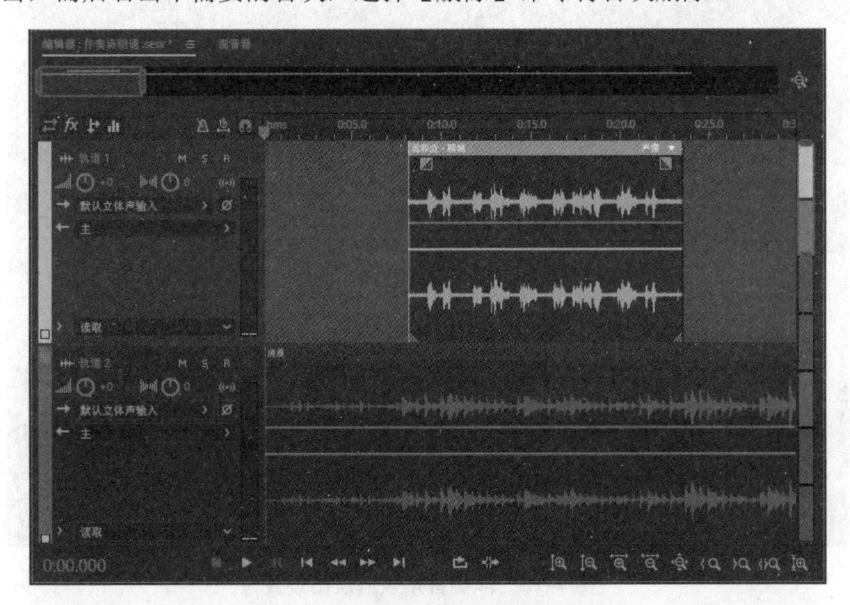

图 7-13　伴奏诗朗诵多轨编辑界面

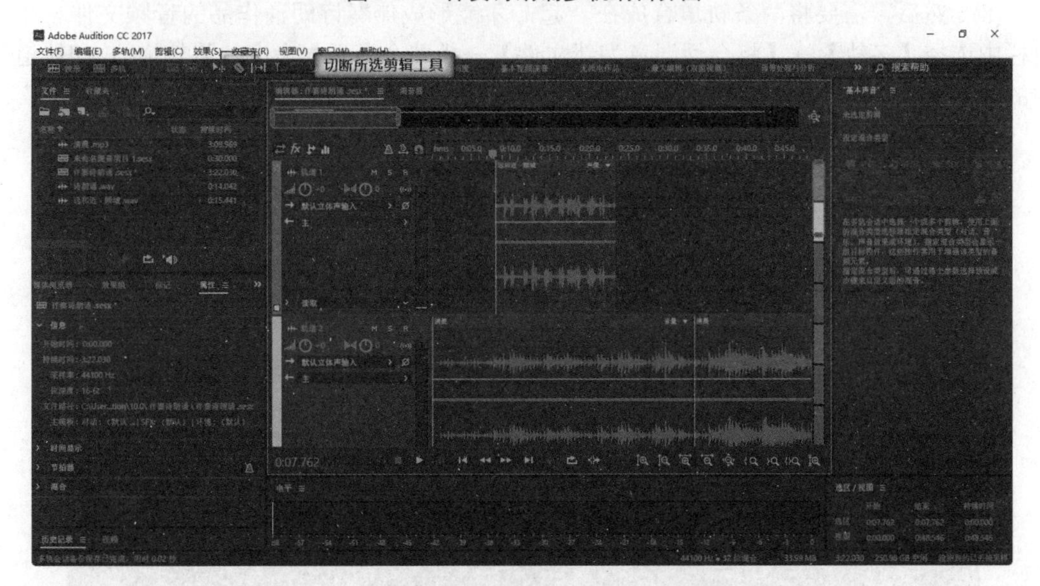

图 7-14　伴奏诗朗诵多轨编辑界面下的轨道剪辑工作

(7)　对伴奏音乐进行淡入淡出的设置。在轨道 2 上单击，在音块开始位置可以看到小正方形的【淡入设置】按钮，在音块结束位置可以看到【淡出设置】按钮，分别右击这两个按钮，可以对音块的起始和结束进行线性或余弦方式的淡入及淡出设置，如图 7-15 所示。

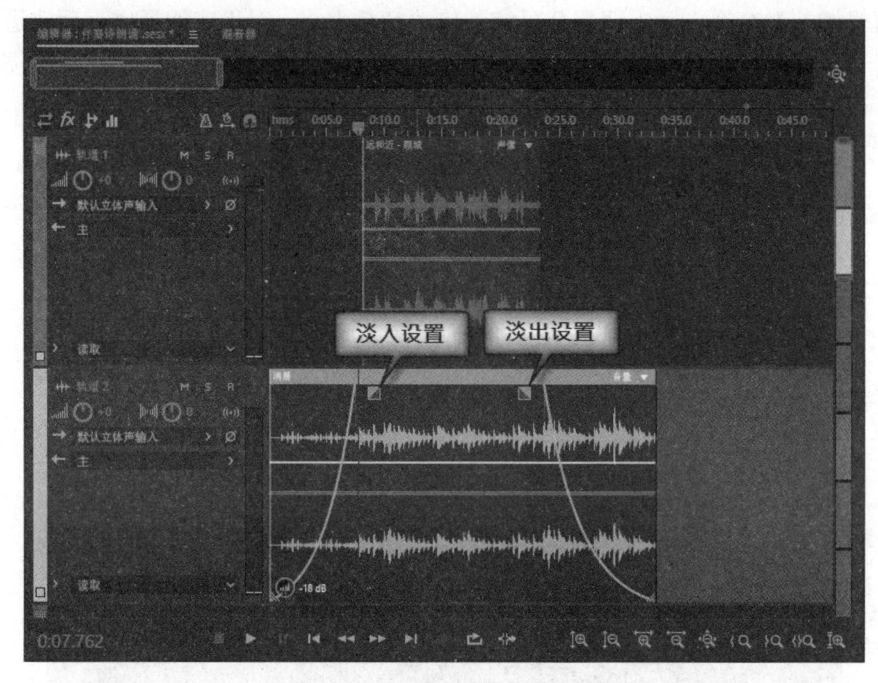

图 7-15　伴奏音乐淡入淡出设置

(8) 然后，需要将两条轨道合成在一起，才能形成伴奏诗朗诵作品的音频文件。在菜单栏中选择【多轨】→【将会话混音为新文件】→【整个会话】命令，将轨道 1 和轨道 2 中的波形文件进行合成，形成一个声音文件，如图 7-16 所示。

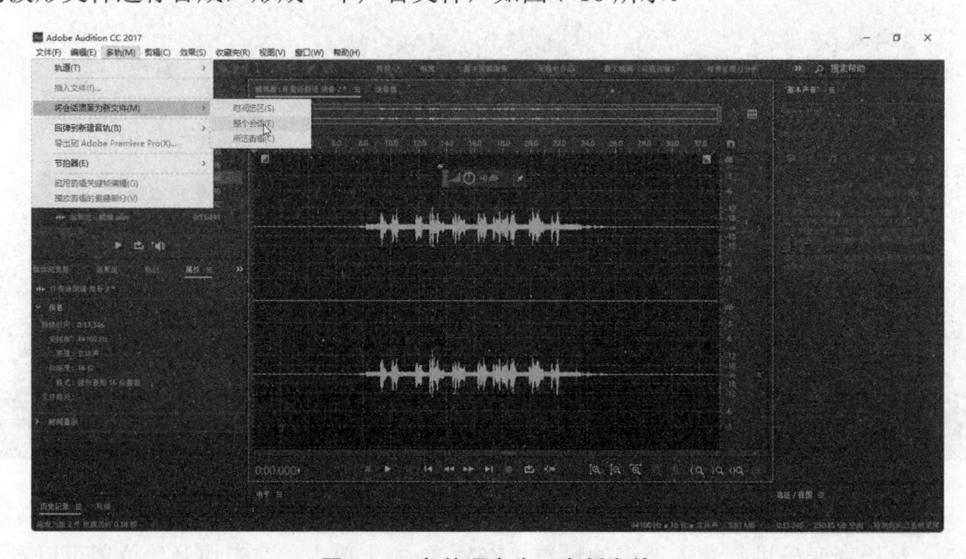

图 7-16　多轨混音为一个新文件

(9) 最后，在菜单栏中选择【文件】→【保存】命令，打开如图 7-17 所示的【另存为】对话框，将这个声音文件保存为 MP3 格式。至此，我们通过录制、编辑、混音等几个过程，完成了一个伴奏诗朗诵声音文件的制作工作。

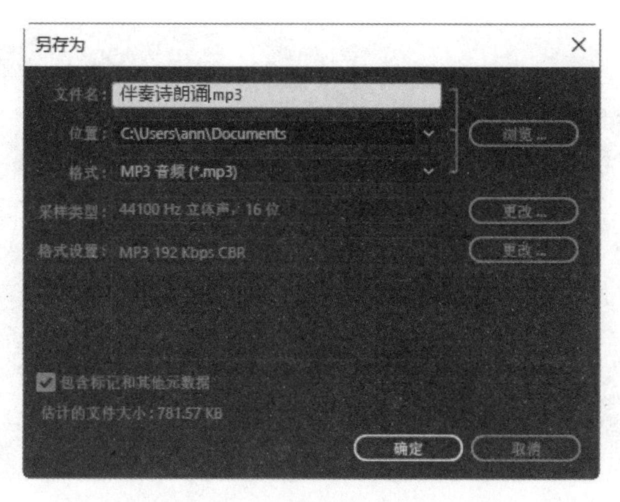

图 7-17　混音结束后保存为 mp3 文件

7.4.2　数字图像处理的应用实例：证件照片的处理及排版

【任务目标】使用所给的图片素材(如图 7-18 所示)，完成一幅六寸照片上排列 12 张标准一寸蓝底证件照片的排版效果(如图 7-19 所示)。完成后图像保存为.jpg 格式。

图 7-18　素材图片

图 7-19　实验结果

【解决方案】使用工具软件 Adobe Photoshop 进行图像处理及排版。

工具软件 Adobe Photoshop 是 Adobe 公司旗下的图像处理软件。它是一个集图像扫描、编辑修改、图像制作、广告创意、图像输入与输出于一体的图形图像处理软件，深受广大平面设计人员和电脑美术爱好者的喜爱。

Adobe Photoshop CC 2017 启动后的主界面如图 7-20 所示。

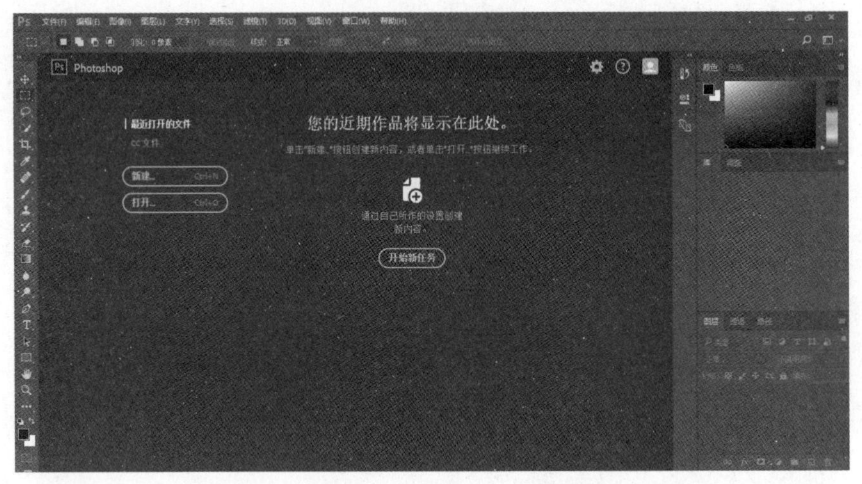

图 7-20　Adobe Photoshop 启动后的主界面

【实现步骤】

(1) 进入 Adobe Photoshop，在菜单栏中选择【文件】→【打开】命令，将素材图片打开，希望能够做到将人物头像周围的背景色更换为蓝色。在更换过程中，需要使用多个图层，选择并保留好需要的像素点，更换不需要的像素点。

(2) 生活中一寸照片的宽高比通常为 2.5:3.5，在工具栏里单击【矩形选框工具】按钮，并将选区的样式设置为固定比例，即可从素材图片中选择一个规则选区，如图 7-21 中虚线框所示。

图 7-21　使用矩形选框工具选取一个规则选区

(3) 使用裁剪工具对所选的选区进行裁剪，去除不需要的区域。单击右上方裁剪工具属性栏中的【提交当前裁剪操作】按钮完成裁剪工作，如图 7-22 所示。

(4) 使用快速选择工具对人物主体进行选取，如图 7-23 所示，选取过程中，可以设计选区运算方式为【添加到选区】，不断增加选取的区域，更加细致完整地将人物主体与背景区分开。(注：此实例所用的素材图片适合用快速选择工具选择人物主体，但其他素材需

要根据情况选择不同的选择工具，例如套索工具、抽出滤镜等。)

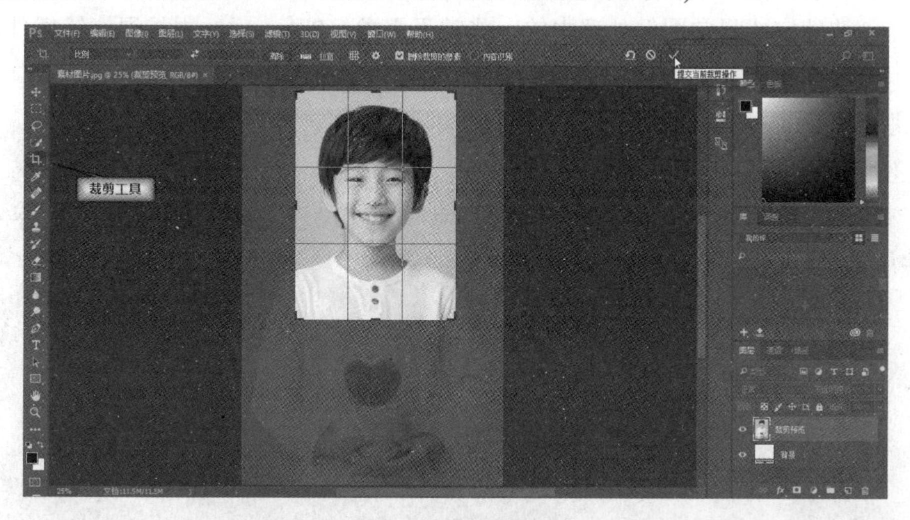

图 7-22　裁剪选区

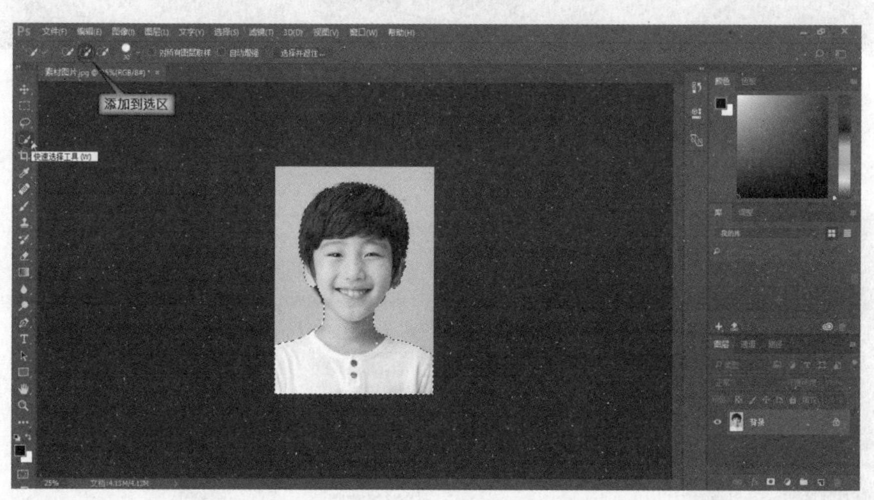

图 7-23　使用快速选择工具快速选择不规则选区

(5) 在选择好的人物主体区域右击，在弹出的快捷菜单中选择【通过剪切的图层】命令，即可把背景保留在“背景”图层，而人物主体被放置到一个新建的“图层 1”上面了。在右下角的【图层】面板中单击“背景”图层，在工具栏中设置前景色为蓝色，用油漆桶工具把“背景”图层涂为蓝色，如图 7-24 所示。换底的过程完成后，使用菜单栏中的【文件】→【存储】命令，选择保存类型为 JPEG，把两个新的图层合成为一个图像保存下来。

(6) 在 Adobe Photoshop 中进行图像处理时，许多需要经常重复操作的动作组合可以被录制为“动作”，存储在【动作】面板中(如图 7-25 所示)。在菜单栏中选择【视图】→【动作】命令，调出【动作】面板，可以看到默认安装的动作名称。这些动作实际是以插件形式安装在 Photoshop 的安装路径下，下面左图中所示的那些默认动作，就是以.atn 文件的形式安装在 Photoshop 的安装路径下的 Presets\Actions 目录下面的，如图 7-26 所示。

如需要扩展安装其他动作插件，只需将下载的.atn 文件拷贝至这一位置，即可扩展出更丰富的动作，快速完成日常图像处理中的一些常见需求。Photoshop 中扩展滤镜插件的安装也可使用类似方式。

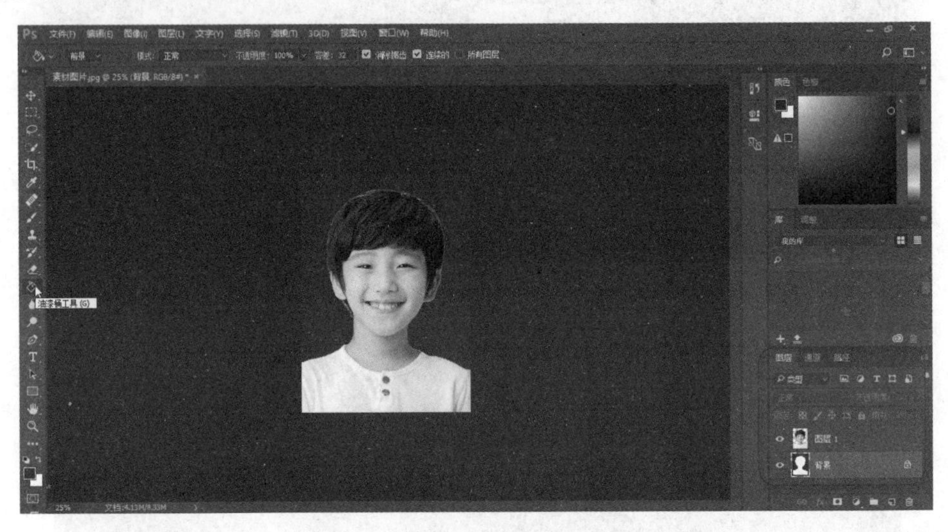

图 7-24　将背景图层颜色变为蓝色

图 7-25　默认的【动作】面板

图 7-26　动作插件的安装路径

(7)　从网络共享的资源中下载“现代影楼整体处理.atn”的扩展动作插件，将它复制到动作安装路径下，如图 7-27 所示。此时，重新启动 Photoshop，就可以使用这一动作了。

(8)　在菜单中选择【动作】面板，单击【动作】面板右上角的功能菜单按钮，选择刚刚安装的动作“现代影楼整体处理”，此时，可以在【动作】面板的默认动作列表下方看到这个动作组。将动作组展开，找到满足本实例需求的动作名称【6 寸冲印一寸证件照】，这个动作中包含了二十几个操作的组合，单击【动作】面板下方的【播放选定的动作】按钮，即可把这二十几个动作连续自动化完成，如图 7-28 所示。

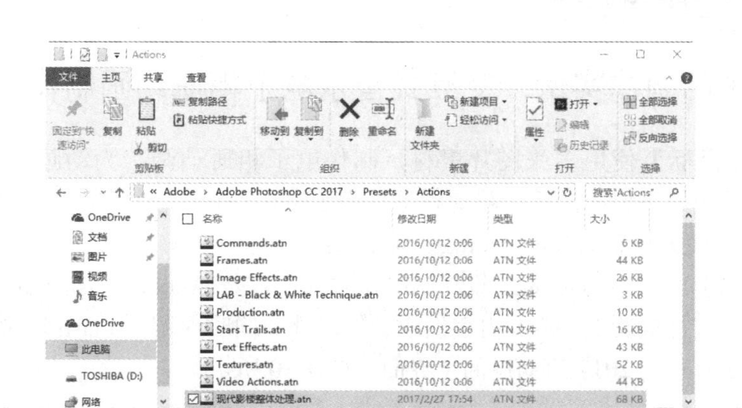

图 7-27　添加动作插件

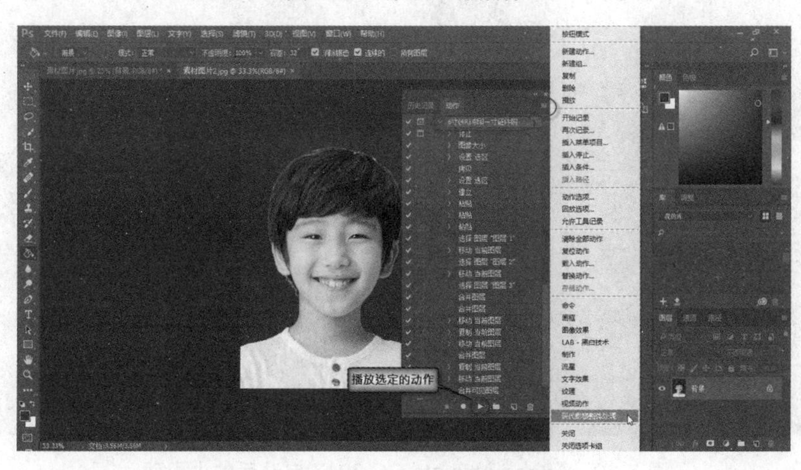

图 7-28　使用动作完成照片排版

(9) 动作播放结束后，可以看到如图 7-29 所示的排版效果。使用【动作】面板的设置可以使图像处理工作自动化完成，对于需要快速解决问题的工作非常必要。最后，在菜单栏中选择【文件】→【存储】命令，把完成后的作品保存为 JPEG 格式。

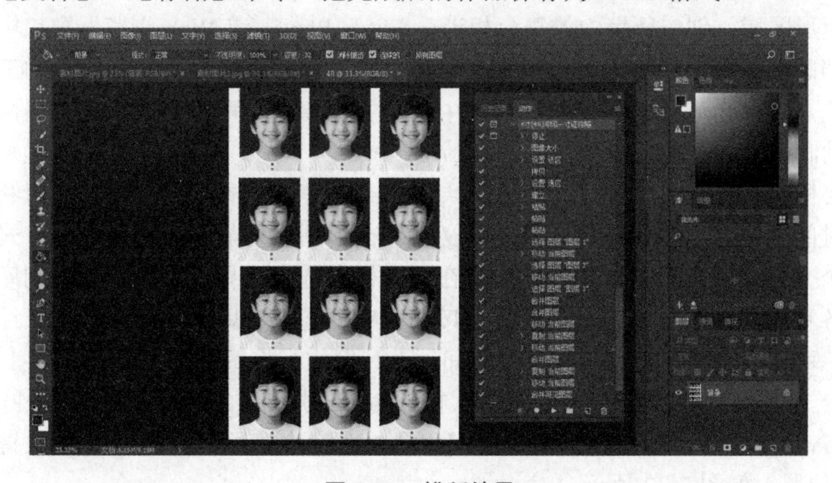

图 7-29　排版结果

7.4.3 动画的制作实例：交互式音乐电子相册动画制作

【任务目标】使用多张图片素材，制作电子相册动画，为动画添加两个控制按钮，可以控制动画的播放和停止。将动画导出为 1.swf 文件。

【解决方案】使用 Adobe Animate 制作二维动画。

工具软件 Adobe Animate 是二维动画制作软件，它是 Adobe Flash 软件被淘汰后的升级产品。它除了支持最新 HTML5 内容生成制作以外，同时保留了 Flash 动画制作功能。

Adobe Animate CC 2017 启动后的主界面如图 7-30 所示。

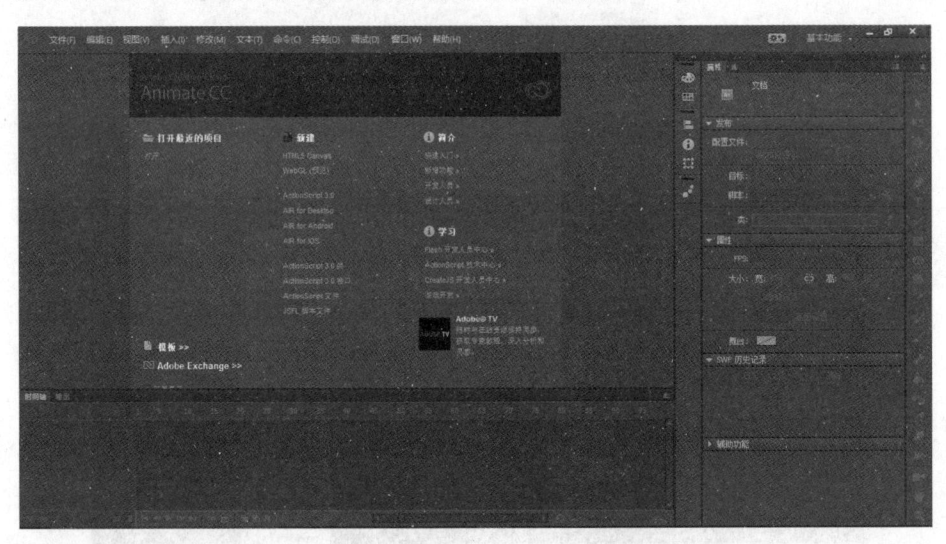

图 7-30　Adobe Animate CC 2017 启动后的主界面

【实现步骤】

(1) 在 Animate 的启动窗口中选择【新建】→HTML5 Canvas 命令，打开一个无标题文件，编辑界面如图 7-31 所示。中间白色区域为舞台，这是在创建 Animate 文档时放置图形内容的矩形区域。创作环境中的舞台相当于 Flash Player 或 Web 浏览器窗口中在播放期间显示文档的矩形空间。可以使用放大和缩小功能更改舞台的视图。最右边的工具栏默认以单列形式显示，当选择某种工具时，在中间的属性窗口中可以修改工具的属性选项。左下方则为动画编辑的时间轴。如图 7-31 所示。

(2) 要构建 Animate 动画，首先需要导入媒体元素，如图像、视频、声音和文本等。在舞台和时间轴中排列这些媒体元素，定义它们在动画中的显示时间和显示方式。本实例要制作一个交互式的音乐电子相册，需要在菜单栏中选择【导入】→【导入到库】命令，将所需的各种素材导入到库中。选择【窗口】菜单，选中【库】，即可看到已经导入的素材。此时，可以按照设计将素材装配到时间轴上。例如，将每幅图片放置到第 1 帧上，并让它在舞台上停留 30 帧(Animate 动画默认帧频为 24 帧/秒，30 帧大约为 1.2 秒)。在第 30 帧的位置右击，在弹出的快捷菜单中选择【插入帧】命令，即可将第 1 帧的关键帧画面延续到 30 帧位置，如图 7-32 所示。

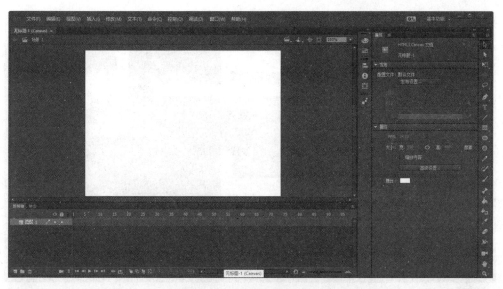

图 7-31　Animate 编辑界面

图 7-32　在时间轴上创建动画内容

(3)　用上述方法，可以安排多张图片按一定顺序排列在时间轴上，每幅图片在用户眼前静止停留一段时间后，更换为另一幅图片。如果想让图片动起来，则需要为图片添加动画。如图 7-33 所示。我们选择第一帧上的图片对象并右击，在弹出的快捷菜单中选择相应的命令将其转换为一个图形元件，只有元件才可以添加动画。

(4)　转换为元件后，可以手工为这个元件添加补间动画，也可以使用一些预置动画快速为其添加动画。本实例选择在【窗口】菜单中选中【动画预设】命令，可以看到 Animate 中预设了多种动画，我们选择了【2D 放大】预设选项后，图片元件就会以从小到大的动画方式展现，如图 7-34 所示。其他电子相册图片的展示可以使用类似方法实现。

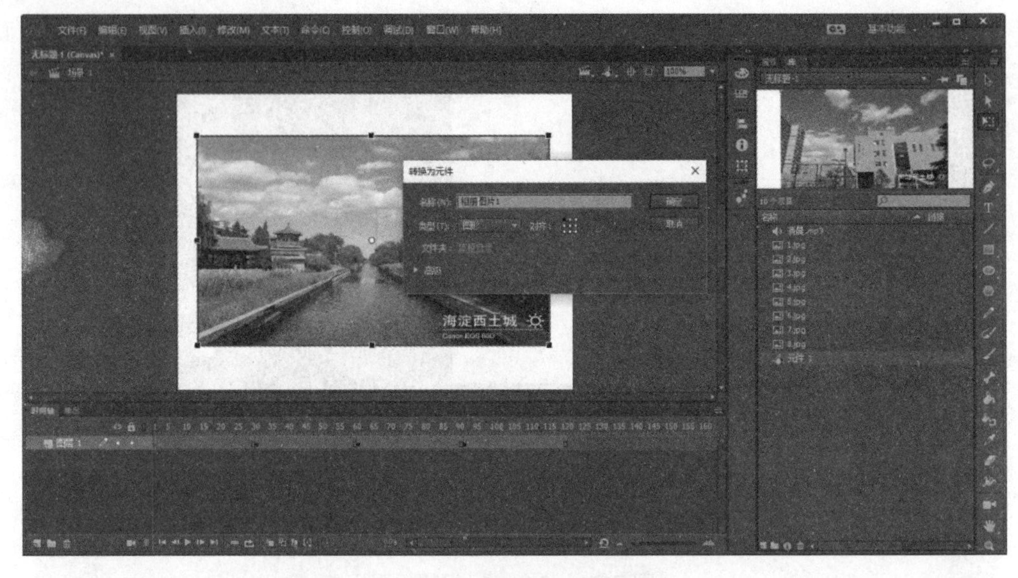

图 7-33　将图片转换为元件

图 7-34　为元件添加动画

(5) 为动画设置背景音乐，可以在时间轴中添加一个图层 2，该图层用来放置背景音乐。单击图层 2 的第一帧，在右边的属性栏中，在声音选择下，选择已经导入的背景音乐素材，在时间轴的图层 2 中以波形方式显示音乐已经插入，如图 7-35 所示。

(6) 在 Animate 中创建动画时，如果需要添加交互性功能，就需要使用 ActionScript 脚本语言。这种脚本编写语言允许向动画中添加复杂的交互性、播放控制和数据显示。(注：ActionScript 具有自身的语法规则，它包含有多个版本以满足各类开发人员和播放硬件的需要。但是，ActionScript 3.0 和 2.0 相互之间是不兼容的。在 Animate CC 中，ActionScript 2.0 已被弃用。)

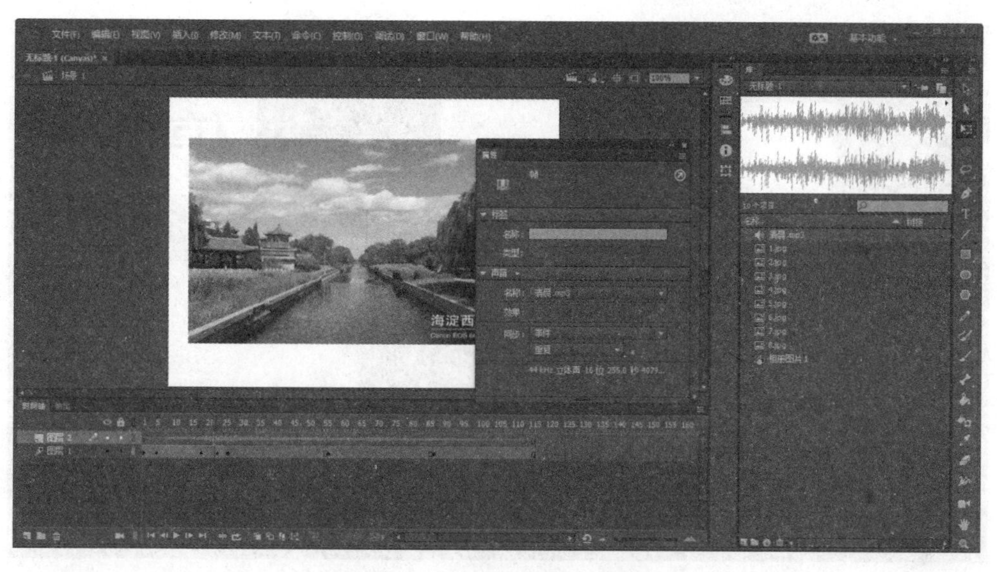

图 7-35　为动画添加背景音乐

(7) 在时间轴中新建一个图层 3，添加两个文本对象，分别为【停止】和【播放】。希望用户单击这两个按钮时，动画能够产生交互式反应，使动画能够停止或重新播放。

分别选择【播放】和【停止】文本对象，将它们都转换为按钮元件，如图 7-36 所示。

图 7-36　为动画添加交互式按钮

(8) 在图层 3 上，选择【播放】按钮对象，在【窗口】菜单中选中【动作】命令，打开如图 7-37 所示的动作脚本编写窗口。对于一些常规 ActionScript 代码，用户无须手工编写，只需单击【代码片段】按钮，即可直接调用一些预先编写好的代码片段(图中可能显示为“片断”)。

图 7-37　为按钮添加动作脚本

(9) 选择【播放】按钮时，双击代码片段中的【时间轴导航】→【单击以转到帧并播放】选项，如图 7-38 所示，我们希望在单击时，动画播放，因此，需要将默认的 gotoAndPlay(5);修改为 Play();。而将【停止】按钮的代码修改为 Stop();，在单击【停止】按钮时，动画停止，如图 7-39 和图 7-40 所示。

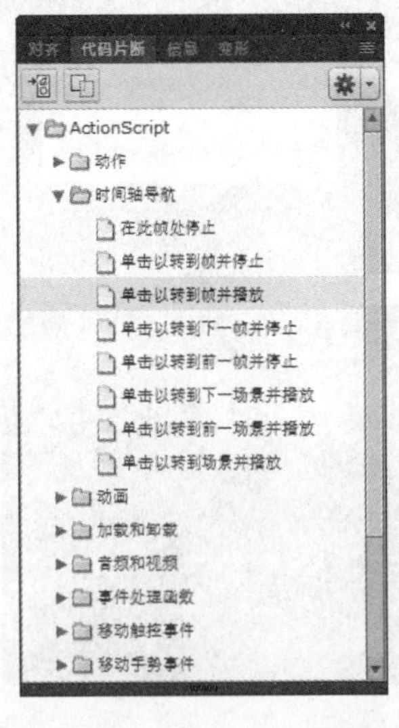

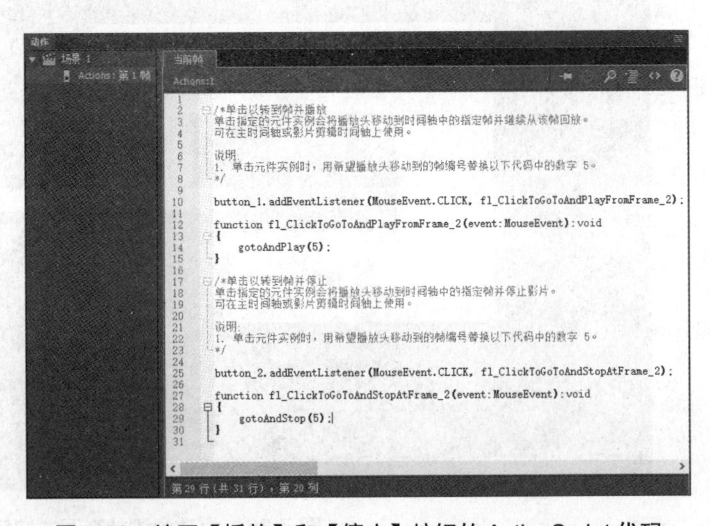

图 7-38　【代码片段】窗口

图 7-39　编写【播放】和【停止】按钮的 ActionScript 代码

(10) 动画制作完成后，在菜单中选择【控制】→【测试影片】命令，可以对动画进行浏览。在菜单中选择【文件】→【导出】→【导出影片】命令，可以将影片导出为 swf 格式的文件。

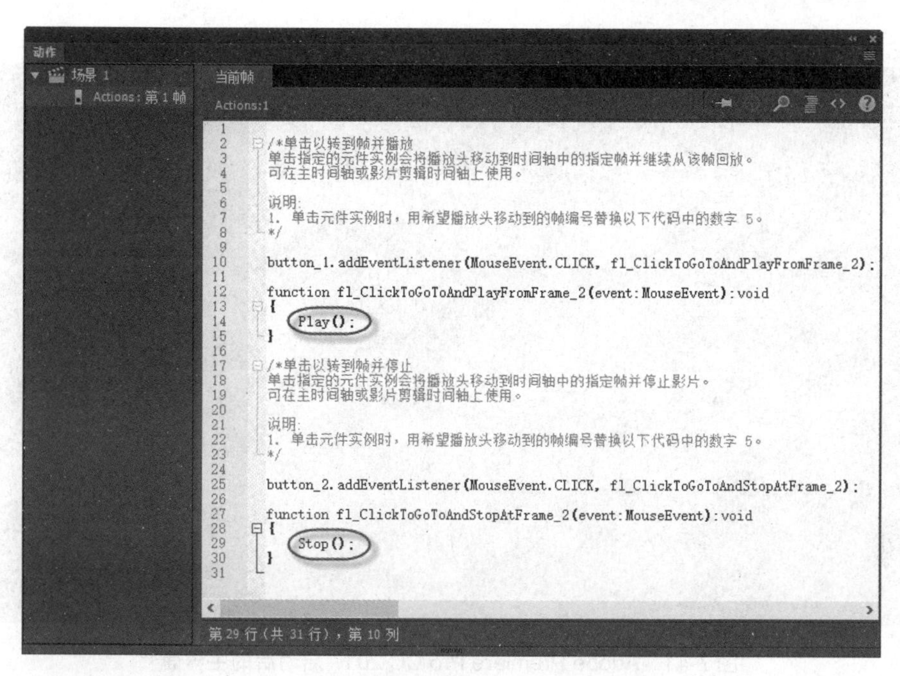

图 7-40　根据需要修改 ActionScript 代码

7.4.4　视频处理的应用实例：国家图书馆宣传短片制作

【任务目标】首先，录制一个宣传片的解说词音频文件，解说词内容如下：

中国国家图书馆是国家总书库、国家书目中心、国家古籍保护中心、国家典籍博物馆。履行国内外图书文献收藏和保护的职责，指导协调全国文献保护工作；为中央和国家领导机关、社会各界及公众提供文献信息和参考咨询服务。

然后，利用国家图书馆的相关图片及解说词音频素材，制作一个国家图书馆宣传短片。作品保存为 mp4 格式。具体要求为：短片需有片头(短片名：国家图书馆)和解说词旁白；解说词字幕与旁白对位；片尾有向上滚动的制作人字幕信息。

【解决方案】使用 Adobe Audition 录制宣传片解说词的音频文件，使用 Adobe Premiere 进行视频编辑和制作。

工具软件 Adobe Premiere 是 Adobe 公司开发的一款非线性视频编辑工具。被广泛地应用于电视台、广告制作、电影剪辑等领域。它拥有精准的音频控制和完善的字幕操作功能，从开始捕捉到视频输出全流程的任务都能够顺畅完成。它与 Adobe 公司的另一款后期特效制作软件 After Effects 都可以完成视频编辑和处理功能，不同之处在于，Premiere 主要完成影片的剪辑工作，而 After Effects 则侧重于为视频片段增加各种华丽特效。

Adobe Premiere Pro CC 2017 启动后的主界面如图 7-41 所示。

【实现步骤】

(1) 在 Adobe Premiere Pro CC 2017 的启动界面上，选择【新建项目】命令，打开如图 7-42 所示的【新建项目】窗口。为项目设置名称及项目文件的存储位置。单击【确定】按钮，即可打开这个新建项目的编辑界面，如图 7-43 所示。

图 7-41　Adobe Premiere Pro CC 2017 启动后的主界面

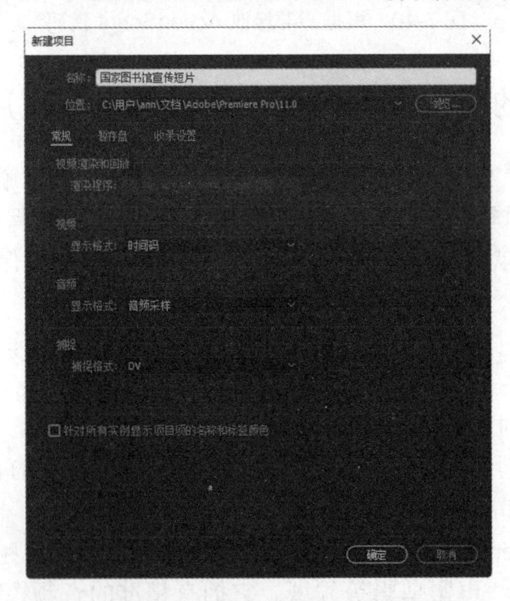

图 7-42　【新建项目】窗口

(2) 在菜单栏中选择【文件】→【新建】→【序列】命令，开始一个名称为“序列01”的序列非线性编辑工作。新建序列时，需要对此序列的参数进行设置。设置的方式有两种，可以从【序列预设】选项卡中的多种预设中选择与需求相符的预设，如图 7-44 所示，也可以在【设置】选项卡中手工设置各项参数，如图 7-45 所示。【轨道】选项卡中，可以在现有的三条视频轨道和三条音频轨道之外，添加更多轨道。本实例选择了 DV-PAL 预设中的“标准 48kHz”，这个序列的视频部分帧大小为 720 像素高，576 像素宽，标准的 4∶3 宽高比，帧速率为 25 帧/秒。音频部分为立体声，采样率为 48kHz。

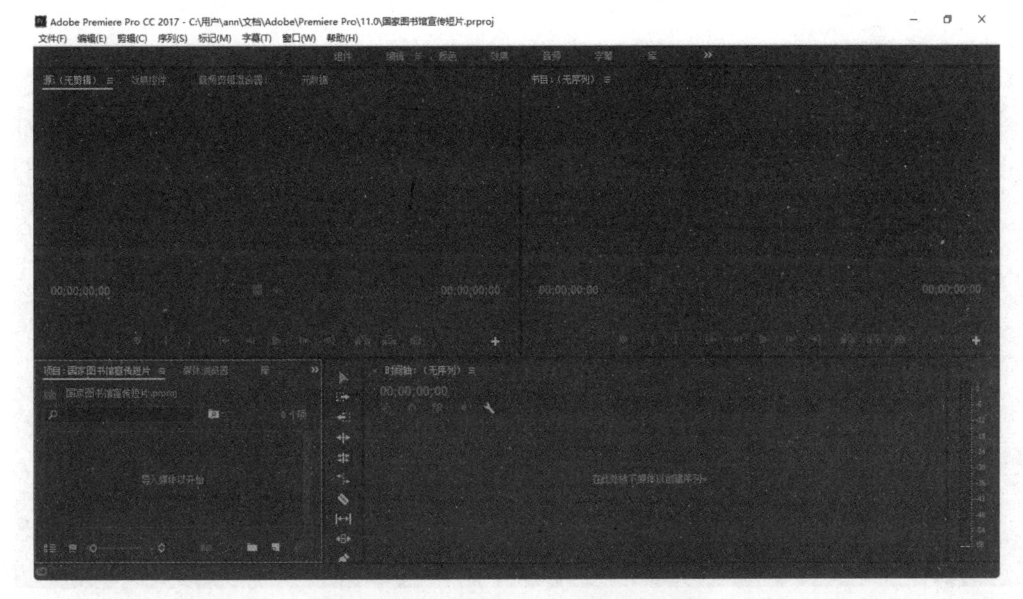

图 7-43　Premiere 项目编辑界面

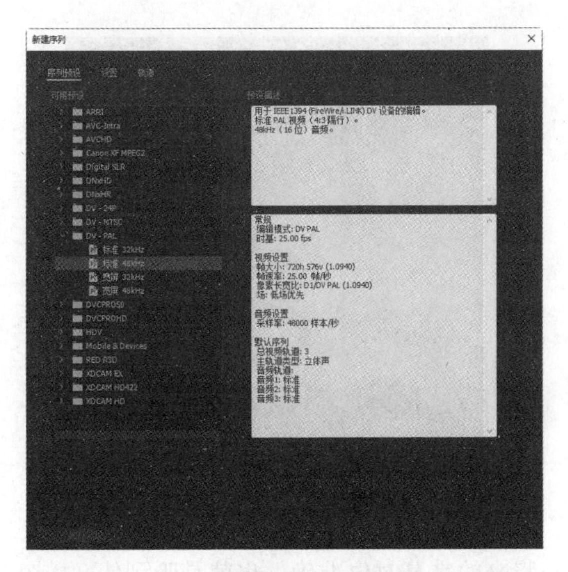

图 7-44　Premiere 新建序列的序列预设窗口

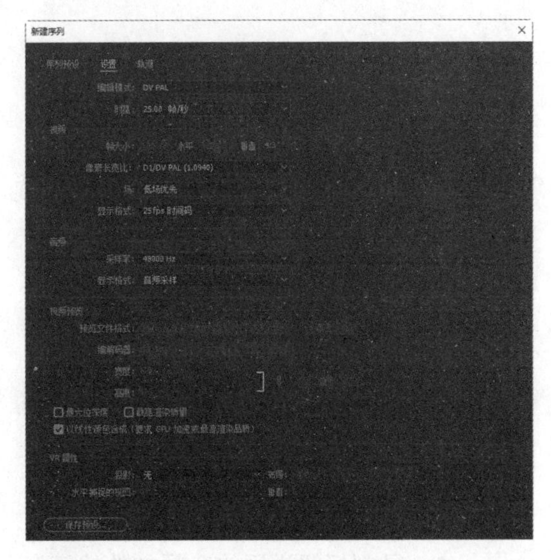

图 7-45　Premiere 新建序列的参数设置窗口

(3) 选择好序列的各项参数后，单击【确定】按钮，打开【序列 01】的编辑界面，如图 7-46 所示。这个编辑界面上默认打开了四个窗口。在【项目】窗口中，可以导入和管理素材；在【源】查看窗口中，可以查看和处理素材；在【时间轴】窗口中，可以装配图片、视频及音频素材；在【节目】查看窗口中，可以查看最终效果。

(4) 在菜单栏中选择【导入】命令，将短片制作需要的图片及音频素材导入【项目】窗口。如图 7-47 所示是导入时选择的素材，图 7-48 所示则是导入完成后的【项目】窗口。在【项目】窗口的当前项目选项卡下，已经导入的多个素材可以【列表视图】和【图标视图】两种视图查看。

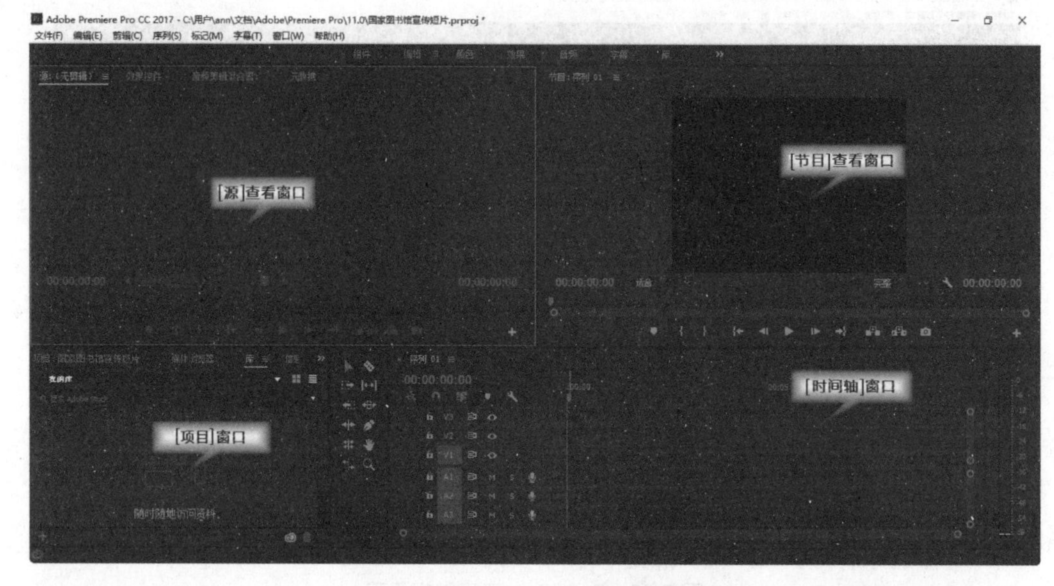

图 7-46　Premiere 的序列编辑界面

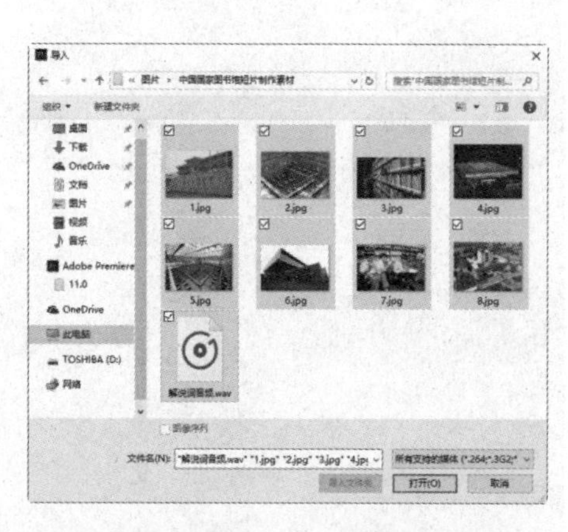

图 7-47　导入素材

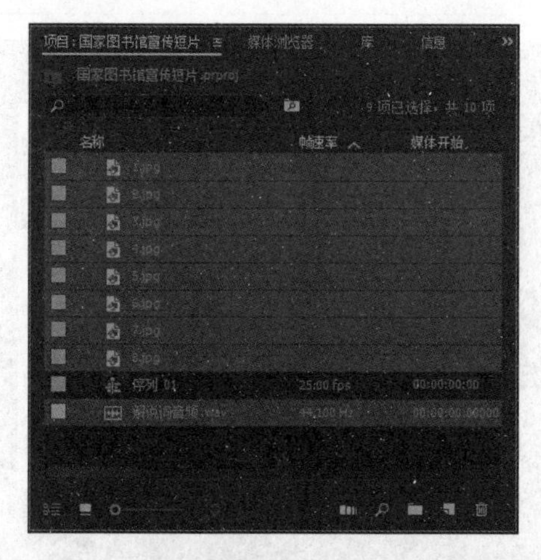

图 7-48　导入素材后的【项目】窗口

(5) 录制好解说词的音频文件的声音要与将来的字幕对位准确，也就是听到什么内容时，画面上就能够对应出现相应的字幕，这种对位工作，在 Premiere 中是用添加标记点的方法实现的，如图 7-49 所示。具体方法是：将解说词音频文件拖动到【源】窗口中，能够查看具体的波形图像。单击【源】窗口下方的【播放】按钮，仔细分辨一句字幕与另一句字幕之间的断点，当每个断点出现时，单击一次【添加标记】按钮，这些标记点就会被依次记录下来，方便下一步进行画面、字幕与声音的对位处理。

(6) 完成音频素材的添加标记工作后，单击【插入】按钮，将音频素材插入到音频轨道，标记点也同步跟随。然后，把图片素材装配到视频 1 轨道上，如果素材图片的大小与视频帧画面的大小不符，可以右击视频轨道上的图片，在弹出的快捷菜单中选择【缩放为帧大小】命令。接下来，可通过鼠标左键拖动每张图片的左右边框，将其时长对位到音频

素材的标记点上，每当对位成功时，会有一条黑色实线出现，此时，松开鼠标左键，完成对位。这样操作完成后，短片能够实现一句解说词声音对应一个画面的播放效果，符合人的眼睛和耳朵同步接收信息的方式。如图7-50所示。

图 7-49　对音频素材进行添加标记处理

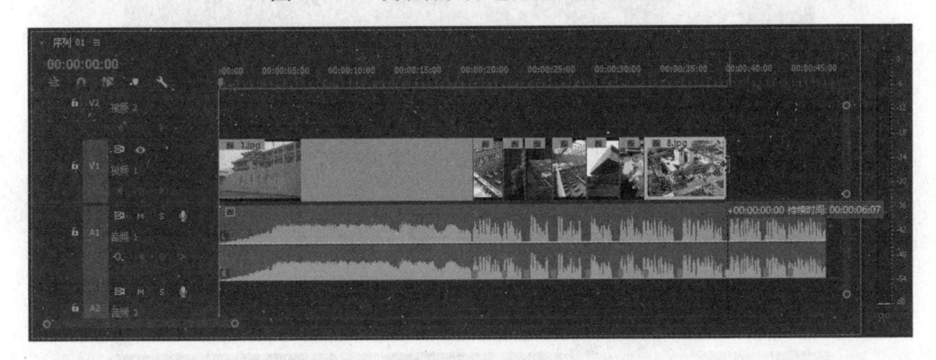

图 7-50　在时间轴上完成音画对位

(7)　下面，就要为短片增加片头、旁白字幕及片尾了。这些，都需要 Premiere 的字幕编辑功能来实现。在菜单栏中选择【字幕】→【新建字幕】命令，可以创建“静态字幕”“滚动字幕”“游动字幕”三种形式的字幕。其中，滚动字幕的运动方向是垂直方向，而游动字幕的运动方向是水平方向。

(8)　在如图7-51所示的【新建字幕】窗口中选择视频参数并设置字幕文件的名称后，即可打开字幕编辑窗口，如图7-52所示。在字幕编辑窗口中，会默认打开时间轴上当前播放位置的帧画面作为背景视频(也可以关闭背景视频，则背景显示为透明网格形式)。

(9)　在左边的工具栏中选择文字工具，在字幕编辑窗口中输入文字，并通过修改右边的各项字幕属性，或者选择下方的【字幕样式】中已经预置的样式类型，即可得到需要的字幕外观。使用工具栏中的其他多种工具，也可以得到多种不同形式的字幕。在创建解说词字幕时，如果希望每一句字幕都具有统一的位置及字幕属性，可以在创建第一句字幕后，单击【基于当前字幕新建字幕】按钮，在原有的样式及位置基础上创建其他字幕，这样做，可以更加快捷和一致。如图7-53所示。

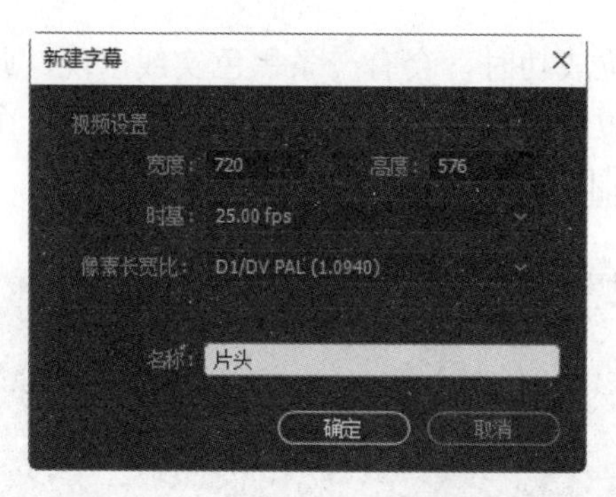

图 7-51　新建静态字幕设置窗口

图 7-52　字幕编辑窗口

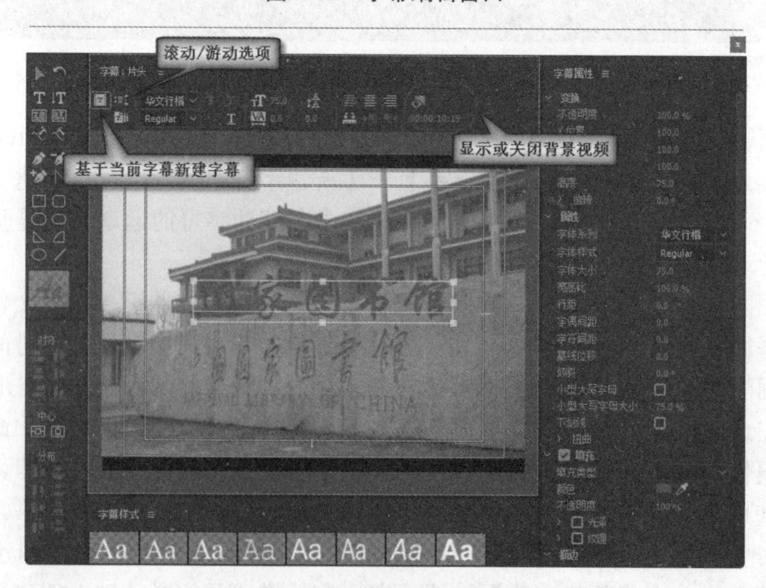

图 7-53　新建静态字幕

高等院校计算机教育系列教材

(10) 如需创建运动字幕，则可以单击【滚动/游动选项】按钮，打开【滚动/游动选项】对话框，通过设置字幕类型以及滚动或游动开始与结束的位置，来得到运动的字幕，如图 7-54 所示。

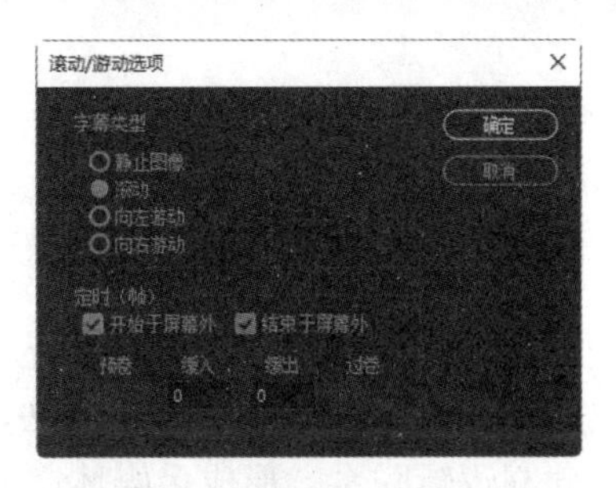

图 7-54　设置滚动/游动选项

(11) 所有字幕文件都创建完成后，在视频轨道 2 上，添加字幕，每个字幕文件在时间线上延续的时间由标记点来决定，这样，就做到了字幕与画面和声音的三者对位，如图 7-55 所示。

(12) 在时间轴中选择全部或部分序列，选择【文件】→【导出】→【媒体】命令，打开如图 7-56 所示的【导出设置】对话框，根据需要进行设置参数的选择。最后，单击【导出】按钮将视频短片输出。

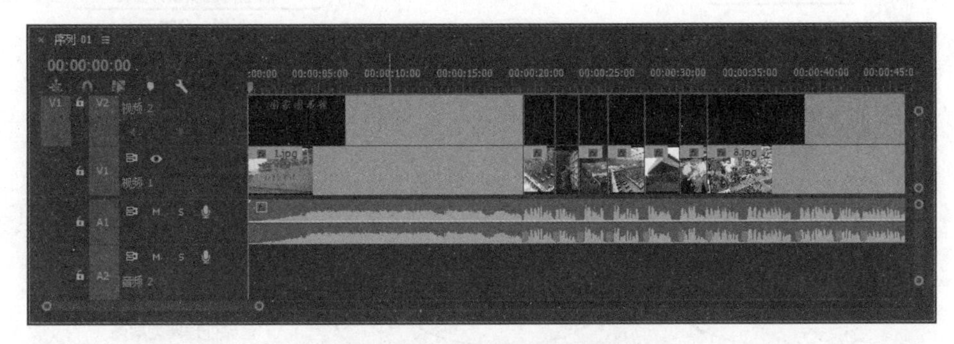

图 7-55　声音、画面、字幕三者对位

图 7-56　导出媒体

7.5 本章小结

本章作为整本教材的最后一章，对计算机技术的产物之一，多媒体技术的基本概念、理论及应用技术等进行了概述。从了解多媒体的基本概念，到理解声音、图像、视频等不同形式媒体信息的数字化方法，进而应用主流软件工具对多种媒体信息进行编辑和处理，建立逻辑联系，形成多媒体产品。本章主要内容如图 7-57 所示。

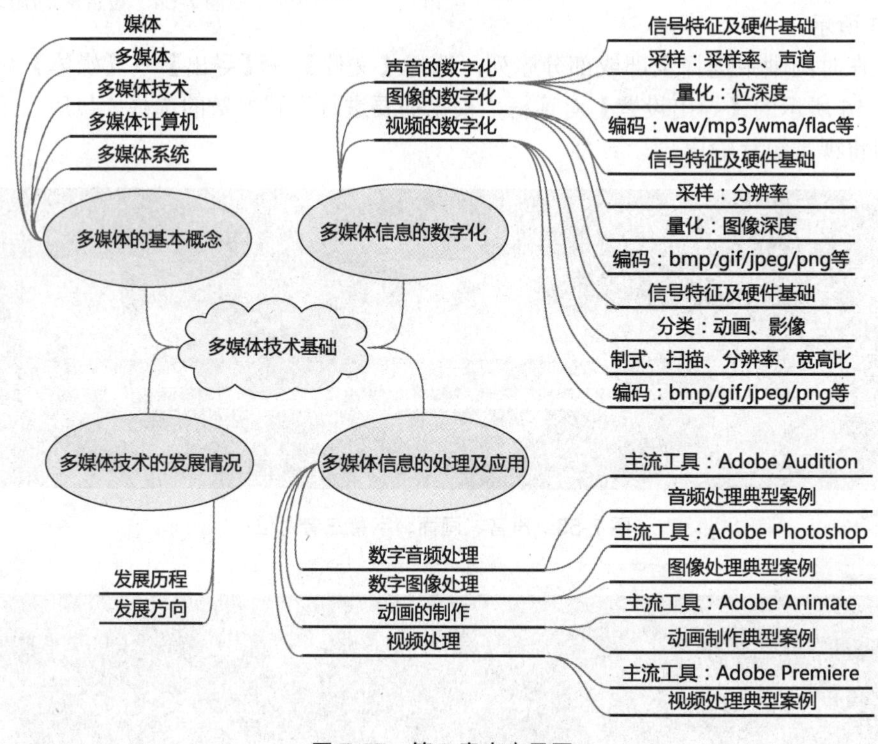

图 7-57　第 7 章内容导图

7.6 习　　题

一、选择题

1. 五分钟双声道，16 位采样位数，44100Hz 采样频率声音的不压缩数据量大约是(　　)。

A. 50MB　　B. 100MB　　C. 200MB　　D. 400MB

2. 一个位图图像，其分辨率为 256 像素×512 像素，每像素在计算机中存储为 8 个 bit，这个图像在计算机中约占(　　)字节。

A. 16K　　B. 130K　　C. 1M　　D. 8M

3. 如果一个位图图像的图像深度为 8，那么这个图像的颜色总数可以达到(　　)种。

A. 8　　B. 64　　C. 256　　D. 约 1600 万

4. 人类具有“视觉暂留”的特性，就是说人的眼睛看到一幅画或者一个物体后，在(　　)秒以内在眼前不会消失。

A. 1/24　　B. 1/8　　C. 1/4　　D. 4

5. 目前，数字视频信号中，能够称得上 HDTV(高清)的分辨率需要至少达到(　　)像素。

A. 640×480　　B. 720×576　　C. 1080×720　　D. 1920×1280

二、实验题

1. 使用 Adobe Audition，分别使用列表中的两行参数，将以下文字(注：来自《道德经》节选)录制为声音文件，保存为规定的格式，查看文件属性，补充表格内容。

道可道，非常道；名可名，非常名。无名，天地之始；有名，万物之母。

序号	文件格式	采样率(Hz)	位深度(位)	声道	时长(秒)	文件大小(B)	比特率(kbps)
1	wav	8000	8	单声道			
2	mp3	44100	16	立体声			

2. 使用 Adobe Audition 录制一段诗朗诵。对录制的声音文件进行噪声消除操作。去噪后，将诗朗诵处理为 25 秒，并为朗诵添加室内混响效果。

3. 任选 20 张图片素材放置在一个文件夹中，使用 Photoshop 的批量自动化处理功能，将所有图像大小统一修改为 1000 像素×800 像素，并为所有图片添加照片卡角。

4. 使用 Animate 制作鸣着喇叭行驶的小汽车动画，将最终作品导出 swf 影片。

5. 选取一首喜欢的歌曲，使用 Premiere 制作 MV 作品。

参 考 文 献

[1] 朱凌. 大国的“计算”战略——德、美、俄的计算工程及其人才培养设想[J]. 高等工程教育研究，2015(04).

[2] 布鲁诺·米切尔. 计算的未来[J]. 南风窗，2016(15).

[3] 郦全民. 用计算的观点看世界[M]. 广西：广西师范大学出版社，2017.

[4] 王建红. 计算主义的未来——基于科学哲学和 SSK 的研究[J]. 哲学动态，2016(06)

[5] 赵小军. 走向综合的计算主义[J]. 哲学动态，2014(05).

[6] 王吉伟. 未来世界还有什么不能被计算[N]. 中国信息化周报，2016-11-07(016).

[7] 王飞跃. 从计算思维到计算文化[A]. 新观点新学说学术沙龙文集 7：教育创新与创新人才培养[C]. 2007.

[8] 唐培和，徐奕奕. 计算思维：计算学科导论[M]. 北京：电子工业出版社，2015.

[9] 李国杰. 中国计算机事业五十年回顾与展望[J]. 中国计算机学会通讯. 2007，3(1).

[10] “十三五”国家科技创新规划.

[11] [美]Michael J. Quinn(迈克尔 J.奎因). 互联网伦理 信息时代的道德重构[M]. 王益民，译. 北京：电子工业出版社，2016.

[12] 王玲，顾浩. 计算机伦理学概论[M]. 北京：中国铁道出版社，2014.

[13] Terrell Ward Bynum. 计算机伦理与专业责任[M]. 北京：北京大学出版社，2010.

[14] [美] 内尔·黛尔(Nell Dale)，约翰·路易斯(John Lewis). 计算机科学概论(原书第 5 版)[M]. 吕云翔，刘艺博，译. 北京：机械工业出版社，2016.

[15] [美]June Jamrich Parsons，[美] Dan Oja. 计算机文化(原书第 15 版)[M]. 吕云翔，傅尔也，译. 北京：机械工业出版社，2014.

[16] 教育部考试中心. 全国计算机等级考试一级教程——计算机基础及 MS Office 应用(2018 年版)[M]. 北京：高等教育出版社，2017.

[17] 朱时良. 万能打印机 开启高效个性化数字印刷时代[J]. 印刷工业. 2017(Z1).

[18] 赵劲，陈洪玲. 互联网社会与新轴心时代[J]. 北京工业大学学报(社会科学版). 2018(01).

[19] 黄宪伟，滕志国. 广电网络光纤到户技术方案的分析与设计[J]. 广播与电视技术. 2018(01).

[20] Allen Bernard，杨勇. 颠覆慢速互联网的三种技术[N].计算机世界. 2017-04-10 (005).

[21] 郝兴伟. 大学计算机——计算思维的视角[M]. 3 版. 北京:高等教育出版社，2014.

[22] 秋叶，卓弈刘俊. 说服力：让你的 PPT 会说话[M]. 2 版. 北京：人民邮电出版社，2015.

[23] 黄纯国，习海旭. 多媒体技术与应用[M]. 2 版. 北京：清华大学出版社，2016.

[24] 彭波编著. 多媒体技术教程[M]. 北京：机械工业出版社，2010.